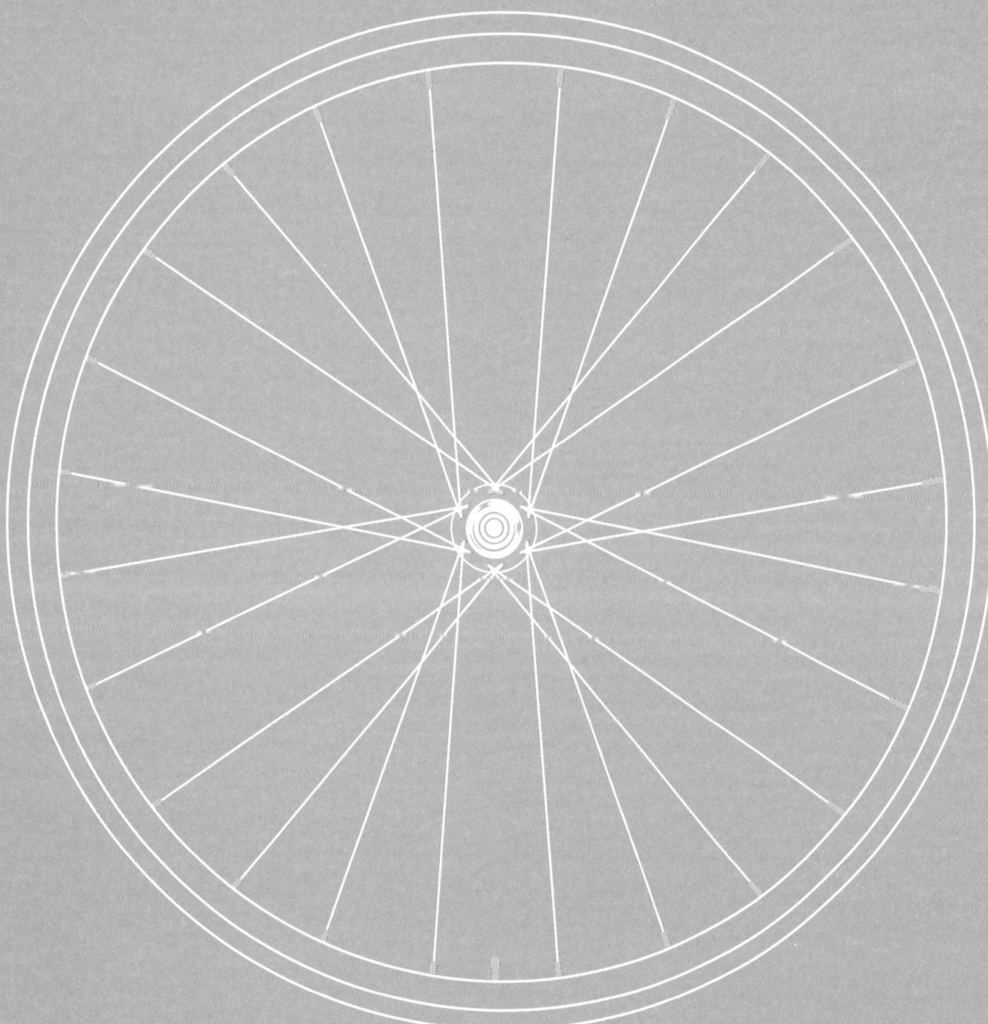

MARMOTA MAPS

DAS FAHRRADBUCH

Von:
Jan Wittenbrink
Lana Bragin (Hrsg.),
Stefan Spiegel (Hrsg.)

DAS FAHRRADBUCH

Dieses Buch ist eine Hommage an das Fahrrad in all seinen Variationen. Fahrräder sind elegant, sie sind schnell, sie sind praktisch. Mit ihnen können wir per Muskelkraft die Schönheit von Stadt, Land und der ganzen Welt buchstäblich erfahren. Dabei geht es um wesentlich mehr, als lediglich von einem Ort zum anderen zu gelangen. Das Fahrrad ist Hilfsmittel für sportliche Höchstleistungen wie bei der Tour de France oder den Olympischen Spielen und Begleiter auf entspannten Urlaubsreisen, etwa über den Nordseeküsten- oder den Donau-Radweg.

Seit die ersten Zweiräder vor mehr als 200 Jahren konstruiert wurden, berührt das Fahrrad Fragen der Mobilität und der gesellschaftlichen Teilhabe quer durch alle Schichten und Altersgruppen. Oder ganz allgemein die Frage: Wie wollen wir leben?

Unser Buch präsentiert das Fahrrad als Teil einer Mobilitäts-Revolution und als Verkehrsmittel des 21. Jahrhunderts. Vor allem, aber längst nicht nur in urbanen Räumen kann das Fahrrad uns mehr Platz verschaffen, mehr Ruhe, mehr Freiheit, mehr Gesundheit. Es kann entscheidend dazu beitragen, eine lebenswerte Umgebung zu schaffen und zu erhalten.

Bei Marmota Maps beschäftigen wir uns seit unseren Anfängen 2015 mit der Aufbereitung von Informationen in illustrativer und infografischer Form. Unser Fokus liegt dabei auf Geografie, den Bergen und insbesondere den Alpen. Diese spielen auch in diesem Buch wieder eine wichtige Rolle: So stellen wir etwa die legendärsten Anstiege vor, die man mit dem Rad erklimmen kann. Und wir widmen uns den vielen Geschichten, die sich bei Radrennen im Alpenraum abgespielt haben.

Selbstverständlich gilt ein riesiger Dank unserem Autor, Jan Wittenbrink. Jan besitzt nicht nur unfassbar viel Wissen über Fahrräder, sondern auch gleich fünf Räder, mit denen er durch die Gegend braust. Danke Jan, für die erneute, großartige Zusammenarbeit.

In unserem Werk wollen wir den besonderen Wert des Fahrrads herausstellen. Mit dem Fahrrad ist das Ziel der Weg.

Und deshalb: Steigt auf und kommt mit auf eine Tour von den historischen Anfängen des Fahrrads bis zu futuristisch anmutender Technik. Erfahrt Wissenswertes über den Hobby- und Profisport sowie das richtige Training. Lasst Euch von schönen Radreisen, modernen Mobilitätskonzepten und Fahrrädern in Musik und Literatur inspirieren. Wir können mit unseren Rädern nicht wie in „E.T." durch die Nacht fliegen. Aber wir können das Fahrrad genauso feiern, wie es – nicht nur – dieser Film tut. Viel Vergnügen beim Stöbern und Lesen.

An einem Samstag im Juli dieses Jahres stand ich an einer eigentlich sehr abgelegenen Bergstraße in den Vogesen mit dem schönen Namen Col du Platzerwasel. Schon mittags bevölkerten unzählige Menschen in rot gepunkteten Shirts den Pass. Viele hatten am Straßenrand in Zelten übernachtet, um sich die besten Plätze zu sichern. Und ganze Scharen erklommen den Anstieg mit dem Fahrrad. Es war ein stundenlanges Warten auf das größte Radrennen der Welt: die Tour de France. Erst kamen immer mehr Fahrzeuge, dann näherten sich Hubschrauber. Und schließlich bog keuchend und unter gewaltigem Jubel der erste Fahrer um die Ecke. Es war ein großes Fest des Radsports.

Um sich über den Stellenwert des Fahrrads bewusst zu werden, muss man aber gar nicht zur Tour de France reisen. Es ist das Bild der Städte, das sich verändert. Wagten sich früher nur Einzelne auf die Straßen, sind es heute selbst bei Regenwetter ganze Karawanen. Es sind die immer ausgebuchten Fahrradstellplätze im ICE. Es sind die Fahrradwerkstätten, wo man schon mal Monate auf einen Termin warten muss. Das Fahrrad ist modern, ohne neu zu sein. Seit dem 19. Jahrhundert hat sich unsere Welt fundamental verändert – doch die Begeisterung fürs Radfahren ist noch immer da.

Denn es sorgt für ein unvergleichliches Gefühl der Freiheit – und macht den Kopf frei für neue Ideen. Das merke ich selbst immer wieder: ob auf den fünf Kilometern vom Büro nach Hause, den Hügeln des Bergischen Landes östlich von Köln oder den höchsten Alpenpässen.

Nachdem der Verlag Marmota Maps und ich uns im letzten Jahr der infografischen Aufarbeitung der Nordsee gewidmet haben, entstand die Idee eines großen Buches über das Fahrrad. Auf dem Weg dorthin bin ich auf derart viele interessante Fakten und Geschichten gestoßen, dass man zwei Bücher hätte füllen können.

Mein Dank gilt dem ganzen Team vom Verlag, vor allem Lana, Polina und Fanny für die tolle Gestaltung und die Geduld sowie Stefan und Toby für die wertvolle inhaltliche Unterstützung. Danke an Steffen für die gründlichen Korrekturen. Und danke an alle, die ich um Rat fragen konnte – unter anderem meine beiden Brüder mit ihrem technischen Fachwissen sowie meine Kolleginnen und Kollegen im Kölner Pressebüro JP4. Besonders möchte ich das Buch meinen Eltern widmen, die gerade eine schwere Zeit durchmachen.

Köln, im September 2023
Jan Wittenbrink

Quellenverzeichnis:

marmotamaps.com/de/fahrradbuch/quellen

GESCHICHTE DES FAHRRADS

GESCHICHTE DES FAHRRADS

Die Geschichte des Fahrrads beginnt im 19. Jahrhundert. Tüftler entwickelten Fahrzeuge auf zwei Rädern, welche ein deutlich schnelleres Vorwärtskommen als zu Fuß erlaubten. Das Pferd wurde verzichtbarer. In vielen Regionen der Welt setzte gegen Ende des Jahrhunderts ein wahrer Fahrradboom ein. Mit der Massenmotorisierung durch das Automobil geriet das Fahrrad vielerorts dann wieder ins Hintertreffen. Doch heute erscheint es – gerade in Zeiten von Energiekrise und Klimawandel – moderner denn je. In diesem Kapitel stellen wir Meilensteine der Fahrradgeschichte vor.

Etwa
22 KG
wog die Laufmaschine

1817
DAS ERSTE ZWEIRAD: DIE LAUFMASCHINE

Als Geburtsstunde des Fahrrads gilt das Jahr 1817. **Der damals 32-jährige Erfinder Karl Freiherr von Drais stellte in diesem Jahr ein Fahrzeug auf nur zwei Rädern vor, das von Menschen durch Muskelkraft bewegt werden kann.** Drais, der in Mannheim lebte, war eigentlich Forstbeamter. Mehr Freude bereitete ihm aber das Erfinden nützlicher Dinge, wofür er ab 1810 auch offiziell von seinem Amt als Forstmeister freigestellt wurde. Drais forschte auch an innovativen Fortbewegungsmitteln. Zunächst entwickelte er ein vierrädriges Gefährt.

Doch erst die Erfindung der zweirädrigen Laufmaschine brachte ihm zumindest zeitweise Erfolg: Drais kam auf die Idee, zwei Räder hintereinander anzuordnen. Diese verband er durch eine Holzkonstruktion mit Sitz. Das Vorderrad war lenkbar, auch eine einfache Bremse war eingebaut. Das Gefährt wurde durch abwechselndes Abstoßen der Beine vom Boden in Fahrt gesetzt – das Prinzip hatte sich Drais vom Schlittschuhfahren abgeschaut. Die etwa 22 Kilogramm schwere Erfindung gilt als direkter Vorläufer des heutigen Fahrrads (und auch des Motorrads). Sie wurde später auch „Ur-Fahrrad" oder – nach ihrem Erfinder – „Draisine" genannt. Heutige Laufräder für Kleinkinder ähneln der damaligen Erfindung.

Karl Drais (1785-1851)
Bis zu
22 KM/H
wurden mit der
Laufmaschine erreicht
Lenker
Bremsschnur
Ablage für Gepäck
Balancierbrett
Sitz

Die Karte zeigt den Verlauf der historischen Fahrstrecke von Karl Drais in der heutigen Stadt Mannheim. Das Ziel befand sich damals noch in Schwetzingen, heute befindet sich hier der Mannheimer Stadtteil Rheinau.

Quelle: Stadt Mannheim

DIE JUNGFERNFAHRT

Am 12. Juni 1817 unternahm Karl Drais seine erste längere Testfahrt mit der neuen Erfindung. Von seinem Wohnhaus in Mannheim aus fuhr er über eine gut ausgebaute Straße – auf der normalerweise Postkutschen unterwegs waren – zu einer etwa sieben Kilometer entfernten Pferdewechselstation („Relaishaus") in Schwetzingen. Für Hin- und Rückweg benötigte Drais nur etwa eine Stunde. Die erreichte Durchschnittsgeschwindigkeit von etwa 14 km/h war zur damaligen Zeit eine Sensation – Drais war deutlich schneller als die Kutschen. Seine zweite längere Fahrt führte ihn von Gernsbach nach Baden-Baden, wobei er auch einen Anstieg mit über 200 Höhenmetern überwinden konnte. Die Zeitungen berichteten, das Interesse an der Erfindung stieg schnell. 1818 meldete Drais sie als Patent an, der Großherzog von Baden ernannte ihn zum Professor für Mechanik. Im selben Jahr fuhr der Erfinder mit der Laufmaschine ganze 630 Kilometer von Mannheim nach Paris, wofür er etwa 20 Tage benötigte.

Badwoche

29. JULI 1817 / BADEN-BADEN

Der Freyherr Karl von Drais, welcher nach glaubwürdigen Zeugnissen, Donnerstag den 12ten Juny d. J. mit der neuesten Gattung der von ihm erfundenen Fahrmaschinen ohne Pferd von Mannheim bis an das Schwetzinger Rebenhaus und wieder zurück, also 4 Poststunden Wegs in einer Stunde Zeit gefahren ist, hat mit der nemlichen Maschine den steilen, zwey Stunden betragenden Gebirgsweg von Gernsbach hieher in ungefähr einer Stunde zurückgelegt, und auch hier mehrere Kunstliebhaber von der großen Schnelligkeit dieser sehr interessanten Fahrmaschine überzeugt.

Badwochenblatt der Stadt Baden-Baden, 29. Juli 1817

ABSTIEG VON KARL DRAIS

Obwohl seine Erfindung funktionierte, blieb der finanzielle Erfolg für Drais aus. Das Problem war, dass die Laufmaschine in der Herstellung sehr teuer war. Zudem gelang es Produzenten in ganz Europa, die Erfindung einfach nachzubauen. Das von Drais angemeldete Patent war nur im Großherzogtum Baden gültig. Hinzu kam, dass die Laufmaschine vielen Menschen nicht geheuer war. Vielerorts wurde sie wegen Unfallgefahr verboten. In Deutschland ebbte das Interesse bald wieder ab, in England blieben ähnliche Gefährte noch etwas länger populär – sie galten dort als Statussymbole junger Adliger. Drais selbst musste zeitweise nach Brasilien fliehen, da sein Vater – der höchste Richter Badens – sich gegen die Begnadigung eines populären Mörders ausgesprochen hatte. Nach seiner Rückkehr gelang es Drais nicht mehr, an frühere Erfolge anzuknüpfen. Gesellschaftlich nicht mehr anerkannt, verfiel er dem Alkohol. 1849 schloss er sich der Badischen Revolution an und legte seinen Adelstitel ab. Nach deren Scheitern entzog ihm die politische Führung die Pension und bescheinigte ihm „Geistesschwäche". Drais starb im Dezember 1851 in Karlsruhe.

TECHNISCHE ENTWICKLUNG

Nachdem die anfängliche Begeisterung für die von Karl Drais erfundene Laufmaschine wieder abgeebbt war, stagnierte die Weiterentwicklung des Zweirads für viele Jahre. Doch dann kam es zu einigen technischen Innovationen, die das Fahrrad zu dem machten, was es heute ist.

1866

DER ERSTE PEDALANTRIEB

Um die Mitte des 19. Jahrhunderts wurden bereits einige drei- oder vierrädrige Gefährte mit Tretkurbelantrieben ausgestattet. Eine zweirädrige Laufmaschine mit Pedalen zu bauen, erschien den Menschen aber zunächst nicht geheuer. Schließlich würde das bedeuten, die Füße während der Fahrt auf dem wackligen Zweirad dauerhaft vom sicheren Boden abzuheben. Schließlich entstanden dann aber doch die ersten pedalbetriebenen Zweiräder. Wer genau dies zuerst umgesetzt hat, ist bis heute ungeklärt. **Als mögliche Erfinder gelten der Franzose Pierre Lallement, der 1866 in den USA ein Patent für ein Zweirad mit Tretkurbeln erhielt, sowie der Franzose Pierre Michaux.** Michaux präsentierte auf der Pariser Weltausstellung 1867 zwei solcher Gefährte – und sorgte für großen Aufruhr. Seine Firma stieg bald in die Großproduktion des „Tretkurbelvelozipeds" ein. Es besaß einen geschwungenen Rahmen aus Gusseisen und war sehr schwer.

1870

DAS HOCHRAD

Die Pedale des Tretkurbelvelozipeds befanden sich an der Achse des Vorderrads. Jeder Pedaltritt bedeutete eine Umdrehung des Rads. Um höhere Geschwindigkeiten zu erreichen, konstruierte man das Vorderrad etwas größer als das Hinterrad. Bald entstand die Idee, noch deutlich größere Vorderräder zu bauen. Es begann die Zeit des sogenannten Hochrads, das über ein extrem großes Vorderrad verfügte. Der Fahrer saß dabei weit über dem Boden. **Als Pioniere des Hochrads gelten der Franzose Eugène Meyer sowie der Brite James Starley, der 1870 das Hochrad „Ariel" vorstellte.** Starley entwickelte auch die noch heute übliche überkreuzte Anordnung von Metallspeichen.

Hochräder sind sehr anspruchsvoll zu fahren, vor allem was den Auf- und Abstieg angeht. Wem der Abstieg vom Sattel nicht gelingt, bevor das Rad zum Stehen kommt, der kippt zwangsläufig um. Zudem droht bei starkem Bremsen ein Kopfsturz nach vorn auf die Straße.

Dennoch wurde das Hochrad wegen seiner hohen Geschwindigkeit schnell populär. Wer auf einem Hochrad fuhr, galt als mutig und war hoch angesehen. Zwischen 1884 und 1886 umrundete der Brite Thomas Stevens auf einem Hochrad gar die ganze Welt. *Weltumrundungen, S. 226*

1885

DAS NIEDERRAD (ROVER)

Ab Ende der 1870er Jahre versuchten Fahrradhersteller, weniger sturzanfällige Räder zu bauen. Der Schwerpunkt des Fahrers sollte niedriger und weiter hinten liegen als beim Hochrad. Voraussetzung dafür war die Entwicklung der Fahrradkette. Die Pedale wurden über die Kette mit dem Hinterrad verbunden. *Kette, S. 38* Ein überdimensionales Vorderrad war nun nicht mehr notwendig. Beim „Niederrad" waren die beiden Räder – wie schon bei der Laufmaschine von Karl Drais – gleich groß. Anfangs wurden die neuen Fahrräder skeptisch beäugt. **Bald zeigte sich aber, dass das Niederrad sogar schneller fahren konnte als das Hochrad – und dabei deutlich sicherer war. Es wurde daher auch Sicherheitsrad genannt. Als bekanntestes Modell gilt der „Rover" des englischen Produzenten John Kemp Starley aus dem Jahr 1885.** Bald setzte sich der sogenannte Diamantrahmen durch. *Rahmen, S. 24*
1888 erfand der Brite John Dunlop den luftgefüllten Fahrradreifen, der den Fahrkomfort deutlich erhöhte. *Reifen, S. 28*
Am Ende des Jahrhunderts folgte die Erfindung der Freilaufnabe, die ein Rollen ohne Mitdrehen der Pedale ermöglicht. Das Niederrad verfügte auch über eine erste Form der Schaltung, die in den folgenden Jahrzehnten immer weiter verbessert wurde. Im Wesentlichen entsprach das Niederrad aber bereits dem Fahrrad der Gegenwart. Alle heutigen Fahrradtypen sind letztlich nur Abwandlungen. *Fahrradtypen, S. 54*

DIE ANFÄNGE DES RADSPORTS

Mit zunehmender Popularität des Fahrrads stieg der Reiz, sich in Wettkämpfen auf zwei Rädern zu messen. Es war die Geburtsstunde des Radsports.

Der ABC auf Tour, Mitte der 1880er Jahre

1868

DAS ERSTE RADRENNEN

Das erste Radrennen der Geschichte, von dem genaue Informationen überliefert sind, **fand am 31. Mai 1868 in einem Park im Pariser Vorort Saint-Cloud statt.** Normalerweise wurden dort Pferderennen veranstaltet. Nun plante man zwei Rennen auf „vélocipèdes", die seit einigen Jahren auf den Pariser Straßen zu sehen waren. Die Strecke war nur 1 200 Meter lang und bestand aus einer Erdbahn mit leicht überhöhten Kurven. Sieger des ersten Wettkampfs wurde ein heute unbekannter Fahrer namens Polocini. Die Sieger erhielten eine goldene Medaille im Wert von 100 Francs, gestiftet von einem großen Fahrradhersteller. Die Begeisterung des Publikums war riesig, am nächsten Tag berichteten die Zeitungen ausgiebig. Bald fanden in Europa immer mehr Rennen mit immer höheren Preisgeldern statt. Die Menschen bewunderten die Kraft und Geschicklichkeit der Athleten, der Radsport brachte erste Stars hervor.

1868

ERSTES RADRENNEN FÜR FRAUEN

Ebenfalls 1868 soll in einem **Park in Bordeaux** das erste Radrennen für Frauen stattgefunden haben. Tausende Menschen verfolgten den Wettkampf der vier Teilnehmerinnen auf einer 500 Meter langen Strecke. Siegerin soll eine „Mademoiselle Julie" gewesen sein. Die Sportlerinnen trugen halblange Röcke – das Tragen von zum Radfahren praktischeren Hosen schien für Frauen damals noch undenkbar.

1869

DER ERSTE RADVEREIN

Der erste Radsportverein der Welt wurde 1869 in Hamburg gegründet. Er hieß zunächst Eimsbütteler-Velocipeden-Reitclub und wurde später in **Altonaer Bicycle-Club von 1869/80 (ABC)** umbenannt – als solcher existiert er noch heute. Der Verein, dem vor allem wohlhabende Kaufleute angehörten, organisierte gemeinsame Tourenfahrten, um die Leistungsfähigkeit von Fahrrädern zu demonstrieren. 1885 beteiligte er sich am Bau einer Radrennbahn in Hamburg, wo Rennen auf Hoch- und Niederrädern stattfanden.

Zeitungsbericht des *Le Petit Parisien* zum Radrennen Paris-Rouen und dem **Sieger James Moore** (1869):
„Von den Radfahrern, die am Sonntagmorgen in großer Zahl Paris verlassen haben, um sich nach Rouen zu begeben, kam der Herr Moore abends um zehn nach sechs als erster an. Er legte die Strecke von gut 130 Kilometern also in zehn Stunden und vierzig Minuten zurück. Der Herr Moore machte keinen müden Eindruck."

1869

DAS ERSTE STRASSEN-RADRENNEN

Die Pariser Zeitschrift *Le Vélocipède Illustré* veranstaltete im Jahr 1869 das erste längere Straßenradrennen über 123 Kilometer von **Paris nach Rouen** – auch um zu beweisen, wie leistungsfähig das neue Verkehrsmittel ist. 120 Männer und drei Frauen traten gegeneinander an, nur 34 erreichten das Ziel.

1891

ERSTES LANGSTRECKEN-RENNEN

1891 fand erstmals das extreme Langstreckenrennen **Paris-Brest-Paris** über 1200 Kilometer statt. Nach drei Tagen ohne Schlaf überquerte der Franzose Charles Terront als erster die Ziellinie.

ENDE DES 19. JAHRHUNDERTS

RADSPORT ALS BELIEBTESTER PUBLIKUMSSPORT

Gegen Ende des 19. Jahrhunderts entstanden viele Rennen, die noch heute stattfinden und zu den sogenannten Klassikern des Radsports gehören – wie Paris–Roubaix im Jahr 1896. Im selben Jahr wurden Radrennen zur olympischen Disziplin. Der Radsport war zu dieser Zeit die beliebteste Publikumssportart überhaupt. 1903 fand schließlich das erste Etappenrennen statt, das damals sechs Etappen umfasste – die Tour de France.

Radsport, S. 116
Straßenradrennen, S. 146

MOBILITÄT IM WANDEL

1817

ALTERNATIVE ZUM PFERD

Die Erfindung von Karl Drais fiel in eine Zeit, in der neue Fortbewegungsmittel dringend gefragt waren. Längere Strecken legte man damals per Pferd zurück. Doch zu Beginn des 19. Jahrhunderts wurde die Pferdehaltung immer kostspieliger. Mehrere Missernten ließen in Europa die Getreidepreise explodieren. Im Jahr 1815 kam es zusätzlich zu einem gewaltigen Vulkanausbruch in Indonesien, der auch auf der Nordhalbkugel mehrere sogenannte „Jahre ohne Sommer" mit viel Kälte und Regen auslöste. Es kam zu Hungersnöten, viele Nutztiere konnten nicht mehr ernährt werden. Die Laufmaschine von Karl Drais, die nur durch menschliche Muskelkraft angetrieben wurde, kam gerade recht. Als in den 1820er Jahren die Zeit der Missernten endete, wurde die Pferdehaltung aber wieder erschwinglicher. Auch deshalb ging das Interesse an der Laufmaschine wieder zurück.

2020

NEUER FAHRRADBOOM

Das 21. Jahrhundert beschert der 200 Jahre alten Erfindung Fahrrad in vielen Ländern einen nie dagewesenen Boom – sowohl als Freizeit- und Sportgerät als auch als Verkehrsmittel im Alltag. Vor allem ab den 2010er Jahren stieg die Nachfrage nach Fahrrädern in den westlichen Industrieländern stark an. **Wichtige Gründe dafür sind das zunehmende Bewusstsein für Fitness und Gesundheit sowie für Nachhaltigkeit.** Das Fahrrad ist der vielleicht wichtigste Baustein für klimafreundliche Mobilität in den Städten. Viele Städte wurden und werden fahrradgerecht umgestaltet. Das Fahrrad ist wieder ein Statussymbol – wie schon in den ersten Jahrzehnten nach seiner Erfindung. Gerade in Großstädten steht das Rad für einen bestimmten urbanen Lifestyle. *Fahrradkultur, S.284*

Einen besonderen Schub erhielt das Fahrrad durch die Corona-Pandemie ab 2020 – das Radfahren an der frischen Luft blieb währenddessen eine der wenigen möglichen Freizeitbeschäftigungen. Die Nachfrage nach Fahrrädern explodierte, die Lieferketten waren völlig überlastet. Ein technischer Meilenstein war die Entwicklung des E-Bikes, das auch ältere Generationen zurück aufs Rad bringt.

1890

ERSTER FAHRRADBOOM

Ab den 1890er Jahren entstand in vielen Ländern der Welt ein regelrechter Fahrradboom. Die Fahrradindustrie florierte: In den Vereinigten Staaten betraf zu dieser Zeit jede dritte Patentanmeldung Fahrräder. Für viele Menschen bedeutete das Fahrrad eine neue Form der Freiheit. Sie unternahmen lange Ausflüge auf zwei Rädern und besuchten sich gegenseitig. In England soll die Zahl der Heiraten zwischen verschiedenen Dörfern zu dieser Zeit deutlich zugenommen haben. Zunächst war das Fahrrad nur für wohlhabendere Bevölkerungsschichten bezahlbar. Mit zunehmendem Wachstum der Fahrradindustrie konnten die Räder immer preisgünstiger hergestellt werden. Zu Beginn des 20. Jahrhunderts wurde das Fahrrad daher auch für die Arbeiterklasse erschwinglich, vielen erleichterte es den Pendelweg zur Arbeit enorm. Es entstand eine neue Mobilität für die Massen. **Eine besonders wichtige Rolle spielte das Fahrrad für Frauen.** Es verschaffte ihnen mehr Freiheiten von ihrer Familie und ihrem Ehemann, verbesserte das Selbstvertrauen und die Gesundheit. Frauen auf dem Fahrrad waren von vielen Zeitgenossen nicht gern gesehen – sie mussten sich also immer wieder gegen Widerstände durchsetzen, was letztlich die Emanzipation beschleunigte.

1950

VORFAHRT FÜRS AUTO

Noch im 19. Jahrhundert waren die ersten Modelle des Automobils erfunden worden. Lange Zeit blieben Autos nur für Wohlhabende erschwinglich. Und doch hatte das Fahrrad neue Konkurrenz erhalten. Schon vor dem Zweiten Weltkrieg ebbte der Fahrradboom ab. In der Nachkriegszeit wurde das Fahrrad kurzzeitig wieder gebraucht – in zerstörten Städten war es oft das einzige funktionierende Verkehrsmittel. **Doch als ab den 1950er Jahren in vielen westlichen Ländern der Wohlstand stark anstieg, schlug die große Stunde des Autos. Es kam zu einer „Massenmotorisierung".** In Deutschland wurden Autos wie der VW Käfer zum Symbol des als Wirtschaftswunder bezeichneten Aufschwungs. Straßen und Städte wurden möglichst „autogerecht" geplant, das Fahrrad spielte in der Verkehrspolitik kaum noch eine Rolle. Überaus beliebt blieben Radrennen: In die Nachkriegszeit fiel das sogenannte „goldene Zeitalter" des Radsports, das Stars wie den Italiener Fausto Coppi hervorbrachte.

1973

COMEBACK DES FAHRRADS

Der Fahrradindustrie bereitete der Boom des Autos große Probleme. Sie versuchte, mit neuen Innovationen zu punkten – etwa mit Klapprädern, die man im Kofferraum verstauen konnte. Ein großer Erfolg war die Entwicklung des für Kinder entwickelten Bonanzarads, das sich ab den 1960er Jahren in den USA verbreitete. Etwas später setzte sich das BMX-Rad durch, auf dem Jugendliche weltweit Tricks vollführten. **In den 1970er Jahren gelangte das Fahrrad zurück ins Bewusstsein der Massen. Auslöser waren die Ölkrisen ab 1973, die in den Industrieländern das Benzin verteuerten und eine wirtschaftliche Rezession auslösten.** Erstmals wurde vielen Menschen bewusst, dass es Grenzen des Wachstums und der Ressourcen gibt. Umweltthemen wurden fester Bestandteil der Politik, in Deutschland fanden „autofreie Sonntage" statt. Dennoch blieb das Auto das dominierende Verkehrsmittel, auch weil die Infrastruktur fürs Radfahren oft völlig unzureichend war. Im Freizeitbereich lösten Mountainbikes ab Anfang der 1980er Jahre einen Boom des Bergsports auf zwei Rädern aus.

TECHNIK

GRUNDLAGEN DER FAHRRADTECHNIK

FAHRRADTEILE

Ein Fahrrad wird aus zahlreichen Einzelteilen zusammengebaut. Jedes einzelne Teil besitzt eine bestimmte Funktion. Es trägt etwa zur Rollbewegung, zur Kraftübertragung oder zur Lenkung bei. Oder es hält – wie die vielen Schrauben und Muttern – andere Teile zusammen. Die Frage, aus wie vielen Einzelteilen ein Fahrrad besteht, ist nicht leicht zu beantworten. Es kommt darauf an, ob man zum Beispiel die Kette als ein Teil auffasst oder sie in ihre Kettenglieder zerlegt. *Kette, S. 38* Je nach Zählweise und Fahrradtyp kommt man auf unterschiedliche Ergebnisse, die zwischen etwa 300 und über 1 000 Teilen schwanken. Zum Vergleich: Ein Pkw besteht aus ungefähr 10 000 Teilen, ein großes Flugzeug aus einigen Millionen Teilen.

Die Grafik zeigt wichtige Teile eines Fahrrads und deren Funktionen. Abgebildet ist ein Rennrad mit Kettenschaltung und Scheibenbremse.

Funktionen von Fahrradteilen

- **Sitzen** (Kontaktpunkte zwischen Mensch und Fahrrad)
- **Rollen**
- **Kraft übertragen**
- **Lenken**
- **Schalten**
- **Bremsen**
- **Dämpfen** (Abfederung von Stößen und Vibrationen vom Boden)

Die hier aufgeführten Funktionen beziehen sich auf Vorgänge während des Fahrens. Daneben dienen viele der Teile natürlich auch der eigentlichen Konstruktion und Stabilität des Fahrrads, indem sie andere Bauteile miteinander verbinden. In besonderem Maße gilt dies für den Rahmen, der das „Grundgerüst" des Fahrrads bildet. *Rahmen, S. 24*

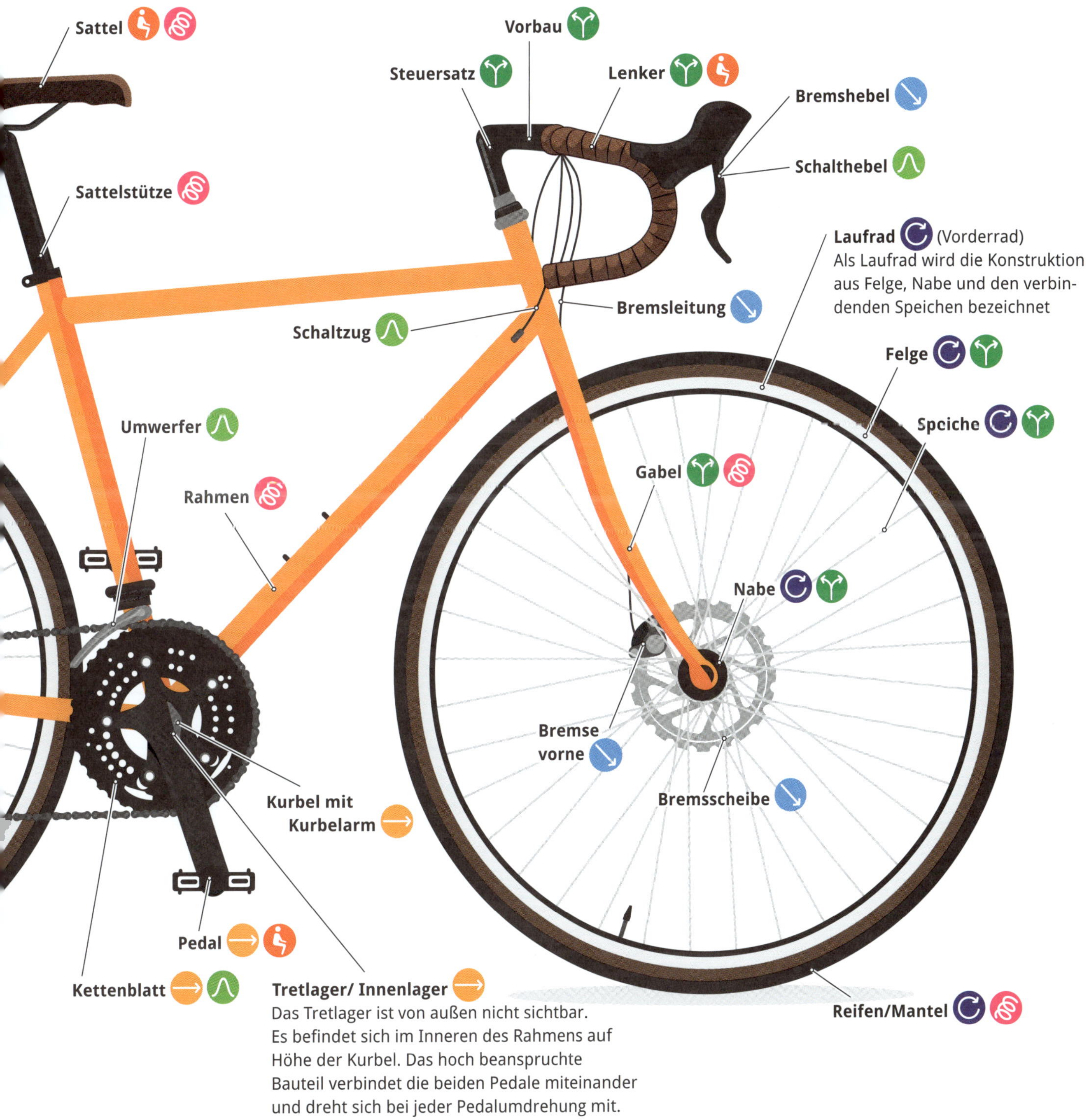
Sattel
Vorbau
Steuersatz
Lenker
Bremshebel
Schalthebel
Sattelstütze
Laufrad (Vorderrad)
Als Laufrad wird die Konstruktion aus Felge, Nabe und den verbindenden Speichen bezeichnet
Bremsleitung
Schaltzug
Felge
Speiche
Umwerfer
Gabel
Rahmen
Nabe
Bremse vorne
Bremsscheibe
Kurbel mit Kurbelarm
Pedal
Kettenblatt
Tretlager/ Innenlager
Das Tretlager ist von außen nicht sichtbar. Es befindet sich im Inneren des Rahmens auf Höhe der Kurbel. Das hoch beanspruchte Bauteil verbindet die beiden Pedale miteinander und dreht sich bei jeder Pedalumdrehung mit.
Reifen/Mantel

RAHMEN

Der Rahmen ist das Herzstück eines Fahrrads. Er bildet dessen „Skelett", hält alle weiteren Teile zusammen und hat entscheidenden Einfluss auf das Fahrverhalten.

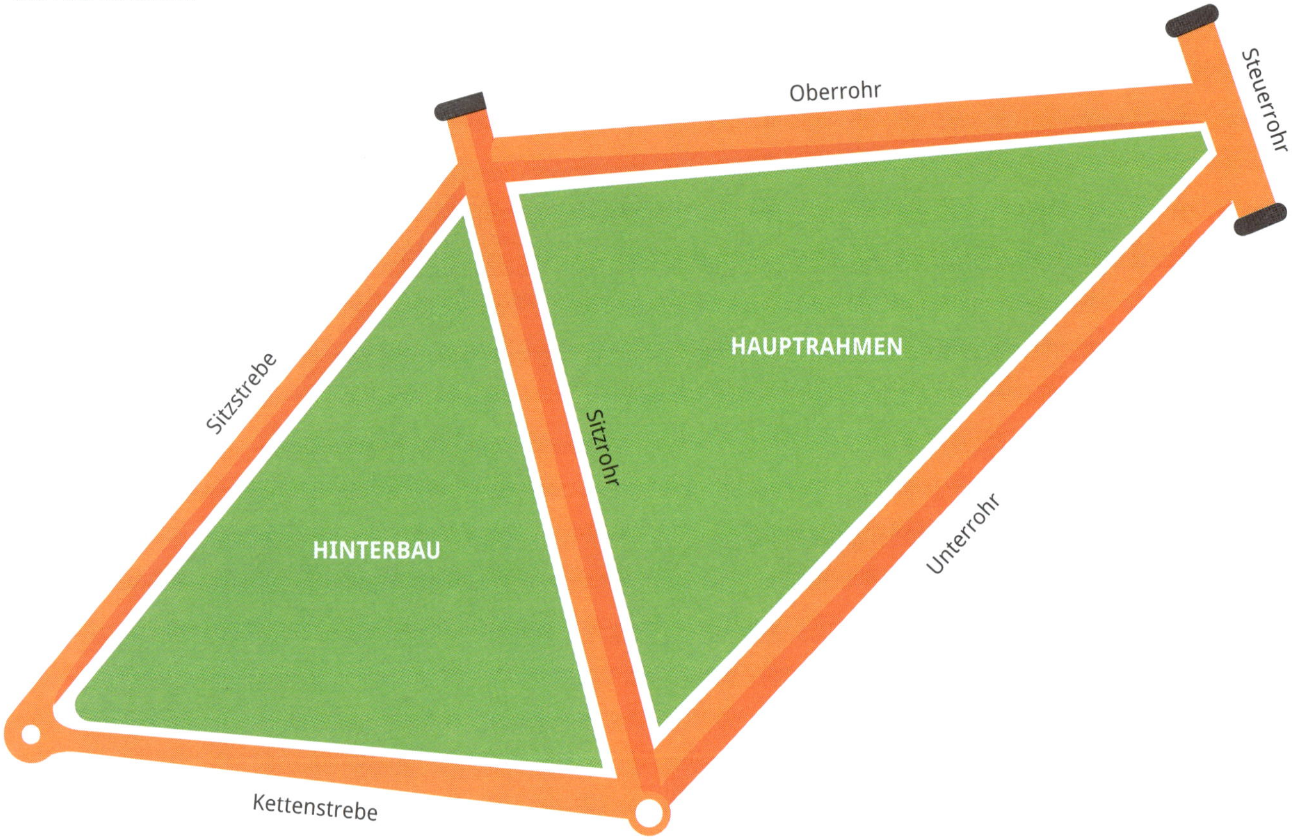

FORM

Am weitesten verbreitet ist der sogenannte **Diamantrahmen**. Er wurde bereits im 19. Jahrhundert entwickelt und ist seitdem im Wesentlichen unverändert geblieben. *Geschichte des Fahrrads, S. 15* Die Bezeichnung kommt vom englischen Wort *diamond*, das in diesem Fall mit „Raute" übersetzt werden kann. **Denn der Rahmen besteht aus zwei Dreiecken, die zusammen eine Rautenform bilden. Das vordere Dreieck wird als Hauptrahmen bezeichnet, das hintere Dreieck als Hinterbau.** Vorteile dieser Rahmenform sind eine hohe Stabilität verbunden mit einem niedrigen Gewicht. Zudem erlaubt sie eine sportliche Fahrweise mit gestreckter Sitzhaltung.
Der Diamantrahmen ist der klassische Rahmen für Herrenräder.

Damenräder verfügen traditionell über ein stark abgesenktes Oberrohr, um einen leichteren Einstieg mit langen Röcken zu ermöglichen. Heute ist eine solche Unterscheidung nach Geschlechtern nicht mehr üblich – beide Rahmenformen haben ihre Vor- und Nachteile. *Fahrradtypen, S. 54*
Die Rahmenform – auch Geometrie genannt – beeinflusst den Fahrkomfort. Sie entscheidet mit darüber, ob man eher sportlich gestreckt oder aufrecht auf dem Fahrrad sitzt.

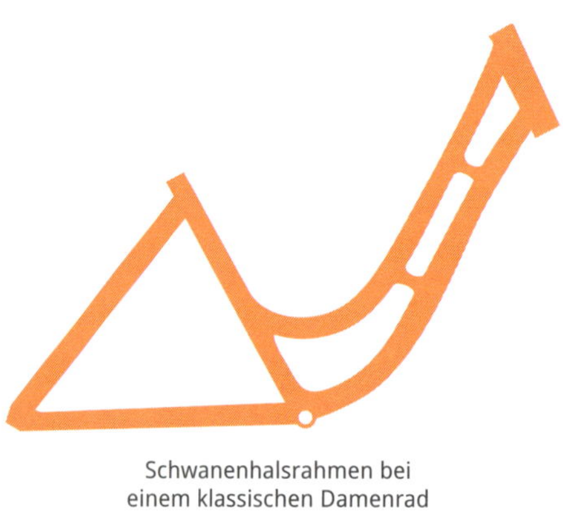

Schwanenhalsrahmen bei einem klassischen Damenrad

MATERIAL

Es gibt drei weit verbreitete Materialien für Fahrradrahmen: Stahl, Aluminium und Carbon. Bis in die 1980er Jahre hinein dominierte Stahl den Rahmenbau. Doch dann kamen die ersten Rahmen aus Aluminium auf den Markt. Noch einmal etwa 15 Jahre später waren erstmals erschwingliche Rahmen aus Carbon erhältlich. Heute besitzt Aluminium den weitaus größten Marktanteil. Die Eigenschaften der drei Materialien vergleichen wir auf der folgenden Doppelseite. *Materialvergleich, S. 26*

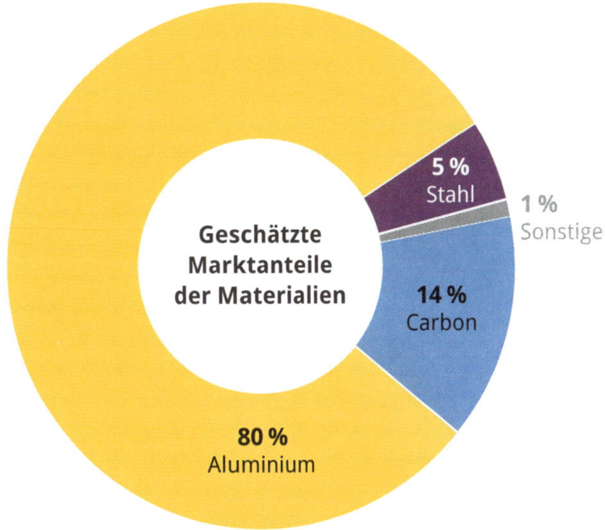

HERSTELLUNG DER MATERIALIEN

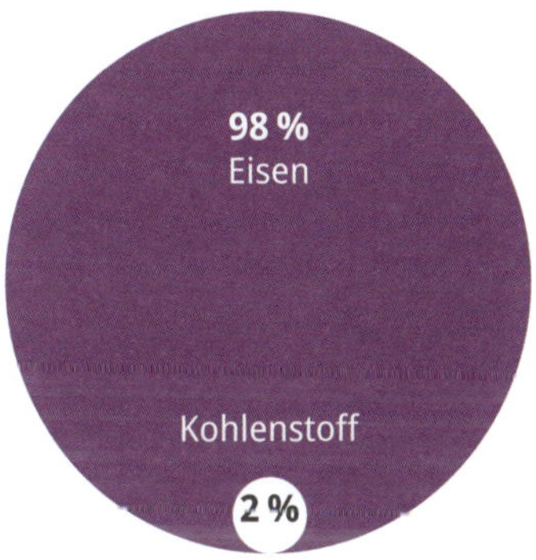

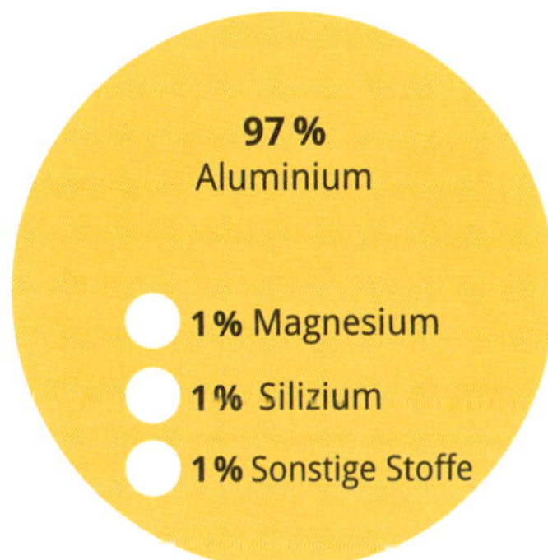

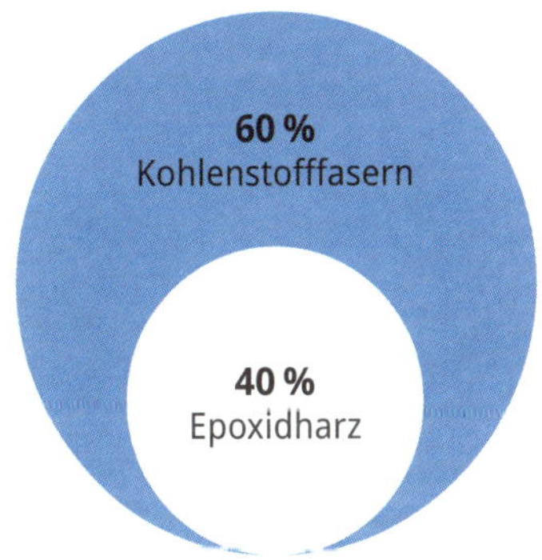

Stahlrahmen

Stahl besteht hauptsächlich aus Eisen, das aus in Minen abgebautem Eisenerz gewonnen wird. Eisenerz – ein Gemisch aus Eisen und Gesteinen – wird unter großer Hitze in Hochöfen mithilfe von Koks zu Roheisen verarbeitet. Damit Roheisen zu Stahl wird, muss im zweiten Schritt der Anteil an Kohlenstoff reduziert werden. Dies geschieht mithilfe von Sauerstoff. Der verbleibende Kohlenstoffanteil von etwa zwei Prozent ist wichtig für die Härte des Stahls. In geringen Mengen sind weitere Metalle enthalten.

Aluminiumrahmen

Das Leichtmetall Aluminium kommt auf der Erde nur in Verbindungen vor, am häufigsten im Gestein Bauxit. Die wichtigsten Abbauländer von Bauxit sind Australien, Guinea, China und Brasilien. Unter hohem Energieeinsatz wird aus Bauxit in mehreren Schritten reines Aluminium gewonnen. In Fahrradrahmen kommen Aluminiumlegierungen zum Einsatz, die neben Aluminium meist unter anderem geringe Anteile an Magnesium und Silizium enthalten. Diese erhöhen die Festigkeit des Materials.

Carbonrahmen

Carbon ist ein Verbundwerkstoff, der auch „kohlenfaserverstärkter Kunststoff" genannt wird. Bei der Herstellung werden Kohlenstofffasern in eine sogenannte Matrix aus Kunstharz, meist Epoxidharz eingebettet. Grundlage des Kohlenstoffs sowie des Harzes ist Erdöl. Der gesamte Prozess ist sehr energieaufwendig. Ist der Werkstoff ausgehärtet, profitiert er von der sehr hohen Zugfestigkeit der Fasern.

SCHON GEWUSST?

Weitere mögliche Rahmenmaterialien sind Titan und Bambus. Das Leichtmetall Titan besitzt viele für den Rahmenbau geeignete Eigenschaften und ist extrem robust. Die Gewinnung des Rohstoffs ist aber so aufwendig, dass Titanrahmen sehr teuer sind. Fahrradrahmen aus Bambus punkten mit Nachhaltigkeit, schließlich handelt es sich um einen nachwachsenden Rohstoff. Da sie als handwerkliche Einzelstücke gefertigt werden, sind sie aber ebenfalls teuer.

MATERIALVERGLEICH

Stahl, Aluminium und Carbon haben sehr unterschiedliche Eigenschaften. Welches Rahmenmaterial geeignet ist, hängt vom Einsatzzweck des Fahrrads sowie der Preisvorstellung ab. Auf dieser Seite vergleichen wir die jeweiligen Vor- und Nachteile. Natürlich kommt es nicht ausschließlich auf das Material an, sondern auch auf die individuelle Qualität des Rahmens. Auffällig ist, dass Aluminium in jeder Kategorie den mittleren Platz belegt. Es bietet also einen guten Kompromiss zwischen den Anforderungen – das erklärt seine hohen Marktanteile beim Rahmenbau.

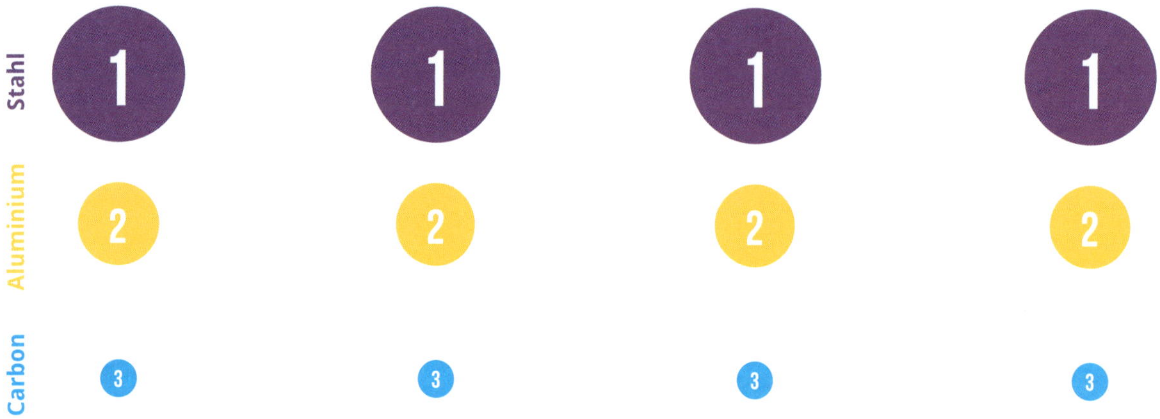

PREIS

Beim Preis liegt der Stahlrahmen klar vorne: Stahl ist ein Massenprodukt, das in riesigen Mengen hergestellt wird. Bei Carbonrahmen sind dagegen sowohl die Rohmaterialien als auch die Fertigung sehr teuer. Ein Carbon-Fahrrad kostet in der Regel mindestens 1 500 Euro, meist aber deutlich mehr. Aluminium liegt im mittleren Preisbereich. Bei Aluminium-Fahrrädern gilt das Preis-Leistungs-Verhältnis als besonders gut.

HALTBARKEIT

Fahrradrahmen sind prinzipiell sehr langlebig, sofern sie nicht durch Stöße oder Stürze beschädigt werden. Stahl ist relativ leicht verformbar, was in Bezug auf die Haltbarkeit ein Vorteil ist: Kommt es zu einem Sturz, kann sich der Rahmen zwar verbiegen, lässt sich aber in vielen Fällen wieder zurückbiegen. Carbon dagegen verformt sich nicht, sondern wird spröde. Es besteht die Gefahr, dass ein Carbonrahmen im Fall eines Sturzes auseinanderbricht. Ein bereits beschädigter Carbonrahmen muss daher in einigen Fällen aus Sicherheitsgründen entsorgt werden.

ÖKOBILANZ

Alle drei Materialien benötigen in der Herstellung viel Energie, zudem kann die Gewinnung der benötigten Rohstoffe schwere Umweltschäden verursachen. Ein Stahlrahmen verursacht im Vergleich jedoch am wenigsten CO_2-Emissionen, während Carbon den größten CO_2-Fußabdruck aufweist. Um das Ausgangsmaterial in Fasern umzuwandeln, werden sehr hohe Temperaturen benötigt. Carbon kann zudem so gut wie nicht recycelt werden, während Stahl und Aluminium eingeschmolzen und wiederverwendet werden können. *Entsorgung, S. 273*

DÄMPFUNG

Eine der Aufgaben des Rahmens ist es, Stöße vom Boden abzufedern. Der Rahmen „schluckt" diese, indem er sich minimal verformt. Da Stahl am stärksten verformbar ist, ist beim Stahlrahmen die Dämpfung am größten. Alu- und vor allem Carbonrahmen sind weniger elastisch und dadurch etwas weniger komfortabel. Es kommt aber auch auf die Form des Rahmens an: So kann man zum Beispiel Carbonrahmen mit besonders dünnen und dadurch elastischen Sitzstreben bauen und dadurch die Dämpfung am Hinterrad erhöhen.

DIE RAHMEN DER TOUR-DE-FRANCE-SIEGER

Neue Entwicklungen in der Fahrradtechnik kommen im Profiradsport meist zuerst an. So gewann bereits 1986 mit dem Amerikaner Greg LeMond ein Fahrer auf einem Carbonrahmen die Tour de France – lange bevor das Material auch für die breite Masse verfügbar wurde. Bis sich Carbon im Radsport endgültig durchsetzte, dauerte es allerdings noch einige Zeit. In den 1990er Jahren waren die meisten Sieger der wichtigsten Radrundfahrt der Welt auf Stahl- oder Aluminiumrädern unterwegs. Marco Pantani war 1998 der letzte Sieger, der keinen Carbonrahmen fuhr. *Tour de France, S. 158*

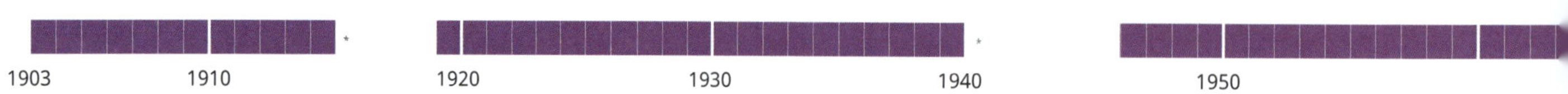

* Keine Austragungen wegen Kriegen

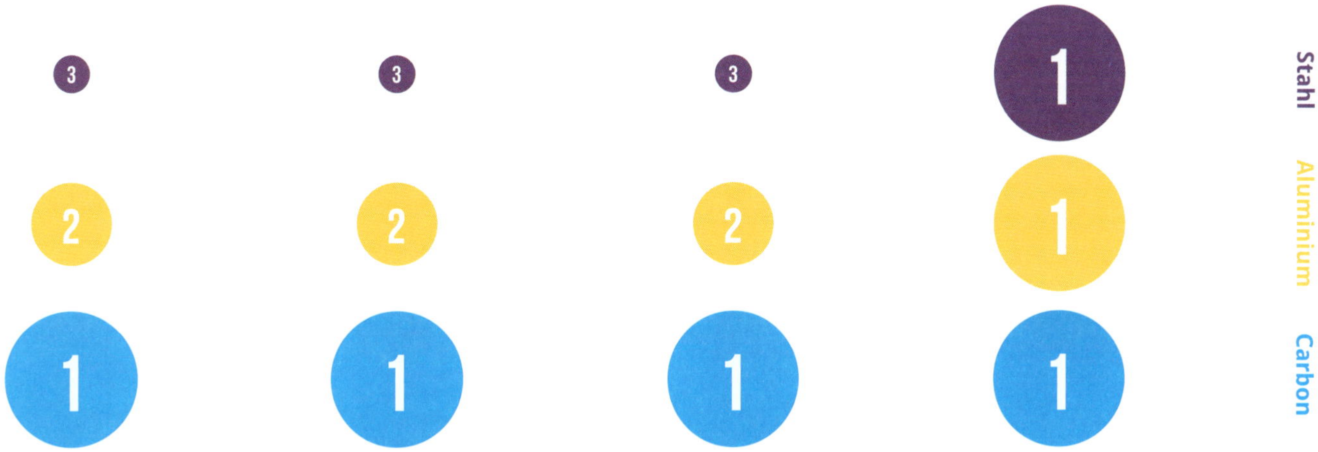

GEWICHT

Das Gewicht des Rahmens hat großen Einfluss auf das Gesamtgewicht des Fahrrads. Leichtere Fahrräder haben Vorteile beim Bergauffahren und lassen sich einfacher tragen. Das Leichtmetall Aluminium und der Verbundwerkstoff Carbon sind wesentlich leichter als Stahl, weshalb sie heute die Materialien der Wahl beim Bau sportlicher Fahrräder sind. Moderne Leichtbau-Rennräder sind ohne Carbon nicht denkbar.

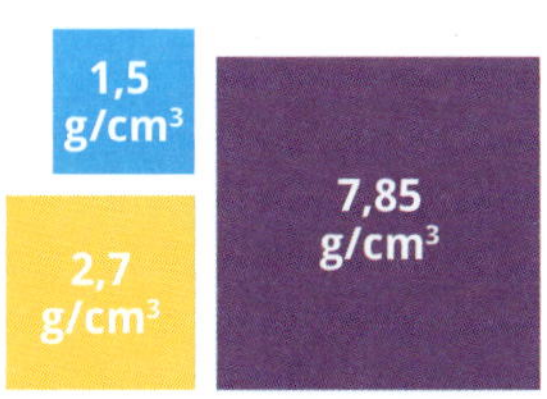

VERGLEICH DER DICHTE

Da für die dünnen Stahlrohre weniger Material benötigt wird als für Aluminium- und Carbonrohre, wird der Gewichtsnachteil von Stahl ein Stück weit wieder ausgeglichen. Dennoch bleibt ein Stahlrahmen in der Regel mehr als doppelt so schwer wie ein Carbonrahmen.

STEIFIGKEIT

Je weniger stark ein Rahmen verformbar ist, desto steifer ist er. Die Steifigkeit ist mitentscheidend dafür, wie effizient Kraft von den Pedalen ans Hinterrad übertragen werden kann. Denn wenn sich das Rahmenmaterial unter Krafteinsatz verformt, geht auch ein kleiner Teil der Energie verloren. Carbon besitzt in Bezug zum Gewicht eine sehr hohe Steifigkeit und ist deshalb für sportliches Fahren besonders geeignet. Bei Stahl ist der Kraftverlust am höchsten. Bei der Konstruktion von Rahmen gilt es, den gewünschten Kompromiss aus Steifigkeit und Dämpfung zu finden – dies lässt sich auch über die Breite der Rohre beeinflussen.

KORROSION

Anhaltende Feuchtigkeit ist der Feind des Fahrrads – schnell kann es zu Rost am Rahmen oder den Komponenten kommen. Ein großer Nachteil von Rahmen aus Stahl ist, dass das Material anfällig für Korrosion ist. Dabei reagieren Eisen und Sauerstoff in Verbindung mit Wasser zu rötlichem Eisenoxid. Auch Aluminium kann korrodieren, allerdings im Gegensatz zu Stahl nur sehr oberflächlich. Carbon ist kein Metall und rostet daher grundsätzlich nicht.

OPTIK

Während die rundlichen Rohre an Stahlrahmen oft sehr schmal sind, verfügen Aluminium- und Carbonrahmen über breitere Rohre in vielfältigen Formen. Die bevorzugte Optik ist Geschmackssache: Die einen lieben die nostalgischen Stahlräder, die an die Frühzeit des Fahrrads erinnern. Die anderen schwören auf das moderne und sportliche Aussehen von Aluminium und Carbon. Carbon bietet in der Konstruktion am meisten Gestaltungsfreiheit, daher können besonders aerodynamische Rahmenformen gebaut werden. Die fehlenden Schweißnähte lassen Carbonrahmen zudem besonders elegant wirken.

Greg LeMond, der 1986 als Erster auf einem Carbonrahmen die Tour de France gewonnen hat

REIFEN

Die Reifen sind die Verbindung zwischen Fahrrad und Untergrund. Auf ihnen lastet das Gewicht von Fahrzeug und Mensch. Die Wahl des Reifenprofils, der Reifenbreite sowie des richtigen Luftdrucks ist entscheidend für das gewünschte Fahrverhalten.
Die Grafik stellt gängige Reifenbreiten für unterschiedliche Fahrradtypen sowie den jeweils empfohlenen Luftdruck (bei einem Körpergewicht von 75 Kilogramm) im Originalmaßstab dar.
Fahrradtypen, S. 54

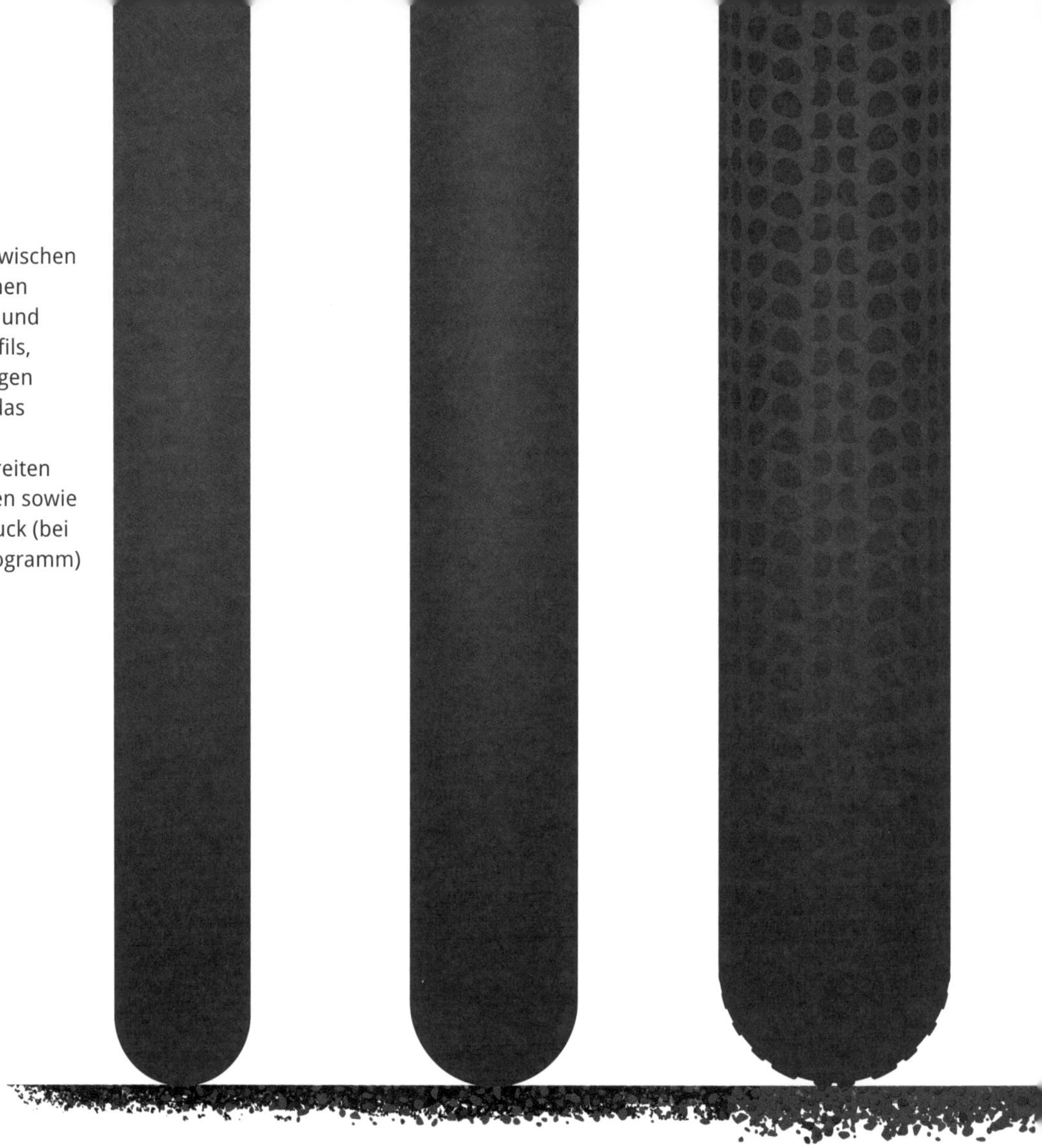

19 MM

RETRO-RENNRAD

Bis in die 1990er Jahre hinein konnten die Reifen von Rennrädern kaum schmal genug sein. Im Straßenradsport waren 19 Millimeter breite Reifen gängig. Diese müssen sehr hart aufgepumpt werden, entsprechend gering ist der Rollwiderstand. Dafür sind sie alles andere als komfortabel, auch die kleinste Unebenheit auf der Straße wird ungefedert weitergegeben.

9 bar

23 MM

RENNRAD

23 Millimeter breite Reifen waren lange das Standardmaß am Rennrad und werden noch heute gern gewählt, wenn das Rad möglichst leicht und puristisch sein soll. Der Trend geht in den vergangenen Jahren jedoch zu etwas breiteren und komfortableren Rennradreifen mit 25, 28 oder sogar noch mehr Millimetern.

8 bar

32 MM

RENNRAD/GRAVELBIKE

Reifen mit einer Breite von 32 Millimetern kommen an komfortablen Rennrädern oder an Gravelbikes zum Einsatz. Sie kommen mit etwas schlechterem Asphalt gut zurecht und eignen sich je nach Profil des Reifens auch für Schotter- und Waldwege.

5 bar

42 MM

STADTRAD

42 Millimeter sind eine verbreitete Reifenbreite an Alltags- und Stadträdern. Die Reifen bieten einen guten Kompromiss zwischen verschiedenen Untergründen. Da in der Stadt häufig Scherben herumliegen, sind sie oft mit einem zusätzlichen Pannenschutz ausgestattet.

4 bar

54 MM

MOUNTAINBIKE

Mountainbike-Reifen müssen Unebenheiten wie groben Schotter oder Wurzeln abfedern. Die breiten Reifen werden daher mit relativ niedrigem Luftdruck gefahren. Ihr genopptes Profil sorgt für guten Halt auf schwierigen Untergründen. 54 Millimeter sind eine verbreitete Reifenbreite für Mountainbikes.

2,5 bar

97 MM

FATBIKE

Fatbikes erinnern optisch schon beinahe an Motorräder. Ihre extrem breiten Reifen mit ausgeprägtem Profil sind für sehr schwierige Untergründe geschaffen: Sie kommen nicht nur mit grobem Schotter, sondern auch mit Schnee, Sand oder Matsch zurecht.

0,5 bar

REIFENSYSTEME

Es gibt drei gängige Systeme für Fahrradreifen:
Drahtreifen/Faltreifen, Schlauchreifen und schlauchlose Reifen.

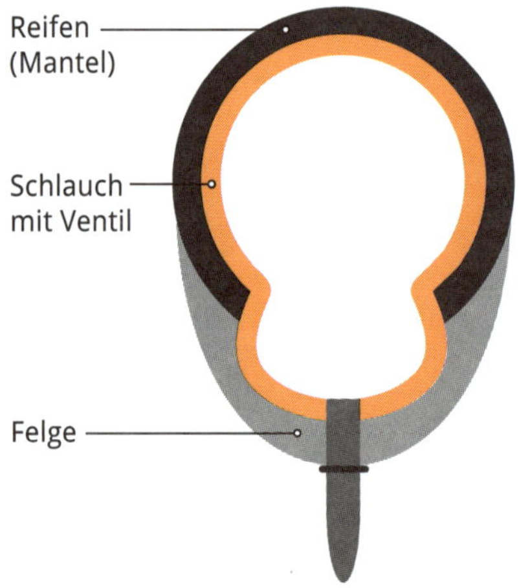

DRAHTREIFEN/FALTREIFEN

Verbreitung

Draht- und Faltreifen sind die heutigen Standardreifen für Fahrräder.

Aufbau und Funktion

Kennzeichnend ist der sogenannte Wulstkern, der den Reifen auf der Felge hält. Unter dem Mantel befindet sich ein Schlauch aus Gummi, in den über das Ventil die Luft eingefüllt wird. Ist der Reifen platt, wird der Schlauch entnommen und geflickt oder ausgetauscht. Im klassischen Drahtreifen besteht der Wulstkern aus Metalldrähten, im moderneren Faltreifen aus Kunststofffasern, sogenannten Aramidfasern. Der Faltreifen ist leichter und kann für den Transport und Verkauf gefaltet werden.

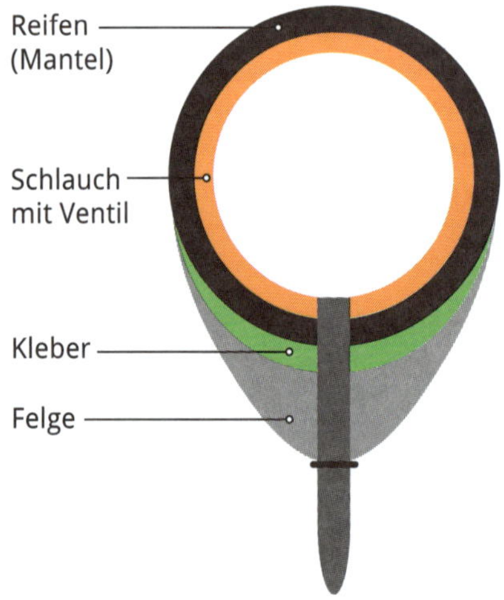

SCHLAUCHREIFEN

Verbreitung

Schlauchreifen sind vor allem im Bahnradsport verbreitet – dort sind sie sogar vorgeschrieben. Auch im Cyclocross-Sport sowie bei vielen Straßenradsport-Teams kommen sie zum Einsatz.

Aufbau und Funktion

Der Mantel wird direkt mit dem Schlauch vernäht und mit speziellem Kleber auf die gewölbte Felge geklebt. Alle drei Teile sind also fest miteinander verbunden. Der Reifen kann nicht von der Felge rutschen, ein Wulstkern ist nicht nötig.

+ Das Gewicht ist gering. Der Reifen kann mit sehr hohem Luftdruck aufgepumpt werden.

− Montage und Reparaturen sind sehr aufwendig. Zum Flicken des Schlauchs muss die Naht aufgetrennt werden. Im Radsport fällt dies weniger ins Gewicht, da man bei Pannen während eines Wettkampfs in der Regel das komplette Laufrad inklusive Bereifung wechselt.

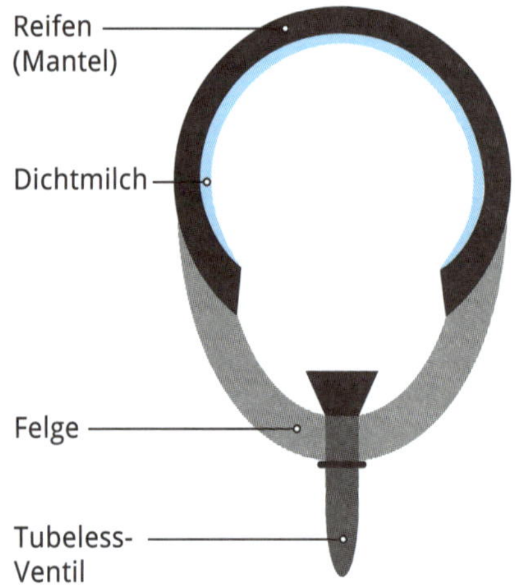

SCHLAUCHLOSE REIFEN (Tubeless)

Verbreitung

Schlauchlose Reifen – wie sie auch bei Autos und Motorrädern üblich sind – werden seit einigen Jahren im Radsport immer beliebter.

Aufbau und Funktion

In der Regel werden speziell für den „Tubeless"-Einsatz geeignete Faltreifen verwendet. Wer ohne Schlauch auskommen möchte, nutzt eine Dichtmilch, eine Flüssigkeit auf Latexbasis. Spezielle Tubeless-Ventile eignen sich zum Einfüllen der Dichtmilch und sind besonders luftdicht konstruiert. Ein spezielles Felgenband dichtet die Felgenlöcher ab.

+ Die Dichtmilch härtet unter Einfluss von Luft aus. Kommt es zu einem kleinen Loch im Reifen, kann die Flüssigkeit dieses schließen. Durch die fehlende Reibung zwischen Mantel und Schlauch verringert sich im Vergleich zu herkömmlichen Reifen der Rollwiderstand. Zudem spart man das Gewicht eines Schlauchs ein.

− Die Montage mit dem Einfüllen der Dichtmilch ist recht aufwendig, zudem muss diese alle sechs Monate nachgefüllt werden.

AUFBAU EINES DRAHTREIFENS

Karkasse
Die Karkasse ist das tragende Gerüst des Reifens. Sie besteht aus mehreren Schichten Textilgewebe, das wiederum aus je nach Qualität des Reifens unterschiedlich dicht gewebten Fäden besteht. Meist werden Kunstfasern wie Nylon verwendet, aber auch natürliche Materialien wie Baumwolle sind möglich. Das Gewebe der Karkasse ist beidseitig mit Gummi beschichtet.

Pannenschutz
Viele Reifen enthalten zwischen Karkasse und Lauffläche einen Pannenschutzgürtel. Diese zusätzliche Schicht aus Kautschuk und Kunststofffasern soll den Reifen vor Durchstichen durch Scherben, Dornen oder Nägel schützen. Je dicker die Schicht, desto höher der Pannenschutz, aber auch das Gewicht des Reifens.

Lauffläche
Die Lauffläche stellt den direkten Kontakt zwischen Reifen und Untergrund her. Sie besteht aus einer Gummimischung. Hauptbestandteile sind Natur- und Synthetikkautschuk, hinzu kommen Füllstoffe wie Ruß, Vulkanisationsmittel wie Schwefel und Weichmacher wie Öle und Fette. Je unebener der Untergrund ist, desto ausgeprägter sollte das Profil der Lauffläche sein.

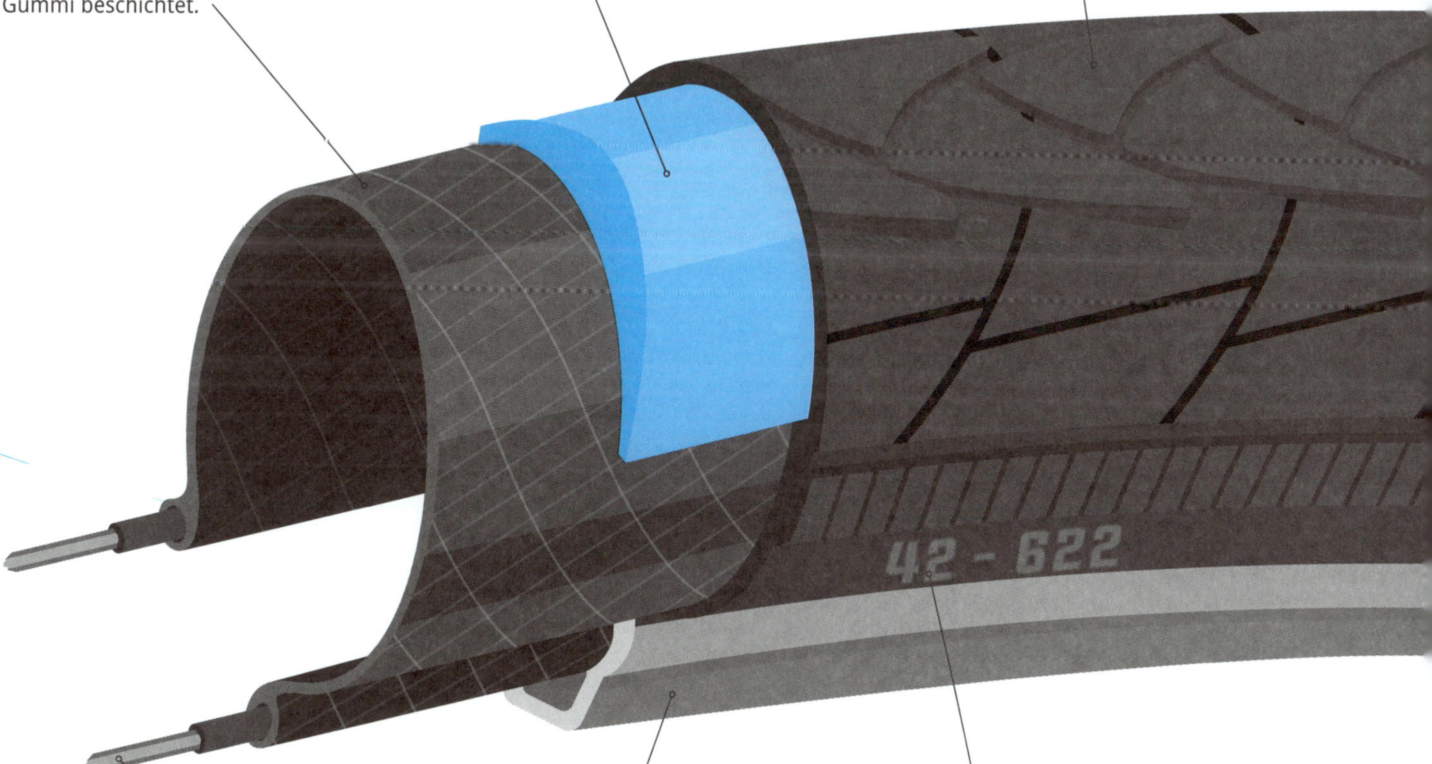

Wulstkern
Der Wulstkern hält den Reifen auf der Felge. Er besteht bei Drahtreifen aus Metalldrähten, bei Faltreifen aus Kunststoffasern.

Felge
Heutige Felgen für Draht- und Faltreifen sind sogenannte Tiefbettfelgen.

Grössenangaben
Auf der Seitenwand des Reifens sind wichtige Größenangaben zu finden, die wir auf der nächsten Doppelseite im Detail erklären.

GRÖSSENANGABEN

Auf der Seitenwand des Reifens stehen nicht nur Angaben zum Hersteller und der Marke, sondern auch wichtige Größenangaben. Die verschiedenen Zahlen führen oft zu Verwirrung.

Es gibt **drei unterschiedliche Benennungssysteme** für die Reifengröße und die dazugehörigen Schläuche. Wer die Angaben versteht, findet leicht den passenden Schlauch. Da der Schlauch sehr dehnbar ist, ist er immer für mehrere Reifengrößen passend.

Wir erklären die drei Systeme anhand eines Beispielreifens mit 42 Millimetern Reifenbreite und 622 Millimetern Innendurchdurchmesser. Die Grafik verdeutlicht, welche Werte gemeint sind.

REIFENBREITE

42 MM / 1,6"

ETRTO-BEZEICHNUNG

42 – 622

Reifenbreite Innendurchmesser

Die Angaben nach der sogenannten ETRTO-Norm sind am genauesten. Die Abkürzung steht für „European Tyre and Rim Technical Organisation". Angegeben werden die Reifenbreite sowie der Innendurchmesser des Reifens in Millimetern. Der Innendurchmesser ist wichtig, da er genau mit dem Nenndurchmesser der Felge übereinstimmen muss.

FRANZÖSISCHE BEZEICHNUNG

700 x 42 C

Außendurchmesser Reifenbreite Reifenhöhe

Die sogenannte französische Bezeichnung ist etwas ungenauer, da nur der Außendurchmesser des Reifens angegeben wird und der Innendurchmesser hier nur indirekt ermittelt werden kann:

Außendurchmesser – 2 x Reifenhöhe = Innendurchmesser

700 mm – 2 x 39 mm = 622 mm

Der Buchstabe steht für die ungefähre Höhe des Reifens, dabei gibt es drei Optionen:

A = ca. 30 mm / B = ca. 33 mm / C = ca. 39 mm

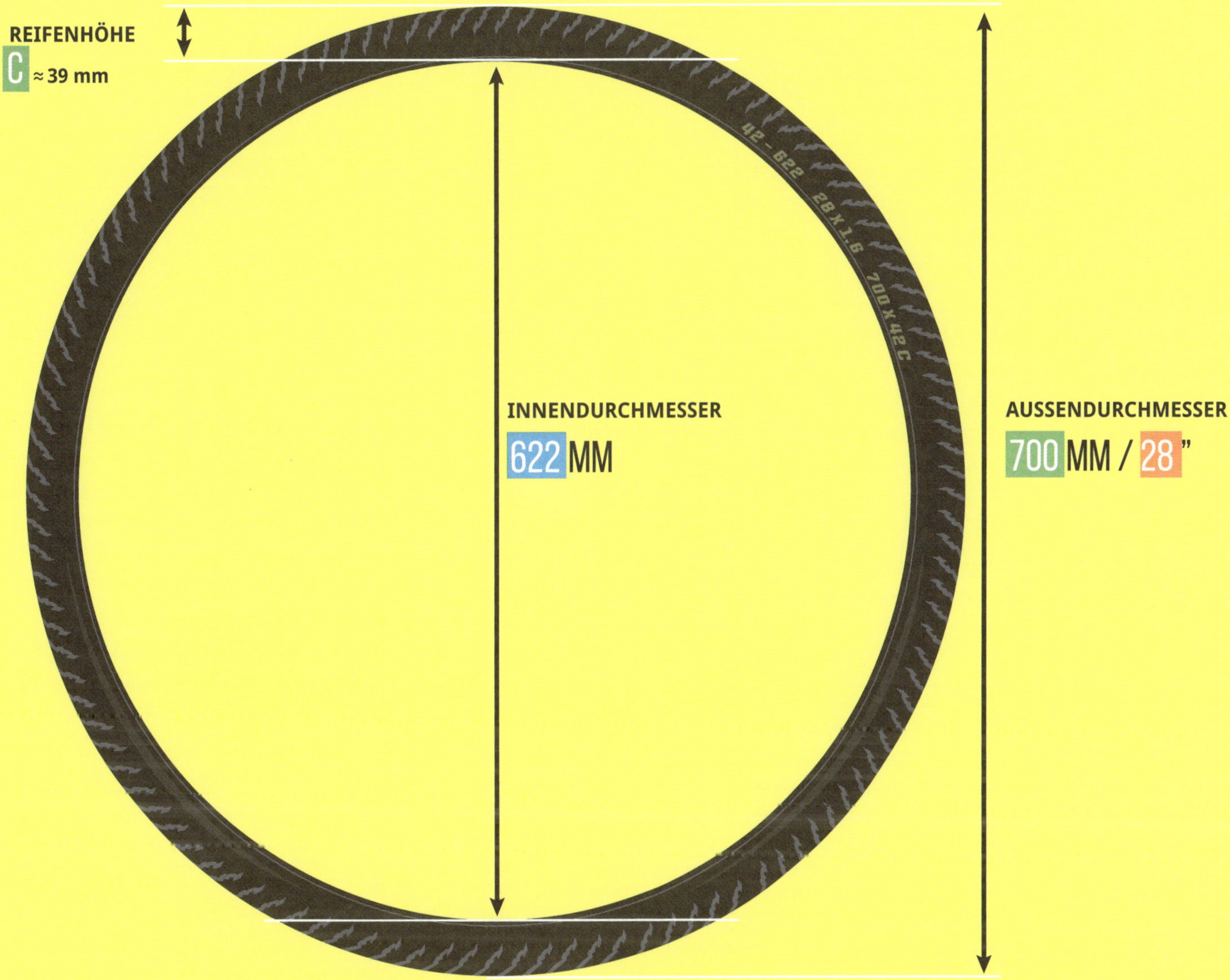

ZOLL-BEZEICHNUNG

28 x 1,6

Außendurchmesser Reifenbreite (1" = 25,4 mm)

Die Zoll-Bezeichnung ist am ungenauesten, da es hier keine millimetergenauen Angaben gibt. Der Außendurchmesser wird in halbe Zollschritte eingeteilt, was eine recht grobe Angabe ist. Um sicherzugehen, dass der Reifen auf die Felge passt, sollte man sich zusätzlich über die ETRTO-Größe informieren. Das Zoll-System hat sich bei den besonders breiten und hohen Mountainbike-Reifen durchgesetzt.

VENTILE

Es sind drei unterschiedliche Arten von Fahrradventilen verbreitet. Bei Reifensystemen mit Schlauch ist das Ventil direkt mit dem Schlauch verbunden. Hier erklären wir, wie die Ventile heißen und wie ihr jeweiliges Innenleben aussieht. Zum Aufpumpen sind unterschiedliche Pumpenaufsätze erforderlich. Viele Fahrradpumpen sind auf alle drei Ventilarten einstellbar.

DUNLOPVENTIL

Andere Namen: **Fahrradventil, Blitzventil**
Felgenbohrung: **8,5 mm**
Maximaler Luftdruck: **6 bar**

Das Dunlopventil ist das klassische Ventil für Fahrräder, das – auch wegen seines günstigen Preises – an Alltagsrädern am weitesten verbreitet ist. Benannt ist es nach dem Schotten John Boyd Dunlop, dem Erfinder der luftgefüllten Fahrradbereifung. Heute ist häufig eine Weiterentwicklung des ursprünglichen Dunlopventils im Einsatz, das sogenannte Blitzventil. Dabei wird eine kleine Kugel aus Kunststoff oder Metall verwendet, die sich im Ventilröhrchen auf und ab bewegen kann. Diese Variante ist in der Grafik abgebildet.

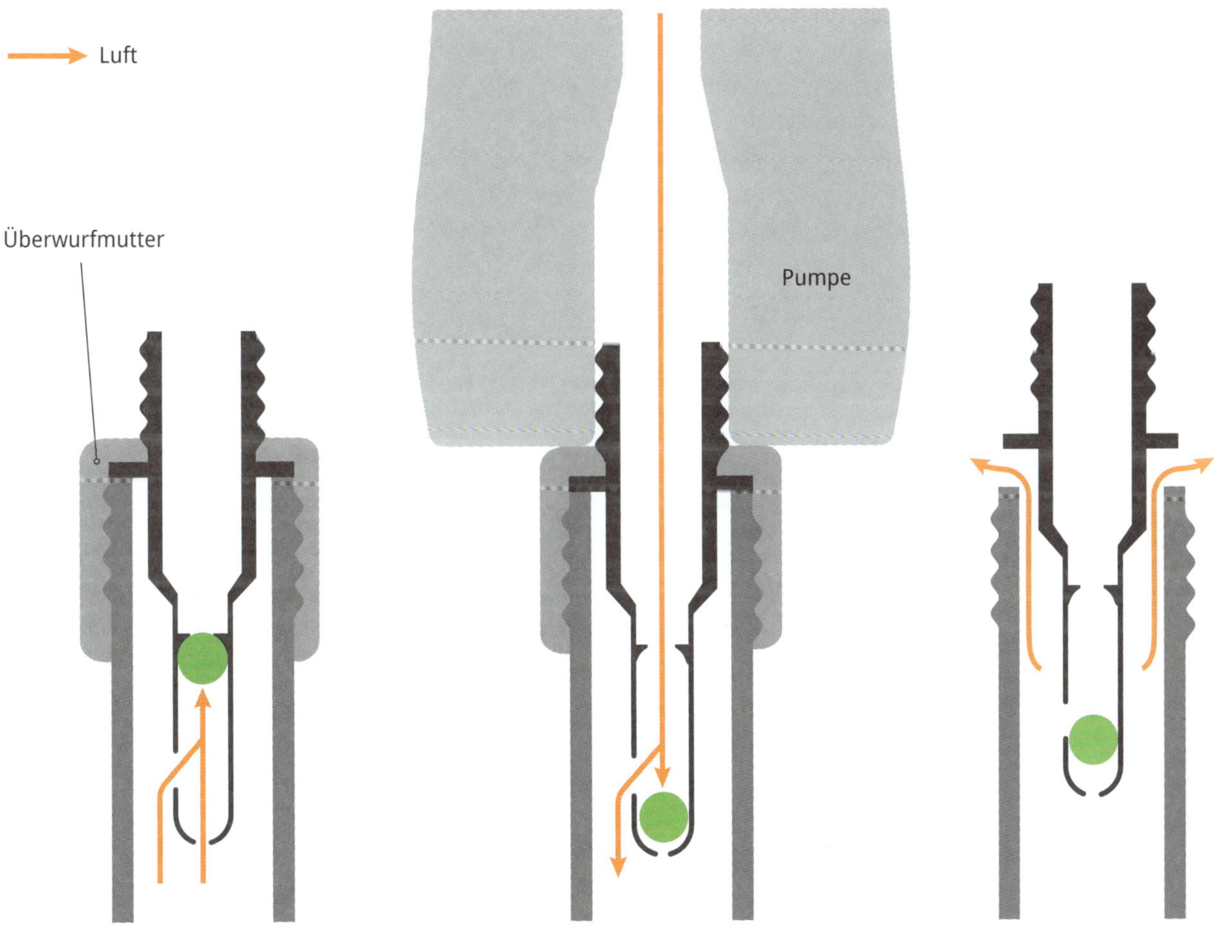

NORMALZUSTAND
Die Kugel verschließt das Ventil, der Luftdruck presst sie gegen den Dichtungssitz.

AUFPUMPEN
Der durch die Pumpe erzeugte Luftdruck von oben drückt die Kugel nach unten, das seitliche Luftloch wird freigegeben.

LUFT ABLASSEN
Schraubt man die Überwurfmutter ab, entweicht die komplette im Schlauch enthaltene Luft. Es genügt auch, die Mutter nur ein wenig zu lösen und am Ventileinsatz zu ziehen. Der Schlauch muss daraufhin komplett neu aufgepumpt werden.

AUTOVENTIL

Anderer Name: **Schraderventil**
Felgenbohrung: **8,5 mm**
Maximaler Luftdruck: **10 bar**

Das Autoventil kommt auch in vielen Autoreifen zum Einsatz. Sein Vorteil ist, dass es sich an Tankstellen mit Druckluft aufpumpen lässt. Daher wird es häufig an Reiserädern eingesetzt.

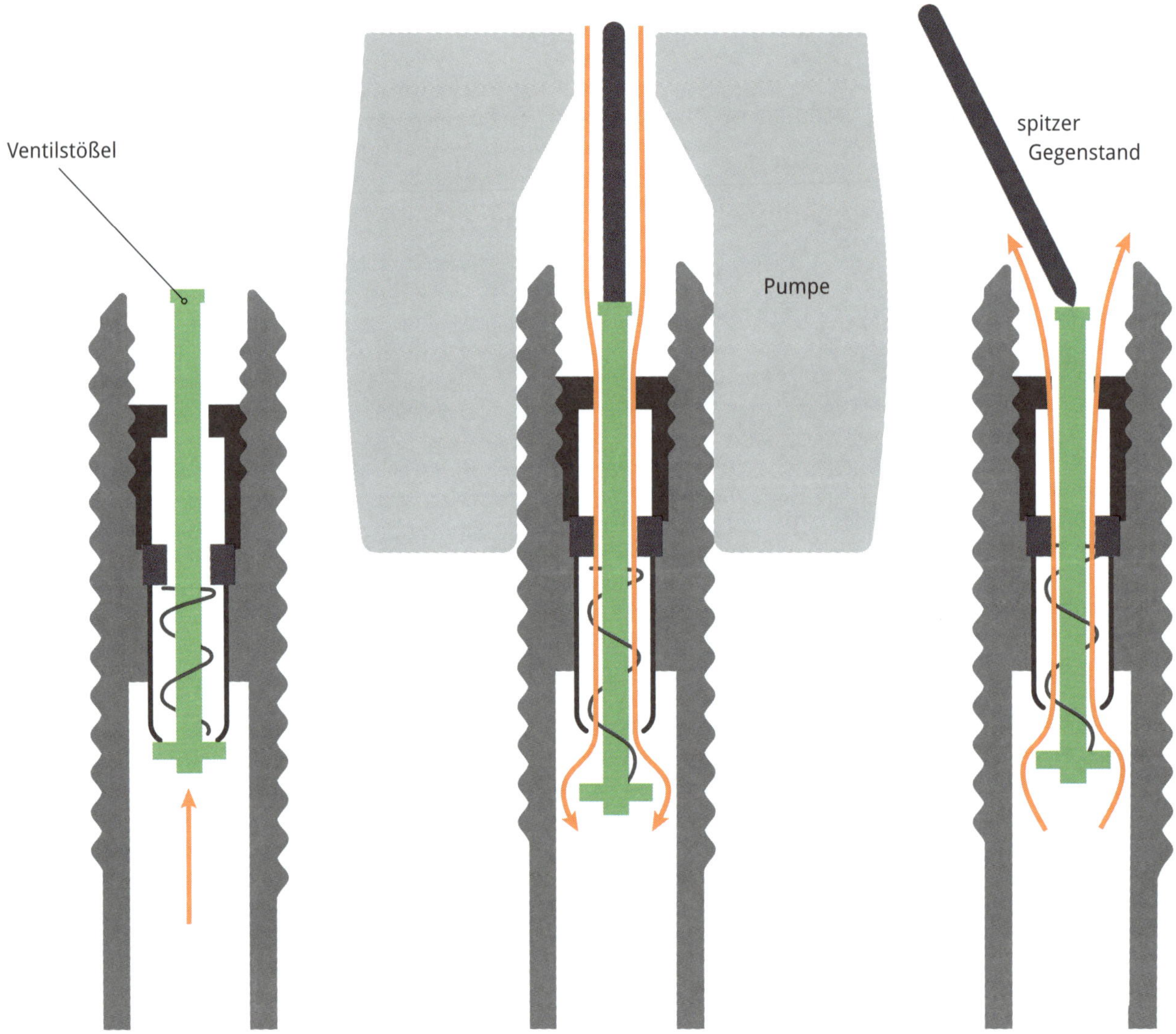

NORMALZUSTAND
Der sogenannte Ventilstößel verhindert das Herausströmen der Luft. Der Luftdruck im Schlauch drückt den Stößel nach oben.

AUFPUMPEN
Ein mittig in der Pumpe sitzender Stift drückt den Ventilstößel nach unten. So kann die von oben zugeführte Luft in den Schlauch gelangen.

LUFT ABLASSEN
Mit einem spitzen Gegenstand wird der Ventilstößel nach unten gedrückt. So kann die Luft stoßweise entweichen. Lässt man den Stößel los, federt er zurück.

SCLAVERANDVENTIL

Andere Namen: **Französisches Ventil, Prestaventil, Rennradventil**
Felgenbohrung: **6,5 mm**
Maximaler Luftdruck: **15 bar**

Das Sclaverandventil wurde nach seinem Erfinder, dem Franzosen Etienne Sclaverand benannt. Das schmale Ventil ist auf sehr hohen Luftdruck ausgelegt und kommt standardmäßig bei Rennrädern zum Einsatz. Auch Schlauchreifen wie im Bahnradsport verfügen über Sclaverandventile. Bei schlauchlosen Reifen wird ebenfalls ein spezielles Sclaverandventil verwendet, dessen Einsatz zum Einfüllen der Dichtmilch herausgeschraubt werden kann.

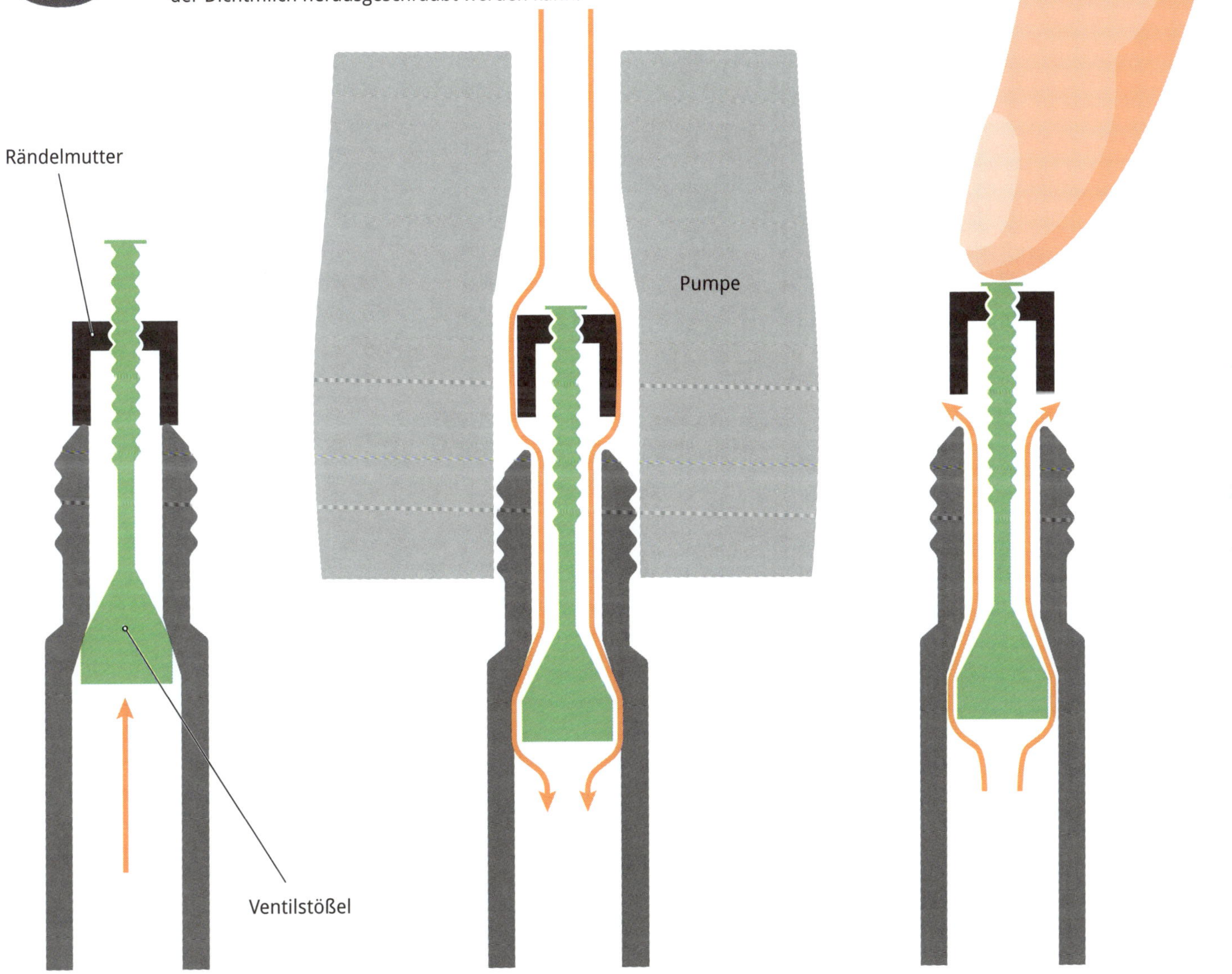

NORMALZUSTAND
Der Ventilstößel verhindert das Herausströmen der Luft. Der Luftdruck im Schlauch drückt den Stößel nach oben.

AUFPUMPEN
Zum Aufpumpen wird die Rändelmutter am Gewinde des Ventilstößels gelöst. Der durch die Pumpe erzeugte Luftdruck drückt den nun beweglichen Stößel nach unten, wodurch die Luft in den Schlauch gelangen kann.

LUFT ABLASSEN
Zum Ablassen der Luft wird ebenfalls die Rändelmutter gelöst. Nun kann der Stößel durch leichten Druck mit dem Finger nach unten gedrückt werden, so dass schrittweise Luft entweicht.

Quelle: ADAC

KETTE

Die Kette ist ein entscheidendes und hoch beanspruchtes, aber oft vernachlässigtes Bauteil am Fahrrad. Sie gibt die durch das Treten der Pedale erzeugte Kraft an das Hinterrad weiter. Die Kette besteht in der Regel aus Stahl. Hochwertigere Ketten besitzen einen Überzug, der vor dem Verrosten schützen soll – zum Beispiel aus Nickel oder Chrom. Eine Alternative zur Metallkette ist der Antrieb über einen Riemen, der aus einer Gummimischung besteht und mit Carbonfasern verstärkt werden kann. Er benötigt so gut wie keine Wartung, funktioniert aber natürlich nicht in Verbindung mit Kettenschaltungen.

AUFBAU

Eine Fahrradkette ist eine sogenannte Rollenkette. Diese setzt sich aus vielen einzelnen Kettengliedern zusammen, wobei sich Innen- und Außenglieder abwechseln und überlappen. Jedes Innenglied enthält zwei Innenlaschen, jedes Außenglied zwei Außenlaschen. Zwischen den Innenlaschen befinden sich sogenannte Rollen. Zusammengehalten wird die ganze Konstruktion von Bolzen, die durch die Öffnungen der Laschen und Rollen geschoben werden. Die Zähne des Kettenblatts und der Ritzel greifen in die Zwischenräume der Kettenglieder.

Antrieb & Übersetzung, S. 40

KETTENBREITE

Es gibt zwei Maße für die Breite der Kette: Der Abstand zwischen zwei Außenlaschen heißt Außenbreite und entspricht der Länge des Bolzens. Die Breite der Rollen heißt Innenbreite. Im Fahrradhandel werden diese millimetergenauen Maße aber oft gar nicht angegeben. Stattdessen wird eine Gangzahl genannt, für welche die Kette geeignet ist. Denn bei Kettenschaltungen hängt die Breite der Kette von der Zahl der Ritzel am Hinterrad ab. Je mehr Gänge es gibt, desto schmaler (und dadurch flexibler) muss die Kette sein.

Moderne Fahrradketten bestehen oft aus **114** oder **116** Kettengliedern. Eine Kette mit 114 Gliedern (davon ein Kettenschloss) besteht aus **456** Einzelteilen:

114
Innenlaschen

114
Außenlaschen
(davon zwei spezielle Laschen für das Kettenschloss)

114
Rollen

114
Bolzen
(davon zwei spezielle Bolzen für das Kettenschloss)

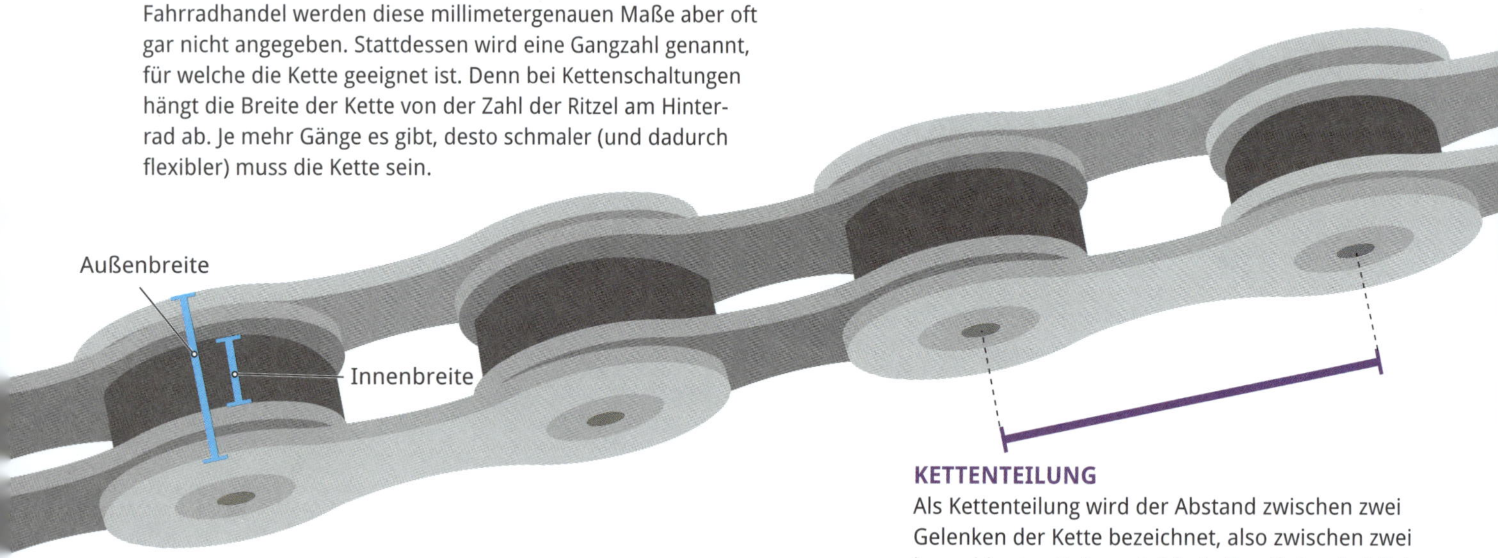

KETTENTEILUNG

Als Kettenteilung wird der Abstand zwischen zwei Gelenken der Kette bezeichnet, also zwischen zwei benachbarten Bolzen. Bei fast allen Ketten beträgt er ein halbes Zoll, das sind etwa 13 Millimeter. Die Abstände zwischen den Zähnen der Kettenblätter und der Ritzel sind entsprechend an dieses Standardmaß angepasst. Es hat mehrmals Versuche von Herstellern gegeben, eigene Standards zu entwickeln, diese sind aber immer gescheitert.

SCHMIERUNG

Damit die Kette ihre Funktion zuverlässig erfüllen kann und lange hält, muss sie regelmäßig geschmiert werden. **Ein feiner Schmierfilm hält ihre Glieder geschmeidig, beugt Rost vor und verhindert zu starke Reibungen an der Kette sowie den Kettenblättern und Ritzeln.** Schmiermittel auf Ölbasis schützen gut vor Korrosion, ziehen aber viel Schmutz an. Eine mit sogenannten Trockenschmiermitteln auf Wachsbasis versorgte Kette bleibt länger sauber. Einige Produkte basieren auf pflanzlichen Stoffen. So kann auch mal ein Tropfen daneben gehen, ohne dass die Umwelt leidet. Zum Schmieren dreht man am besten die Kurbel langsam rückwärts und träufelt das Schmiermittel auf jedes einzelne Kettenglied, wo es eine Weile einwirken sollte. Danach reibt man überschüssiges Öl oder Wachs mit einem Tuch ab. Auf die Außenseite der Außenlaschen gehört kein Schmiermittel, hier zieht es nur unnötig Dreck an.

VERSCHLEISS

Kaum ein Fahrradteil ist so starken Belastungen ausgesetzt wie die Kette. Ständig wird an ihr gezerrt, ständig reiben ihre Glieder über andere Metallteile. Die Fahrradkette ist daher ein Verschleißteil, das irgendwann ausgetauscht werden muss. Je schmutziger die Kette ist, desto schneller verschleißt sie, da Staub und kleine Steinchen für zusätzliche Reibung sorgen. Eine große Belastung ist auch der Schräglauf der Kette bei Kettenschaltungen. Mit der Zeit werden die Bolzen in der Kette immer kleiner geschliffen. Das sorgt für mehr Spiel in den Gelenken. Man sagt: Die Kette „längt" sich.

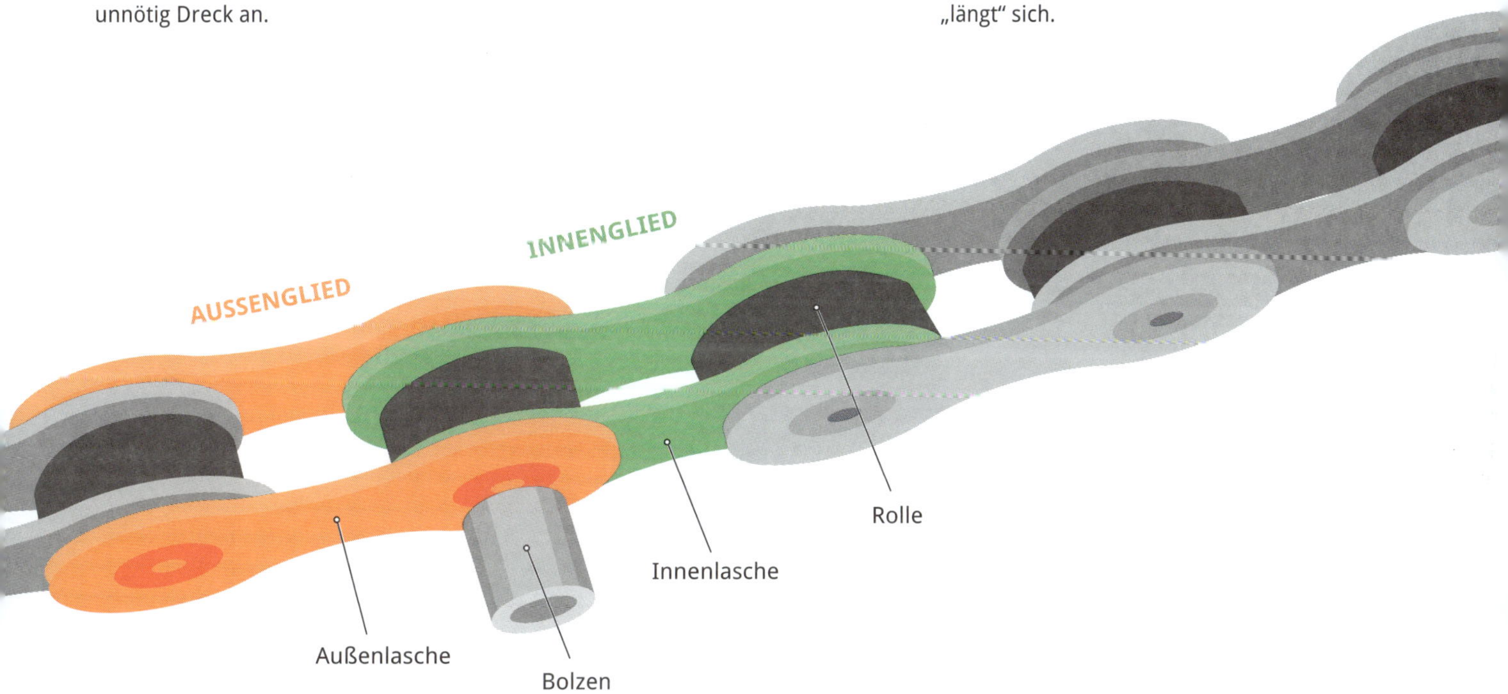

KETTENSCHLOSS

Oft ist eines der Außenglieder ein sogenanntes Kettenschloss, mit dem sich die Kette mithilfe einer speziellen Zange oder bei einigen Modellen auch per Hand öffnen und schließen lässt. Ketten ohne Kettenschloss werden mit einem sogenannten Nietstift verschlossen. Das ist etwas aufwendiger und benötigt ein spezielles Werkzeug, den Kettennieter.

ANTRIEB & ÜBERSETZUNG

Tritt man in die Pedale, ziehen die Zähne des Kettenblatts die Kette nach vorne. Sie bewegt sich dann mit derselben Geschwindigkeit wie die Kurbel im Kreis. Ihre Bewegung überträgt die Kette wiederum auf das Ritzel des Hinterrads, wodurch das ganze Fahrrad in Fahrt versetzt wird. Aber müsste nicht auch umgekehrt das sich drehende Hinterrad seine Bewegung über die Kette nach vorne auf die Pedale übertragen? Das wird bei den meisten Fahrrädern durch ein spezielles Bauteil in der Hinterradnabe verhindert: den Freilauf. Er sorgt dafür, dass sich das Hinterrad unabhängig von den Ritzeln drehen kann, wenn vorne nicht oder kaum getreten wird – zum Beispiel, wenn man den Berg hinunter rollt.

ÜBERSETZUNG

Die Übersetzung ist ein wichtiger Begriff in der Fahrradtechnik. **Sie ergibt sich aus dem Verhältnis der Zahl der Zähne am Kettenblatt und der Zahl der Zähne am Ritzel des Hinterrads.** Dieses Verhältnis ist entscheidend dafür, wie stark man bei einer bestimmten Trittfrequenz in die Pedale treten muss, um eine bestimmte Geschwindigkeit zu erreichen.

1 UMDREHUNG des Ritzels pro Kurbelumdrehung
Beispiel: 16:16=1
Im einfachsten Fall ist die Zahl der Zähne vorne und hinten jeweils gleich groß. Die Kette setzt das Hinterrad dann mit genau derselben Geschwindigkeit in Bewegung, mit der sich vorne die Pedale im Kreis drehen. Das ist nicht besonders schnell und entspricht einer typischen Geschwindigkeit beim Joggen.

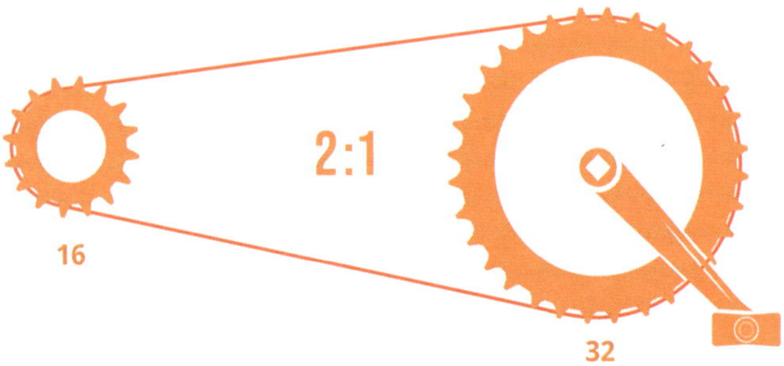

2 UMDREHUNGEN des Ritzels pro Kurbelumdrehung
Beispiel: 32:16=2
Um schneller fahren zu können, braucht man eine höhere Übersetzung – in unserem Beispiel 2:1. In der Zeit, in der sich die Kurbel einmal im Kreis dreht, dreht sich das Ritzel zweimal. Das Fahrrad fährt bei gleicher Trittfrequenz doppelt so schnell wie bei einer Übersetzung von 1:1, man benötigt aber auch doppelt so viel Kraft. Noch schneller unterwegs ist man mit einer Übersetzung von 3:1, 4:1 oder noch höher.

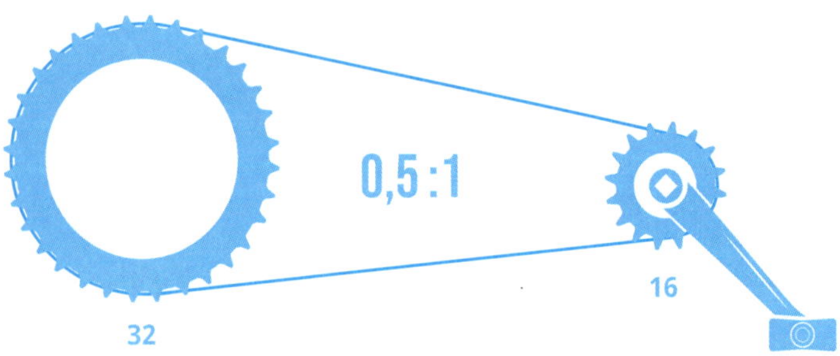

0,5 UMDREHUNGEN des Ritzels pro Kurbelumdrehung
Beispiel: 16:32=0,5
Bergauffahren kostet viel Kraft, da man gegen die Schwerkraft ankämpft. *Physik des Radfahrens, S. 50* Man braucht daher eine niedrige Übersetzung. Diese kann auch niedriger als 1:1 sein – in unserem extremen Beispiel liegt sie bei 0,5:1. Während einer Umdrehung der Kurbel schafft das Ritzel dann nur eine halbe Umdrehung.

An Fahrrädern mit einer Gangschaltung ist nicht nur eine Übersetzung verbaut, sondern man kann je nach Situation zwischen verschiedenen Übersetzungen wählen. *Schaltung, S. 42*

ENTFALTUNG

Als Entfaltung wird die **Strecke** bezeichnet, die das Fahrrad **während einer Kurbelumdrehung** zurücklegt.

GESCHWINDIGKEIT

Aus der Entfaltung lässt sich die Geschwindigkeit bei einer bestimmten Trittfrequenz berechnen:

Umdrehungen pro Stunde x Strecke pro Umdrehung = Geschwindigkeit

Beim Rennradfahren wird eine Trittfrequenz von etwa **90 Umdrehungen pro Minute** empfohlen. Das bedeutet **5 400 Umdrehungen pro Stunde**. Ob man sich am Berg oder in der Ebene befindet und ob man Rückenwind oder Gegenwind hat, spielt für diese Rechnung keine Rolle – lediglich die erforderliche Kraft pro Kurbelumdrehung ändert sich.

(Strecke = Radumfang)

Bei einer Übersetzung von 1:1 beträgt die zurückgelegte Strecke genau einmal den Umfang des Rades beziehungsweise Reifens. Wir rechnen hier mit einem Umfang von zwei Metern.

5 400 X 2 M = 10 800 M = 10,8 KM/H

(Strecke = 2 x Radumfang)

Bei einer Übersetzung von 2:1 beträgt die zurückgelegte Strecke pro Kurbelumdrehung den doppelten Radumfang, also vier Meter.

5 400 X 4 M = 21600 M = 21,6 KM/H

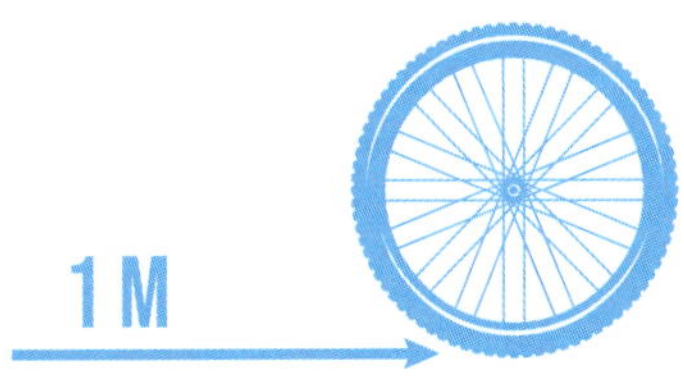

(Strecke = 0,5 x Radumfang)

Bei einer Übersetzung von 0,5:1 beträgt die zurückgelegte Strecke pro Kurbelumdrehung den halben Radumfang, also einen Meter.

5 400 X 1 M = 5 400 M = 5,4 KM/H

SCHALTUNG

Eine Gangschaltung ermöglicht es, während der Fahrt zwischen verschiedenen Übersetzungen zu wechseln – je nach Gelände, Fitnesszustand oder Wetterbedingungen. *Antrieb & Übersetzung, S. 40* Es gibt zwei verbreitete Arten von Fahrradschaltungen: die Ketten- und die Nabenschaltung. Beide unterscheiden sich in ihrer Funktionsweise grundlegend.

KETTENSCHALTUNG

Die Kettenschaltung ist heute die mit Abstand am häufigsten verbaute Gangschaltung an Fahrrädern. Das Prinzip: Es werden mehrere verschieden große Ritzel und oft auch zwei oder drei verschieden große Kettenblätter verbaut. Die am Lenker bedienten Schaltzüge sorgen dafür, dass die Kette zwischen verschieden großen Ritzeln und Kettenblättern hin- und herwechseln kann. Dadurch ändert sich jeweils die Übersetzung.

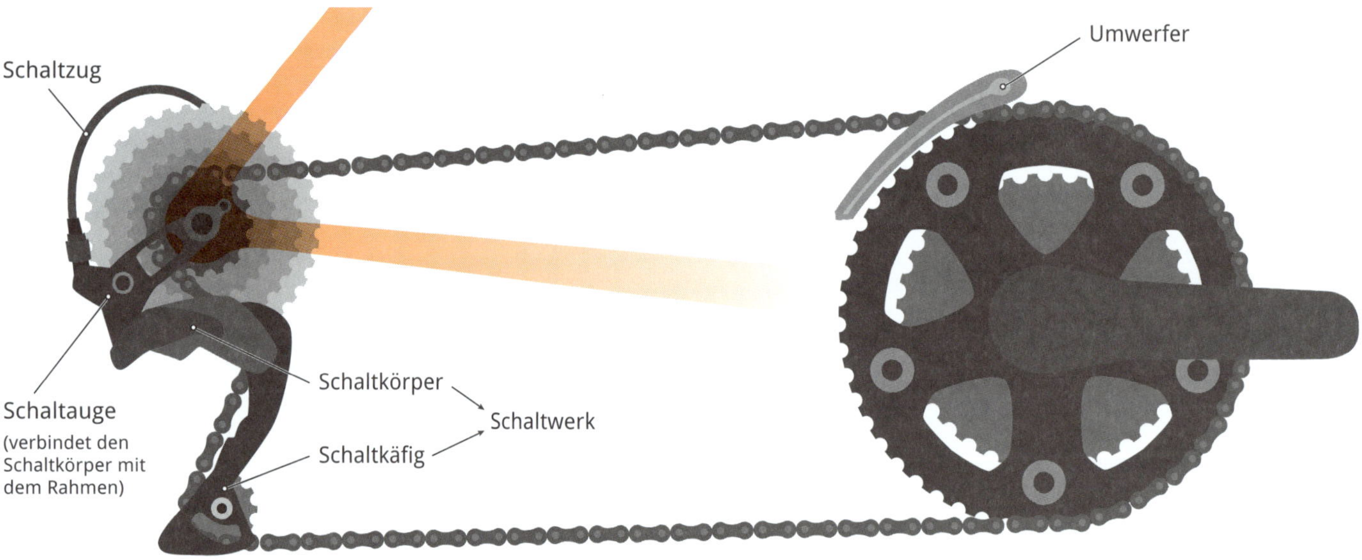

Ein Beispiel: Eine Kettenschaltung mit elf verschiedenen Ritzeln und zwei verschiedenen Kettenblättern besitzt rechnerisch 22 Gänge. Einige dieser Gänge sind in der Praxis allerdings nicht zu empfehlen, da die Kette sehr schräg laufen und schnell verschleißen würde.

SCHALTWERK & UMWERFER

Das Schaltwerk ist die Konstruktion, die für den Wechsel des Ritzels am Hinterrad sorgt, der Umwerfer sorgt vorne für den Wechsel des Kettenblatts. Auf Englisch werden Schaltwerk und Umwerfer beide als *derailleur* (französisch *dérailleur*) bezeichnet. Dahinter steckt das Verb *to derail* oder *dérailler*, was „entgleisen" bedeutet. **Tatsächlich sorgen Schaltwerk und Umwerfer dafür, dass die Kette sozusagen entgleist: Sie wird seitlich bewegt, damit sie ihr Ritzel oder Kettenblatt verlässt und auf ein benachbartes Ritzel oder Kettenblatt hinaufklettert oder hinabfällt.** Zunächst „entgleist" nur ein Teil der Kette, bevor sie komplett auf das „Nachbargleis" wechselt und dort „weiterfährt". Die Kette muss währenddessen in Bewegung sein.

SCHALTVORGÄNGE AM SCHALTWERK

HOHER GANG
= kleinstes Ritzel

Der **Schaltkörper** ist eine Parallelogrammkonstruktion mit einer integrierten Rückholfeder. Er kann an seinen vier Gelenken hin- und herbewegt werden. Entscheidend ist dabei die Feder, deren Spannung über den Schaltzug verändert werden kann. Liegt die Kette wie hier auf dem kleinsten Ritzel, ist die Feder entspannt.

MITTLERER GANG
= mittleres Ritzel

Die Feder im **Schaltkörper** wurde gespannt und dadurch auseinandergezogen. Entsprechend hat sich der Schaltkörper nach innen bewegt.

NIEDRIGER GANG
= größtes Ritzel

Die Feder im **Schaltkörper** wurde noch weiter gespannt und auseinandergezogen. Der Schaltkörper hat sich dadurch noch weiter nach innen bewegt.

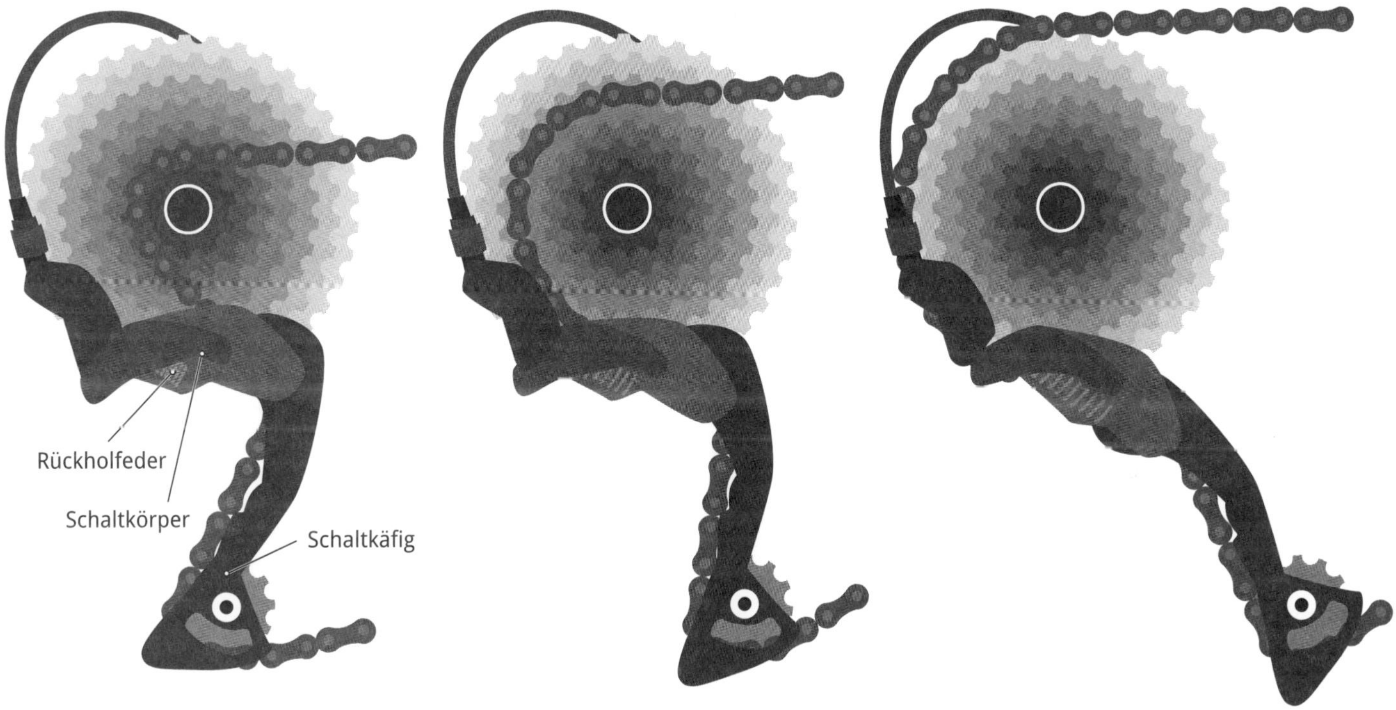

Der **Schaltkäfig** hat die Aufgabe, die Kette zu führen. Er verfügt über zwei kleine Zahnräder, die mit der Kette rotieren. Zudem ist er dafür zuständig, dass die Kette in jedem Gang die richtige Spannung behält: Da sie hier auf dem Ritzel mit dem kleinsten Umfang liegt, würde sie eigentlich nach unten durchhängen. Indem der Schaltkäfig die Kette ein Stück nach hinten zieht, wird die Spannung erhalten.

Durch die Verschiebung des Schaltkörpers hat sich auch sich der **Schaltkäfig** nach innen bewegt. Er hat die Kette mit sich gezogen, die dadurch „entgleist" und auf der Kassette einige Ritzel nach oben geklettert ist. Gleichzeitig hat sich der Schaltkäfig ein Stück in Richtung Vorderrad verschoben, damit die Kette nicht zu straff gespannt ist.

Entsprechend ist auch der **Schaltkäfig** und damit die Kette bis auf das größte Ritzel geklettert. Da nun ein noch größerer Teil der Kette auf der Kassette liegt, ist der Schaltkäfig noch weiter nach vorn gezogen worden.

NABENSCHALTUNG

Im Gegensatz zur Kettenschaltung spielen sich die Schaltvorgänge der Nabenschaltung im Verborgenen ab, nämlich innerhalb der Nabe des Hinterrads. Die Kombination der Anzahl der Zähne des Kettenblatts und der Anzahl der Zähne des Ritzels bleibt bei einer Nabenschaltung immer gleich. Allerdings ist die Übersetzung zwischen dem Ritzel und der Nabe veränderbar. Das bedeutet: Je nach Einstellung des Schaltgetriebes dreht sich das Hinterrad genauso schnell, schneller oder langsamer als das Ritzel.

PLANETENGETRIEBE

Nabenschaltungen sind sogenannte Planetengetriebe.
Sie bestehen aus verschiedenen Zahnrädern, die ineinander greifen.

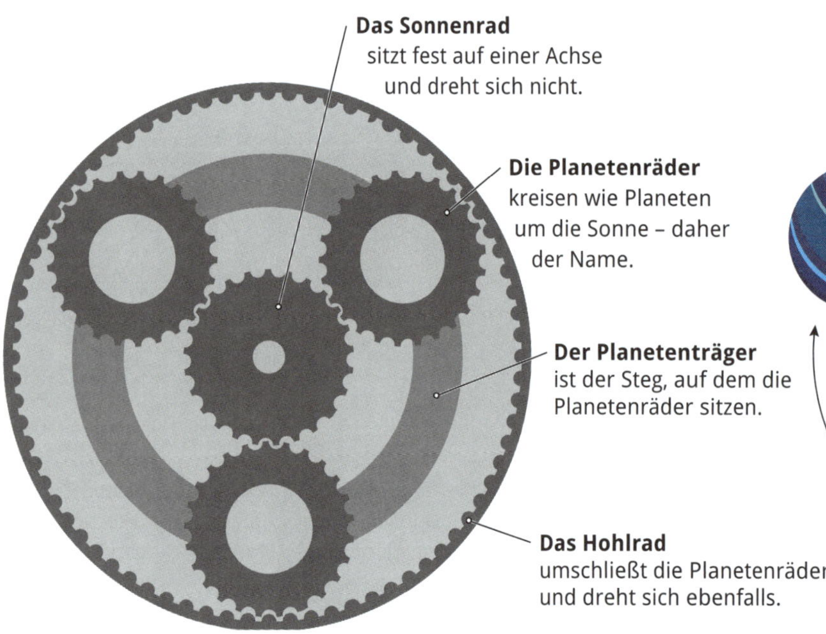

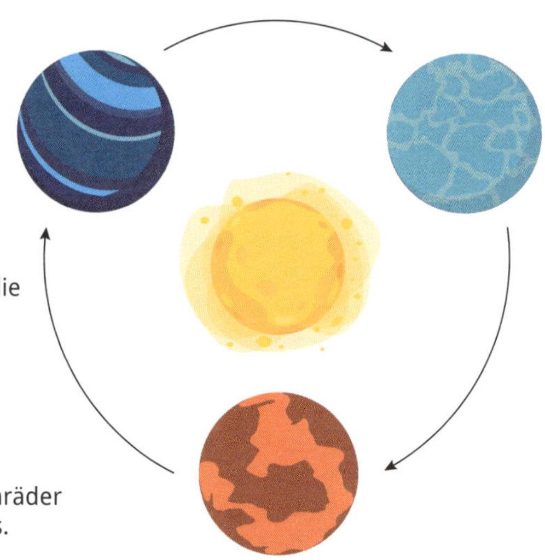

FUNKTION EINER DREI-GANG-NABENSCHALTUNG

Die einfachste Nabenschaltung ist die Drei-Gang-Nabenschaltung, deren Funktion wir hier vereinfacht darstellen, indem wir in das Innere der Nabe schauen. Wird der Schalthebel am Lenker bedient, sorgt ein sogenanntes Kupplungsrad in der Nabe dafür, dass unterschiedliche Teile des Planetengetriebes angesteuert werden.

Drehgeschwindigkeit des Ritzels
Niedrigere Drehgeschwindigkeit
Höhere Drehgeschwindigkeit

HOHER GANG
In diesem Gang wird die Kraft vom Ritzel direkt auf den Planetenträger mit den Planetenrädern übertragen. Diese treiben wiederum das Hohlrad an, das sich in diesem Fall schneller als der Planetenträger dreht. Das Hohlrad ist über sogenannte Sperrklinken mit der Nabenhülle und dadurch mit dem gesamten Hinterrad verbunden.
Ergebnis: Da sich das **Hohlrad** schneller dreht als der **Planetenträger**, dreht sich das **Hinterrad** schneller als das Ritzel. In diesem Gang kostet das Treten pro Kurbelumdrehung am meisten Kraft, dafür fährt das Fahrrad schneller als in den anderen beiden Gängen.

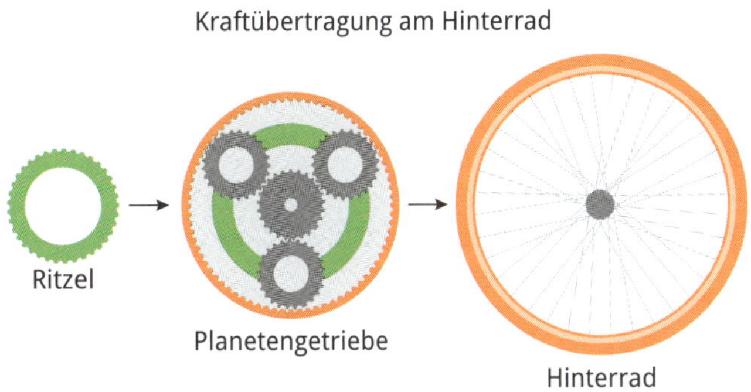

MITTLERER GANG
In diesem Gang wird die Kraft vom Ritzel direkt auf das Hohlrad übertragen, das mit der Nabenhülle verbunden ist. Ritzel, **Hohlrad** und Nabe drehen sich gleich schnell. Die Planetenräder drehen sich zwar auch, erfüllen in diesem Gang aber keine Funktion.
Ergebnis: Da sich **Ritzel** und **Hinterrad** gleich schnell drehen, wird die Kraft zwischen diesen mit einer Übersetzung von 1:1 weitergegeben. Die Übersetzung am Fahrrad ergibt sich also ausschließlich aus der verbauten Zähnezahl von Kettenblatt und Ritzel – in der Nabe findet keine Veränderung der Übersetzung statt.

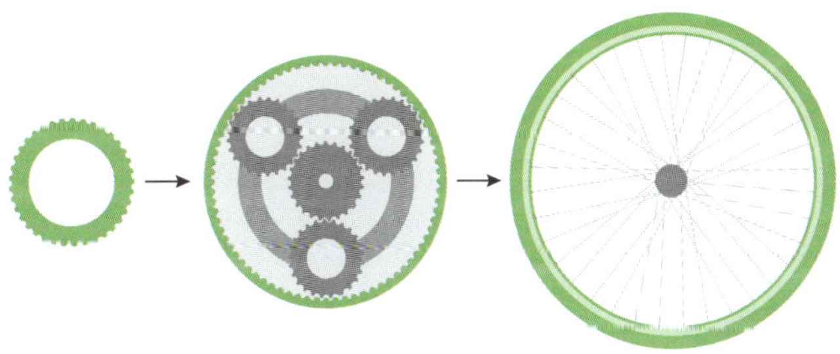

NIEDRIGER GANG
In diesem Gang wird die Kraft ebenfalls vom Ritzel direkt auf das Hohlrad übertragen. Im Gegensatz zum mittleren Gang gibt es aber keine direkte Verbindung zwischen Hohlrad und Nabenhülle. Das Hohlrad treibt in einem Zwischenschritt zunächst den Planetenträger mit den Planetenrädern an, der dann mit der Nabenhülle verbunden ist. Der Planetenträger dreht sich in diesem Fall langsamer als das Hohlrad.
Ergebnis: Da sich der **Planetenträger** langsamer als das **Hohlrad** dreht, dreht sich das **Hinterrad** langsamer als das Ritzel. In diesem Gang wird am wenigsten Kraft pro Kurbelumdrehung benötigt, dafür fährt das Fahrrad langsamer.

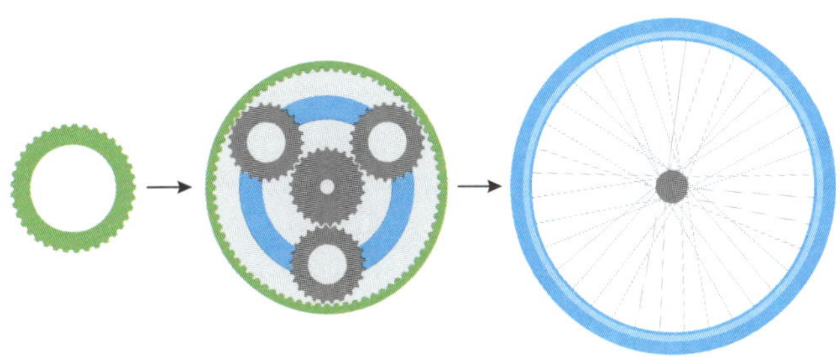

Es ist auch möglich, mehrere Planetengetriebe mit unterschiedlich großen Zahnrädern nebeneinander in der Nabe zu verbauen. Dadurch erhöht sich die Zahl der verfügbaren Gänge. Die Kraft wird dann je nach Einstellung der Schaltung über unterschiedliche Getriebe übertragen. Eine Nabenschaltung mit zwei Planetengetrieben verfügt über fünf Gänge, drei Getriebe bieten sieben Gänge. Es gibt auch Nabenschaltungen mit bis zu 14 Gängen – diese kosten über 1 000 Euro.

KETTENSCHALTUNG VS. NABENSCHALTUNG

Die Kettenschaltung ist heute die beherrschende Gangschaltung bei Fahrrädern. Sie punktet bei leichten und sportlichen Fahrrädern sowie aufgrund ihres niedrigeren Preises bei Rädern im günstigen Preissegment. Die robuste Nabenschaltung ist dagegen gut geeignet, wenn man wenig Zeit in Wartung stecken möchte und meist in nicht zu steilem Gelände oder in der Stadt unterwegs ist.

	GANGSPEKTRUM	**SCHALTKOMFORT**	**WIRKUNGSGRAD** Ein hoher Wirkungsgrad bedeutet, dass während der Kraftübertragung wenig Kraft verloren geht.
NABE 	− Die einfachste Nabenschaltung besitzt drei Gänge – für steile Anstiege ist das nicht ausreichend. Die teuersten Nabenschaltungen verfügen immerhin über 14 Gänge.	+ Schalten ist auch im Stand möglich. Das ist vor allem in der Stadt, wo man oft an Ampeln anhalten muss, ein großer Vorteil. Die Bedienung ist sehr einfach: Meist genügt ein einziger Drehgriffschalter.	− Die Reibungen innerhalb des Getriebes nehmen einen kleinen Teil der Kraft in Anspruch.
KETTE 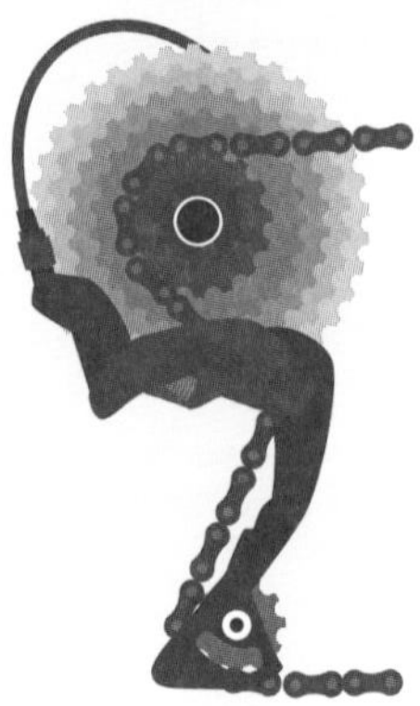	+ Bereits günstige Kettenschaltungen besitzen meist über 20 Gänge. Je mehr Gänge, desto feiner sind auch die Abstufungen zwischen diesen. Einige Gänge sind aber nicht zu empfehlen, da die Kette sehr schräg verläuft.	− Die Kette muss in Bewegung sein, um auf ein anderes Ritzel oder Kettenblatt wechseln zu können. Es gibt oft vier verschiedene Schalthebel, wodurch es bei Ungeübten leichter zu Schaltfehlern kommen kann.	+ Die Kraftübertragungsverluste sind sehr gering. Der Vorteil löst sich aber auf, wenn die Kette sehr schmutzig ist oder schräg verläuft.

GEWICHT	VERSCHLEISS UND WARTUNG	PREIS
−	+	−
Das Gewicht ist durch die vielen Bauteile im Inneren der Nabe in der Regel höher.	Das Getriebe ist durch die Nabenhülle vor Witterung oder Streusalz geschützt. Defekte sind die Ausnahme und eine Wartung ist nur selten nötig. Besonders pflegeleicht ist die Kombination mit einem Riemen statt einer Kette.	Der Anschaffungspreis ist wegen des komplexen Getriebes in der Regel höher. Auf lange Sicht lassen sich dafür aber Verschleiß- und Wartungskosten einsparen.
+	−	+
Das Gewicht ist in der Regel niedriger.	Die Komponenten liegen oft frei und können verrosten sowie verschmutzen. Sie müssen regelmäßig gesäubert und geschmiert werden und verschleißen schneller. Auch Kettenblätter und Ritzel leiden unter den Schaltbewegungen.	Der Anschaffungspreis ist in der Regel niedriger. Sehr hochwertige Kettenschaltungen sind aber dennoch teurer als sehr einfache Nabenschaltungen.

BREMSEN

Die Bremsen gehören zu den wichtigsten Vorrichtungen am Fahrrad: Nur wer sein Rad in möglichst kurzer Zeit unfallfrei zum Stehen bringen kann, ist sicher unterwegs. Es gibt verschiedene technische Ansätze, die Geschwindigkeit eines Fahrrads abzubremsen. Eines haben sie alle gemeinsam: Ein rotierendes Bauteil wird durch ein anderes Bauteil mittels Reibung gestoppt.

- Rotierendes Bauteil, das gebremst wird
- Bauteile, die die Bremsung durch Reibung auslösen

STEMPELBREMSE

Verbreitung
Die Stempelbremse war die erste Form der Bremse am Fahrrad. Heute gilt sie längst als veraltet. Man findet sie in der Regel nur noch an alten Fahrrädern auf Flohmärkten oder im Museum.

Funktionsweise
Ein Bremsschuh/Bremsklotz aus Metall oder Gummi hängt an einer Stange und wird über einen Hebel von oben direkt auf die Lauffläche des Reifens gedrückt.

Vorteile
Gegenüber den heute verbreiteten Bremstypen gibt es bis auf das unkomplizierte Prinzip keine funktionellen Vorteile. Die Stempelbremse punktet aber mit ihrem historischen Charme.

Nachteile
Die Bremskraft ist schwach und schwierig dosierbar. Der Reifen nutzt sich durch die Reibung stark ab.

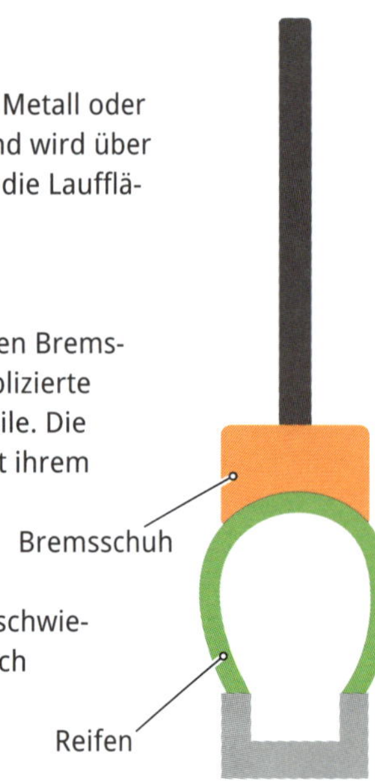

RÜCKTRITTBREMSE

Verbreitung
Rücktrittbremsen kommen an Alltagsrädern zum Einsatz – vor allem in der Stadt und an Orten mit wenig Gefälle. *Nabenschaltung, S. 44* In Deutschland war die Rücktrittbremse lange sehr verbreitet, gilt aber heute als technisch überholt.

Funktionsweise
Der Bremsvorgang findet innerhalb der Nabe des Hinterrads statt. Im seitlichen Bereich der Nabe befindet sich ein ringförmiger Bremsmantel, der aus zwei Teilen besteht und den inneren Teil der Nabe umschließt. Tritt man vorwärts, läuft der innere Teil unter dem Bremsmantel durch, ohne diesen zu berühren. Tritt man dagegen rückwärts, wird der Bremsmantel auseinandergespreizt, wodurch er gegen das Außengehäuse der Nabe (Nabenhülle) drückt.

Vorteile
Die Rücktrittbremse ist in der Regel robust und langlebig. Die Bremsleistung lässt auch bei Nässe nicht nach. Die Hände werden nicht benötigt, dadurch ist es einfacher, im Straßenverkehr Handzeichen zu geben. Einige ältere Menschen bevorzugen Rücktrittbremsen, da ihre Kraft in den Fingern nachlässt.

Nachteile
Die Bremskraft ist geringer und schlechter dosierbar als bei Felgen- und Scheibenbremsen. Für lange Abfahrten ist eine Nabenbremse nicht geeignet, auch weil es zu starker Hitzeentwicklung kommen und das Schmierfett verdampfen kann. Reparaturen sind etwas aufwendiger, da die Nabe geöffnet werden muss.

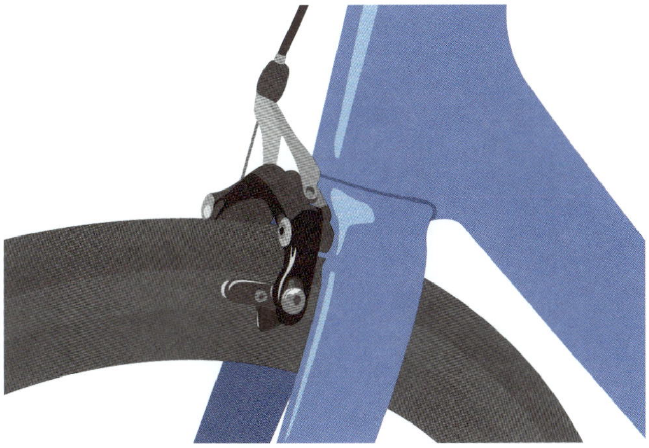

FELGENBREMSE

Verbreitung
Die Felgenbremse ist an Fahrrädern weit verbreitet, lange Zeit dominierte sie alle Fahrradtypen. Heute muss sie sich vor allem bei sportlichen Rädern oft der Scheibenbremse geschlagen geben.

Funktionsweise
Zwei Bremsklötze/Bremsbeläge aus einer Gummimischung drücken seitlich an die Felge. Es gibt verschiedene Bauarten von Felgenbremsen. Abgebildet ist hier eine Seitenzugbremse. Bei dieser werden beide Bremsarme über denselben, seitlich angeordneten Bremszug bedient, der mit dem Bremshebel am Lenker verbunden ist.

Vorteile
Bei trockenen Verhältnissen ist die Bremskraft hoch und gut dosierbar. Die Felgenbremse ist vergleichsweise günstig und einfach zu warten. Zudem ist sie deutlich leichter als die Scheibenbremse.

Nachteile
Bei Nässe lässt die Bremskraft nach, da ein Flüssigkeitsfilm auf der Felge verdrängt werden muss. Dadurch verzögert sich die Bremswirkung. Die Felge verschleißt durch die Reibung. Der Krafteinsatz für die Finger kann recht hoch sein. Auf langen Abfahrten kann sich die Felge stark erhitzen, wenn dauerhaft schleifend gebremst wird. Das kann im Extremfall den Schlauch zum Platzen bringen.

SCHEIBENBREMSE

Verbreitung
Scheibenbremsen gelten als die modernsten Fahrradbremsen. Ab den 1990er Jahren wurden sie bei Mountainbikes populär, in den 2010er Jahren haben sie sich trotz ihres etwas höheren Gewichts auch bei Rennrädern durchgesetzt.

Funktionsweise
Über der Bremsscheibe, die direkt mit der Nabe verbunden ist, befindet sich ein Bremssattel. Zwei schmale Bremsbeläge aus Kunststoff oder Metall drücken innerhalb des Bremssattels auf die Scheibe. Hydraulische Scheibenbremsen funktionieren mithilfe von Flüssigkeit in der Bremsleitung: Bedient man den Bremshebel am Lenker, drückt die Bremsflüssigkeit auf den Bremskolben, der wiederum die Bremsbeläge verschiebt. Lässt man den Hebel los, weicht die Flüssigkeit wieder zurück.

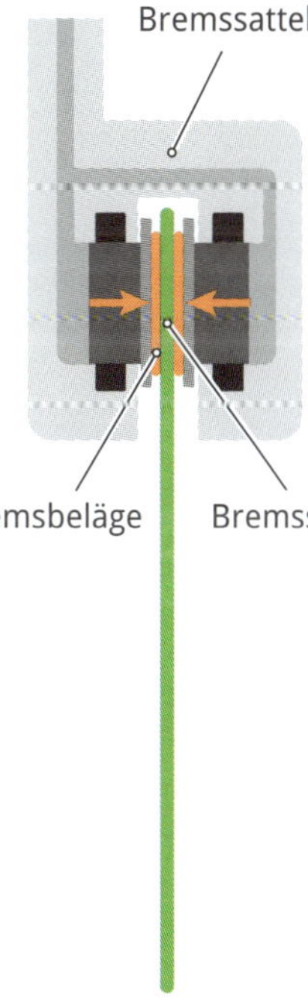

Vorteile
Die Bremskraft und Dosierbarkeit ist noch etwas höher als bei der Felgenbremse. Vor allem beim hydraulischen System erreicht man schon mit geringem Kraftaufwand der Finger eine starke Wirkung. Auch bei Nässe lässt die Bremskraft kaum nach.

Nachteile
Scheibenbremsen sind teurer und schwerer als Felgenbremsen. Zudem kann die Wartung etwas komplizierter sein. Auf langen Abfahrten kann sich die Bremsscheibe stark erhitzen, wenn dauerhaft schleifend gebremst wird. Beim Berühren droht Verbrennungsgefahr. Bei extremer Hitze kann die Bremskraft nachlassen.

PHYSIK DES RADFAHRENS

Gegen welche Kräfte kämpft man beim Radfahren an? Warum kippt ein rollendes Fahrrad nicht um? Und wie viel Leistung bringen Radprofis aufs Pedal? Wir erklären die Physik des Radfahrens.

WIDERSTANDSKRÄFTE

Ein Körper, der einmal in Bewegung versetzt wurde, würde sich wegen seiner Trägheit eigentlich ewig mit konstanter Geschwindigkeit weiterbewegen, wenn keine äußeren Kräfte auf ihn einwirken. Das Fahrradfahren könnte so entspannt sein – doch auf der Erde wirken verschiedene Widerstandskräfte, die ein rollendes Rad schon nach kurzer Zeit zum Stillstand bringen können.

Rollwiderstand

Der Rollwiderstand ist eine Reibungskraft, die beim Kontakt zwischen Reifen und Boden entsteht. Der Reifen wird beim Abrollen ständig leicht verformt. Dadurch geht Energie verloren. Der Rollwiderstand ist beinahe unabhängig von der Geschwindigkeit. Entscheidenden Einfluss haben aber die Beschaffenheit des Bodens sowie der Luftdruck des Reifens – je höher der Druck, desto niedriger der Widerstand. Zudem rollen große Räder leichter als kleinere.

Reibungswiderstand

Der Reibungswiderstand bezeichnet die Reibung, die innerhalb des Fahrrads in den Lagern und an der Kette entsteht. Er ist im Vergleich zu anderen Widerstandskräften eher zu vernachlässigen. Je hochwertiger das Rad, desto geringer ist in der Regel der Reibungswiderstand. Schmiermittel verringern die Reibung.

Luftwiderstand

Der Luftwiderstand ist ebenfalls eine Reibungskraft, die durch die Atmosphäre der Erde zustande kommt. Die in der Atmosphäre befindlichen Luftteilchen – vor allem Stickstoff und Sauerstoff – reiben an Mensch und Fahrrad und sorgen für einen Verlust an Energie. Der Luftwiderstand nimmt mit zunehmender Geschwindigkeit exponentiell zu – verdoppelt sich das Tempo, vervierfacht sich der Widerstand. Großen Einfluss haben außerdem die Stärke und Richtung des Windes sowie die Aerodynamik von Fahrrad und Sitzposition.

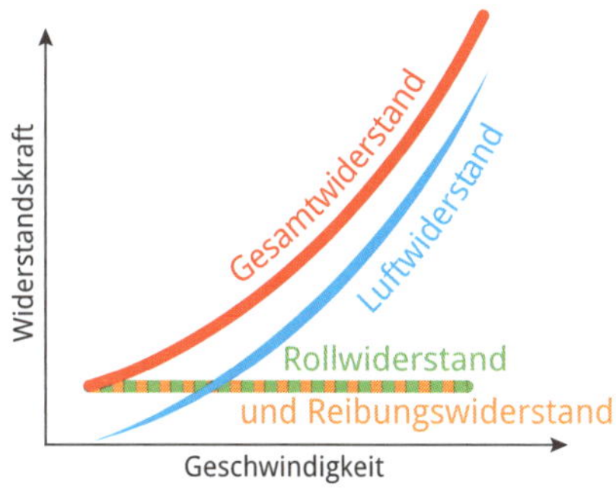

WIDERSTANDSKRÄFTE IN DER EBENE

Die Grafik zeigt, wie sich der Einfluss der Widerstandskräfte beim Radfahren auf ebener und glatter Strecke bei zunehmender Geschwindigkeit verändert. Die genauen Werte hängen vom Gewicht und der Aerodynamik von Fahrrad und Mensch sowie den äußeren Bedingungen ab. Nur bei geringer Geschwindigkeit – in der Regel bei unter 20 km/h – überwiegt die Summe aus Roll- und Reibungswiderstand den Luftwiderstand. Bei hoher Geschwindigkeit ist der Großteil des Energieverlusts auf den Luftwiderstand zurückzuführen. Das erklärt auch die hohe Bedeutung des Windschattenfahrens im Radsport.

STEIGUNGSWIDERSTAND

Sobald die zu fahrende Strecke bergauf führt, kommt eine weitere Widerstandskraft ins Spiel: der Steigungswiderstand. Die Grafik zeigt, wie dieser zustande kommt.

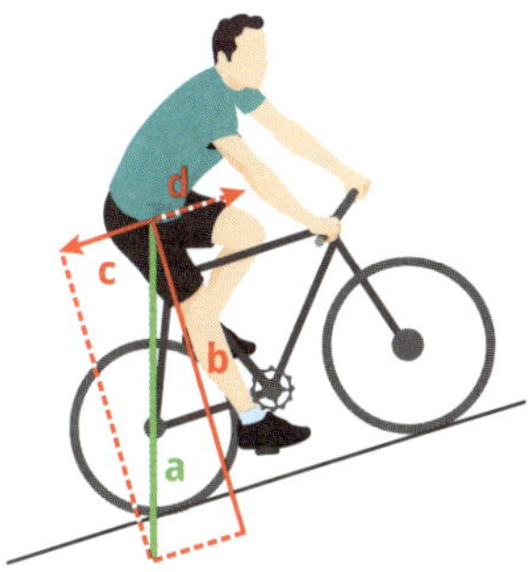

- Die entscheidende physikalische Kraft beim Bergauffahren ist die Schwerkraft **a**, auch Gewichtskraft genannt. Es ist die Kraft, mit der ein Körper aufgrund seines Gewichts nach unten gezogen wird. Sie zeigt immer senkrecht zum Erdmittelpunkt.
- Kräfte lassen sich in Teilkräfte zerlegen. Die Normalkraft **b** ist die Komponente der Schwerkraft, die vom Fahrrad aus senkrecht zum jeweiligen Untergrund wirkt. Geometrisch gesehen bildet sie zusammen mit der Schwerkraft ein rechtwinkliges Dreieck.
- Die kurze Seite des Dreiecks entspricht der Hangabtriebskraft **c** – das ist die Komponente der Schwerkraft, die hangabwärts gerichtet ist. Diese ist wiederum gleich groß wie die Steigungswiderstandskraft **d**. Dabei handelt es sich um die Kraft, die nötig ist, um die Hangabtriebskraft durch Tritt in die Pedale auszugleichen.

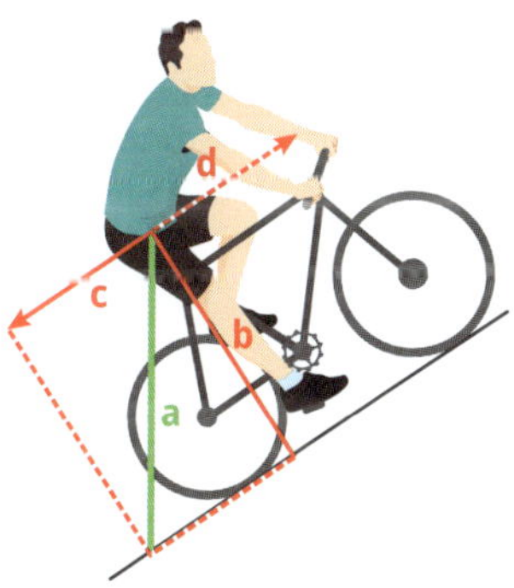

Je steiler die Strecke, desto größer ist der zu überwindende Steigungswiderstand. Auch das lässt sich geometrisch erklären: Die Schwerkraft **a** bleibt auch bei größerer Steigung genau gleich – schließlich ist das Gewicht von Fahrrad und Mensch unverändert. Sie zeigt weiterhin senkrecht zum Erdmittelpunkt. Das rechtwinklige Dreieck aber verändert sich – die Hangabtriebskraft **c** und damit auch die Steigungswiderstandskraft **d** nehmen zu.

a Schwerkraft
b Normalkraft
c Hangabtriebskraft
d Steigungswiderstandskraft

WIDERSTANDSKRÄFTE IM VERGLEICH

Die Grafik zeigt, welche Widerstandskräfte auf welchem Terrain die zentrale Rolle spielen.

Ebene mit glattem Untergrund
1. Luftwiderstand
2. Rollwiderstand
3. Reibungswiderstand

Ebene mit sehr holprigem Untergrund
1. Rollwiderstand
2. Luftwiderstand
3. Reibungswiderstand

Anstieg
1. Steigungswiderstand
2. Rollwiderstand
3. Luftwiderstand
4. Reibungswiderstand

WARUM KIPPT DAS RAD NICHT UM?

Die Reifen eines Fahrrads sind zu schmal für einen stabilen Stand. Wenn die Räder nicht rollen, kippt es unweigerlich um – dafür sorgt die Schwerkraft der Erde. Doch sobald das Fahrrad eine gewisse Geschwindigkeit erreicht hat, stabilisiert es sich. Je schneller es fährt, desto besser bleibt es von allein in der Spur. Dafür sind verschiedene physikalische Effekte verantwortlich:

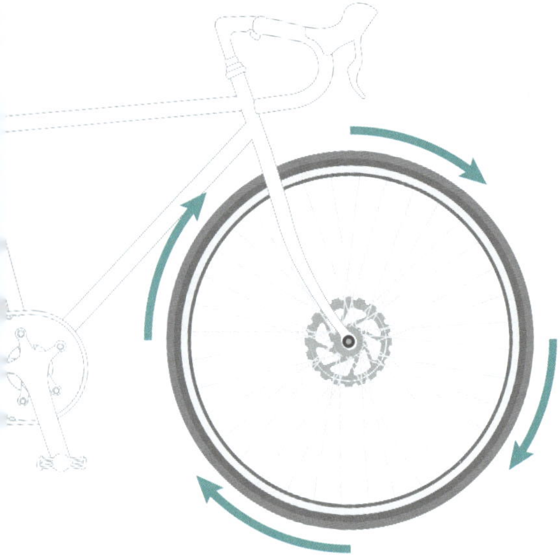

KREISELKRAFT

Die Kreiselkraft – auch gyroskopischer Effekt genannt – bezeichnet die Trägheit eines sich drehenden Körpers gegenüber Richtungsänderungen. Die Radachse des rollenden Vorderrads strebt immer wieder zurück in die Ausgangslage. Solange eine bestimmte Geschwindigkeit nicht unterschritten wird, steuert das Rad kleine Kippbewegungen von selbst aus.

FLIEHKRAFT

Wenn das Fahrrad doch zu kippen droht, hilft zusätzlich die Fliehkraft. Sie sorgt dafür, dass ein sich bewegender Körper in Kurven wegen dessen Trägheit nach außen getragen wird. Kippt das Fahrrad in eine Richtung, bewirkt die Fliehkraft bei ausreichender Geschwindigkeit eine automatische Gegenbewegung. Auch beim Geradeausfahren pendelt ein Fahrrad ständig minimal um die Gleichgewichtslage, wobei die Fliehkraft der Schwerkraft entgegenwirkt.

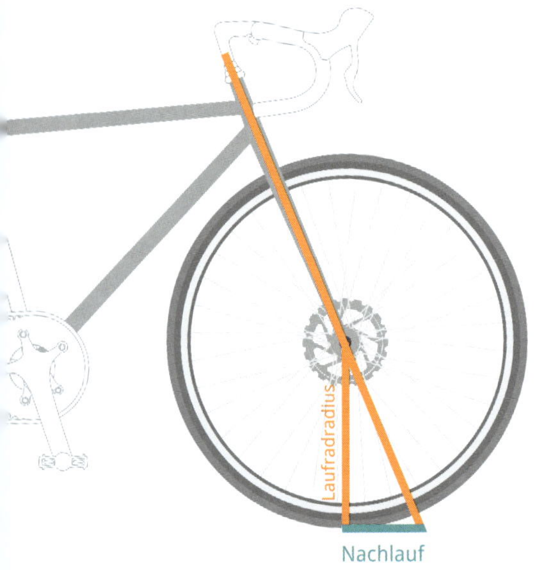

NACHLAUF

Fahrräder weisen einen sogenannten Nachlauf auf. Verlängert man die Gabel mit einer gedachten Linie über die Nabe hinaus, trifft diese einige Zentimeter vor dem Auflagepunkt des Reifens auf dem Boden auf. Diese Konstruktion bewirkt einen Effekt, als würde das Rad ständig nach vorn gezogen. Er trägt dazu bei, es in der Spur zu halten.

LEISTUNG

Widerstandskräfte müssen beim Radfahren mit Leistung überwunden werden, um eine bestimmte Geschwindigkeit fahren zu können. Leistung wird in der Einheit Watt gemessen – benannt nach dem schottischen Erfinder James Watt (1736-1819). Mithilfe eines in der Kurbel, dem Pedal oder dem Kettenblatt eingebauten Leistungsmessers kann die gefahrene Wattzahl beim Radfahren ermittelt und auf dem Fahrradcomputer angezeigt werden. Im Profi-Radsport sind diese Messungen im Training und Wettkampf unverzichtbar.

20 km/h
in der Ebene

100 WATT

Entspricht der Leistung
eines Kühlschranks

20 km/h
während eines Anstiegs
im Profi-Radrennen

500 WATT

Entspricht der Leistung
einer kleinen mobilen Kochplatte

70 km/h
während eines finalen Sprints
im Profi-Radrennen:

2 000 WATT

Entspricht der Leistung
einer Waschmaschine

SCHON GEWUSST?

Der deutsche Bahnradprofi Robert Förstemann stellte sich 2015 in einem Experiment einer besonderen Herausforderung: Seine Aufgabe war es, mit reiner Muskelkraft einen Toast zu bräunen. Das Gerät benötigte über etwa eineinhalb Minuten eine Leistung von 700 Watt. Im zweiten Versuch gelang es Förstemann, die Leistung auf einem Ergometer über zwei Minuten aufrechtzuerhalten. Danach war er völlig entkräftet, konnte aber in einen knusprigen Toast beißen. Förstemann ist bekannt für seine gewaltigen Beinmuskeln – seine Oberschenkel haben einen Umfang von über 70 Zentimetern. Der Versuch war Teil einer Diplomarbeit an einer schwedischen Kunstakademie.

FAHRRADTYPEN

Fahrrad ist nicht gleich Fahrrad. Es gibt Gefährte für jeden Geschmack, jede sportliche Ambition und jedes Terrain. Die verschiedenen Kategorien und Unterkategorien können dabei schon mal für Verwirrung sorgen. In diesem Kapitel stellen wir die wichtigsten Fahrradtypen vor – aufsteigend sortiert nach ihrem ungefähren Gewicht. Weiterführende Informationen zu den einzelnen Komponenten eines Fahrrads gibt es im Kapitel *Grundlagen der Fahrradtechnik, S. 22.*

KINDERRAD

Die meisten Menschen erlernen das Radfahren in einem Alter zwischen drei und sechs Jahren auf einem Kinderrad. Dessen wichtigstes Merkmal ist natürlich seine geringe Größe. Darüber hinaus hat es einige besondere Eigenschaften, die Kindern ein sicheres Fahren ermöglichen. Kinderräder sind immer Fahrräder für eine begrenzte Zeit – um den Anschaffungspreis entsprechend niedrig zu halten, sind sie oft nicht sehr hochwertig ausgestattet.

Gewicht | Laufradgröße | Reifenbreite

Rahmen
Der Rahmen verfügt meist über einen niedrigen Einstieg, um ein leichtes Auf- und Absteigen zu ermöglichen. Er besteht aus Aluminium – Stahl ist wegen des hohen Gewichts weniger verbreitet.

Wimpel
Ein am Hinterrad befestigter Wimpel sorgt für zusätzliche Sichtbarkeit auf der Augenhöhe anderer Verkehrsteilnehmer.

Lichtanlage
Das fest installierte Vorder- und Rücklicht wird per Naben- oder Seitenläuferdynamo angetrieben.

Bremse
Vorne ist in der Regel eine Felgenbremse verbaut. Dabei ist wichtig, dass der Bremshebel mit den kleinen Fingern gut erreichbar ist. Um einen Sturz über den Lenker zu verhindern, sollte Kindern früh beigebracht werden, nicht zu abrupt zu bremsen. Hinten befindet sich oft eine Rücktrittbremse – diese hat zwar keine sehr hohe Bremskraft, gilt aber als besonders intuitiv zu bedienen.

Kettenkasten
Der geschlossene Kettenkasten verhindert, dass Finger oder Kleidung in die Kette geraten.

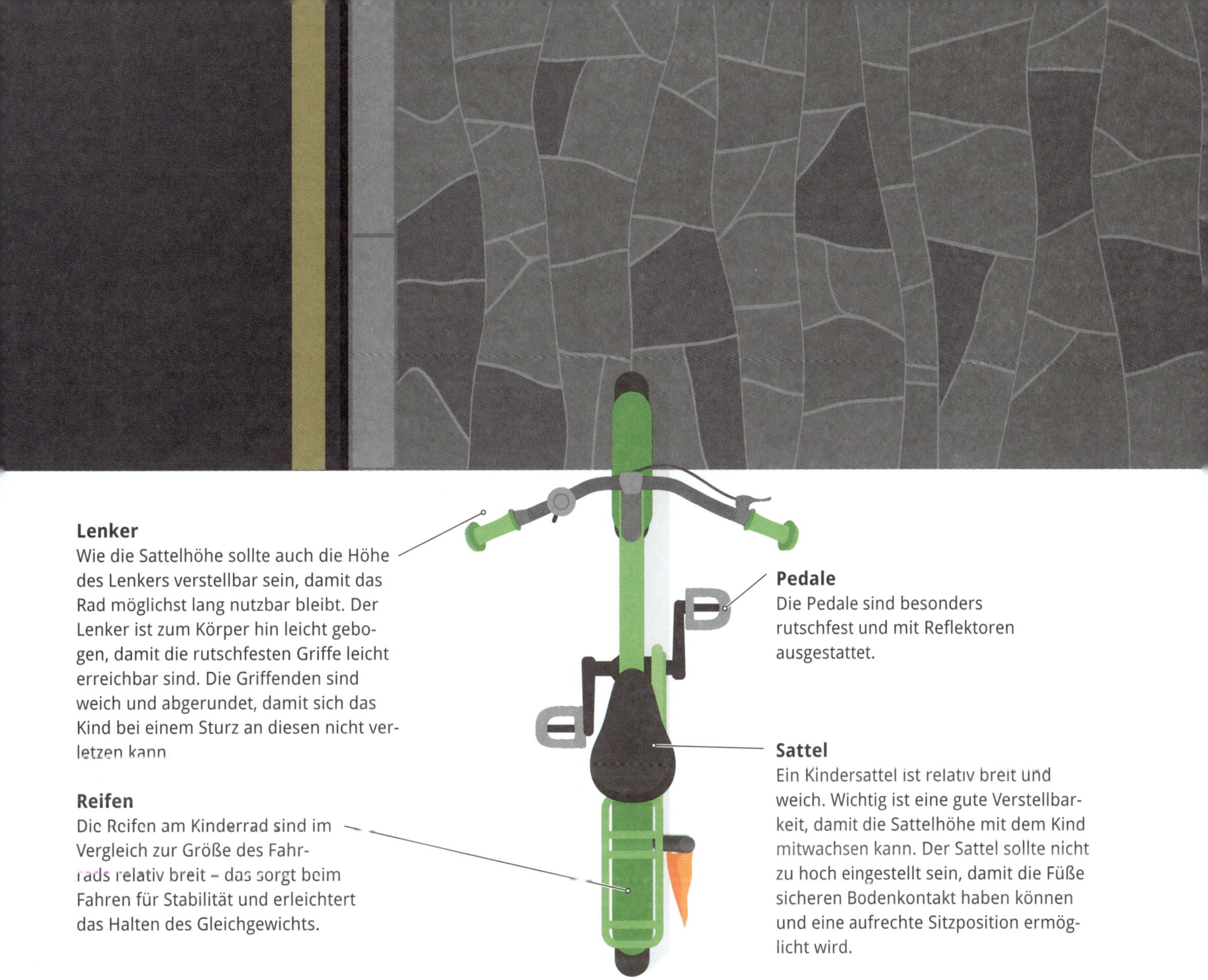

Lenker
Wie die Sattelhöhe sollte auch die Höhe des Lenkers verstellbar sein, damit das Rad möglichst lang nutzbar bleibt. Der Lenker ist zum Körper hin leicht gebogen, damit die rutschfesten Griffe leicht erreichbar sind. Die Griffenden sind weich und abgerundet, damit sich das Kind bei einem Sturz an diesen nicht verletzen kann.

Pedale
Die Pedale sind besonders rutschfest und mit Reflektoren ausgestattet.

Sattel
Ein Kindersattel ist relativ breit und weich. Wichtig ist eine gute Verstellbarkeit, damit die Sattelhöhe mit dem Kind mitwachsen kann. Der Sattel sollte nicht zu hoch eingestellt sein, damit die Füße sicheren Bodenkontakt haben können und eine aufrechte Sitzposition ermöglicht wird.

Reifen
Die Reifen am Kinderrad sind im Vergleich zur Größe des Fahrrads relativ breit – das sorgt beim Fahren für Stabilität und erleichtert das Halten des Gleichgewichts.

Keine Schaltung
Das erste Fahrrad besitzt oft noch gar keine Gangschaltung – das Erlernen des eigentlichen Radfahrens ist für Kleinkinder anfangs Herausforderung genug. Die erste Schaltung ist dann häufig eine leicht bedienbare 3-Gang-Nabenschaltung mit Drehgriff am Lenker.

SCHON GEWUSST?
Viele Kinder haben das Radfahren mithilfe von Stützrädern erlernt. Diese werden anfangs am Hinterrad montiert, um ein Umfallen des Rads zu verhindern. Die Methode gilt vielen heute aber als überholt. Denn schon kleine Kinder sind in der Lage, ein Umkippen zu verhindern, indem sie ihr Körpergewicht verlagern. Diese Fertigkeit wird beim Fahren mit Stützrädern aber nicht trainiert. Im Gegenteil: Das Kind gewöhnt sich in diesem Fall die Ausgleichsbewegungen ab, da sie das Rad destabilisieren. Für das spätere sichere Fahren auf einem Rad ohne Stützräder ist das kontraproduktiv.

RENNRAD

Das Rennrad ist ein Sportgerät für den Straßenradsport. Mit seiner aerodynamischen und leichten Konstruktion ist es auf das Fahren auf glattem Asphalt und hohe Geschwindigkeiten ausgelegt. Die Sitzhaltung ist sportlich-gestreckt. Die ersten den heutigen Rennrädern ähnelnden Fahrräder entstanden zu Beginn des 20. Jahrhunderts – eine Zeit, zu der viele berühmte Radrennen gegründet wurden. *Anfänge des Radsports, S. 16* Das Rennrad ist nicht nur im Profi- und Breitenradsport, sondern mittlerweile auch als Alltagsrad in der Stadt verbreitet. Alte Stahl-Rennräder gelten vielen als besonders ästhetisch und nostalgisch.

Radsport, S. 114

Straßenradrennen, S. 134 / 146

20–28 mm

Gewicht | Laufradgröße | Reifenbreite

Rahmen

Der klassische Rennradrahmen ist der Diamantrahmen mit geradem Oberrohr. Zunehmend sind auch Rahmenformen mit leicht ansteigendem Oberrohr verbreitet. Früher bestanden Rennräder immer aus Stahl, heute ist Aluminium oder – im ambitionierten Bereich – Carbon das Material der Wahl. Moderne Carbonrahmen ermöglichen besonders aerodynamische Rohrkonstruktionen.

Schaltung

Die Kettenschaltung ermöglicht ein breites Spektrum an Gängen sowie feine Abstufungen für unterschiedliche Streckenprofile. Vorne sind zwei Kettenblätter üblich. Bei modernen Rennrädern ist die Schaltung oft elektronisch gesteuert.

Hohe Felge

Moderne Rennräder verfügen oft über hohe Felgen, die besonders aerodynamisch sind. Zu hoch sollten sie aber auch nicht sein, sonst macht sich das höhere Gewicht bemerkbar und das Fahrrad wird anfälliger für Seitenwind.

Bremse

An älteren Rennrädern ist die klassische Felgenbremse verbaut – bis in die 2010er Jahre hinein war sie im Straßenradsport die Bremse der Wahl. Inzwischen haben sich aber die aus dem Mountainbike-Bereich stammenden Scheibenbremsen etabliert, die vor allem bei Nässe Vorteile haben.

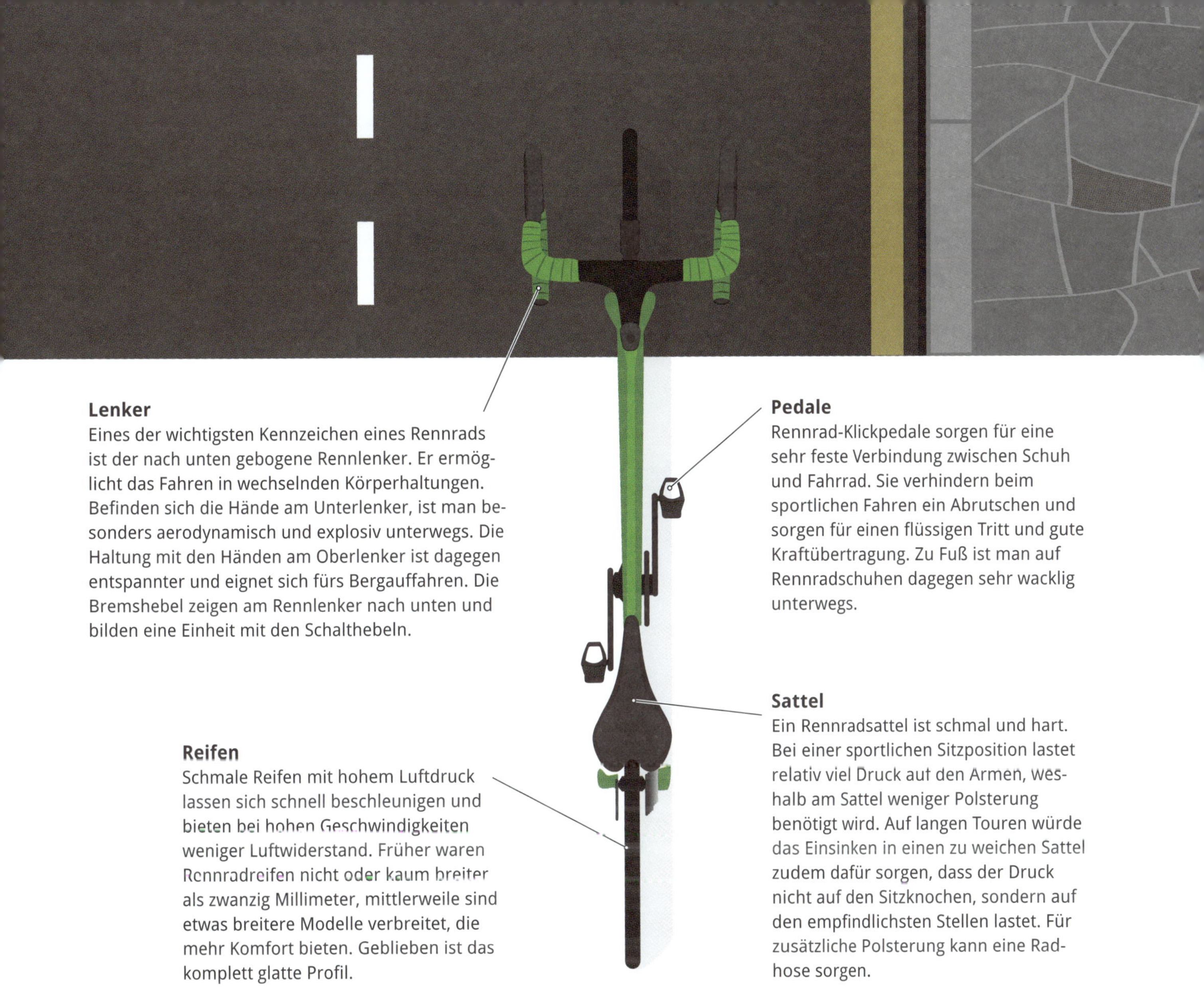

Lenker
Eines der wichtigsten Kennzeichen eines Rennrads ist der nach unten gebogene Rennlenker. Er ermöglicht das Fahren in wechselnden Körperhaltungen. Befinden sich die Hände am Unterlenker, ist man besonders aerodynamisch und explosiv unterwegs. Die Haltung mit den Händen am Oberlenker ist dagegen entspannter und eignet sich fürs Bergauffahren. Die Bremshebel zeigen am Rennlenker nach unten und bilden eine Einheit mit den Schalthebeln.

Pedale
Rennrad-Klickpedale sorgen für eine sehr feste Verbindung zwischen Schuh und Fahrrad. Sie verhindern beim sportlichen Fahren ein Abrutschen und sorgen für einen flüssigen Tritt und gute Kraftübertragung. Zu Fuß ist man auf Rennradschuhen dagegen sehr wacklig unterwegs.

Sattel
Ein Rennradsattel ist schmal und hart. Bei einer sportlichen Sitzposition lastet relativ viel Druck auf den Armen, weshalb am Sattel weniger Polsterung benötigt wird. Auf langen Touren würde das Einsinken in einen zu weichen Sattel zudem dafür sorgen, dass der Druck nicht auf den Sitzknochen, sondern auf den empfindlichsten Stellen lastet. Für zusätzliche Polsterung kann eine Radhose sorgen.

Reifen
Schmale Reifen mit hohem Luftdruck lassen sich schnell beschleunigen und bieten bei hohen Geschwindigkeiten weniger Luftwiderstand. Früher waren Rennradreifen nicht oder kaum breiter als zwanzig Millimeter, mittlerweile sind etwas breitere Modelle verbreitet, die mehr Komfort bieten. Geblieben ist das komplett glatte Profil.

SCHON GEWUSST?
Rennräder sind leichte Fahrräder – das bringt vor allem am Berg entscheidende Vorteile. Seit über 20 Jahren schreibt der Weltradsportverband UCI vor, dass Rennräder bei offiziellen Lizenz-Rennen nicht leichter als 6,8 Kilogramm sein dürfen. Ausschlaggebend waren Bedenken, dass Hersteller bei besonders leichten Rädern die Sicherheit vernachlässigen könnten. Da sich die Technik deutlich weiterentwickelt hat, steht die Regel immer wieder in der Kritik. Schon heute gibt es im Handel deutlich leichtere Rennräder, das leichteste erhältliche Rad wiegt etwas über vier Kilogramm.

DAS ZEITFAHRRAD
Beim Zeitfahren im Straßenradsport sowie bei den Zeitfahr- und Verfolgungsdisziplinen im Bahnradsport kommen spezielle Rennräder zum Einsatz. *Straßenradsport, S. 100, Bahnradsport, S. 102* Im Kampf gegen die Uhr zählt jede Sekunde – und eine besonders hohe Bedeutung kommt der Aerodynamik zu. Zeitfahrräder sind noch windschnittiger konstruiert als klassische Rennräder – dafür sind sie etwas schwerer. Auch spezielle Rennräder für den Triathlonsport sind ähnlich konstruiert, da dort das Windschattenfahren häufig verboten ist. Ein besonderes Merkmal ist der Zeitfahrlenker, der eine extrem gestreckte Körperhaltung ermöglicht. Für zusätzliche Aerodynamik sorgen Scheibenräder, die zudem Verwirbelungen am Rad reduzieren. Im Freien können sie aber gefährlich sein, da sie seitlichen Windböen eine Angriffsfläche bieten – daher werden sie im Straßenradsport nur am Hinterrad eingesetzt.

FIXIE

Gewicht | Laufradgröße | Reifenbreite

Das sogenannte Fixie ist ein Fahrrad ohne Freilaufnabe, ohne Gangschaltung und in manchen Fällen sogar ohne Bremsen. Der Name kommt vom englischen Ausdruck *fixed-gear* (deutsch: „starre Nabe"). In mancher Hinsicht erinnern Fixies an die Anfangszeit des Fahrrads im 19. Jahrhundert, als Freilauf und Schaltung noch nicht erfunden waren. *Geschichte des Fahrrads, S. 15* Auch Räder für den Bahnradsport haben ähnliche Eigenschaften. *Bahnradsport, S. 102* Die minimalistischen Fixies sind vor allem in Großstädten beliebt, wo es meist kaum Steigungen gibt und die Fixies Teil der Mode und des Lebensstils junger, urbaner Menschen sind. Verbreitet sind sie auch in der Fahrradkurier-Szene. Durch den Verzicht auf viele Bauteile sind die Räder oft günstig in der Anschaffung, sehr wartungsarm und vergleichsweise leicht. Im dichten Straßenverkehr punkten sie mit ihrer Wendigkeit und Schnelligkeit.

Starre Nabe
Die starre Nabe sorgt dafür, dass sich die Pedale immer mit den Rädern mitdrehen. Das Fahren ohne Freilauf ist anfangs gewöhnungsbedürftig. Ein entspanntes Rollen ohne Treten ist nicht möglich – es sei denn, man streckt die Füße nach oben. Fixie-Fans schätzen aber das besonders puristische Fahrgefühl, das einen gleichmäßigen Tritt schult.

Rahmen
Die Rahmenform ist der klassische Diamantrahmen. Als Rahmenmaterial kommt neben Aluminium häufig noch Stahl zum Einsatz. Stahl sorgt zwar für ein höheres Gewicht, bietet im Alltag durch seine federnden Eigenschaften aber mehr Komfort.

Bunte Felge
Die Felgen eines Fixies haben oft leuchtende Farben – so wird das Rad noch mehr zum Hingucker.

Keine Schaltung
Eine Schaltung gibt es nicht. Die feste Übersetzung wird so gewählt, dass sowohl ein schnelles Anfahren möglich ist als auch eine ausreichende Geschwindigkeit erreicht werden kann. Der Antrieb kann statt über eine Kette auch über einen Riemen aus Kunststoff laufen, was das Rad noch einmal deutlich wartungsärmer macht.

Keine Bremse
Wir zeigen hier ein klassisches Fixie, an dem gar keine Bremsen verbaut sind. Gebremst wird stattdessen durch das sogenannte Skidden – eine Fahrtechnik, die einige Übung verlangt. Dabei wird der Oberkörper nach vorne verlagert, während man mit den Füßen Druck gegen die Laufrichtung der Pedale ausübt. Dadurch blockiert das Hinterrad und das Fahrrad kommt zum Stehen. Da eine fehlende Bremse zu gefährlichen Situationen führen kann und in vielen Ländern Bremsen im Straßenverkehr vorgeschrieben sind, verfügen Fixies aber oft über Felgenbremsen.

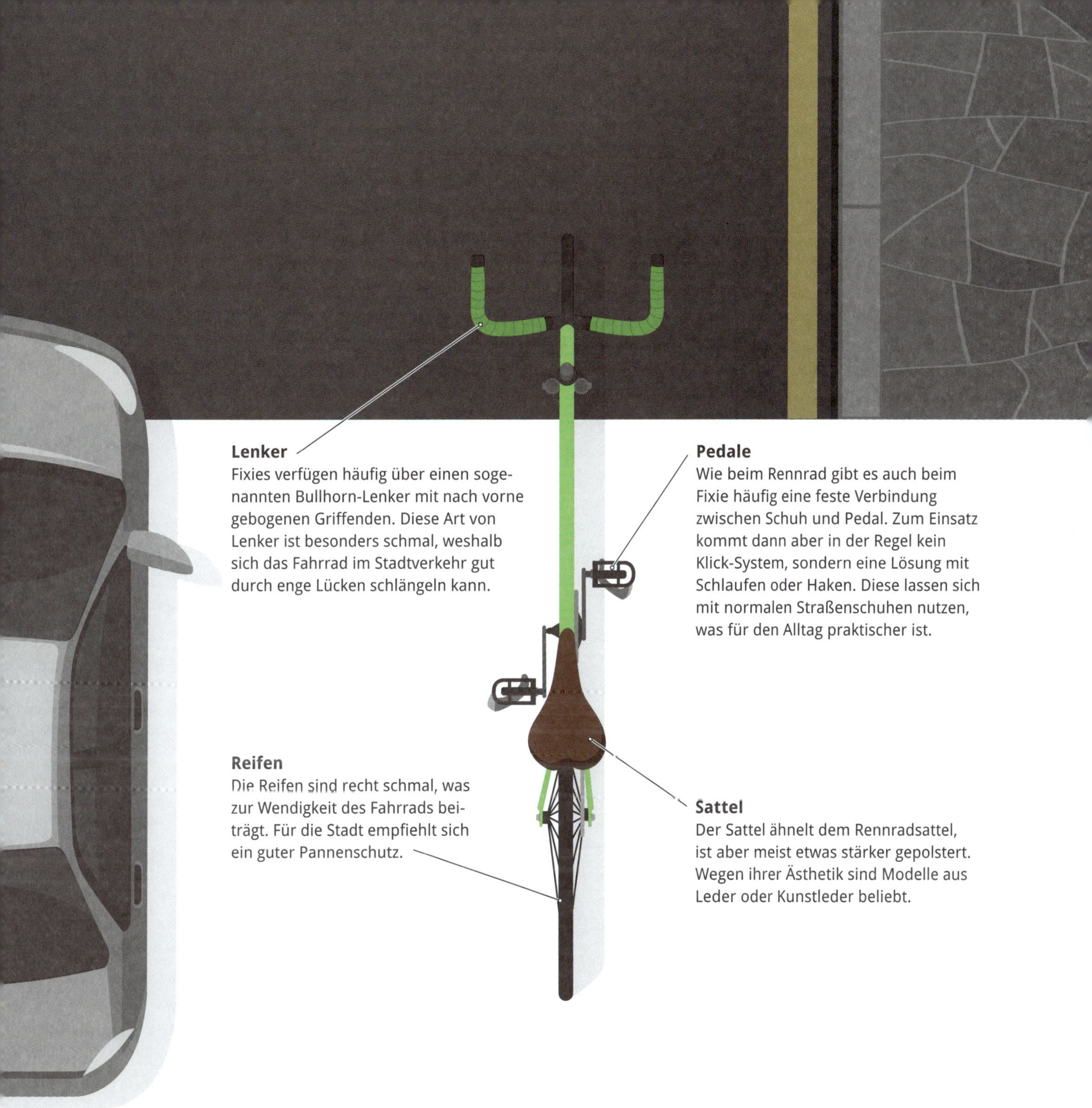

Lenker
Fixies verfügen häufig über einen sogenannten Bullhorn-Lenker mit nach vorne gebogenen Griffenden. Diese Art von Lenker ist besonders schmal, weshalb sich das Fahrrad im Stadtverkehr gut durch enge Lücken schlängeln kann.

Pedale
Wie beim Rennrad gibt es auch beim Fixie häufig eine feste Verbindung zwischen Schuh und Pedal. Zum Einsatz kommt dann aber in der Regel kein Klick-System, sondern eine Lösung mit Schlaufen oder Haken. Diese lassen sich mit normalen Straßenschuhen nutzen, was für den Alltag praktischer ist.

Reifen
Die Reifen sind recht schmal, was zur Wendigkeit des Fahrrads beiträgt. Für die Stadt empfiehlt sich ein guter Pannenschutz.

Sattel
Der Sattel ähnelt dem Rennradsattel, ist aber meist etwas stärker gepolstert. Wegen ihrer Ästhetik sind Modelle aus Leder oder Kunstleder beliebt.

SCHON GEWUSST?
Ein typisches Bild in der Großstadt ist, dass Fixie-Fahrer an einer roten Ampel nicht absteigen, sondern im Stand auf ihrem Fahrrad balancieren. Möglich macht es eine spezielle Technik, der sogenannte Trackstand. Dabei wird das Vorderrad schräg gestellt und die Kurbel auf eine horizontale Linie gebracht. Leichte Vor- und Rückwärtsbewegungen der Pedale sorgen dann für die nötige Balance.

GRAVELBIKE

Rennrad- und Mountainbikesport – früher waren das zwei völlig verschiedene Welten. Doch seit etwa 2015 hat mit dem Gravelbike ein neuer Fahrradtyp einen Siegeszug angetreten, der sowohl auf die Straße als auch auf das Gelände zielt. Das englische Wort *gravel* heißt übersetzt „Kies“ oder „Schotter“. Geländetaugliche Rennräder gab es zuvor auch schon im Cyclocross-Sport, spielten abseits dieser Sportart aber keine Rolle. *Cyclocross, S. 101.* Heute ist das Gravelbike aus den Katalogen vieler Hersteller nicht mehr wegzudenken – sein großer Vorteil ist seine Flexibilität. Das Einsatzgebiet schwankt je nach Ausstattung und Federung zwischen Asphalt, breiten Wald- oder Schotterwegen und steinigen Mountainbike-Trails.

Gewicht | Laufradgröße | Reifenbreite

Taschen
Gravelbikes sind wegen ihrer Vielseitigkeit beliebte Reiseräder. Die Räder werden meist so konstruiert, dass sich verschiedene Arten von Fahrradtaschen leicht befestigen lassen. Einige verfügen auch über Montagepunkte für einen Gepäckträger.

Rahmen
Die Körperhaltung auf einem Gravelbike ist sportlich, aber nicht ganz so gestreckt wie auf einem Rennrad. Dafür sorgt die Geometrie des Rahmens. Das Oberrohr steigt deutlich an, der Abstand zwischen den Rädern (Radstand) ist etwas größer als beim Rennrad, was für mehr Laufruhe sorgt. Übliche Rahmenmaterialien sind Aluminium oder Carbon.

Federgabel
Einige Gravelbikes verfügen – wie ein Mountainbike – über eine gefederte Gabel, um Stöße vom Boden besser abfangen zu können.

Schaltung
Üblich sind – wie beim Rennrad und Mountainbike – Kettenschaltungen. Es können sowohl zwei Kettenblätter (wie in der Regel am Rennrad) als auch ein Kettenblatt (wie häufig am Mountainbike) verbaut sein. Einige Gravelbikes verfügen stattdessen über eine hochwertige Nabenschaltung, die wegen ihrer Robustheit zum Beispiel bei Radreisen beliebt ist.

Bremse
Der entscheidende Schritt zur Entwicklung des Gravelbikes war die zunehmende Verbreitung von Scheibenbremsen an Rennrädern. Der Verzicht auf Felgenbremsen schuf Platz für deutlich breitere Reifen.

Lenker
Gravelbikes ähneln optisch stärker dem Rennrad als dem Mountainbike. Dafür sorgt vor allem der nach unten gebogene Lenker, der sportlich-aerodynamisches Fahren ermöglicht. In den Details unterscheidet sich der Gravel-Lenker aber vom klassischen Rennlenker. Er ist etwas breiter, dafür aber weniger lang. Das sorgt für mehr Komfort und eine etwas weniger gestreckte Körperhaltung. Der Unterlenker ist zudem noch breiter als der Oberlenker. So erhält man auf holprigen Schotterwegen im Unterlenker-Griff besonders viel Hebel und Kontrolle. Auch die Bremsgriffe stehen leicht nach außen ab.

Pedale
Verschiedene Pedalarten sind möglich – ob mit oder ohne Klicksystem. Häufig sind Mountainbike-Pedale im Einsatz. Eine weitere Möglichkeit sind Kombipedale, die auf einer Seite ein Klicksystem aufweisen, auf der anderen gewöhnliche Plattformpedale sind.

Sattel
Der Sattel ähnelt dem Rennradsattel, ist aber meist – bedingt durch die etwas aufrechtere Sitzposition – ein wenig stärker gepolstert.

Reifen
Gravelbikes sind in der Regel so konstruiert, dass sie eine große Bandbreite an Reifen ermöglichen. So kann man vor einer Tour schon mal den Reifen wechseln und sich dadurch an das geplante Gelände anpassen. Übliche Gravelreifen liegen bei einer Breite zwischen Rennrad- und Mountainbikereifen und sind leicht profiliert.

SCHON GEWUSST?
Mit dem Gravelbike entstanden auch neue Wettkämpfe auf diesem Fahrradtyp, die Gravelrennen. Diese sind vor allem im Breitensport beliebt. 2022 veranstaltete der Weltradsportverband UCI erstmals Gravel-Weltmeisterschaften.

BMX-RAD

Das BMX-Rad und der damit verbundene Sport entstammen der amerikanischen Jugendkultur der 1960er bis 1980er Jahre. BMX steht für *Bicycle Motocross*. Jugendliche kamen auf die Idee, mit ihren 20-Zoll-Fahrrädern Rennen im Gelände zu fahren und Tricks zu vollführen – in Anlehnung an den Motocross-Sport. Echte Motorräder konnten sie sich nicht leisten oder waren zu jung dafür. Es zeigte sich aber, dass die Räder für diese Zwecke nicht robust genug waren und schnell kaputtgingen. So schraubten sie in ihren Garagen an Fahrrädern mit verstärkten Rahmen und Laufrädern und verbauten Lenker, die an Motorradlenker erinnerten. Sehr populär wurden BMX-Räder durch Kinofilme wie *E.T. – Der Außerirdische.* *Filme, S. 311* Noch heute ist das BMX-Rad vor allem in einer jungen, urbanen Szene beliebt. Durch ihre geringe Größe sind die Fahrräder sehr wendig und gut für Tricks und Sprünge geeignet. Je nach Einsatzgebiet (Rennen oder Freestyle) unterscheiden sich die Räder in einigen Details. *BMX-Sport, S. 110*

Rahmen
Wie die Laufräder ist auch der Rahmen des BMX-Rads klein, aber robust. Freestyle-BMX-Räder müssen besonders stabil sein und harten Einschlägen standhalten – daher wird hier oft Stahl als Rahmenmaterial gewählt. BMX-Räder für Rennen bestehen dagegen aus dem leichteren Aluminium.

Keine Bremse
Wir zeigen hier ein Freestyle-BMX-Rad. Bei diesen wird oft ganz auf eine Bremse verzichtet, unter anderem weil Bremskabel bei den Tricks stören könnten. Gebremst wird dann durch andere Techniken, etwa indem der Fuß auf das Hinterrad gedrückt wird oder durch gekonntes Kurvenfahren. Bei einem Racing-BMX ist jedoch mindestens eine Hinterradbremse vorgeschrieben. Zum Einsatz kommen dann in der Regel Felgenbremsen.

Keine Schaltung
Ein BMX-Rad besitzt keine Schaltung. Die Übersetzung lässt sich also nur durch Austausch der verbauten Antriebskomponenten ändern.

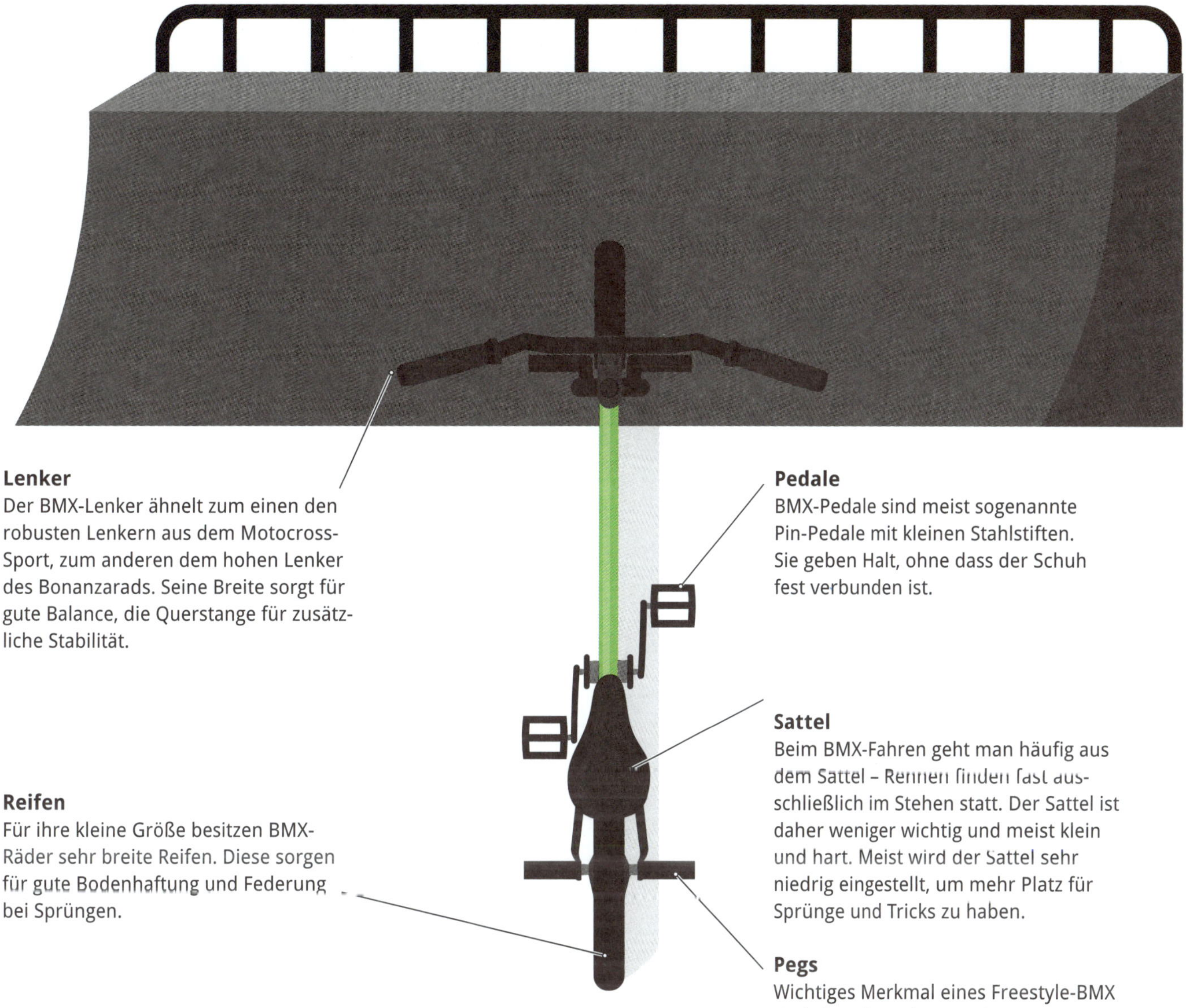

Lenker
Der BMX-Lenker ähnelt zum einen den robusten Lenkern aus dem Motocross-Sport, zum anderen dem hohen Lenker des Bonanzarads. Seine Breite sorgt für gute Balance, die Querstange für zusätzliche Stabilität.

Reifen
Für ihre kleine Größe besitzen BMX-Räder sehr breite Reifen. Diese sorgen für gute Bodenhaftung und Federung bei Sprüngen.

Pedale
BMX-Pedale sind meist sogenannte Pin-Pedale mit kleinen Stahlstiften. Sie geben Halt, ohne dass der Schuh fest verbunden ist.

Sattel
Beim BMX-Fahren geht man häufig aus dem Sattel – Rennen finden fast ausschließlich im Stehen statt. Der Sattel ist daher weniger wichtig und meist klein und hart. Meist wird der Sattel sehr niedrig eingestellt, um mehr Platz für Sprünge und Tricks zu haben.

Pegs
Wichtiges Merkmal eines Freestyle-BMX sind die achsverlängernden Stangen, die sogenannten Pegs. Sie machen viele Tricks überhaupt erst möglich – vor allem das sogenannte Grinding auf Stangen und Kanten. *BMX-Tricks, S. 111*

DAS BONANZARAD
Das Bonanzarad gilt als ein weniger sportlicher Vorläufer des BMX-Rads. Es wurde ab den 1960er Jahren zunächst bei amerikanischen Kindern und Jugendlichen sehr populär. Besondere Merkmale sind der gekrümmte „Bananensattel" mit Lehne sowie der „Hirschgeweih-Lenker". Die 3-Gang-Nabenschaltung wird per Schalthebel am Rahmen bedient, der an den Schaltknüppel eines Autos erinnert. Oft waren die Räder wild dekoriert, etwa mit Wimpeln oder Fuchsschwänzen. Ein berühmtes Modell war der Raleigh Chopper des britischen Herstellers Raleigh. In Deutschland wurde diese Art von Fahrrad als Bonanzarad bekannt und beliebt. Bonanzaräder sind für ihre geringe Größe sehr schwer, wenig robust und nicht gerade komfortabel zu fahren. Dennoch haben sie eine Daseinsberechtigung: Sie sind schlichtweg Kult. Auch wenn man sie nur selten auf der Straße sieht, stehen sie bis heute bei vielen Fahrradfans hoch im Kurs. Nicht zuletzt deshalb, weil der Fahrradtyp immer wieder in Filmen und Serien auftaucht, die in den 1970er oder 1980er Jahren spielen. *Filme, S. 311 / 313*

MOUNTAINBIKE

Gewicht Laufradgröße Reifenbreite

Als Geburtsstunde des Mountainbikes gilt das Jahr 1973. Damals setzten sich drei Freunde aus Kalifornien das Ziel, die steilen Schotterpisten des Berges Mount Tamalpais auf alten Fahrrädern des Typs Schwinn Cruiser hinterzurasen. Diese verfügten über breite Reifen und waren sehr schwer. Die drei Pioniere kamen zwar heil unten an, das Material stieß aber an seine Grenzen. In der Folge nahmen die Tüftler viele Veränderungen an ihren Rädern vor. Sie integrierten eine Gangschaltung, verbauten Motorradlenker und -bremsen und entwickelten schließlich einen leichten und robusten Rahmen. Am Ende stand ein eigener Fahrradtyp, auf dem bald auch regelmäßige Wettkämpfe ausgetragen wurden. Heute ist das Mountainbike neben dem Rennrad der wichtigste sportliche Fahrradtyp. Es gibt zahlreiche Unterarten, die jeweils auf die verschiedenen Mountainbike-Disziplinen spezialisiert sind. Sehr beliebt sind auch E-Mountainbikes mit Hilfsmotor.

Mountainbikesport, S. 108, Mountainbike-Spots, S. 214

Rahmen
Das Oberrohr ist abgesenkt, um viel Bewegungsfreiheit zu ermöglichen. Gleichzeitig steigt es nach vorne hin an und bildet häufig eine optische Verlängerung der Sitzstreben. Die Geometrie des Rahmens ist kompakt, aber sehr stabil. Das verbreitetste Rahmenmaterial ist Aluminium, wobei zunehmend auch das noch leichtere Carbon zum Einsatz kommt. Stahlrahmen sind nur noch selten im Einsatz. Bei einigen Mountainbikes ist im Rahmen eine zusätzliche Federung integriert, die Schläge vom Hinterrad dämpft. Diese nennt man Fullys – sie kommen im Downhill-Sport zum Einsatz.

Federgabel
Zur Grundausstattung gehört eine gefederte Gabel. Sie nimmt einen Teil des Fahrergewichts auf, dämpft Stöße vom Vorderrad ab und sorgt für eine ruhigere Fahrt. Hochwertige Federgabeln werden per Luftdruck gesteuert, dabei lässt sich der gewünschte Grad der Federung sehr fein einstellen.

Schaltung
Geschaltet wird per Kettenschaltung. Beim Mountainbiken werden meist weniger feine Gangabstufungen benötigt als beim Rennradfahren. Bei vielen Mountainbikes wird mittlerweile ein Antrieb mit nur noch einem Kettenblatt vorne verbaut – dafür sind hinten größere Ritzel montiert. So wird das Schalten vereinfacht und der Umwerfer, der bei Schlägen vom Boden Schaden nehmen könnte, entfällt.

Bremse
Die ersten Mountainbikes verfügten über Felgenbremsen. Deutlich früher als bei anderen Fahrradtypen setzte sich jedoch die Scheibenbremse mit ihrer starken Bremskraft bei jeder Witterung durch – heute sind hydraulische Scheibenbremsen bei Mountainbikes absoluter Standard. Dabei werden meist größere Scheiben verbaut als etwa am Rennrad.

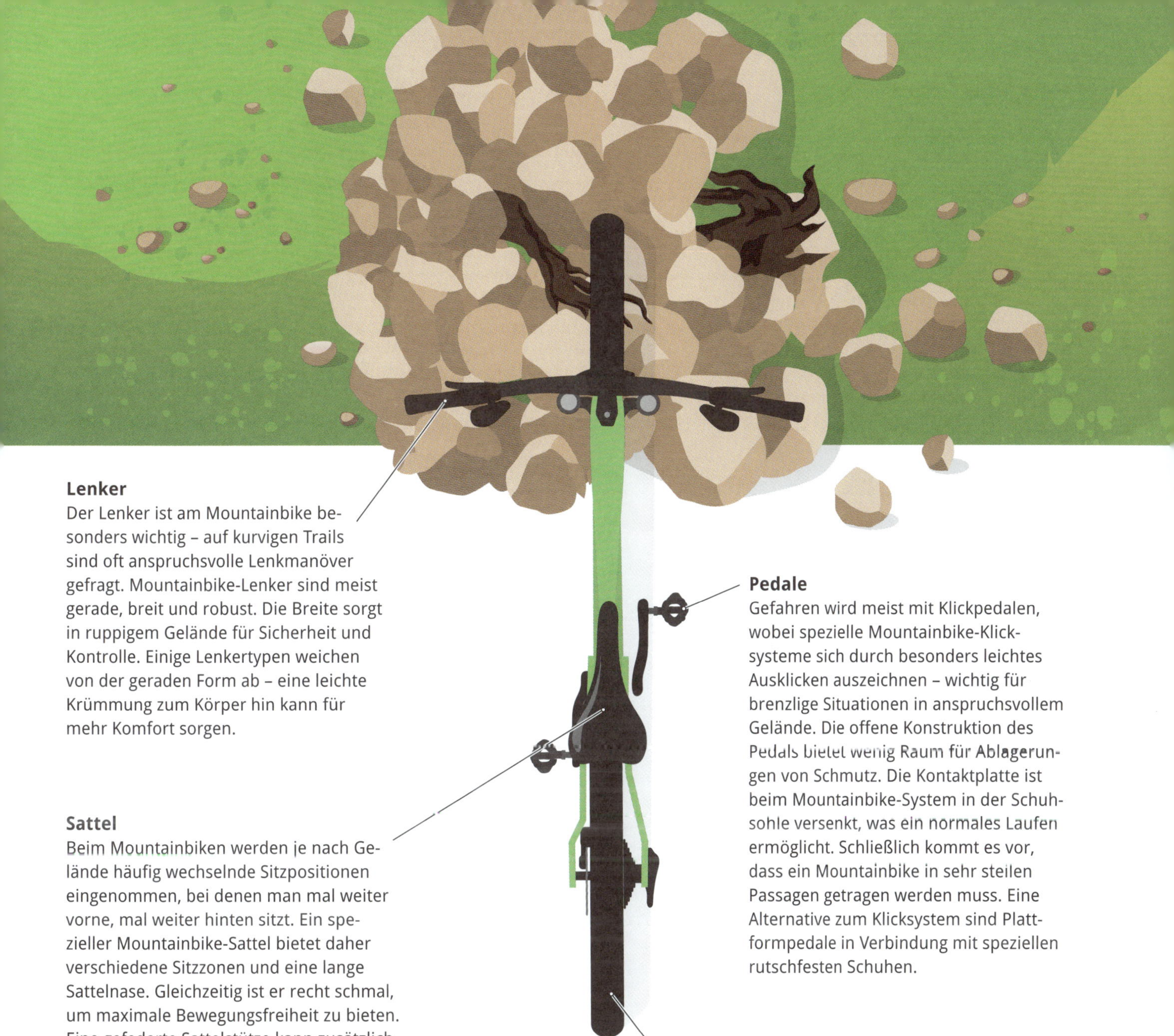

Lenker
Der Lenker ist am Mountainbike besonders wichtig – auf kurvigen Trails sind oft anspruchsvolle Lenkmanöver gefragt. Mountainbike-Lenker sind meist gerade, breit und robust. Die Breite sorgt in ruppigem Gelände für Sicherheit und Kontrolle. Einige Lenkertypen weichen von der geraden Form ab – eine leichte Krümmung zum Körper hin kann für mehr Komfort sorgen.

Pedale
Gefahren wird meist mit Klickpedalen, wobei spezielle Mountainbike-Klicksysteme sich durch besonders leichtes Ausklicken auszeichnen – wichtig für brenzlige Situationen in anspruchsvollem Gelände. Die offene Konstruktion des Pedals bietet wenig Raum für Ablagerungen von Schmutz. Die Kontaktplatte ist beim Mountainbike-System in der Schuhsohle versenkt, was ein normales Laufen ermöglicht. Schließlich kommt es vor, dass ein Mountainbike in sehr steilen Passagen getragen werden muss. Eine Alternative zum Klicksystem sind Plattformpedale in Verbindung mit speziellen rutschfesten Schuhen.

Sattel
Beim Mountainbiken werden je nach Gelände häufig wechselnde Sitzpositionen eingenommen, bei denen man mal weiter vorne, mal weiter hinten sitzt. Ein spezieller Mountainbike-Sattel bietet daher verschiedene Sitzzonen und eine lange Sattelnase. Gleichzeitig ist er recht schmal, um maximale Bewegungsfreiheit zu bieten. Eine gefederte Sattelstütze kann zusätzlich Schläge vom Boden dämpfen. Die Sitzhaltung ist sportlich, aber weniger gestreckt als beim Rennrad.

Reifen
Eines der wichtigsten Merkmale sind die breiten Reifen, die zudem meist über ein ausgeprägtes Profil verfügen, das auch auf rutschigem Untergrund für Halt sorgt. Die breiten Reifen erlauben es, mit niedrigem Luftdruck zu fahren – das sorgt beim Fahren für Dämpfung.

HOLLANDRAD

Das Hollandrad ist ein typisches Rad für den Alltag oder gemütliche Ausflüge auf flachem Terrain. Mit moderner Fahrradtechnik hat es wenig zu tun, dafür ist es sehr robust und stabil. Es muss selten gewartet werden und verträgt auch regnerisches Wetter. Die Sitzhaltung ist auf dem Rad sehr aufrecht. Wie der Name sagt, stammt das Hollandrad aus den Niederlanden. Dort gibt es kaum Anstiege, weshalb das hohe Gewicht des Rads kein großer Nachteil ist. Ende des 19. Jahrhunderts wurden in den Niederlanden die ersten Fahrräder hergestellt. Zunächst orientierte man sich an englischen Vorbildern, doch mit der Zeit bildeten sich einige niederländische Besonderheiten heraus. Besonders wichtig war den Werkstätten die Langlebigkeit ihrer Produkte. Heute sieht man Hollandräder vor allem in Großstädten an jeder Ecke – und zwar längst nicht mehr nur in Amsterdam oder Utrecht.

Rahmen
Viele Hollandräder verfügen über den sogenannten Schwanenhalsrahmen ohne Oberrohr, der einen besonders tiefen Einstieg erlaubt. Das klassische Material des Rahmens ist Stahl – besonders stabil und komfortabel, aber schwer. Heute gibt es zuweilen auch leichtere Modelle aus Aluminium.

Seitenverkleidung
Die typische Seitenverkleidung am Hinterrad schützt – ebenso wie die Schutzbleche an Vorder- und Hinterrad – die Kleidung vor Spritzwasser.

Bremse
Die Vorderradbremse ist oft eine Felgenbremse, die Hinterradbremse eine Rücktrittbremse. Letztere erhitzt sich bei starkem Bremsen stark und ist für längeres Bergabfahren ungeeignet – dafür ist das Hollandrad aber sowieso nicht gedacht. In den Niederlanden sind auch häufig Trommelbremsen verbaut. Dabei handelt es sich wie bei der Rücktrittbremse um eine Nabenbremse, die aber per Bremshebel am Lenker bedient wird.

Lichtanlage
Das fest installierte Vorder- und Rücklicht wird per Naben- oder Seitenläuferdynamo angetrieben.

Schaltung
Geschaltet wird per einfacher Nabenschaltung, die mit ihrer Robustheit und Wartungsarmut punktet und gut vor Nässe geschützt ist. Viele Gänge benötigt man am Hollandrad in der Regel nicht.

Kettenkasten
Der geschlossene Kettenkasten schützt sowohl die Kette vor Feuchtigkeit und Schmutz als auch die Kleidung vor Berührungen mit der Kette.

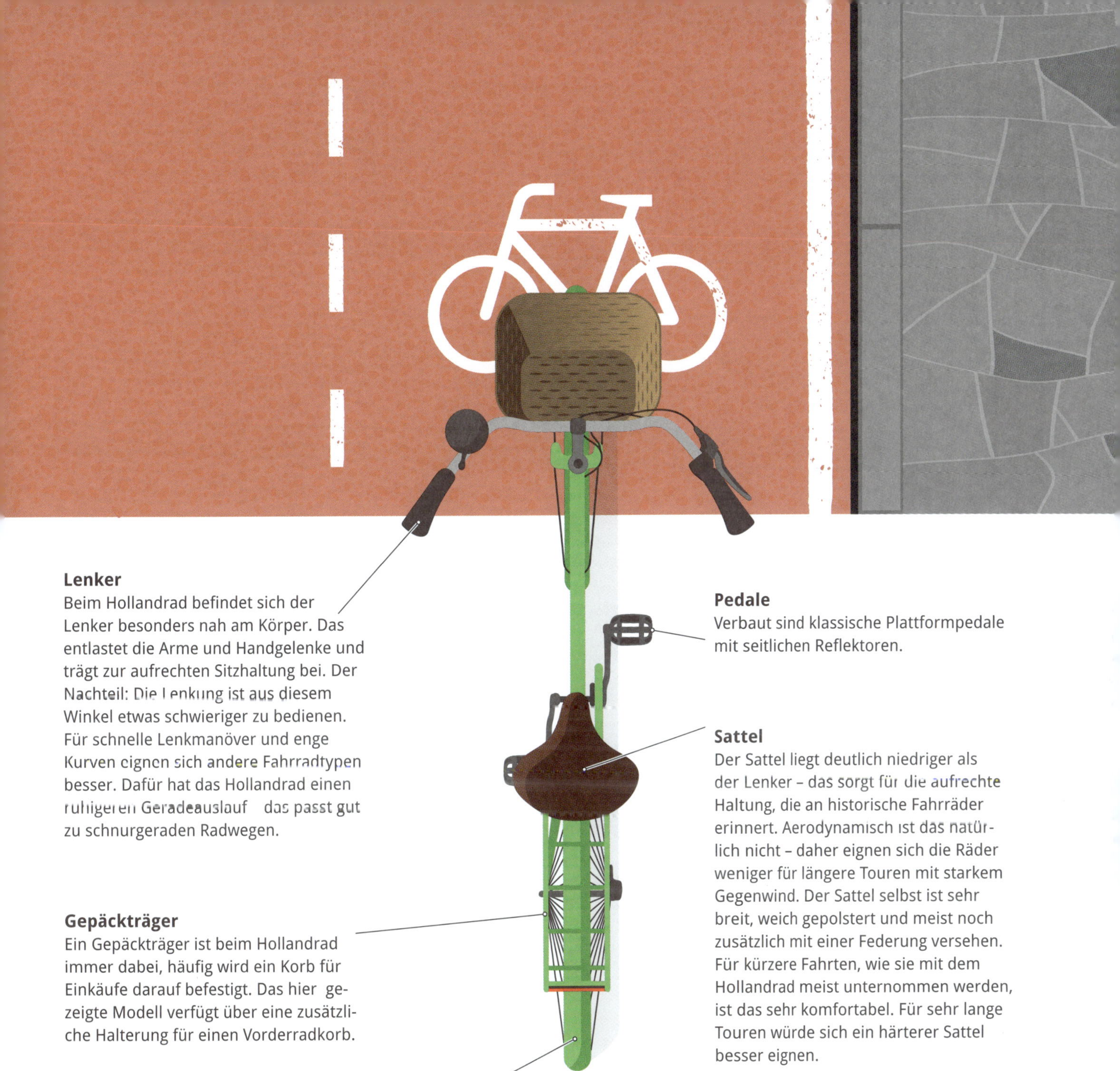

Lenker
Beim Hollandrad befindet sich der Lenker besonders nah am Körper. Das entlastet die Arme und Handgelenke und trägt zur aufrechten Sitzhaltung bei. Der Nachteil: Die Lenkung ist aus diesem Winkel etwas schwieriger zu bedienen. Für schnelle Lenkmanöver und enge Kurven eignen sich andere Fahrradtypen besser. Dafür hat das Hollandrad einen ruhigeren Geradeauslauf – das passt gut zu schnurgeraden Radwegen.

Gepäckträger
Ein Gepäckträger ist beim Hollandrad immer dabei, häufig wird ein Korb für Einkäufe darauf befestigt. Das hier gezeigte Modell verfügt über eine zusätzliche Halterung für einen Vorderradkorb.

Reifen
Die mittlere Reifenbreite sorgt für einen guten Komfort und eignet sich sowohl für Asphalt als auch für Feldwege mit nicht zu grobem Schotter.

Pedale
Verbaut sind klassische Plattformpedale mit seitlichen Reflektoren.

Sattel
Der Sattel liegt deutlich niedriger als der Lenker – das sorgt für die aufrechte Haltung, die an historische Fahrräder erinnert. Aerodynamisch ist das natürlich nicht – daher eignen sich die Räder weniger für längere Touren mit starkem Gegenwind. Der Sattel selbst ist sehr breit, weich gepolstert und meist noch zusätzlich mit einer Federung versehen. Für kürzere Fahrten, wie sie mit dem Hollandrad meist unternommen werden, ist das sehr komfortabel. Für sehr lange Touren würde sich ein härterer Sattel besser eignen.

LASTENRAD

Als die ersten Lastenräder auf den Markt kamen, waren sie im Straßenverkehr echte Exoten. Das hat sich längst geändert: Vor allem in Großstädten gehören sie heute zum Stadtbild und tragen dazu bei, das Auto für viele Menschen überflüssig zu machen. Lastenräder eignen sich für Transporte vieler Art – nicht nur der Wocheneinkauf, sondern sogar manche Umzüge lassen sich damit erledigen. Einige Modelle richten sich speziell an Familien und eignen sich zum Transport von Kindern. Wer ein Lastenrad nur für einige Stunden oder Tage benötigt, findet auch immer mehr Leih-Angebote. Zunehmend beliebt sind Modelle mit Elektro-Unterstützung. Diese spielen auch im gewerblichen Bereich eine immer größere Rolle.

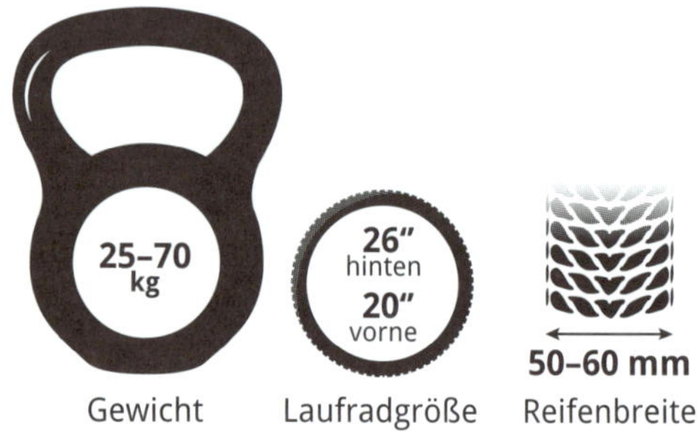

Schaltung
Verbreitet sind wartungsarme Nabenschaltungen, bei etwas hügeligerem Terrain aber auch Kettenschaltungen.

Lichtanlage
Das fest installierte Vorder- und Rücklicht wird in der Regel per Nabendynamo angetrieben.

Rahmen
Unterschiedliche Rahmenformen sind möglich – üblich ist ein sehr massives, niedriges und parallel zum Boden verlaufendes Unterrohr, während das Oberrohr ganz fehlen kann. Das häufigste Rahmenmaterial ist Aluminium, daneben gibt es auch Modelle aus Stahl oder besonders leichte, aber auch teure Rahmen aus Carbon.

Bremse
Das hohe Gewicht des Lastenrads verlangt starke Bremsen. Üblicherweise werden Scheibenbremsen verbaut, die mit ihrer unmittelbaren und hohen Bremskraft auch bei Nässe punkten. Seltener sind Felgenbremsen im Einsatz.

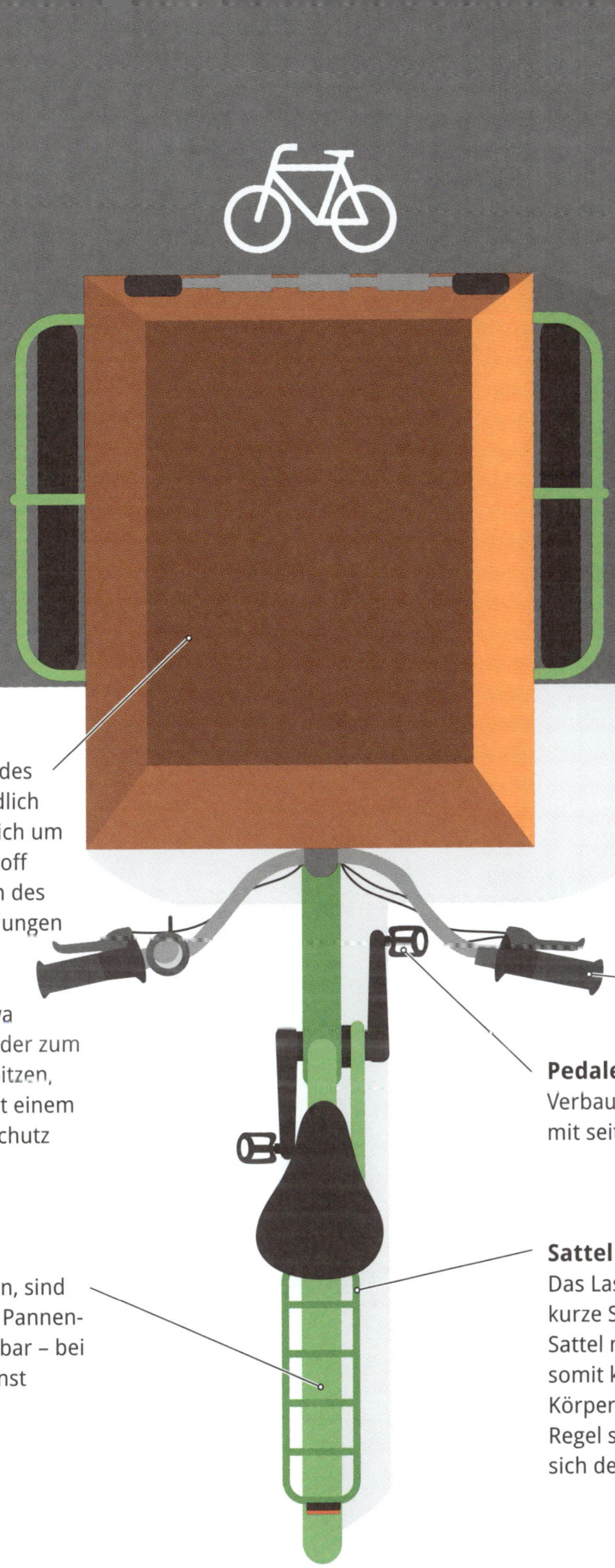

Ladefläche
Die Ladefläche ist das Herzstück des Lastenrads und kann unterschiedlich gestaltet sein. Meist handelt es sich um eine Art Kasten aus Holz, Kunststoff oder Metall. Je nach Konstruktion des Rads sind unterschiedliche Zuladungen möglich – ein übliches maximales Gesamtgewicht von Rad, Mensch und Ladung liegt bei etwa 200 bis 300 Kilogramm. Lastenräder zum Transport von Kindern sind mit Sitzen, Anschnallgurten und oft auch mit einem Verdeck als Regen- und Sonnenschutz ausgestattet.

Lenker
Verbreitet sind unterschiedliche Lenkerformen – meist ist er zum Körper hin gebogen, was zur aufrechten Haltung beiträgt. Wer eine etwas sportliche Fahrweise anstrebt, wählt einen geraderen Lenker.

Pedale
Verbaut sind klassische Plattformpedale mit seitlichen Reflektoren.

Reifen
Um das hohe Gewicht abzufedern, sind die Reifen relativ breit. Ein guter Pannenschutz ist in der Stadt unverzichtbar – bei hoher Last drücken Scherben sonst schnell durch.

Sattel
Das Lastenrad wird in der Regel für eher kurze Strecken eingesetzt, weshalb der Sattel meist breit und gepolstert ist und somit kurzfristigen Komfort bietet. Die Körperhaltung ist beim Lastenrad in der Regel sehr aufrecht – der Sattel befindet sich deutlich niedriger als der Lenker.

ZWEI ODER DREI RÄDER?
Verbreitet sind vor allem Lastenräder mit zwei oder drei Rädern – wir zeigen hier ein dreirädriges Modell. Beide Bauformen haben ihre Vor- und Nachteile. Die Vorderräder sind bei Lastenrädern immer kleiner als das Hinterrad.

- Leichter und wendiger
- Bieten in Kurven das gewohnte Fahrgefühl eines Fahrrads
- Benötigen weniger Straßen- und Parkraum

- Mehr Stabilität auch bei langsamem Fahren sowie im Stand
- Ermöglichen größere Ladeflächen und Gewichte

E-BIKES

E-Bikes oder Pedelecs sind Fahrräder mit elektrischem Hilfsmotor. Das Rad fährt nicht von alleine, die elektrische Unterstützung verringert aber die benötigte Muskelkraft. Je nach Modell und gewähltem Modus fällt die Motorhilfe mehr oder weniger stark aus. Fahrräder dieser Art gab es schon im 20. Jahrhundert, doch erst ab den 2010er Jahren setzte ein gewaltiger E-Bike-Boom ein. Durch technische Fortschritte und neue Akkus wurden die Räder leichter, leistungsstärker und ästhetischer – noch immer wiegen sie aber meist über 20 Kilogramm.

E-TREKKINGRAD

Die meisten Fahrradtypen sind mittlerweile auch als E-Bikes erhältlich. Zu den beliebtesten Typen zählt das E-Trekkingrad. Trekkingräder sind Allrounder, die Eigenschaften verschiedener Fahrradtypen vereinen, komfortabel zu fahren sind und über eine alltagstaugliche Ausstattung mit Lichtanlage, Schutzblechen und Gepäckträger verfügen. Sie sind sowohl für die Stadt als auch für Reisen und leichtes Offroad-Gelände geeignet.

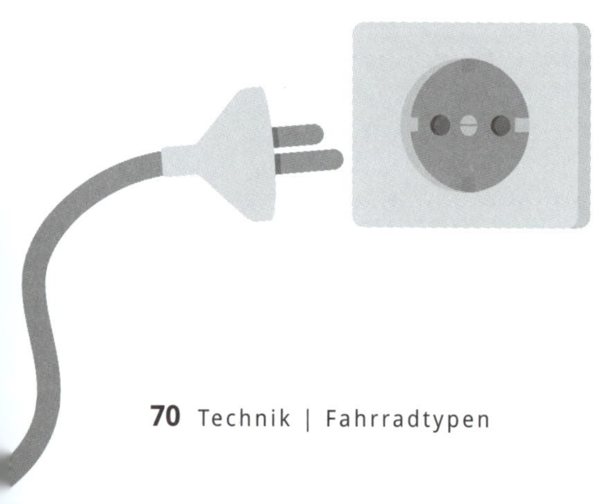

LADESTATIONEN

Das Laden eines E-Bike-Akkus dauert in der Regel mindestens zwei Stunden. Je nach Modell ist der Akku fest im Fahrrad verbaut oder wird zum Laden entnommen. Er lässt sich mit einem Ladekabel an eine normale Steckdose anschließen. Für unterwegs gibt es Ladestationen an öffentlichen Orten, deren Netz immer dichter wird. Es gibt Apps, mit denen sich die nächste Station in der Nähe finden lässt. Da es unterschiedliche Systeme gibt, empfiehlt es sich, das eigene Ladekabel unterwegs mitzunehmen. Um den Akku zu schonen, sollte er möglichst nicht vollständig entladen werden.

DER MOTOR

Der Akku leitet die elektrische Energie über im Rahmen verlegte Kabel an den Motor weiter. Der Grad der Unterstützung ergibt sich einerseits über den eingestellten Modus, andererseits über eine Software, die verschiedene Parameter wie Geschwindigkeit, Tretkraft und Trittfrequenz berücksichtigt. **Es gibt drei Möglichkeiten für die Position des Motors am Fahrrad – man unterscheidet Heckmotor, Mittelmotor und Frontmotor.** Am verbreitetsten ist der Mittelmotor.

HECKMOTOR

In der Hinterradnabe

Der Motor treibt das Hinterrad an.

+

- Starke Leistung bei geringer Geräuschentwicklung
- Keine zusätzliche Belastung der Antriebskomponenten
- Bremsenergie kann zum Aufladen des Akkus genutzt werden (Rekuperation)
- Optisch unauffällig

−

- Komplizierterer Ausbau des Hinterrads
- Schwerpunkt des Rads verlagert sich nach hinten, schlechtere Handhabung
- Nur mit Kettenschaltung kompatibel

MITTELMOTOR

Am oder im Rahmen auf Höhe der Kurbel

Der Motor treibt die Kurbelarme an.

+

- Optimale Gewichtsverteilung durch niedrige und mittige Position
- Natürliches Fahrgefühl durch schnelle Reaktion auf Veränderungen des Pedaldrucks
- Arbeitet effizient und in der Regel störungsfrei
- Neigt nicht zum Überhitzen

−

- Höherer Konstruktionsaufwand, dadurch teurer
- Schnellerer Verschleiß von Antriebskomponenten durch stärkeren Zug an der Kette

FRONTMOTOR

In der Vorderradnabe

Der Motor treibt das Vorderrad an.

+

- Geringer Konstruktionsaufwand
- Mit allen Schaltungstypen kompatibel
- Keine zusätzliche Belastung der Antriebskomponenten

−

- Unterstützung fühlt sich weniger natürlich an
- Gefahr eines Wegrutschens des Vorderrads auf unbefestigtem Untergrund
- Lenkverhalten kann beeinflusst werden

DER AKKU

Der Akku befindet sich meist am oder im Unterrohr des Rahmens. Je nach Größe des Akkus und der Konstruktion des Fahrrads ist er mal deutlich sichtbar, mal deutet fast nichts auf ein E-Bike hin. Verbaut wird heute ein Lithium-Ionen-Akku – ein Batterietyp, der auch in Autos oder Smartphones zu finden ist. In einem Akku wird chemische Energie in elektrische Energie umgewandelt – oder umgekehrt. Vereinfacht gesagt wandern im **Lithium-Ionen-Akku** elektrisch geladene Teilchen in unterschiedlichen Richtungen hin und her, je nachdem, ob der Akku gerade geladen oder entladen wird. Im E-Bike-Akku werden meist um die 50 einzelne Akkuzellen zusammengeschaltet, um die Kapazität zu erhöhen. Der Akku ist das teuerste Bauteil am E-Bike – der Abbau der benötigten Metalle ist aufwendig und verursacht Umweltschäden. Wichtig ist, ausrangierte Akkus wieder dem Recycling zuzuführen. *Rohstoffe, S. 271*

BESONDERE TYPEN

So unterschiedlich verschiedene Fahrradtypen in den Details auch sind – in ihrer grundsätzlichen Geometrie ähneln sie sich meist doch. Einige Typen fallen aber völlig aus dem Rahmen.

TANDEM

Das Tandem ermöglicht das gemeinsame Fahren von zwei oder mehr Personen auf einem Rad, die üblicherweise hintereinander sitzen. Jede Person verfügt über eine eigene Kurbel, eine lange Kette verbindet diese. Die vorne sitzende Person lenkt. Tandems können in der Ebene eine hohe Geschwindigkeit erreichen. Denn die Antriebskraft vervielfacht sich, während der Luftwiderstand nur leicht zunimmt. Die Belastung fürs Material ist jedoch hoch, weshalb Tandems sehr stabil konstruiert sein müssen.

FALTRAD

Das Faltrad ist im Prinzip ein ganz normales Fahrrad, lässt sich durch seine besondere Scharnierkonstruktion aber auf ein Minimum an Platz zusammenfalten. Erste Patente auf diese Idee gab es bereits im 19. Jahrhundert. Falträder eignen sich vor allem zur Mitnahme in öffentlichen Verkehrsmitteln auf Reisen oder beim täglichen Pendeln.

LIEGERAD

Das Liegerad wird in einer stark nach hinten geneigten Position gefahren. Es besitzt keinen Sattel, sondern einen Sitz. Das Tretlager und die Pedale bilden die Spitze des Fahrrads. Es gibt Modelle mit zwei oder drei Rädern. Wegen seiner Windschnittigkeit lassen sich auf dem Liegerad hohe Geschwindigkeiten erreichen, zudem punktet es mit einer entspannten Körperhaltung. Nachteile gegenüber einem gewöhnlichen Fahrrad sind das höhere Gewicht und die etwas höhere Sturzanfälligkeit in einigen Situationen. Die niedrige Sitzposition erschwert den eigenen Überblick und sorgt für etwas schlechtere Sichtbarkeit im Straßenverkehr.

HANDBIKE

Eines haben eigentlich alle Fahrräder gemeinsam – sie werden mit der Kraft der Beine angetrieben. Aus der Reihe fällt da das dreirädrige Handbike, das über Handkurbeln in Bewegung gesetzt wird. Einige Typen integrieren einen handelsüblichen Rollstuhl. Wettkämpfe auf Handbikes sind im Paracycling eine Disziplin für Menschen mit körperlichen Einschränkungen der Beine. *Paralympics, S. 119*

VELOMOBIL

Das Velomobil ähnelt von der inneren Konstruktion einem Liegerad mit drei Rädern, ist aber mit einer geschlossenen, stromlinienförmigen Verkleidung ausgestattet. Diese schützt zum einen vor Fahrtwind und Regen, zum anderen ist sie sehr aerodynamisch. Auf ebener Strecke erreicht das Velomobil leicht sehr hohe Geschwindigkeiten, beim Befahren von Anstiegen macht sich dagegen das Gewicht der Verschalung bemerkbar. Einige Modelle sind aber mit Elektrounterstützung ausgestattet.

EINRAD

Das Einrad ist vermutlich Ende des 19. Jahrhunderts als Variante des damals populären Hochrads entstanden. Dieses verfügte über ein extrem großes Vorderrad, an dem die Pedalkurbel montiert war. *Geschichte des Fahrrads, S. 14* Versuche zeigten, dass das Hochrad auch fahrbar blieb, wenn man auf das kleine Hinterrad verzichtete. Einradfahren erfordert einige Balance. Es ist beliebt bei Kindern und Jugendlichen und oft Bestandteil artistischer Shows. Es gibt auch einige Sportarten auf Einrädern.
Kuriose Disziplinen, S. 114

KURIOSITÄTEN

Einige Menschen hat das Fahrrad zu ganz besonderen Tüfteleien inspiriert – hier zeigen wir eine Auswahl.

DAS GRÖSSTE FAHRRAD DER WELT

Der deutsche Tüftler Didi Senft ist nicht nur als der wohl bekannteste Radsportfan bei der Tour de France bekannt, wo er regelmäßig als „Tour-Teufel" am Streckenrand auftaucht. *Tour de France, S. 151* Er hat auch zahlreiche kuriose Fahrräder gebaut – darunter das laut Guinness-Buch der Rekorde größte fahrbare Fahrrad der Welt. Im Jahr 2012 erbaute er ein 7,8 Meter langes und 3,7 Meter hohes Gefährt – und konnte dieses auch tatsächlich in Bewegung setzen.

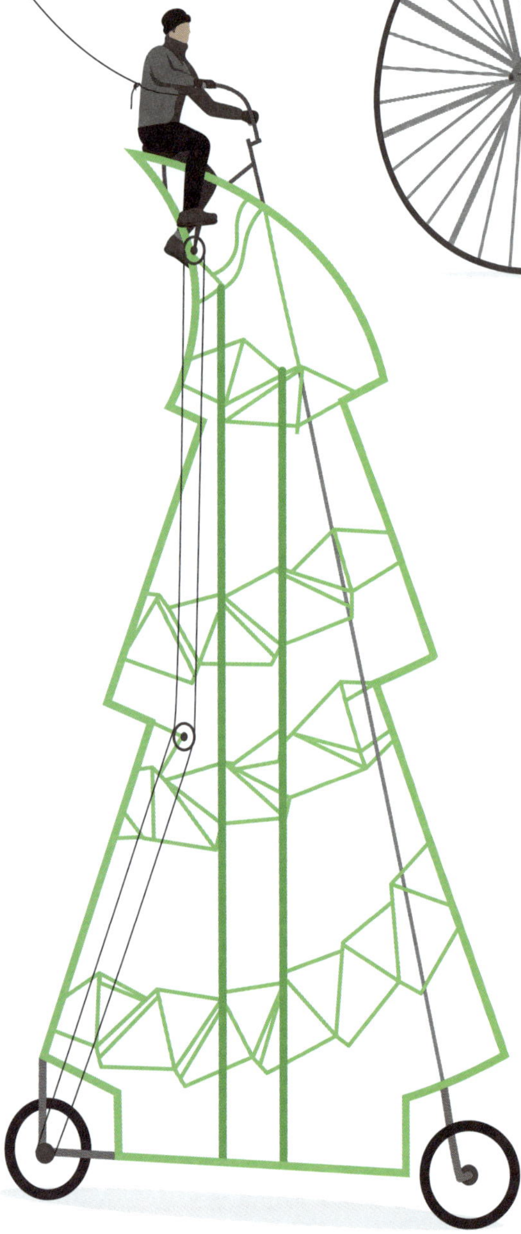

DAS HÖCHSTE FAHRRAD DER WELT

Das laut Guinness-Buch höchste fahrbare Fahrrad der Welt stammt aus Polen. Der Künstler Adam Zdanowicz schuf im Dezember 2020 eine 7,41 Meter hohe waghalsige Fahrradkonstruktion in Form eines Weihnachtsbaums. Für den Fall eines Sturzes ist der Fahrer mit einem Seil gesichert.

DAS NEBENEINANDEM

Das Nebeneinandem ist ein Fahrrad, auf dem zwei Personen nebeneinander fahren und treten können. Entsprechend gibt es zwei Antriebe mit Pedalen und Kette sowie zwei Lenker, die miteinander verbunden sind. Wohl auf keinem anderen Fahrrad kann man sich so gut während der Fahrt unterhalten.

VIERECKIGE RÄDER

Der Youtube-Kanal *The Q* hat schon einige verrückte Fahrradkonstruktionen präsentiert. Für Furore sorgte 2023 ein Gefährt mit viereckigen Rädern, das durch Tritt in die Pedale tatsächlich fortbewegt werden kann. Wer sich fragt, wie das funktionieren soll: Nicht die eckigen Räder bewegen sich, sondern nur der Reifenmantel wird angetrieben. Das Prinzip ähnelt Kettenfahrzeugen wie Baggern.

RADELN & TRINKEN

Das Bierbike oder Thekenfahrrad erfreut sich nicht überall größter Beliebtheit. Schließlich steht es für Gruppen betrunkener Zeitgenossen, die oft lautstark grölend durch die Stadt radeln. Die Idee stammt aus den Niederlanden. Während die Gruppe in die Pedale tritt, sitzt sie an einer Theke mit Bierzapfanlage. In Deutschland dürfen Bierbikes ohne Sondergenehmigung nicht mehr fahren.

AUF DER JAGD NACH POKÉMONS

Dieses Fahrrad erlangte im Jahr 2019 einige Berühmtheit – nicht wegen seiner eigentlichen Konstruktion, sondern wegen der mehr als 60 Smartphones, die daran montiert waren. Der Besitzer, ein damals 70-jähriger Taiwanese, spielte auf allen Handys und mit vielen Accounts gleichzeitig das Spiel *Pokémon Go*, bei dem man in der realen Welt virtuelle Fantasiewesen fangen kann.

SPRINGEN STATT FAHREN

„Pogo Bike" nennt der Youtuber Scotty Cranmer seine Erfindung, die er 2021 präsentierte. Es handelt sich um ein Fahrrad, das ausschließlich hüpft statt fährt. Es ähnelt einem BMX-Bike, besitzt statt Rädern aber zwei gefederte Springstöcke, sogenannte Pogo-Sticks.

SCHON GEWUSST?

Im belgischen Blankenberge, direkt am Nordseestrand, können nicht nur Kinder eine besondere Sammlung kurioser Fahrräder selbst ausprobieren – auf dem kleinen Holzoval der Bahn „De Lustige Velodroom".

AUSRÜSTUNG

Zum Radfahren benötigt man zunächst einmal nur ein Fahrrad. Wer häufiger im Sattel sitzt, wird sich mit der Zeit auch spezielle Kleidung, Werkzeug und sonstige Ausrüstung anschaffen. Die Liste der möglichen Gegenstände ist lang – wir zeigen hier eine Auswahl.

KLEIDUNG

Bekleidung für längere Radtouren sollte möglichst eng anliegen, um dem Fahrtwind keine Angriffsfläche zu bieten. Sie besteht heute oft aus leichten, elastischen und schnelltrocknenden Kunstfasern. Eine natürliche Alternative ist atmungsaktive Merinowolle, die sowohl kühlende als auch wärmende Eigenschaften hat. Trikots und Jacken sind hinten länger als vorne, damit der Rücken in vorgebeugter Sitzhaltung abgedeckt bleibt. Radhosen verfügen über ein eingenähtes Sitzpolster. Wichtigstes Material für Hosen ist die besonders elastische Kunstfaser Lycra.

DAS ZWIEBELPRINZIP

Vor allem im Winter ist bei Fahrradkleidung das Zwiebelprinzip zu empfehlen: Statt einer dicken Schicht trägt man – je nach Außentemperatur – mehrere dünne Schichten übereinander, welche die Feuchtigkeit untereinander nach außen weiterleiten. Wird es zu warm oder zu kalt, lassen sich einzelne Schichten ablegen oder ergänzen.

SOMMERHALBJAHR

Kurzarmtrikot

Windweste

Kurze Radhose mit Sitzpolster

Kurze Radhandschuhe

Armlinge

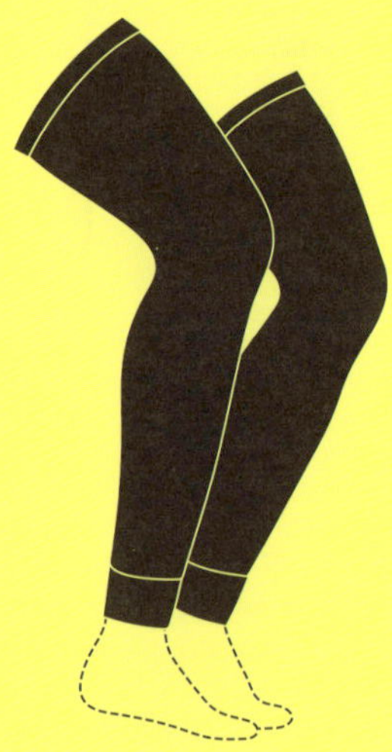

Beinlinge

WINTERHALBJAHR

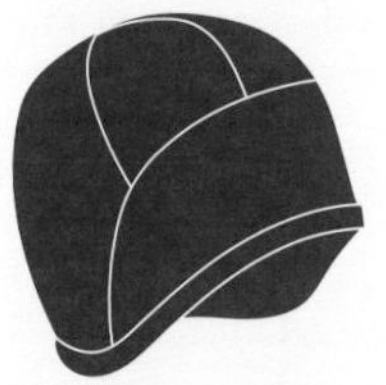
Unterhelmmütze

Sturmhaube

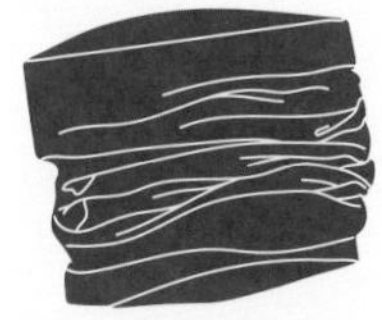
Halstuch

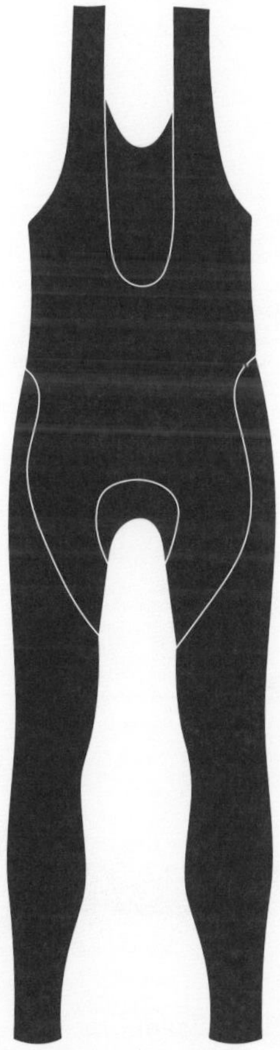
Lange Radhose
mit Sitzpolster

Thermounterwäsche

Langarmtrikot

Winddichte
Winterjacke

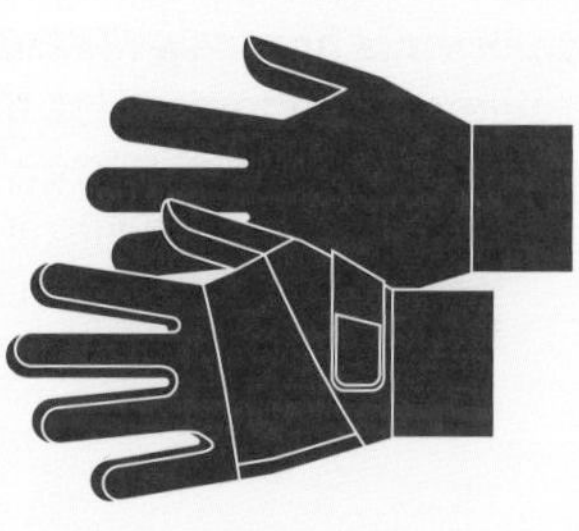
Lange, winddichte
Handschuhe

Überschuhe

WERKZEUG & PFLEGEMITTEL

Viele Reparatur- und Wartungsarbeiten am Fahrrad lassen sich mit etwas Übung gut zu Hause erledigen. Die Auswahl an Werkzeug und Pflegemitteln fürs Fahrrad ist riesig – natürlich benötigt man nicht für jeden Zweck und jeden Fahrradtyp alle Tools. Einige – wie zum Beispiel Inbusschlüssel – sind aber unverzichtbar. Bei häufig benutzten Werkzeugen lohnt es sich, in gute Qualität zu investieren, da sonst die Fahrradkomponenten Schaden nehmen könnten. *Grundlagen der Fahrradtechnik, S. 22*

FÜR UNTERWEGS

Flickzeug oder Ersatzschlauch

Handpumpe

Reifenheber

Multitool mit den wichtigsten Werkzeugen

FÜR ZUHAUSE

Kreuz- und Schlitzschraubenzieher verschiedener Größe

Schraubenschlüssel verschiedener Größe (Maul-, Ring- oder Steckschlüssel)

Innensechskantschlüssel (Inbusschlüssel) und Torxschlüssel verschiedener Größe

Luftdruckmesser

Lappen & Bürste

Fahrradöl oder -wachs für die Kette

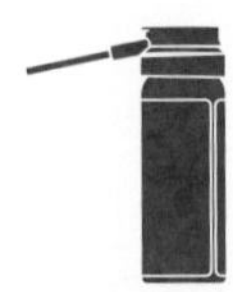

Korrosionsschutzmittel

Reinigungsmittel

Montageständer

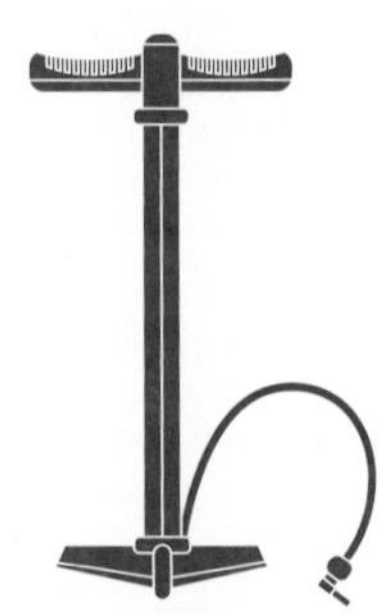

Standpumpe

SPEZIELLERES WERKZEUG

Drehmomentschlüssel
Besonders exaktes Festziehen von Bauteilen nach Drehmomentvorgabe

Kettenmesslehre
Prüfen des Verschleißes der Kette

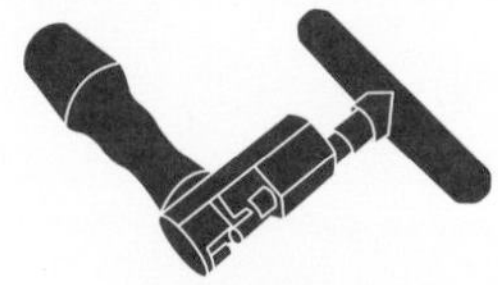

Kettennieter
Öffnen und Schließen von Ketten ohne Kettenschloss

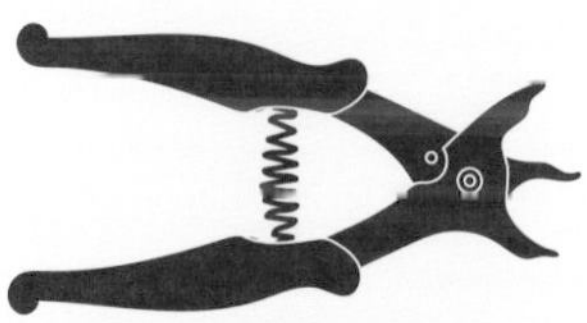

Kettenschlosszange
Öffnen und Schließen von Ketten mit Kettenschloss

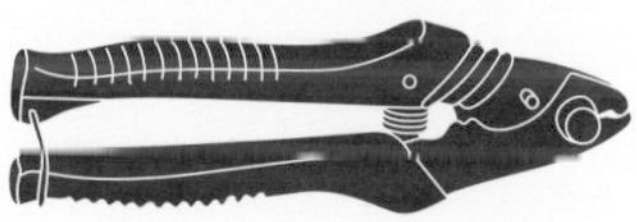

Bowdenzugschneider
Kürzen von Schalt- und Bremszügen

Speichenschlüssel
Anziehen und Lockern der Speichern, Zentrieren des Laufrads

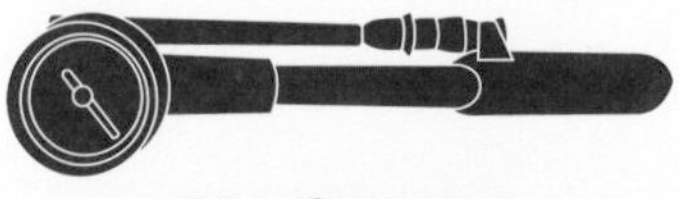

Dämpferpumpe
Präzise Einstellung von luftdruckgesteuerten Federungen

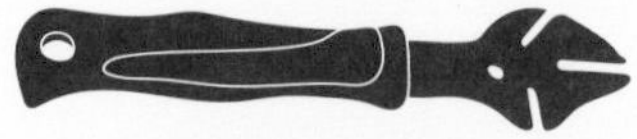

Richtwerkzeug für Bremsscheiben
Justieren verbogener oder beschädigter Bremsscheiben

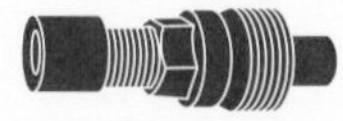

Kurbelabzieher
Demontage der Kurbelgarnitur

Innenlagerschlüssel
Ein- und Ausbau des Innenlagers (Tretlagers)

Kassettenabzieher & Kettenpeitsche
Demontage der Kassette (Zahnkranzpaket am Hinterrad)

Gummihammer
Hilfe beim Lösen sehr festsitzender Teile

SONSTIGE AUSRÜSTUNG

Helm

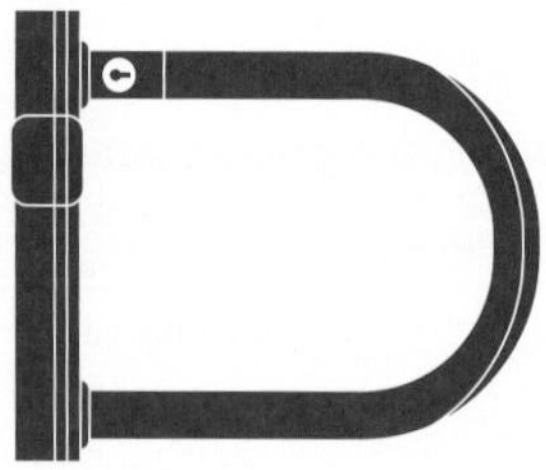

Fahrradschloss

Diebstahl, S. 256

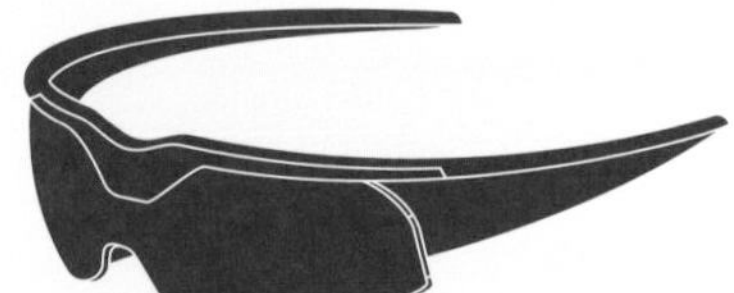

Radbrille mit und ohne Sonnenschutz

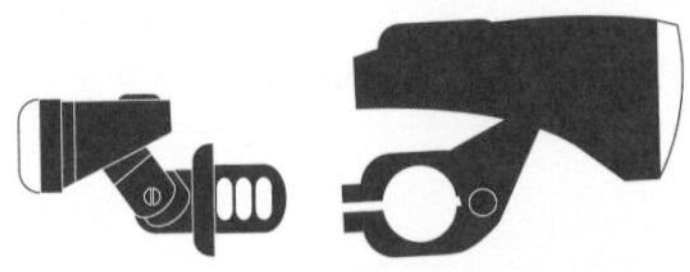

Ansstecklicht

Sonnencreme

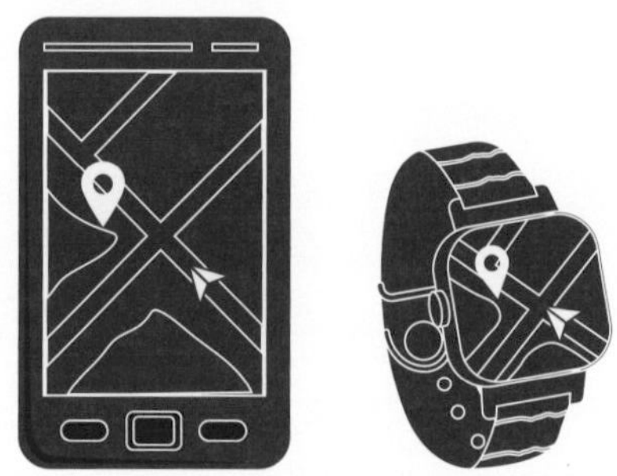

Fahrradcomputer oder Smartwatch mit GPS-Navigation

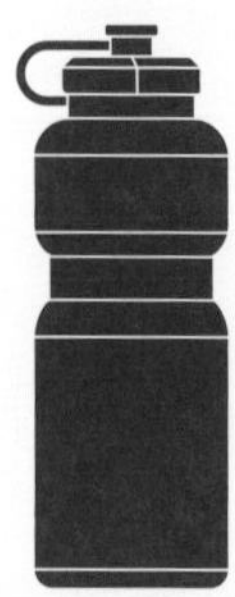

Trinkflasche

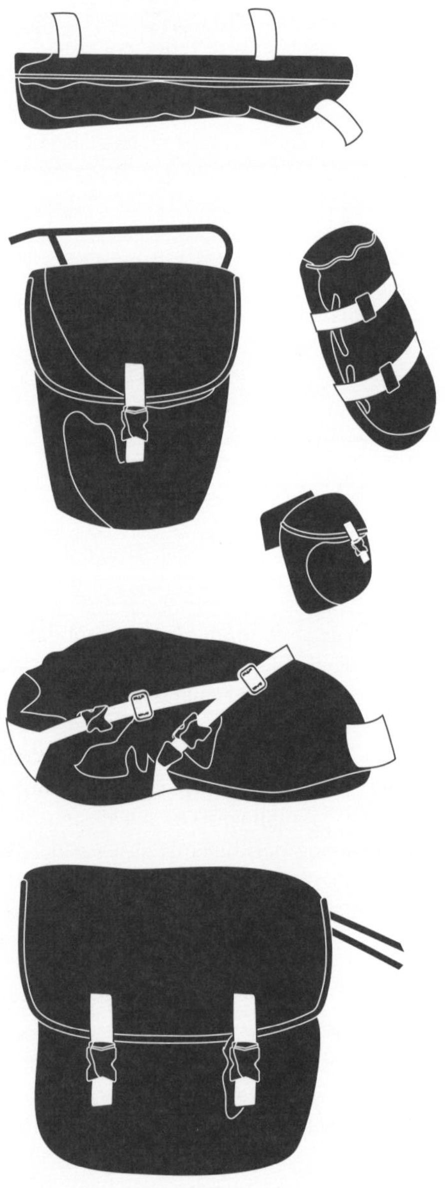

Fahrradtaschen

Fernradwege, S. 173

Erste-Hilfe-Set

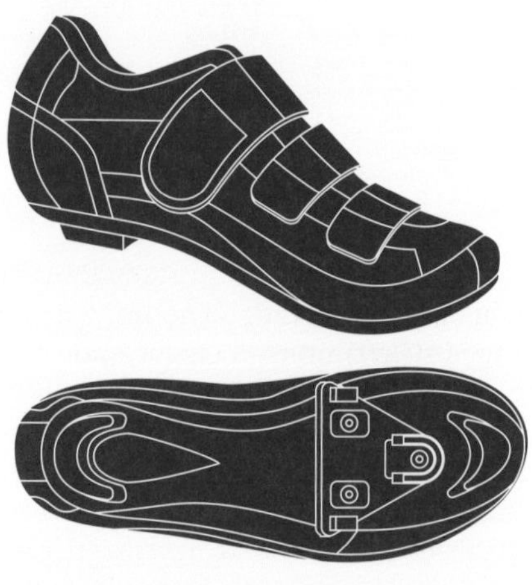

Radschuhe für Klickpedale

HELMTYPEN

Ein Helm kann bei Stürzen auf den Kopf vor schweren Verletzungen schützen. Im Fall eines Aufpralls nimmt er Energie auf, indem er sich verformt oder bricht. Nach einem Sturz muss ein Helm immer ersetzt werden. Es gibt verschiedene Typen von Fahrradhelmen für unterschiedliche Zwecke und Disziplinen.

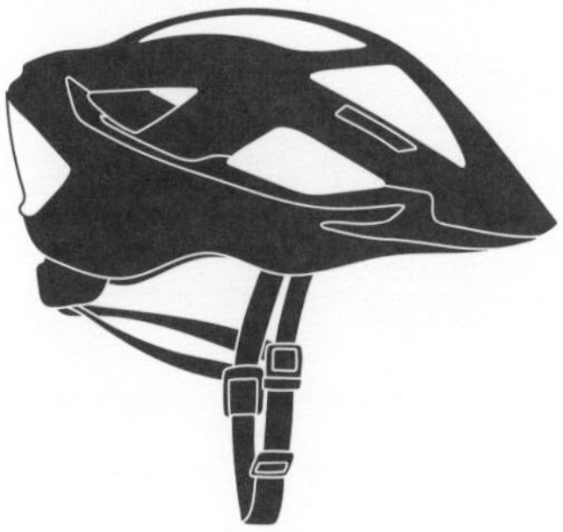

Cityhelm
Helm für den Stadtverkehr mit schlichtem Design, das zu Alltagskleidung passt. Gute Belüftung und integrierte Reflektoren oder Lichter.

Mountainbike-Helm
Hoher Schutz bei gleichzeitig guter Belüftung. Hinten tief geschnitten, um auch den Hinterkopf zu schützen.
Mountainbikesport, S. 108

Rennrad-Helm
Aerodynamische Form für den Straßenradsport. Leichtes Material und gute Belüftung.
Straßenradsport, S. 100

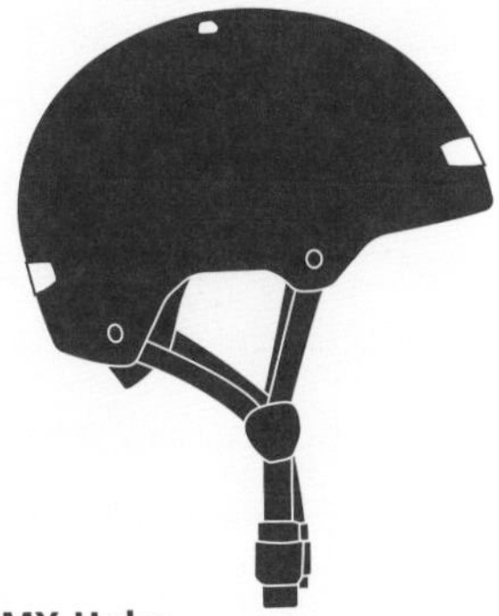

BMX-Helm
Robuste Schale und tief geschnittene Form für große Abdeckung des Kopfes. Kleine Belüftungsöffnungen.
BMX-Sport, S. 110

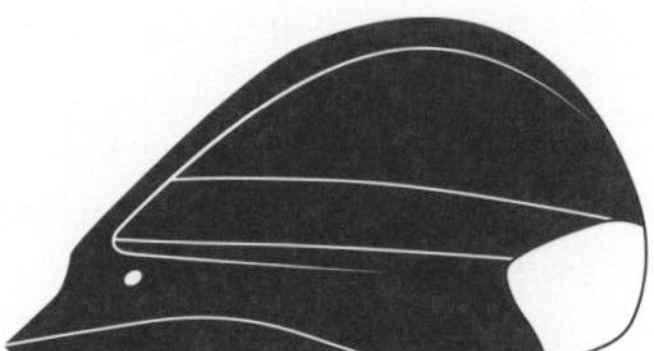

Zeitfahrhelm
Beim strömlinienförmigen Zeitfahrhelm ist alles auf Aerodynamik getrimmt, um im Zeitfahren jede Sekunde herauszuholen. Belüftungsöffnungen gibt es kaum.

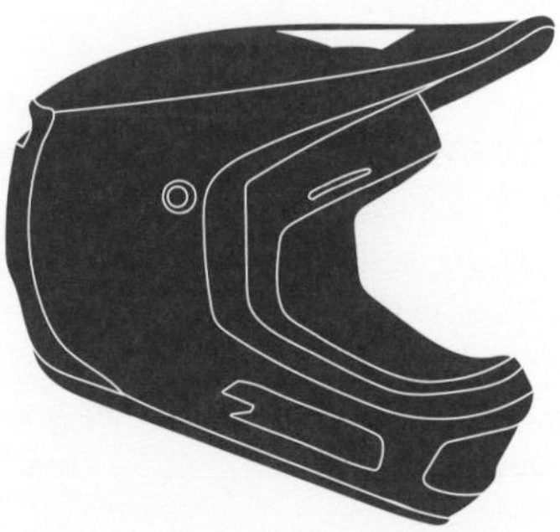

Full-Face-Helm
Geeignet für den Mountainbike-Downhillsport sowie risikoreiche Stunts. Vollumschließender Helm mit sehr robuster Schale und Polsterung. Der Kinnbügel schützt zusätzlich Gesicht und Kiefer. Belüftung schlechter als bei anderen Fahrradhelmen, aber besser als bei Motorradhelmen.
Mountainbikesport, S. 108

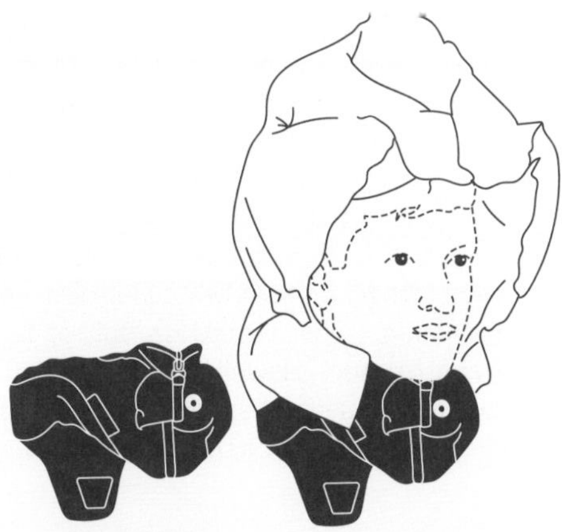

Airbag-Helm
Der Airbag-Helm ist eine recht neue Entwicklung. Er wird als Kragen um den Hals getragen. Im Fall eines Sturzes sollen Sensoren innerhalb einer Zehntelsekunde den Airbag mit Heliumgas füllen, wodurch sich dieser schützend um den Kopf stülpt.

KÖRPER & TRAINING

GESUNDHEIT

Die Gesundheit profitiert beim Radfahren in vielerlei Hinsicht. Es ist eine ideale Möglichkeit, regelmäßige Bewegung in den Alltag zu integrieren. Da es besonders gelenkschonend ist, eignet es sich auch gut für Menschen, die bisher wenig Sport gemacht haben.

PSYCHE
Radfahren hat viele positive Auswirkungen auf die Psyche. Es kann helfen, Depressionen vorzubeugen und bei deren Therapie unterstützend wirken.

Viele Menschen spüren beim Radfahren ein besonderes Gefühl der **Freiheit**. An der frischen Luft dahin zu rollen, fühlt sich leicht an – und schnell hat man weite Wege bewältigt und den Alltag hinter sich gelassen.

Die Bewegung kurbelt den Kreislauf an – dadurch wird auch das Hirn besser mit Sauerstoff und Nährstoffen versorgt. Viele Menschen kommen beim Radfahren auf besonders **gute Ideen.**

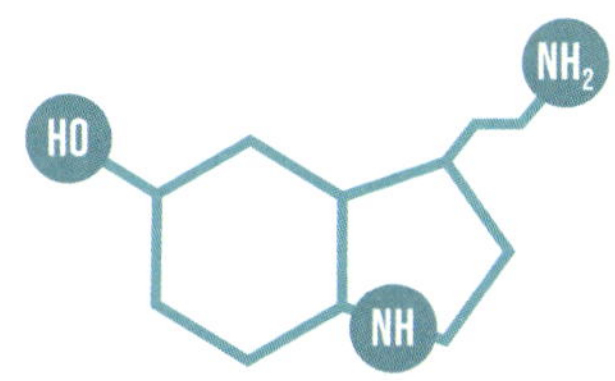

Durch die ausdauernde Bewegung schüttet der Körper vermehrt **Botenstoffe wie Endorphine und Serotonin** aus. Manchmal kommt es zu einem regelrechten Glücksrausch.

Die ständig wechselnden Eindrücke der Landschaft und die sehr bewusste Wahrnehmung der **Natur** und des Wetters wirken stressreduzierend.

Selbst gesetzte sportliche Ziele zu erreichen, ist sehr **motivierend**.

Gemeinsames Radfahren fördert den **sozialen Zusammenhalt** in der Gruppe – auch das macht glücklich.

Das Fahrrad ist eine sehr „menschliche" Maschine. Fahrzeug und Körper ergänzen sich perfekt – und die Fortbewegung gelingt aus eigener Kraft. Das sorgt für ein positives und **harmonisches Gefühl.**

Die gleichmäßige und routinierte Bewegung sowie die geforderte Koordination haben eine **entspannende Wirkung**. Das Gehirn ist aktiv, wird aber nicht überfordert.

IMMUNSYSTEM

Beim Radfahren an der frischen Luft muss sich der Körper immer wieder an neue Witterungsbedingungen anpassen – das stärkt die Widerstandskraft gegenüber Krankheiten. Auch das Sonnenlicht stärkt das Immunsystem, indem es die Bildung von Vitamin D bewirkt.

HERZ-KREISLAUF-SYSTEM

Durch körperliches Training wird das Herz größer und leistungsfähiger. Es pumpt pro Schlag mehr Blut in den Körper, wodurch sich die Durchblutung und Sauerstoffversorgung verbessert und der Blutdruck sinkt. Ein gut trainiertes Herz-Kreislaufsystem macht den Körper insgesamt leistungsfähiger und senkt das Herzinfarkt- und Schlaganfallrisiko deutlich.

KOORDINATION

Regelmäßiges Radfahren schult die Koordination und das Gleichgewichtsgefühl. Auch die Reaktionsfähigkeit nimmt zu. Mit zunehmender Übung gelingt auch das sichere Lenken in schwierigen Gelände.

FETTVERBRENNUNG

Radfahren verbrennt viele Kalorien – und das auch schon bei mäßiger Anstrengung. Regelmäßiges Training kurbelt zudem den Fettstoffwechsel an. So können schon kleine Radtouren im Alltag dazu beitragen, ungesundes Übergewicht zu reduzieren. *Ernährung, S. 88*

MUSKULATUR

Radfahren trainiert natürlich vor allem die Bein- und Gesäßmuskeln – aber auch die Rumpf- und Armmuskulatur ist nicht untätig. *Training, S. 93*
Die beanspruchten Muskeln werden stärker und ausdauernder. Ausdauersportarten wie das Radfahren sorgen für eher schlanke, aber sehr straffe und definierte Muskeln.

RADFAHREN & LEBENSDAUER

Eine niederländische Studie hat 2010 Berechnungen angestellt, wie sich regelmäßiges Radfahren im Durchschnitt auf die Lebensdauer auswirkt. Das Forscherteam der Universität Utrecht untersuchte ein **angenommenes Szenario, in dem 500000 Menschen in den Niederlanden täglich für kurze Strecken vom Auto aufs Fahrrad umsteigen.** Dabei flossen sowohl erwartbare positive als auch negative Auswirkungen auf die Gesundheit ein. Zu den positiven Effekten zählte vor allem der Rückgang von Herz-Kreislauf-Erkrankungen. Zu den negativen Effekten zählten Unfälle sowie das Einatmen von Feinstaub aus Abgasen im Straßenverkehr. Da man bei sportlicher Betätigung tief atmet, können Feinstaubpartikel leichter in die Lunge eindringen. Die Ergebnisse der Studie zeigten, dass die positiven Effekte auf die Lebensdauer dennoch klar überwiegen.

Quelle: de Hartog et al (2010)

Täglich
7,5 KM
Radfahren statt Autofahren

– 5,8 Tage
5 Tage durch Unfälle
0,8 Tage durch Feinstaub

Verlängerung der Lebensdauer

Verkürzung der Lebensdauer

Täglich
15 KM
Radfahren statt Autofahren

– 49 Tage
9 Tage durch Unfälle
40 Tage durch Feinstaub

UNFALLVERLETZUNGEN

Beim Radfahren treten im Vergleich zu anderen Disziplinen nur selten klassische Sportverletzungen auf. Abrupte Bewegungen gibt es beim gleichmäßigen Pedalieren nicht. Während beim Laufen enorme Kräfte auf Gelenke und Sehnen einwirken, sind diese beim Radfahren gering. Am ehesten tritt eine Überlastung der Kniegelenke auf – vor allem dann, wenn das Fahrrad nicht ideal eingestellt ist. Das größte Risiko beim Radfahren sind aber Unfälle. Diese können im schlimmsten Fall tödlich enden. Lebensgefahr besteht vor allem bei Stürzen auf den Kopf und bei Kollisionen mit Autos oder Lkws.

Unfälle, S. 252

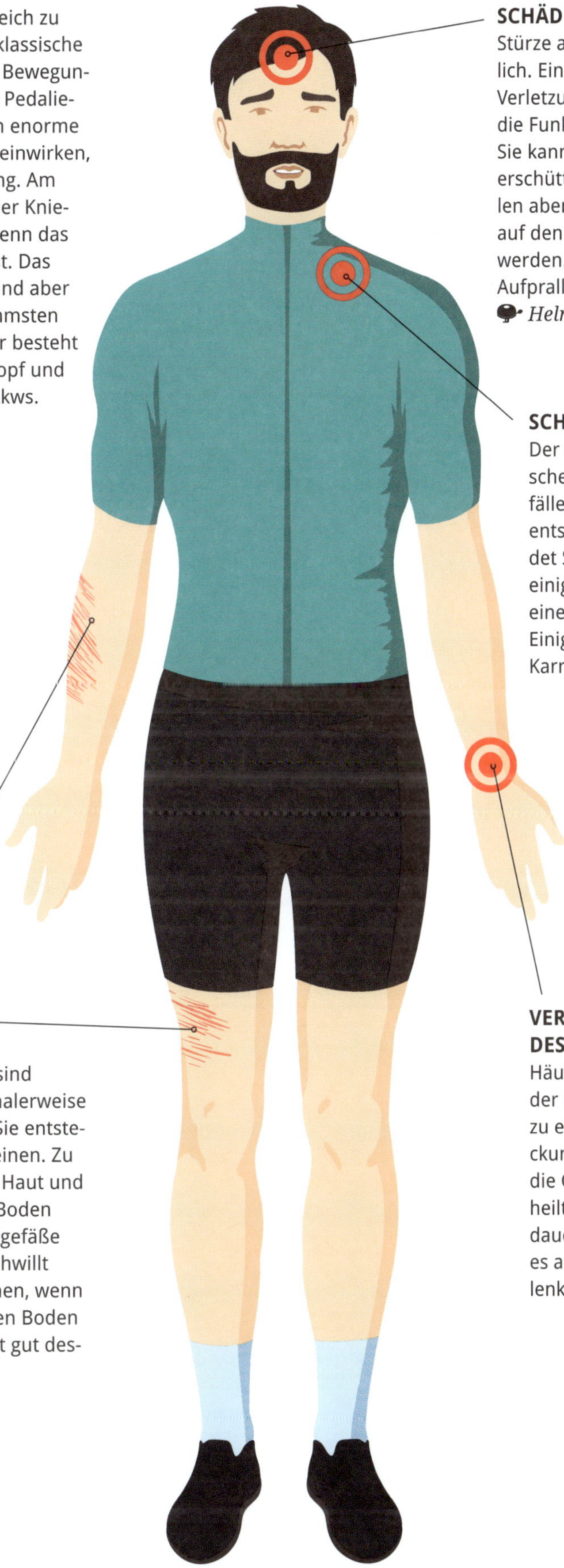

SCHÄDEL-HIRN-TRAUMA

Stürze auf den Kopf sind sehr gefährlich. Ein Schädel-Hirn-Trauma ist eine Verletzung des Schädelknochens, welche die Funktion des Gehirns beeinträchtigt. Sie kann in Form einer leichten Gehirnerschütterung auftreten, in schweren Fällen aber auch tödlich enden. Jeder Sturz auf den Kopf sollte ärztlich untersucht werden. Ein Helm kann die Wucht des Aufpralls verringern.

Helmtypen, S. 81

SCHLÜSSELBEINBRUCH

Der Schlüsselbeinbruch ist ein typischer Knochenbruch bei Fahrradunfällen, der beim Sturz auf die Schulter entsteht. Das Schlüsselbein verbindet Schulterblatt und Brustbein. In einigen Fällen ist eine Operation und eine mehrmonatige Radpause nötig. Einige Radprofis brechen sich in ihrer Karriere mehrmals das Schlüsselbein.

PRELLUNGEN & SCHÜRFWUNDEN

Prellungen und Schürfwunden sind schmerzhaft, klingen aber normalerweise nach einigen Tagen wieder ab. Sie entstehen vor allem an Armen und Beinen. Zu einer Prellung kommt es, wenn Haut und Muskelgewebe abrupt auf den Boden prallen und dadurch kleine Blutgefäße platzen. Die betroffene Stelle schwillt stark an. Schürfwunden entstehen, wenn die oberste Hautschicht über den Boden schlittert. Sie müssen unbedingt gut desinfiziert werden.

VERSTAUCHUNG DES HANDGELENKS

Häufig wird versucht, einen Sturz mit der Hand abzufangen. Dabei kann es zu einer Überbeugung oder Überstreckung des Handgelenks kommen. Bis die Gelenkkapseln und Bänder verheilt sind, kann es mehrere Wochen dauern. Im ungünstigsten Fall kann es auch zu einem Bruch des Handgelenks oder Unterarms kommen.

ERNÄHRUNG

Wer Rad fährt, muss den Körper vor, nach und bei längeren Strecken auch während der Tour mit Energie und Nährstoffen versorgen.

ENERGIELIEFERANTEN

Grundsätzlich gilt: Eine gesunde Ernährung ist abwechslungsreich und deckt alle wichtigen Nährstoffe ab – eine wichtige Rolle spielen dabei Vitamine aus Obst und Gemüse. Darüber hinaus kommt es darauf an, dem Körper die richtige Form und Menge an Energie zuzuführen. Bei Ausdauersportarten wie Radfahren ist das besonders wichtig. Jede Muskelaktivität benötigt Energie, die der Körper durch Nahrung erhält und speichern kann. Es gibt drei Energielieferanten: Kohlenhydrate, Proteine und Fette.

KOHLENHYDRATE

Kohlenhydrate sind **zentraler Bestandteil des Energiestoffwechsels** und für Ausdauersport essenziell. Der Körper wandelt diese Moleküle in einfache Zucker um. Gelangen diese in die Blutbahn, können die Muskeln direkt mit Energie versorgt werden. Der Körper kann Kohlenhydrate – in Form des Stoffes Glykogen – aber auch in den Muskeln sowie der Leber zwischenspeichern. **Kohlenhydrate liefern also sowohl kurzfristige als auch langfristige Energie. Die Kapazität der Speicher ist begrenzt, kann durch regelmäßiges Ausdauertraining aber erhöht werden.** Vor der Radtour sollte man die Speicher auffüllen – mit etwas Vorlauf, damit der Körper während der Aktivität nicht mehr mit der Verdauung beschäftigt ist. Besonders kohlenhydratreich sind Getreideprodukte wie Brot, Nudeln oder Haferflocken.

FETTE

Einen Teil der Energie zieht der Körper immer auch aus im Körper gespeicherten Fetten. **Die Reserven im Fettgewebe ermöglichen es, im Notfall tage- oder gar wochenlang ohne Nahrung zu überleben.** Regelmäßiger Ausdauersport verbessert den Fettstoffwechsel. Dadurch erhöht sich der Anteil der aus Fett gewonnenen Energie und die Kohlenhydratspeicher halten länger. Pro eingesetztem Sauerstoffmolekül wird beim Abbau von Fett allerdings weniger Energie gewonnen als beim Abbau von Kohlenhydraten. Für dieselbe Leistung muss man also schneller atmen.

PROTEINE

Proteine oder Eiweiße sind der **wichtigste Baustoff für Muskeln** – und im Sport schon deshalb unverzichtbar. Gleichzeitig dienen sie als Energiequelle – vor allem dann, wenn Belastungen sehr lang andauern und die Glykogenspeicher fast leer sind. Diese Form der Energiegewinnung ist eher ungünstig, weil der Körper dann Muskeln abbaut. Man sollte daher zum einen auf ausreichende Zufuhr von Kohlenhydraten achten, zum anderen nach dem Sport möglichst bald Proteine zu sich nehmen, damit sich die Muskeln regenerieren können. Neben tierischen Lebensmitteln sind auch Hülsenfrüchte wie Bohnen, Linsen und Kichererbsen gute Proteinquellen.

ERNÄHRUNG WÄHREND DER RADTOUR

Wer länger als etwa 90 Minuten Rad fährt, sollte erneut Kohlenhydrate zu sich nehmen. Der Vorteil beim Radfahren ist, dass – im Gegensatz zum Laufen – der Magen-Darm-Trakt relativ wenig erschüttert wird. Das erleichtert die Verdauung. Dennoch ist die Aufnahmefähigkeit des Körpers unter hoher Belastung begrenzt. Sinnvoll sind kleine Stärkungen mit schneller Wirkung. Wir vergleichen hier drei beliebte Snacks, die viele Kohlenhydrate und wenig Fett enthalten und sich gut in der Trikottasche transportieren lassen: die Banane, der Müsliriegel und das Energiegel.

BANANE (90 kcal / 100g) – 100 kcal pro Stück

+
- Naturprodukt ohne verarbeiteten Zucker
- Enthält neben Fruchtzucker auch viele Vitamine
- Kalium und Magnesium beugen Krämpfen vor
- Kein Verpackungsmüll
- Liefert zusätzlich Flüssigkeit

–
- Vergleichsweise hohes Gewicht
- Unreife Früchte können schwer verdaulich sein
- Reife Früchte können bei Hitze matschig werden

MÜSLIRIEGEL (400 kcal / 100 g) – 200 kcal pro Stück

+
- Besonders viel Energie pro Gramm, gut für lange Touren
- Enthält natürliche Zutaten wie Nüsse und Rosinen mit wichtigen Nährstoffen
- Liefert besonders nachhaltige Energie

–
- Industrielle Riegel enthalten viel verarbeiteten Zucker. Gesünder sind selbstgemachte Riegel
- Verpackungsmüll bei industriellen Riegeln
- Riegel mit Schokolade schmelzen bei Hitze

ENERGIEGEL (300 kcal / 100 g) – 150 kcal pro Stück

+
- Energie wird besonders schnell umgesetzt, kurzfristiger Schub bei Wettkämpfen
- Leicht während des Fahrens zu öffnen und zu konsumieren
- Meist Zusätze von Salz, wichtigen Nährstoffen und leistungssteigerndem Koffein

–
- Künstliches Produkt mit gewöhnungsbedürftigem Geschmack
- Viel Verpackungsmüll
- Enthält meist viel verarbeiteten Zucker

ISOTONISCHE GETRÄNKE

Damit der Energiestoffwechsel funktioniert, benötigt der Körper unbedingt ausreichend Wasser. Gleichzeitig muss der Flüssigkeitsverlust durch Schwitzen ausgeglichen werden. Bei längeren Radtouren sind sogenannte isotonische Getränke sinnvoll, welche die gleiche Konzentration an Mineralstoffen wie Blut aufweisen – denn auch Mineralstoffe gehen mit dem Schweiß verloren.

KAFFEE

Kaffee ist fester Bestandteil der Radsportkultur – ein Stopp im Café gehört für viele zu jedem Training dazu. Das enthaltene Koffein fördert die Fettverbrennung, was wiederum die Kohlenhydratspeicher schont. Zudem verdrängt es Müdigkeit und gibt einen kurzfristigen Energiekick. Wer allerdings ständig Kaffee trinkt, bei dem verringert sich die Wirkung. Sehr hohe Dosen können außerdem zu Verdauungsproblemen oder Schlafstörungen führen.

KALORIENVERBRAUCH

Der Energiebedarf des Körpers wird meist in der Einheit Kilokalorien (kcal) ausgedrückt. **Die Grafik zeigt, wie viel Energie eine 70 Kilogramm schwere Person beim Radfahren im Vergleich zu anderen Sportarten innerhalb einer Stunde ungefähr verbraucht – und wie vielen Pizzastücken das etwa entspricht*.** Natürlich kommt es immer auch auf die Intensität des jeweiligen Trainings an. Radfahren verbrennt insbesondere deshalb viele Kalorien, weil der Zeitraum der Aktivität oft länger ist als bei anderen Sportarten. Mehrstündige Radtouren sind nicht ungewöhnlich – während eine Jogging-Einheit über mehrere Stunden eher selten vorkommt.

Quelle: DAK

Yoga
200 kcal

Radfahren
(moderates Tempo)
400 kcal

Schwimmen
500 kcal

Krafttraining
500 kcal

Joggen
800 kcal

Radfahren
(schnelles Tempo oder bergauf)
800 kcal

TAGESBEDARF BEI BERGETAPPEN

Bei Radrennen wie der Tour de France verbrennen die Profis enorme Mengen an Energie. Das gilt vor allem für Bergetappen mit mehreren tausend Höhenmetern. An solchen Tagen kann der Energiebedarf pro Tag bei 8 000 Kilokalorien oder sogar noch höher liegen – das entspricht etwa zehn Pizzen.

* eine durchschnittliche Pizza enthält etwa 800 Kilokalorien

DER HUNGERAST

Der sogenannte Hungerast ist im Radsport ein gefürchtetes Phänomen, das schon so manches Rennen entschieden hat. Es handelt sich um eine schwere Form der Unterzuckerung. Wenn die Glykogenspeicher in den Muskeln sich immer mehr leeren, greift der Körper auf Vorräte der Leber zurück. Das führt aber zu einem Absinken des Blutzuckerspiegels – denn die Leber ist für dessen Regulierung zuständig. Wenn der Blutzuckerwert unter einen kritischen Wert sinkt, kommt es zu einem dramatischen Leistungsabfall. Plötzlich wird jede Pedalumdrehung zum Kraftakt, auch Schwindel oder gar Bewusstlosigkeit können vorkommen. Der Körper benötigt in diesem Fall sofort Kohlenhydrate, am besten in schnell verwertbarer Form wie in Energiegels. Wegen seines plötzlichen Auftretens und der heftigen Wirkung wird der Hungerast auch als **„der Mann mit dem Hammer“** bezeichnet.

TRAINING

Wer häufig Rad fährt, wird mit der Zeit schneller und ausdauernder. Hier zeigen wir, welche Muskeln beteiligt sind und welche wissenschaftlichen Erkenntnisse helfen können, noch effektiver zu trainieren.

TRAININGSTIPPS

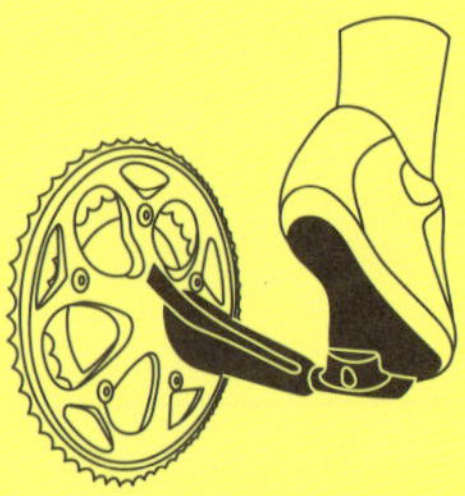

TRITTTECHNIK

Bei einer guten und effizienten Trotttechnik geht die Arbeit der einzelnen Muskelgruppen sehr flüssig ineinander über. Ruckartige Bewegungen sollten vermieden werden. Klickpedale können zu einem flüssigen Tritt beitragen. Eine hohe Trittfrequenz ist bei längeren Distanzen kraftsparend und gelenkschonend. Radprofis fahren mit einer Frequenz von etwa 90 bis über 100 Umdrehungen pro Minute.

„GUTE BEINE"

Es gibt Tage, an denen fliegt man beim Radfahren nur so die Berge hoch und jede Bewegung fühlt sich leicht an. Im Radsport nennt man das „gute Beine haben". Ob die Beine während einer Radtour „gut" oder „schlecht" sind, kann von vielen Faktoren abhängen. Neben dem allgemeinen Fitnesszustand wirken sich auch die richtige Ernährung, ausreichend Schlaf, der jeweilige Biorhythmus und Hormonhaushalt sowie die Belastung am Vortag aus. Auch die Psyche spielt eine Rolle – wer gute Laune hat, ist oft auch leistungsfähiger.

SITZEN VS. STEHEN

Das Fahren im Sitzen ist auf langen Strecken deutlich kraftsparender und aerodynamischer als der „Wiegetritt" im Stehen. Es ermöglicht eine ruhige Fahrtechnik, bei welcher der Oberkörper möglichst nicht hin und her wackelt. Kurzfristig lässt sich im Wiegetritt aber mithilfe des Oberkörpers, der Arme und des Körpergewichts mehr Kraft auf die Pedale bringen – etwa beim Beschleunigen oder im Sprint. Außerdem kann die aufrechtere Haltung den Rücken entspannen.

ABWECHSLUNG

Sinnvolles Radtraining beinhaltet einen Wechsel zwischen verschiedenen Intensitäten. Auf der folgenden Doppelseite stellen wir dieses Thema ausführlich vor. *Trainingsbereiche, S. 94* Um den Körper möglichst gleichmäßig zu belasten, ist es zudem sinnvoll, das Radfahren mit anderen Sportarten zu kombinieren. Gut geeignet sind Laufen und Schwimmen sowie Krafttraining für den Oberkörper.

HÖHENTRAINING

Radfahren in den Bergen kann einen großen Trainingseffekt haben. Radprofis absolvieren zur Vorbereitung auf wichtige Rennen immer häufiger Trainingslager in großer Höhe. Dabei trainieren und schlafen sie auf Höhen von etwa 1500 bis 2500 Metern. Mit der Höhe nimmt der Luftdruck ab, weshalb auch weniger Sauerstoff verfügbar ist. Der Körper reagiert darauf mit der vermehrten Bildung von roten Blutkörperchen, die für den Sauerstofftransport zuständig sind. Diese Anpassung bleibt auch nach der Rückkehr in flachere Regionen für einige Wochen bestehen. Der Körper kann die Muskeln besser mit Sauerstoff versorgen und ist dadurch leistungsfähiger. Es tritt also ein ähnlicher Effekt wie beim EPO-Doping auf – allerdings ist die Methode legal und nicht gesundheitsschädlich.
Doping, S. 96

GRÜSSEN

Es ist eine ungeschriebene Regel: Beim Radtraining grüßt man sich gegenseitig – schließlich teilt man die Leidenschaft fürs selbe Hobby. Ein leichtes Handheben oder Nicken genügt.

MUSKULATUR

Beim Radfahren sind viele Muskelgruppen beteiligt – den Hauptteil der Arbeit übernehmen die Bein- und Gesäßmuskeln.

Rücken- & Bauchmuskeln

Die Rückenmuskeln – und zu einem geringeren Teil auch die Bauchmuskeln – stabilisieren beim Radfahren das Becken und die Wirbelsäule.

Armmuskeln

Die Armmuskeln stützen und federn den Oberkörper am Lenker ab. Besonders gefordert sind sie beim Sprinten sowie in schwierigem Gelände.

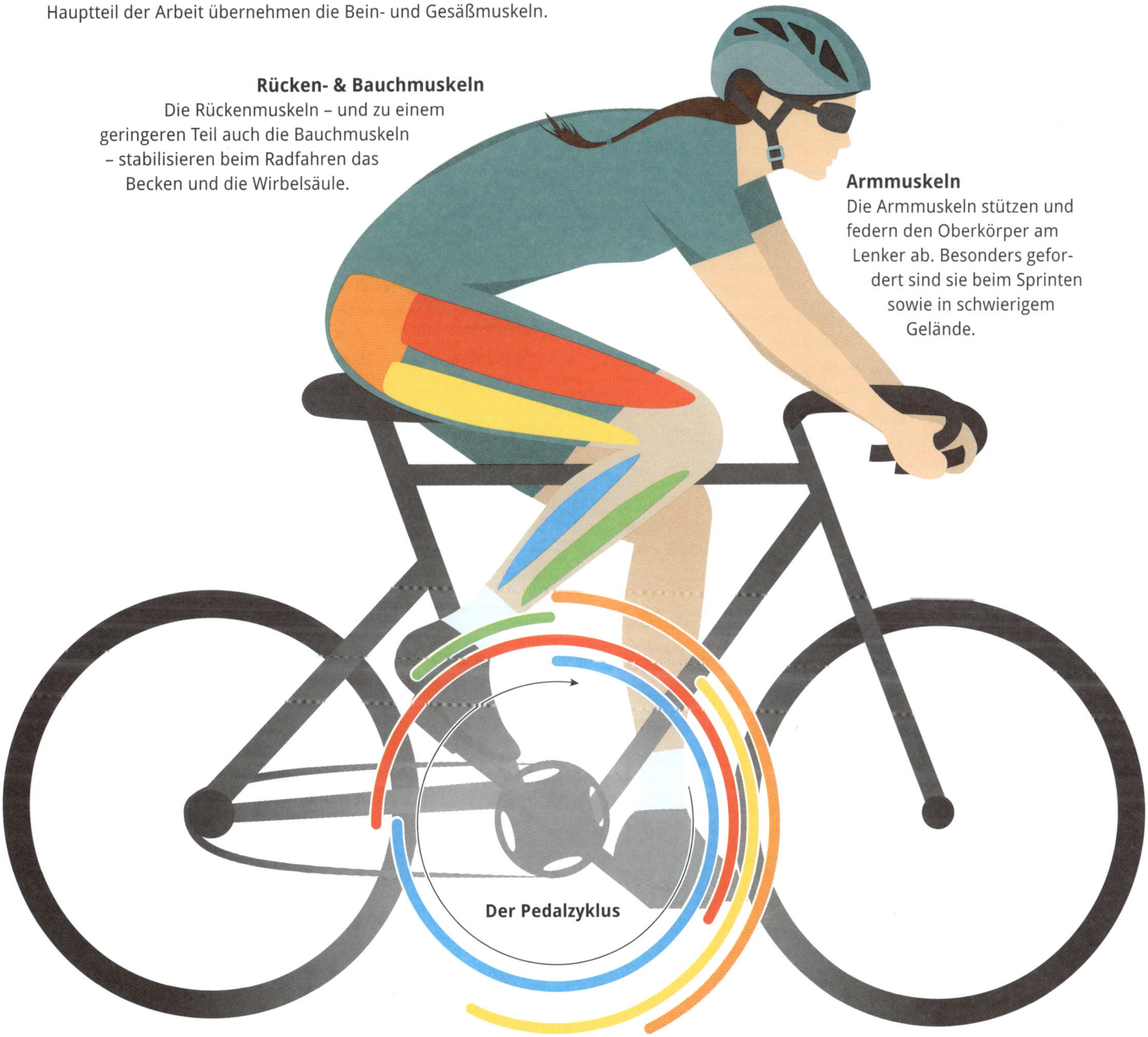

Gesäß- & Beinmuskeln

Die Gesäß- und Beinmuskeln sind beim Radfahren für das eigentliche Treten und damit die Fortbewegung zuständig. **Die Grafik zeigt, welche Muskeln während einer Pedalumdrehung wann am Tretvorgang beteiligt sind.** Die Muskeln müssen zum einen Kraft auf das Pedal bringen, zum anderen das Hüft-, Knie- und Sprunggelenk beugen und strecken.

Die Hauptarbeit wird verrichtet, während das Pedal nach unten getreten wird – dann sind auch die meisten Muskeln gleichzeitig aktiv. Den größten Teil der Kraft bringen die vorderen Oberschenkelmuskeln auf. Aber auch der Große Gesäßmuskel (Gluteus Maximus) ist während der Abwärtsbewegung stark gefordert. Während das eine Bein nach unten tritt, wird das andere Pedal automatisch nach oben befördert.

Quelle: Gressmann, Michael (2017): Fahrradphysik und Biomechanik

TRAININGSBEREICHE

Die Intensität spielt für den Trainingserfolg eine große Rolle. Je höher die Belastung, desto höher ist die Herzfrequenz in Schlägen pro Minute – diese lässt sich per Pulsuhr oder -gurt messen. Dabei gilt nicht unbedingt „viel hilft viel". Vielmehr sollte man zwischen verschiedenen Intensitäten wechseln. Im Ausdauersport spricht man von unterschiedlichen Trainingsbereichen.

Die Grafik zeigt einen beispielhaften Verlauf der Herzfrequenz während einer sportlichen Radtour einer erwachsenen Person. Dabei wechselt die Intensität zwischen vier Trainingsbereichen.

MAXIMALE HERZFREQUENZ

Jeder Mensch besitzt eine maximale Herzfrequenz, die nicht überschritten werden kann. Sie sinkt mit zunehmendem Alter – eine grobe Faustformel lautet „220 Schläge minus Lebensalter". In unserem Beispiel gehen wir von einer maximalen Herzfrequenz von 190 aus. Dies würde der Formel nach einer 30-jährigen Person entsprechen.

ANAEROBE SCHWELLE

Die sogenannte anaerobe Schwelle liegt bei ungefähr 90 Prozent der maximalen Herzfrequenz.

- Unterhalb dieser Schwelle dominiert die **aerobe Energiegewinnung**. Bei dieser wird der Körper immer ausreichend mit Sauerstoff versorgt. Mithilfe des Sauerstoffs wird Energie aus Fetten und Kohlenhydraten gewonnen. Dabei sind lange, ausdauernde Leistungen möglich.
- Oberhalb der Schwelle dominiert die **anaerobe Energiegewinnung**. Der Körper gerät in einen Zustand des Sauerstoffmangels und verbrennt Kohlenhydrate ohne Einsatz von Sauerstoff. Dabei sind besonders hohe Leistungen möglich – allerdings nur für kurze Zeit. Denn beim anaeroben Abbau von Kohlenhydraten entsteht das Zwischenprodukt Laktat. Dieses führt schnell dazu, dass die Muskeln übersäuern und schmerzen.
- An der anaeroben Schwelle befinden sich die Produktion und der Abbau von Laktat genau im Gleichgewicht. Daher ist dies die höchste Belastungsintensität, die über einen längeren Zeitraum aufrechterhalten werden kann.

Ernährung, S. 89

RUHEPULS

Der Ruhepuls ist die Herzfrequenz im belastungsfreien Zustand – also etwa beim Fernsehschauen auf dem Sofa. Sportlichere Menschen haben einen niedrigeren Ruhepuls. Ein grober Durchschnittswert für eine erwachsene Person sind 70 Schläge pro Minute.

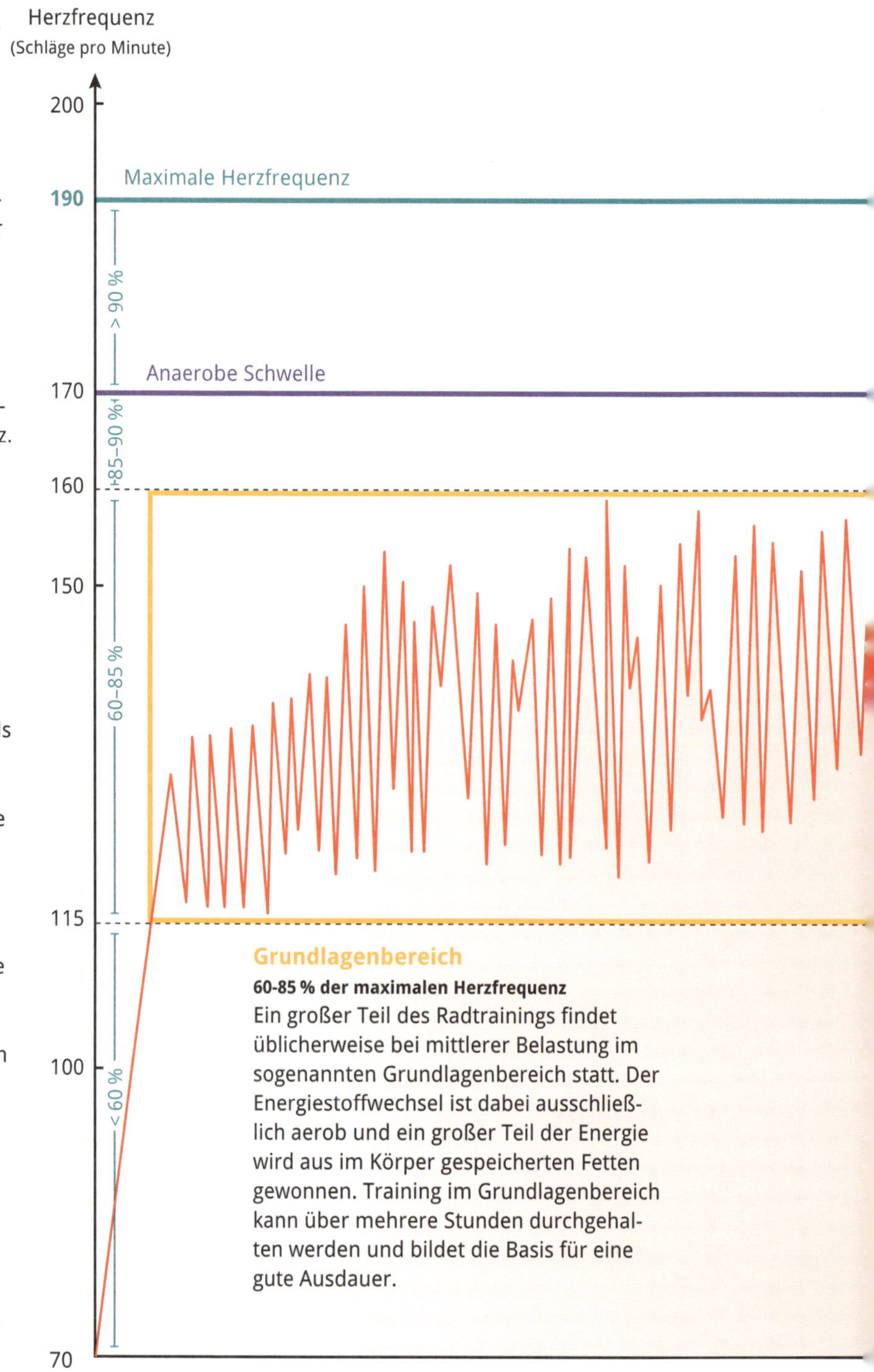

Grundlagenbereich

60-85 % der maximalen Herzfrequenz

Ein großer Teil des Radtrainings findet üblicherweise bei mittlerer Belastung im sogenannten Grundlagenbereich statt. Der Energiestoffwechsel ist dabei ausschließlich aerob und ein großer Teil der Energie wird aus im Körper gespeicherten Fetten gewonnen. Training im Grundlagenbereich kann über mehrere Stunden durchgehalten werden und bildet die Basis für eine gute Ausdauer.

TRAININGSPLAN

Ein professioneller Trainingsplan kombiniert die verschiedenen Trainingsbereiche genau so, wie es zur Vorbereitung auf den jeweiligen Wettkampf am sinnvollsten ist. Einem Trainingstag im Grundlagenbereich folgt dann zum Beispiel eine Einheit mit kurzen Intervallen im Spitzenbereich. Wichtig sind auch Kompensationseinheiten sowie komplette Ruhetage, an denen sich der Körper erholen und die neuen Reize verarbeiten kann.

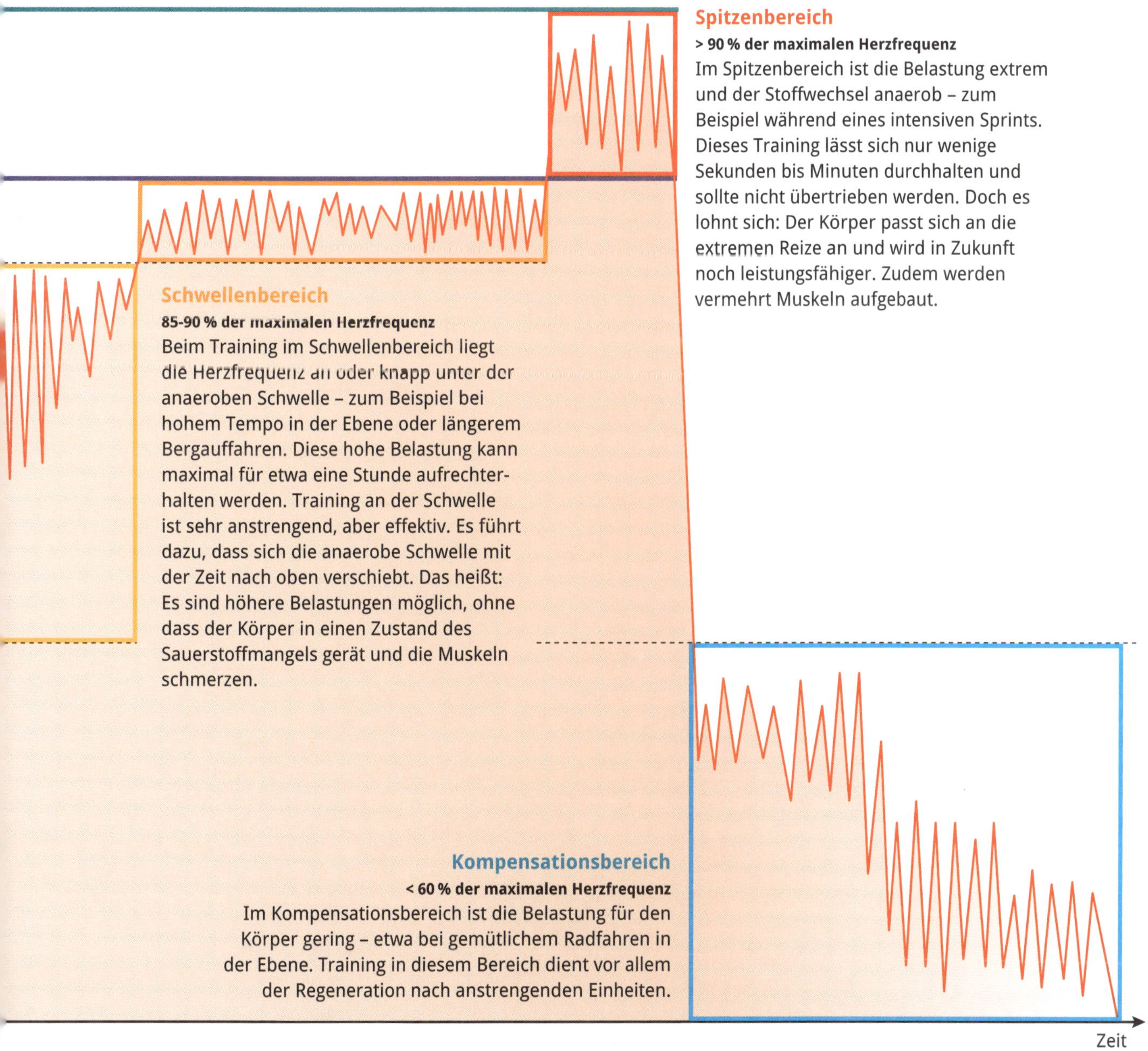

Spitzenbereich

> 90 % der maximalen Herzfrequenz

Im Spitzenbereich ist die Belastung extrem und der Stoffwechsel anaerob – zum Beispiel während eines intensiven Sprints. Dieses Training lässt sich nur wenige Sekunden bis Minuten durchhalten und sollte nicht übertrieben werden. Doch es lohnt sich: Der Körper passt sich an die extremen Reize an und wird in Zukunft noch leistungsfähiger. Zudem werden vermehrt Muskeln aufgebaut.

Schwellenbereich

85-90 % der maximalen Herzfrequenz

Beim Training im Schwellenbereich liegt die Herzfrequenz an oder knapp unter der anaeroben Schwelle – zum Beispiel bei hohem Tempo in der Ebene oder längerem Bergauffahren. Diese hohe Belastung kann maximal für etwa eine Stunde aufrechterhalten werden. Training an der Schwelle ist sehr anstrengend, aber effektiv. Es führt dazu, dass sich die anaerobe Schwelle mit der Zeit nach oben verschiebt. Das heißt: Es sind höhere Belastungen möglich, ohne dass der Körper in einen Zustand des Sauerstoffmangels gerät und die Muskeln schmerzen.

Kompensationsbereich

< 60 % der maximalen Herzfrequenz

Im Kompensationsbereich ist die Belastung für den Körper gering – etwa bei gemütlichem Radfahren in der Ebene. Training in diesem Bereich dient vor allem der Regeneration nach anstrengenden Einheiten.

DOPING

Im Radsport hat es immer wieder Dopingskandale gegeben. Zu groß ist die Versuchung, die eigene Leistung mit illegalen Substanzen zu steigern. Wer dopt, gefährdet aber immer die eigene Gesundheit – und verhindert einen fairen sportlichen Wettkampf. Durch verbesserte Testmethoden ist Doping im Laufe der Jahrzehnte erschwert worden. Wir vergleichen hier drei bekannte Dopingmethoden aus der Geschichte des Radsports. *Straßenradrennen, S. 126*

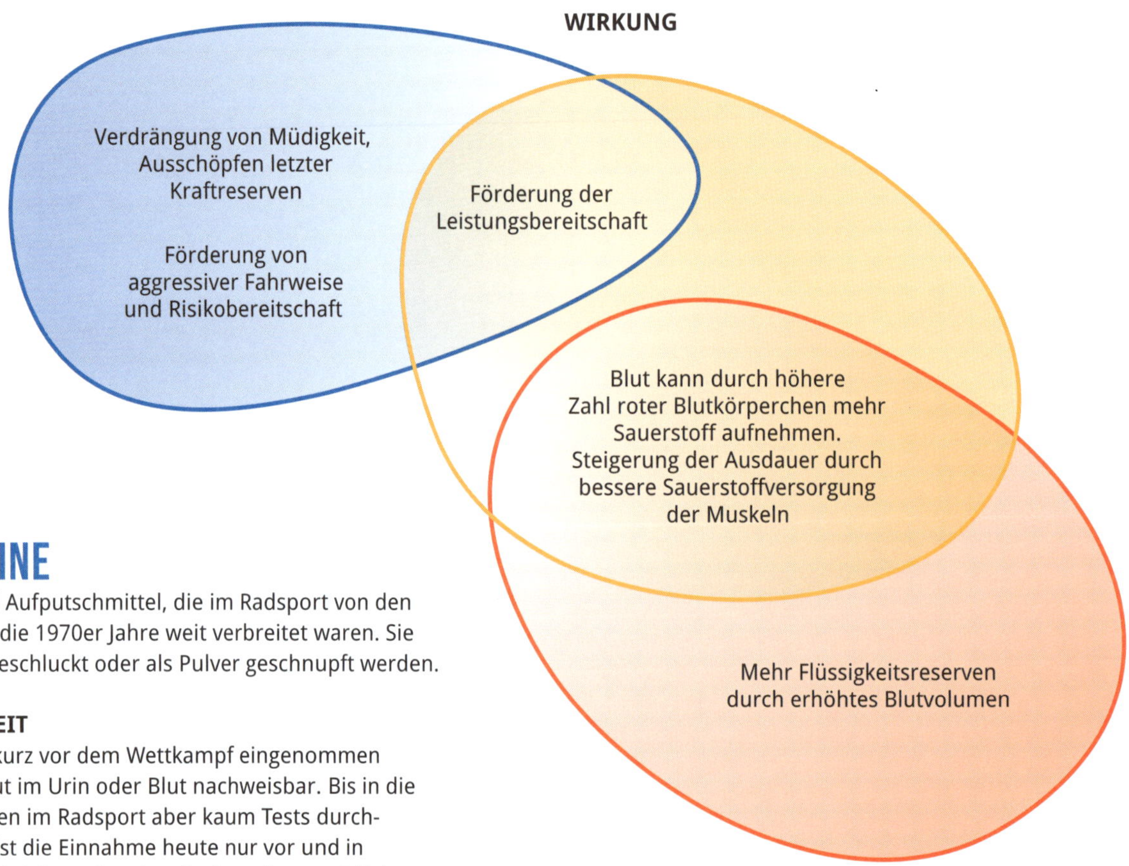

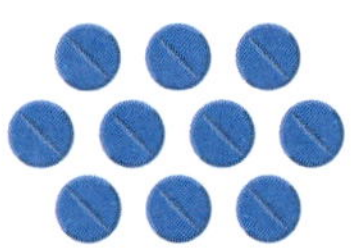

AMPHETAMINE

Amphetamine sind Aufputschmittel, die im Radsport von den 1930er bis etwa in die 1970er Jahre weit verbreitet waren. Sie können als Pillen geschluckt oder als Pulver geschnupft werden.

NACHWEISBARKEIT

Da Amphetamine kurz vor dem Wettkampf eingenommen werden, sind sie gut im Urin oder Blut nachweisbar. Bis in die 1960er Jahre wurden im Radsport aber kaum Tests durchgeführt. Verboten ist die Einnahme heute nur vor und in Wettkämpfen. Im Training wäre sie erlaubt – aber natürlich gesundheitsschädlich.

GRÖSSTER SKANDAL

Tod von Tom Simpson

Der wohl größte Skandal um Amphetamine ist gleichzeitig einer der traurigsten Tage in der Geschichte der Tour de France. Der englische Rennfahrer Tom Simpson lag am 13. Juli 1967 während einer Etappe am Mont Ventoux in Führung, als er kollabierte und am Rand der Straße verstarb. Untersuchungen ergaben, dass er Amphetamine und Alkohol zu sich genommen hatte. Der Todesfall führte zu einem stärkeren Bewusstsein für Doping im Radsport. *Mont Ventoux, S. 201, Tour de France, S. 157*

SCHON GEWUSST?

Oberste Institution im Anti-Doping-Kampf ist die Welt-Anti-Doping-Agentur (WADA) mit Sitz im kanadischen Montreal. Sie wurde 1999 auf Initiative des Internationalen Olympischen Komitees (IOC) gegründet. Die WADA legt in Anti-Doping-Richtlinien fest, welche Methoden und Substanzen illegal sind. Nicht jede leistungssteigernde Substanz ist verboten – sonst wäre auch koffeinhaltiger Kaffee nicht mehr erlaubt. Im Profiradsport wird heute sehr engmaschig getestet – und positive Tests sind selten geworden. Dennoch wird Doping im Leistungssport nie auszuschließen sein.

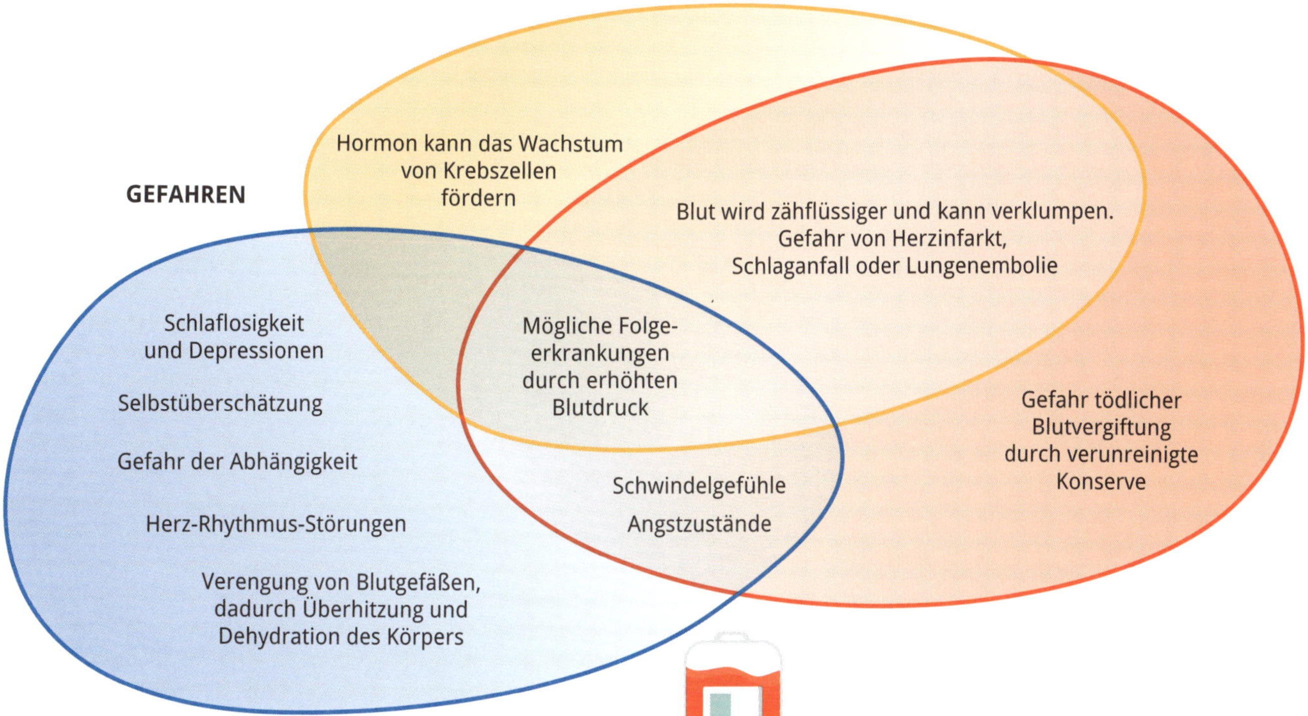

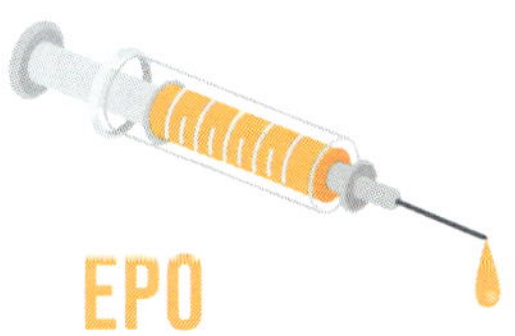

EPO

Erythropoetin (EPO) ist ein Hormon, das die vermehrte Bildung roter Blutkörperchen anregt. In der Medizin wird es unter anderem bei Nierenerkrankungen oder nach großem Blutverlust eingesetzt. Gegen Ende des 20. Jahrhunderts kam es vielfach als illegales Dopingmittel im Sport zum Einsatz. EPO, das im Körper auch natürlicherweise gebildet wird, wird dann durch Injektion per Spritze zugeführt.

NACHWEISBARKEIT

Als EPO-Doping sich in den 1990er Jahren im Radsport stark verbreitete, konnte es zunächst nicht nachgewiesen werden. Erst seit dem Jahr 2001 ist ein Nachweis von künstlichem EPO im Urin möglich. Durch weiter verbesserte Methoden konnte man später auch EPO-Nachweise in jahrealten Proben finden, die eingefroren worden waren. So wurden einige Radprofis spät überführt – unter anderem Lance Armstrong, dem später alle sieben Tour-de-France-Titel aberkannt wurden.

GRÖSSTER SKANDAL

Festina-Affäre

Mit der „Festina-Affäre“ bei der Tour de France 1998 rückte EPO-Doping ins Bewusstsein der Öffentlichkeit. Bei einem Betreuer des Teams Festina wurden große Mengen an illegalen Substanzen gefunden – vor allem EPO. Nach mehreren Razzien wurde das Team von der Tour ausgeschlossen. Aus heutiger Sicht bildete das vermeintliche Skandalteam wohl nur die Spitze des Eisbergs. Spätere Zeugenaussagen lassen erahnen, dass EPO-Doping zu dieser Zeit im Fahrerfeld beinahe flächendeckend verbreitet war.

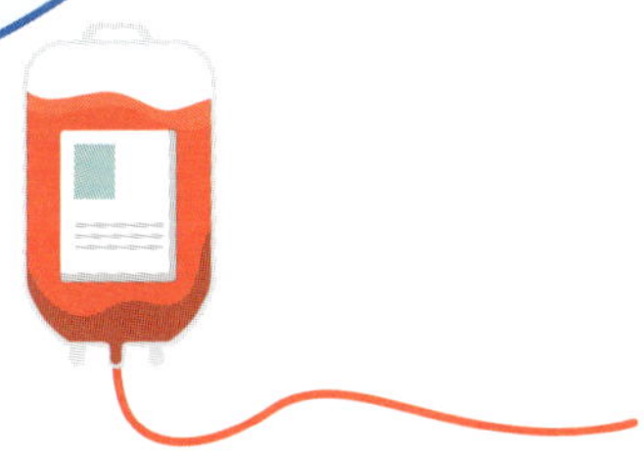

EIGENBLUTDOPING

Beim Eigenblutdoping soll – ähnlich wie bei der Injektion von EPO – die Zahl der roten Blutkörperchen im Blut gesteigert werden. Dazu wird dem Körper einige Wochen vor dem Wettkampf Blut entnommen. Im nächsten Schritt werden die roten Blutkörperchen abgetrennt und gekühlt gelagert. Der Körper gleicht den Verlust an roten Blutkörperchen in den nächsten Wochen aus, indem er neue produziert. Kurz vor dem Wettkampf erhält er dann zusätzlich eine Transfusion mit der gelagerten Blutkonserve.

NACHWEISBARKEIT

Bis heute gibt es keinen sicheren Nachweis für Eigenblutdoping. Durch regelmäßige Bluttests können jedoch Auffälligkeiten erkannt werden, die zumindest Hinweise liefern. Und wenn in Kliniken oder Arztpraxen verdächtige Blutbeutel gefunden werden, lassen sich diese unter Umständen einem bestimmten Sportler zuordnen.

GRÖSSTER SKANDAL

Fuentes-Skandal

Einer der größten Doping-Skandale im Radsport war der „Fuentes-Skandal“ um den spanischen Mediziner Eufemiano Fuentes. Er wurde im Mai 2006 bei einer Razzia verhaftet. Die spanische Polizei beschlagnahmte große Mengen an gelagerten Blutbeuteln. Fuentes hatte zahlreiche Fahrer mit Blutdoping behandelt. 58 Verdächtige wurden von der Tour de France 2006 ausgeschlossen, darunter Stars wie Jan Ullrich und Alberto Contador. Auch Sportler anderer Disziplinen wie Fußball und Leichtathletik wurden mit Fuentes in Verbindung gebracht.

RADSPORT

DISZIPLINEN

Schon im 19. Jahrhundert diente das Fahrrad nicht nur der Fortbewegung, sondern auch der sportlichen Betätigung und dem Wettkampf. Mit der Entwicklung immer neuer Fahrradtypen entstanden auch immer neue Sportarten. Heute besteht der Radsport aus vielen verschiedenen Disziplinen, die sich oft noch in weitere Teildisziplinen unterteilen lassen.

- Fahrradtyp
- Austragungsort
- Typische Renndistanz
- Start
- Ablauf
- Wertung
- Teilnehmerzahl pro Lauf

STRASSENRADSPORT

Straßenradsport wird mit Rennrädern auf Straßen ausgetragen. Seine Ursprünge liegen im 19. Jahrhundert. *Anfänge des Radsports, S. 16* Es ist die bekannteste Art des Radsports mit vielen großen Stars. Es gibt eintägige Rennen sowie Etappenrennen mit einer Gesamtwertung. Den berühmtesten widmen wir uns im Kapitel *Straßenradrennen, S. 126.*

Öffentliche Straßen,
die für die Renndauer gesperrt werden

STRASSENRENNEN

Rennrad

100-250 km

Gemeinsamer Massenstart

Kleinere Gruppen versuchen, dem Hauptfeld davonzufahren. Taktisches Windschattenfahren spielt eine große Rolle. *Regeln & Taktik, S. 128* Wenn eine Gruppe gemeinsam das Ziel erreicht, kommt es zu einem finalen Sprint.

Wer als erstes die Ziellinie überquert, gewinnt.

EINZELZEITFAHREN

Zeitfahr-Rennrad

5-80 km

Einzelstarts in regelmäßigen Abständen

Alleiniger Kampf gegen die Uhr – die Nutzung von Windschatten ist nicht erlaubt.

Wer für die Strecke am wenigsten Zeit benötigt, gewinnt.

MANNSCHAFTSZEITFAHREN

Zeitfahr-Rennrad

10-100 km

Starts der Mannschaften in regelmäßigen Abständen

Gemeinsamer Kampf gegen die Uhr. Innerhalb des Teams ist die Nutzung von Windschatten erlaubt, weshalb es zu häufigen Führungswechseln kommt.

Die Mannschaft, die für die Strecke am wenigsten Zeit benötigt, gewinnt. Gewertet wird zum Beispiel die Zeit des Teammitglieds, das an Position fünf ins Ziel kommt.

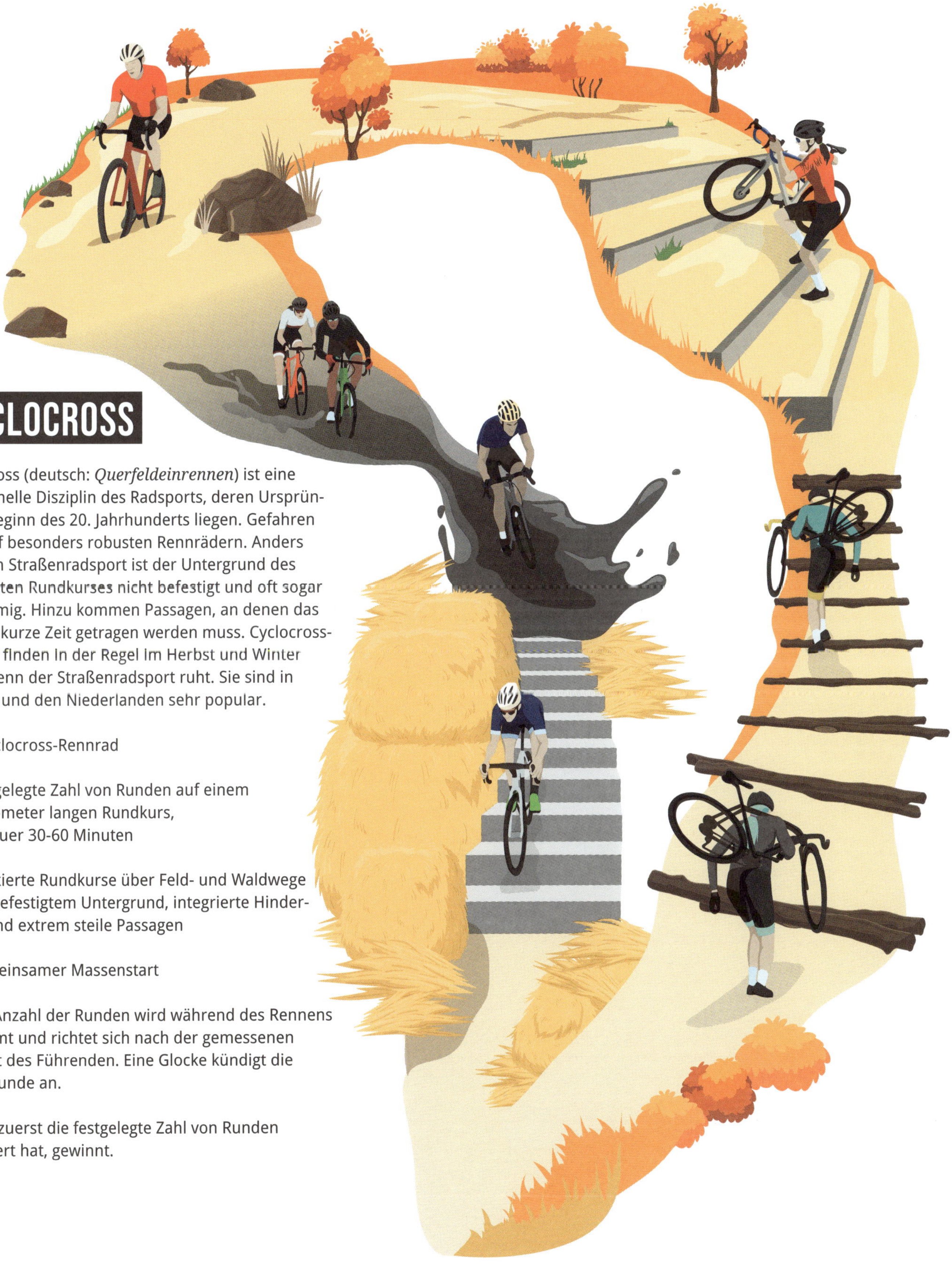

CYCLOCROSS

Cyclocross (deutsch: *Querfeldeinrennen*) ist eine traditionelle Disziplin des Radsports, deren Ursprünge zu Beginn des 20. Jahrhunderts liegen. Gefahren wird auf besonders robusten Rennrädern. Anders als beim Straßenradsport ist der Untergrund des markierten Rundkurses nicht befestigt und oft sogar schlammig. Hinzu kommen Passagen, an denen das Rad für kurze Zeit getragen werden muss. Cyclocross-Rennen finden in der Regel im Herbst und Winter statt, wenn der Straßenradsport ruht. Sie sind in Belgien und den Niederlanden sehr popular.

Cyclocross-Rennrad

Festgelegte Zahl von Runden auf einem 1–3 Kilometer langen Rundkurs, Renndauer 30-60 Minuten

Markierte Rundkurse über Feld- und Waldwege auf unbefestigtem Untergrund, integrierte Hindernisse und extrem steile Passagen

Gemeinsamer Massenstart

Die Anzahl der Runden wird während des Rennens bestimmt und richtet sich nach der gemessenen Fahrzeit des Führenden. Eine Glocke kündigt die letzte Runde an.

Wer zuerst die festgelegte Zahl von Runden absolviert hat, gewinnt.

BAHNRADSPORT

Beim Bahnradsport finden Radrennen auf einer Radrennbahn in einem Stadion oder einer geschlossenen Halle statt. Dabei werden unterschiedliche Teildisziplinen ausgetragen. Im Gegensatz zum Straßenradsport kann das Publikum den kompletten Rennverlauf miterleben. Schon das vermutlich erste Radrennen der Welt im Jahr 1868 war ein Bahnradrennen – Austragungsort war eine leicht erhöhte Erdbahn in einem Pariser Park. *Anfänge des Radsports, S. 16*
Gefahren wird auf speziellen Bahnrädern ohne Bremsen, Schaltung und Freilauf. Im Sprint können Geschwindigkeiten von etwa 80 km/h erreicht werden.

BEKANNTE BAHNEN

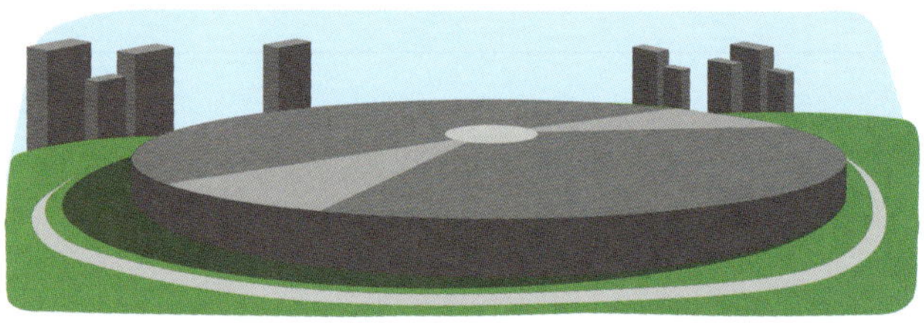

VELODROM BERLIN

Kapazität: 12000 Plätze

Das 1997 eröffnete Berliner Velodrom gilt als eine der besten Radrennbahnen der Welt. Ursprünglich sollte es ein Austragungsort für die Olympischen Spiele 2000 sein, um die Berlin sich beworben hatte. Diese wurden dann allerdings nach Sydney vergeben. Für die Bahn-Europameisterschaften 2017 wurde die Bahn komplett erneuert. Sie ist Austragungsort des Berliner Sechstagerennens, einer sechstägigen Veranstaltung mit verschiedenen Bahnrennen. Auch Konzerte finden hier statt.

IZU VELODROME

Kapazität: 4300 Plätze

Das 2011 eröffnete Izu Velodrom in der japanischen Stadt Izu war Austragungsort der Bahnrad-Wettkämpfe bei den Olympischen Spielen 2020 in Tokio (Austragung wegen der Corona-Pandemie im Jahr 2021). Die Bahn gilt als besonders schnell. So fielen hier während der Spiele mehrere Weltrekorde bei Männern und Frauen – unter anderem in der 4000-Meter-Mannschaftsverfolgung, die als besonders prestigeträchtig gilt.

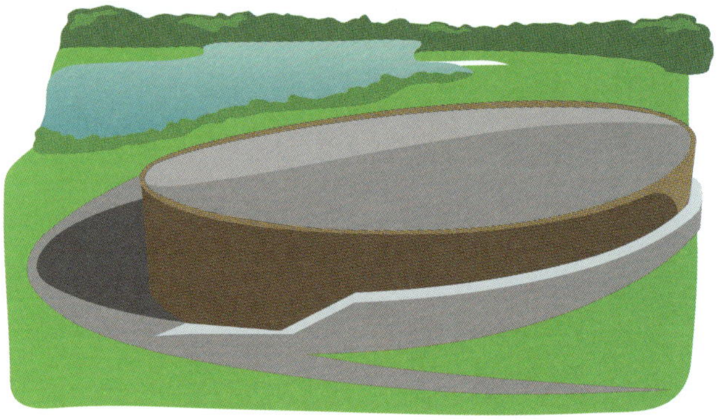

VÉLODROME NATIONAL

Kapazität: 5000 Plätze

Das Vélodrome National steht im Gemeindeverband Saint-Quentin-en-Yvelines in der Nähe von Paris. Die 2014 eröffnete Radrennbahn war Austragungsort der Olympischen Spiele 2024. Auch Welt- und Europameisterschaften fanden hier schon statt. Die Halle wird auch für andere Sportarten wie Badminton sowie für Konzerte genutzt.

AUFBAU DER RENNBAHN

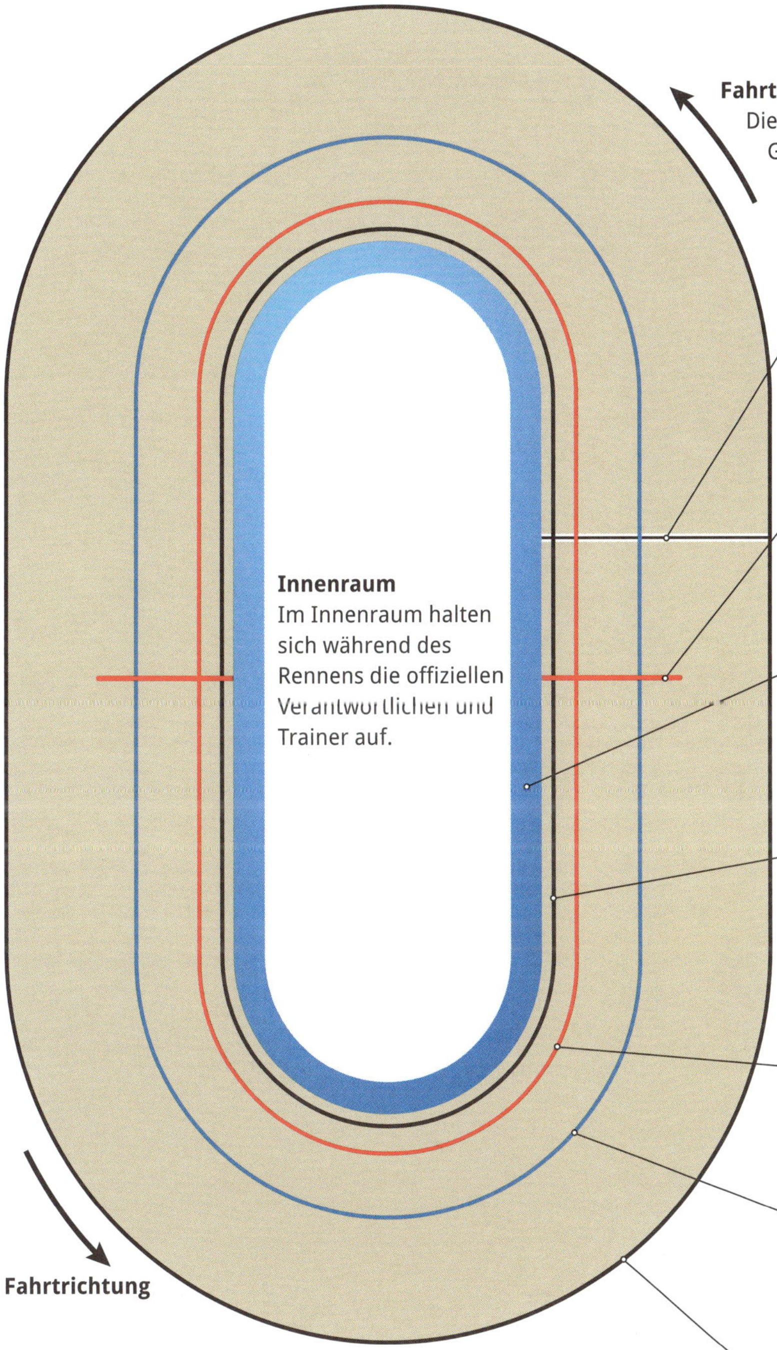

Fahrtrichtung
Die goldene Regel auf einer Radrennbahn: Gefahren wird immer gegen den Uhrzeigersinn. Das gilt auch im Training, damit es nicht zu Zusammenstößen kommt.

Ziellinie
Die Ziellinie ist eine dünne und weiß umrandete schwarze Linie. Hier endet die Zielgerade, auf der es zu finalen Sprints kommen kann. In der Disziplin Sprint ist sie auch die Startlinie.

Verfolgerlinien
Die gegenüberliegenden roten Verfolgerlinien kennzeichnen Start und Ziel in den Verfolgerwettbewerben.

Côte d'Azur
Die blaue Zone am Innenrand der Bahn wird *Côte d'Azur* genannt. Sie dient als Ausweichzone. Manchmal werden hier sogar Schaumstoffkeile ausgelegt, welche die Geschwindigkeit bremsen.

Messlinie
Die schwarze Messlinie zeigt die kürzeste erlaubte Strecke für eine Umrundung der Bahn an. Die Linie ist meist mindestens 250 Meter lang. Während des Rennens sollte man die meiste Zeit genau auf der Linie fahren.

Sprinterlinie
Die rote Sprinterlinie befindet sich in 70 Zentimetern Abstand von der Messlinie. Das Überholen ist nur oberhalb dieser Markierung erlaubt.

Steherlinie
Wer bei Mannschaftswettbewerben abgelöst wurde, darf sich oberhalb der blauen Steherlinie erholen. So wird das weiterlaufende Rennen nicht behindert.

Bande
Am oberen Rand der Bahn trennt die Bande diese von den Zuschauerrängen.

Material
Radrennbahnen bestehen in der Regel aus Holz, im Freien auch aus Beton oder Asphalt. Holz ist der schnellste Untergrund, da der Reibungswiderstand besonders gering ist. Für Innenräume eignet sich am besten das Holz der Sibirischen Fichte.

NEIGUNG DER RADRENNBAHN

Radrennbahnen sind immer geneigt – besonders stark in den Kurven. Diese sogenannte Überhöhung soll verhindern, dass man bei hohen Geschwindigkeiten durch die Fliehkraft aus der Kurve getragen wird. Durch die Schräglage folgt man fast automatisch dem Verlauf der Bahn und kann sich voll darauf konzentrieren, kraftvoll in die Pedale zu treten. Zum anderen trägt die Neigung zu einer besseren Haftreibung des Fahrrads in den Kurven bei. Warum das so ist, erklärt die folgende Grafik.

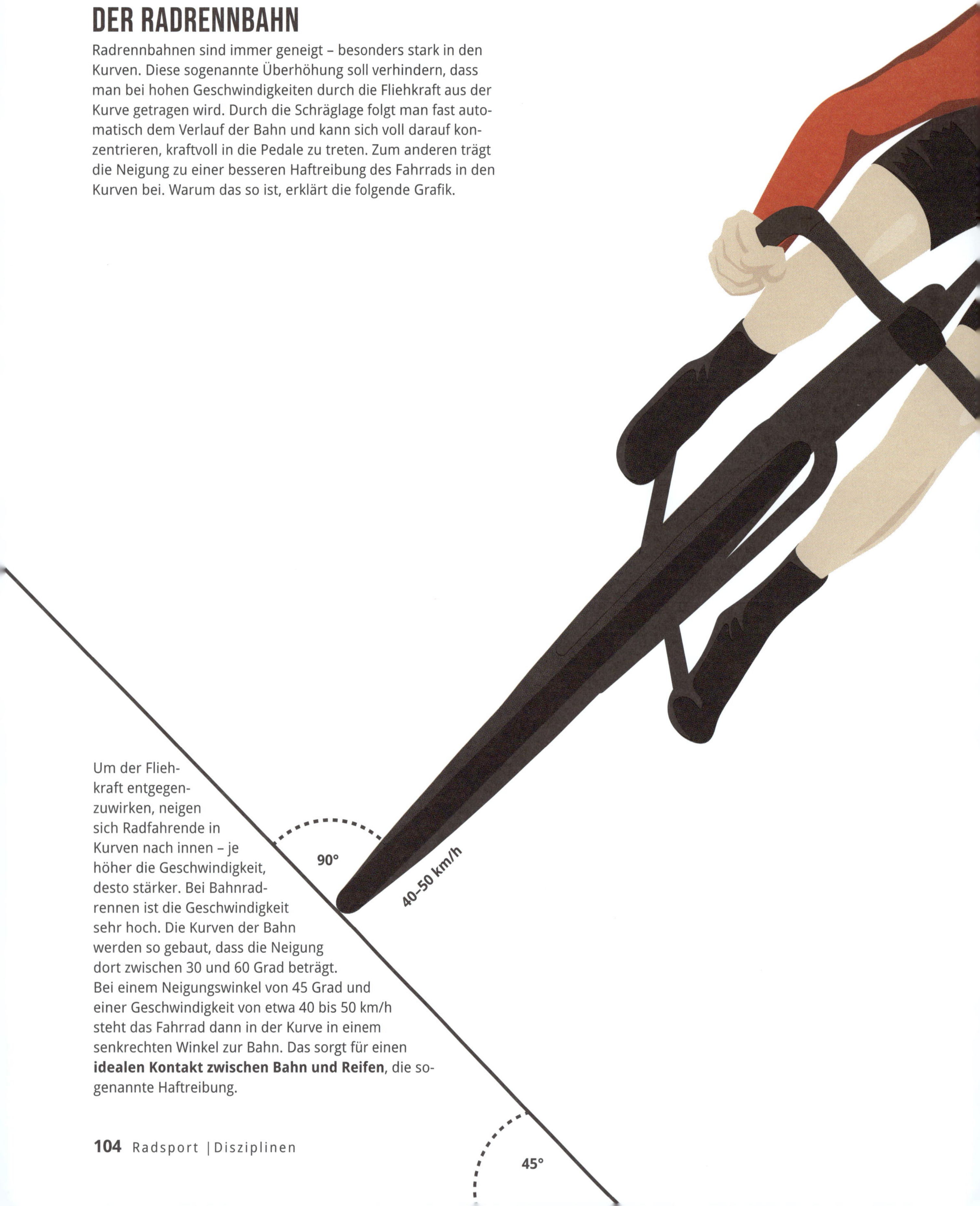

Um der Fliehkraft entgegenzuwirken, neigen sich Radfahrende in Kurven nach innen – je höher die Geschwindigkeit, desto stärker. Bei Bahnradrennen ist die Geschwindigkeit sehr hoch. Die Kurven der Bahn werden so gebaut, dass die Neigung dort zwischen 30 und 60 Grad beträgt. Bei einem Neigungswinkel von 45 Grad und einer Geschwindigkeit von etwa 40 bis 50 km/h steht das Fahrrad dann in der Kurve in einem senkrechten Winkel zur Bahn. Das sorgt für einen **idealen Kontakt zwischen Bahn und Reifen**, die sogenannte Haftreibung.

Würde man mit der derselben Geschwindigkeit auf einer ebenen Strecke in die Kurve fahren, wäre der Winkel zwischen Fahrrad und Untergrund sehr spitz. Die Haftreibung wäre so gering, dass das Fahrrad wegrutschen würde.

Die stark geneigte Bahn hat aber auch einen Nachteil: Durchfährt man die Kurve mit zu geringer Geschwindigkeit, ist das Fahrrad kaum geneigt und steht in einem spitzen Winkel zur Bahn. Auch in diesem Fall ist die Haftreibung gering – und es besteht die Gefahr, nach unten wegzurutschen.

DISZIPLINEN AUF DER BAHN

Auf der Bahn werden unterschiedliche Disziplinen ausgetragen, die sich teils deutlich unterscheiden. Wer einen Lauf gewinnt, zieht meist in die nächste Runde des jeweiligen Turniers ein – bis hin zum Finale. Hier stellen wir bekannte Bahndisziplinen vor.

Radrennbahn
Bahnrad (Rennrad für Bahnrennen)

ZEITFAHREN
1 000 m
1
Einzelstarts
Hohes Tempo von Anfang an
Wer für die Strecke am wenigsten Zeit benötigt, gewinnt.

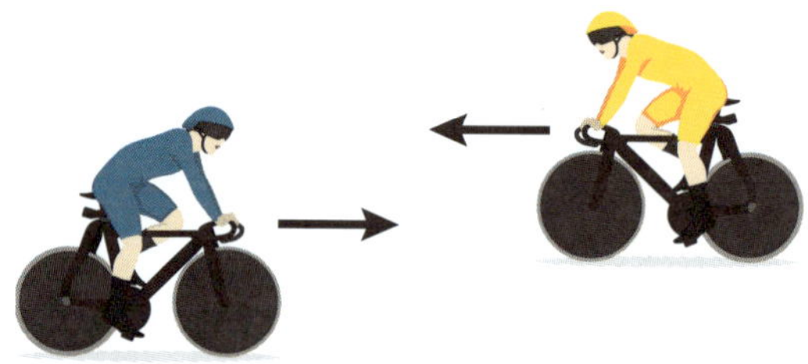

EINZELVERFOLGUNG
4 000 m
2 (1 gegen 1)
Die beiden Kontrahenten starten gleichzeitig auf den beiden sich gegenüberliegenden Verfolgerlinien.
Hohes Tempo von Anfang an
Wer nach der festgelegten Rundenzahl als erstes wieder die eigene Verfolgerlinie erreicht, gewinnt. Auch ein vorheriges Einholen der gegnerischen Person führt zum sofortigen Sieg.

SPRINT
(Fliegerrennen)
750 m
2 (1 gegen 1)
Gemeinsamer Start
Langsames Tempo und gegenseitiges Belauern, bevor der finale Sprint eröffnet wird.
Wer nach zwei oder drei Runden als erstes die Ziellinie erreicht, gewinnt.

SCHON GEWUSST?
Beim Sprint kommt es häufig zu sogenannten Stehversuchen – einem taktischen Manöver, das Außenstehenden oft seltsam erscheint. Die benötigte Zeit spielt im Sprint – abgesehen von einem Zeitlimit, das nicht überschritten werden darf – keine Rolle. Gleichzeitig ist es immer von Vorteil, den finalen Sprint im Windschatten des Führenden zu beginnen, um Kräfte zu sparen. Ziel des Stehversuchs ist es, so langsam zu fahren, dass man auf die zweite Position zurückfällt. Dabei kann es kurzzeitig zu einem völligen Stillstand kommen. Gefragt sind gute Balancierfähigkeiten, um im Stand nicht umzukippen.

TEAMSPRINT
750 m
6 (3 gegen 3)
Die beiden Teams starten gleichzeitig auf den beiden sich gegenüberliegenden Verfolgerlinien.
Hohes Tempo von Anfang an. Nach jeder Runde scheidet die jeweils führende Person aus.
Nach drei Runden wird die Zeit der übrig gebliebenen Person gewertet. Das Team, das für die Strecke weniger Zeit benötigt, gewinnt.

MANNSCHAFTSVERFOLGUNG

4000 m

8 (4 gegen 4)

Die beiden Teams starten gleichzeitig auf den beiden sich gegenüberliegenden Verfolgerlinien.

Hohes Tempo von Anfang an. Während des Laufs kommt es immer wieder zu Führungswechseln innerhalb der Teams.

Im Ziel wird jeweils die Zeit des drittplatzierten Teammitglieds gewertet – es ist also erlaubt, dass eines der vier während des Laufs ausscheidet. Das Team, das für die Strecke weniger Zeit benötigt, gewinnt. Auch ein vorheriges Einholen des gegnerischen Teams führt zum sofortigen Sieg.

KEIRIN

1 500 m

6 (alle gegen alle)

Gemeinsamer Start, ein spezielles Motorrad („Derny") fährt voraus.

Das Derny bestimmt in den ersten drei Runden als Schrittmacher das Tempo. Es beschleunigt langsam auf etwa 50 km/h. Nach 750 Metern verlässt das Derny die Bahn und der eigentliche Sprint ist eröffnet.

Wer als erstes die Ziellinie überquert, gewinnt.

SCHON GEWUSST?

Die Disziplin Keirin stammt ursprünglich aus Japan und ist dort – mit etwas anderen Regeln und mehr Körpereinsatz – sehr populär. Das Wort bedeutet übersetzt schlicht „Radrennen". In Japan dient Keirin vor allem als Wettsport. Um Wettmanipulationen zu vermeiden, leben die Fahrer während der Wettkampfphasen ohne Kontakt zur Außenwelt in abgeschirmten Hotels neben den Radrennbahnen.

MOUNTAINBIKESPORT

Die ersten Mountainbikes entstanden in den 1970er Jahren. *Mountainbike, S. 64* Bald fanden auf den geländegängigen Fahrrädern erste Rennen statt. Heute gibt es im Mountainbikesport eine Vielzahl von Disziplinen – die beiden wichtigsten sind Downhill und Cross-Country.

DOWNHILL

Im Mittelpunkt des Downhill-Sports steht – wie der Name schon sagt – das Bergabfahren. Downhill-Rennen verlangen eine rasante Talfahrt auf technisch oft sehr anspruchsvollen Wegen und Pfaden mit vielen Hindernissen. Dabei werden Geschwindigkeiten von bis zu 80 km/h erreicht. Es gilt, das richtige Maß zwischen Tempo und Sturzgefahr zu finden. Die Wettkämpfe verlangen Mensch und Material alles ab. Eine Schutzausrüstung ist vorgeschrieben. Zum Einsatz kommen vollgefederte und sehr robuste Downhill-Mountainbikes, die auch für Sprünge geeignet sind.

Mountainbike (Downhill-Bike)

3-25 km

Markierte, bergab führende Pfade in unbefestigtem, sehr anspruchsvollem Gelände

Massenstart oder Einzelstarts
Sehr hohes Tempo von Anfang an, Stürze können den Rennverlauf beeinflussen.
Wer für die Strecke am wenigsten Zeit benötigt, gewinnt.

SCHON GEWUSST?
Einige Downhill-Rennen werden in Städten ausgetragen. Beim sogenannten Urban Downhill geht es durch enge Gassen und über Treppen bergab. Bekannt sind vor allem Rennen in Südamerika, etwa in der chilenischen Stadt Valparaíso oder in Kolumbiens Hauptstadt Bogotá, wo etwa 1600 Treppenstufen überwunden werden müssen.

CROSS-COUNTRY

Cross-Country ist der Oberbegriff für eine Disziplin des Mountainbikesports, zu der mehrere Teildisziplinen gehören. Es handelt sich um Rennen in meist unbefestigtem Gelände, die sowohl Anstiege und Abfahrten als auch flache Passagen beinhalten können. Oft sind kleine künstliche oder natürliche Hindernisse Teil der Strecke. Diese ist technisch weniger anspruchsvoll als beim Downhill, im Vordergrund steht die Ausdauer. Zum Einsatz kommen sogenannte Cross-Country-Mountainbikes. Sie sind robust, im Vergleich zu anderen Mountainbike-Typen aber weniger gefedert und leichter. Als bekannteste Cross-Country-Disziplin gilt das XCO (Cross-country Olympic). Dabei handelt es sich um die einzige Mountainbike-Disziplin, die bei Olympischen Spielen ausgetragen wird.

Mountainbike (Cross-Country-Bike)

Rundkurs über 4-6 Kilometer, Renndauer etwa 1,5 Stunden

Markierte Rundkurse über hügelige Feld- und Waldwege auf unbefestigtem Untergrund

Gemeinsamer Massenstart
Hohes Tempo von Anfang an, das Fahrerfeld fällt meist schnell auseinander.
Wer nach der festgelegten Rundenzahl als erstes die Ziellinie überquert, gewinnt.

SCHON GEWUSST?

Eine weitere beliebte Cross-Country-Disziplin ist der Mountainbike-Marathon, der typischerweise zwischen 60 und 100 Kilometer lang ist. Ähnlich wie im Straßenradsport gibt es auch Etappenrennen, die über mehrere Tage hinweg einen Gesamtsieger ermitteln. Als bekanntestes Mountainbike-Etappenrennen gilt das Cape Epic in Südafrika. Die jährlich im Frühjahr ausgetragene achttägige Rundfahrt wird auch als „Tour de France des Mountainbikens" bezeichnet. Besonders kurze Distanzen werden dagegen beim Cross-Country Eliminator gefahren. Dabei handelt es sich um ein Ausscheidungsrennen mit mehreren Läufen über nur jeweils 500 bis 1000 Meter. Oft wird es auf Stadtkursen ausgetragen.

WEITERE MOUNTAINBIKE-DISZIPLINEN

Enduro
gilt als eine Mischung zwischen Cross-Country und Downhill und kommt aus dem Breitensport. Gewertet wird die Zeit auf den bergab führenden Passagen, während bergauf nur ein Zeitlimit eingehalten werden muss.

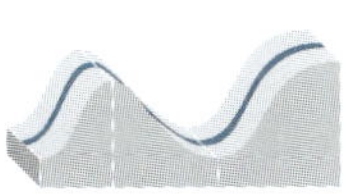

Pumptrack
ist eine Disziplin, die auf den gleichnamigen Wettkampfstrecken stattfindet. Dabei handelt es sich um angelegte Rundkurse mit stark welligem Profil. Ziel ist es, sich möglichst schnell allein durch Auf- und Abbewegungen des Körpers fortzubewegen, ohne in die Pedale zu treten.
Bikeparks, S. 217

E-Mountainbike
ist eine recht junge Disziplin. Es handelt sich um Cross-Country- oder Enduro-Rennen auf E-Bikes.

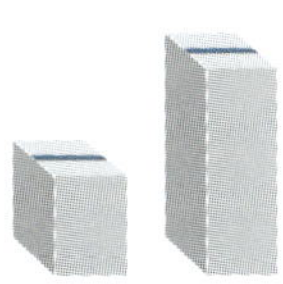

Trial
ist ein Geschicklichkeitssport, bei dem auf Mountainbikes (oder speziellen Trial-Rädern ohne Sattel) ein Parcours mit Hindernissen bewältigt wird, wobei Punkte gesammelt werden. Oft kommt es zu Sprüngen von Hindernis zu Hindernis.

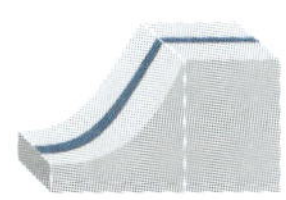

Slopestyle
ist eine Wettkampfform, die ursprünglich vom Snowboarden bekannt ist. Die Teilnehmenden absolvieren einen Parcours mit Hindernissen und zeigen dabei Tricks und Sprünge, die bewertet werden.

Dirtjump
bezeichnet das Springen über künstlich angelegte Erdhügel. Bewertet werden die in der Luft gezeigten Tricks.

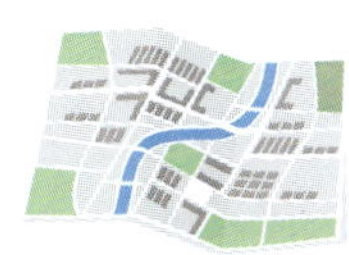

Orienteering
verbindet Mountainbiken und Navigation. Bei einem Wettkampf müssen die Teilnehmenden möglichst schnell die in einer Karte eingezeichneten Punkte anfahren.

BMX-SPORT

Der BMX-Sport hat seine Ursprünge in der amerikanischen Jugendkultur der 1960er bis 1980er Jahre. Die Abkürzung steht für „Bicycle Motocross". Jugendliche statteten ihre 20-Zoll-Fahrräder mit Motorradlenkern aus, um damit Rennen zu fahren oder Tricks auszuüben. *BMX-Rad, S. 62* Die BMX-Szene hat eine Vielzahl von Disziplinen entwickelt, einige sind mittlerweile Teil der Olympischen Spiele. Noch immer zieht der fahrtechnisch anspruchsvolle Sport viele Jugendliche an – in Großstädten gibt es häufig BMX-Parks, wo man sich treffen und messen kann.

BMX-Rad

BMX-RACING

BMX-Rennen zählen zu den spektakulärsten Radsport-Disziplinen – alles entscheidet sich innerhalb von 30 bis 40 Sekunden. Dabei kommt es oft zu waghalsigen Manövern und Stürzen.

300-400 m

Angelegte Rundkurse mit welligem Profil auf Asphalt, Erde oder Sand

8 (alle gegen alle)

Gemeinsamer Start von einem Hügel oder einer Rampe. Dadurch sofort hohes Tempo.
Kopf-an-Kopf-Rennen, Tretpassagen und Sprünge wechseln sich ab.
Wer als erstes die Ziellinie überquert, gewinnt.

BMX-FREESTYLE

Beim BMX-Freestyle geht es nicht um Geschwindigkeit, sondern um möglichst akrobatische und kreative Tricks, die mit Punkten bewertet werden. Oft sind Räder ohne Bremsen im Einsatz – gebremst wird mit den Schuhen.

Park

Zum BMX-Freestyle zählen verschiedene Teildisziplinen – eine der wichtigsten ist Park. Sie war 2021 erstmals olympische Disziplin.

Eingegrenzte Fläche, auf der Rampen für Sprünge sowie verschiedene Hindernisse aufgebaut wurden.

Die Teilnehmenden starten einzeln und dürfen während ihres einminütigen Laufs frei wählen, welche Rampen und Hindernisse sie anfahren und welche Tricks sie präsentieren. Jede Wettkampfrunde besteht aus zwei Läufen.

Die Jury bewertet den Lauf mit bis zu 99,99 Punkten. Besonders schwierige und originelle Tricks werden am besten bewertet. Wer den Lauf mit der höchsten Punktzahl absolviert hat, gewinnt die Runde.

BMX-TRICKS

Hier zeigen wir eine Auswahl bekannter Tricks, die sich beim BMX-Freestyle etabliert haben. Bei Wettkämpfen kommt es oft zu kreativen Kombinationen und Variationen verschiedener Tricks.

FLATLANDS

Flatlands sind Tricks, die auf dem ebenen Boden stattfinden.

Bunny Hop

Wheelie

Endo

Nose Manual

Footjam Tailwhip

GRINDS

Grinds sind Tricks, bei denen man an einer Oberfläche entlang gleitet – etwa Treppengeländer oder die Oberkante einer Halfpipe. Unverzichtbar sind dabei die sogenannten Pegs. Das sind achsverlängernde Stangen an Vorder- und Hinterrad.

Double Peg

Feeble Grind

Rollercoaster Grind

Icepick Grind

Toothpick Grind

AIRS

Airs sind Tricks, die während eines Sprungs von einer Rampe in der Luft stattfinden.

Can-Can

Bar-Spin

Backflip

Toboggan

No Hand

Tail Whip

Superman

Tire Grab

Table Top

HALLENRADSPORT

Zum Hallenradsport zählen die Ballsportarten Radball und Radpolo sowie das Kunstradfahren. Die drei Disziplinen sind in der Öffentlichkeit relativ unbekannt und erscheinen Außenstehenden oft kurios, stellen aber sehr hohe Anforderungen an Geschicklichkeit und Kraft.

RADBALL

Radball ähnelt vom Ablauf Fußball oder Handball. Ziel ist es, den Ball im gegnerischen Tor unterzubringen. Dabei findet allerdings das komplette Spiel auf Fahrrädern statt – und **der Ball wird in der Regel durch Bewegungen des Vorderrads gespielt**. Der etwa 18 Zentimeter große Stoffball ist mit Tierhaaren gefüllt.

Radballrad
Das Fahrrad ist so gebaut, dass man darauf besonders gut stehen bleiben kann, ohne umzufallen. Die nach oben gebogenen Handgriffe unterstützen die Balance. Der Sattel befindet sich weit hinten und dient meist nur dem kurzen Ausruhen. Die starre Nabe ermöglicht auch das Rückwärtsfahren.

Die Teams passen sich den Ball zu, bis sie vor dem Tor zum Schuss kommen. Dabei darf der Boden nicht berührt werden. Wer mit dem Fuß auf den Boden kommt, muss zur Strafe einmal über die Torauslinie fahren.

Die Mannschaft, die nach Ende der Spielzeit (2 x 7 Minuten Nettospielzeit) mehr Tore erzielt hat, gewinnt.

Spielfeld Radball
Wir zeigen hier das Spielfeld für Zweier-Radball (zwei gegen zwei). Es ist 14 mal 11 Meter groß. Beim Fünfer-Radball (fünf gegen fünf) wird dagegen auf dem deutlich größeren Handball-Spielfeld (40 x 20 Meter) gespielt.

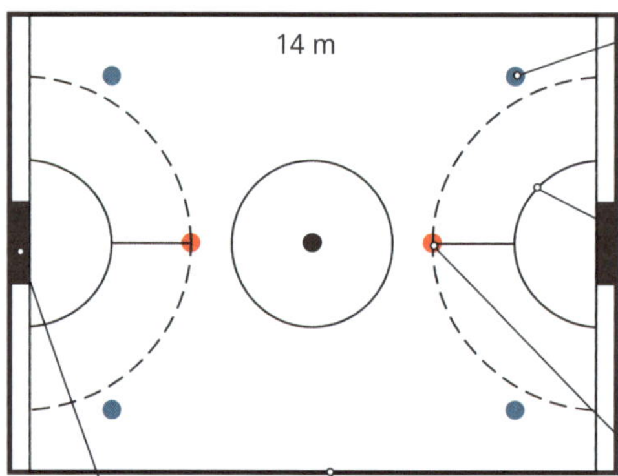

Eckpunkte
Von hier aus werden die Eckbälle geschlagen. Wie beim Fußball gibt es Eckball, wenn die verteidigende Mannschaft den Ball vor dem Überqueren der Torauslinie zuletzt berührt hat.

Strafraum
Im Strafraum darf sich immer nur ein Spieler pro Team aufhalten. Der verteidigende Spieler wird dann zum Torwart und darf den Ball auch mit der Hand abwehren – natürlich muss er dabei auf dem Fahrrad stehen bleiben.

Strafpunkte
Bei Vergehen innerhalb des Strafraums sowie groben Regelverstößen außerhalb des Strafraums erhält die gegnerische Mannschaft einen Strafstoß von der Vier-Meter-Linie.

Tore
Quadratisch,
Maße: 2 x 2 Meter

Bande
Das Spielfeld ist von einer 30 Zentimeter hohen Bande umgeben.

SCHON GEWUSST?
Als Erfinder der Sportart Radball gilt der amerikanische Kunstradfahrer Nick Kaufmann (1861-1943). Angeblich ist ihm ein kleiner Hund vor das Rad gelaufen, den er – um einen Sturz zu verhindern – sanft mit dem Vorderrad zur Seite beförderte. So kam er auf die Idee, dieselbe Bewegung mit einem Ball auszuführen. Ob die Geschichte stimmt, ist nicht zweifelsfrei zu klären – der Hund soll jedenfalls unverletzt geblieben sein.

RADPOLO

Radpolo kann als eine Kombination von Radball und der auf Pferden ausgeübten Sportart Polo angesehen werden. Wie beim Polo **wird der Ball mit einem Schläger geführt und geschlagen**. Der Ball ist kleiner als beim Radball. Früher wurde Radpolo fast ausschließlich von Frauen gespielt. Die Regeln beim Zweier-Radpolo sind – abgesehen vom Einsatz des Schlägers – im Wesentlichen dieselben wie beim Zweier-Radball. Auch das Spielfeld ist dasselbe. Radpolo wird aber auch oft mit größeren Spielerzahlen im Freien gespielt. Dazu eignen sich Spielfelder verschiedener Größe wie etwa Hockeyfelder oder Fußball-Bolzplätze.

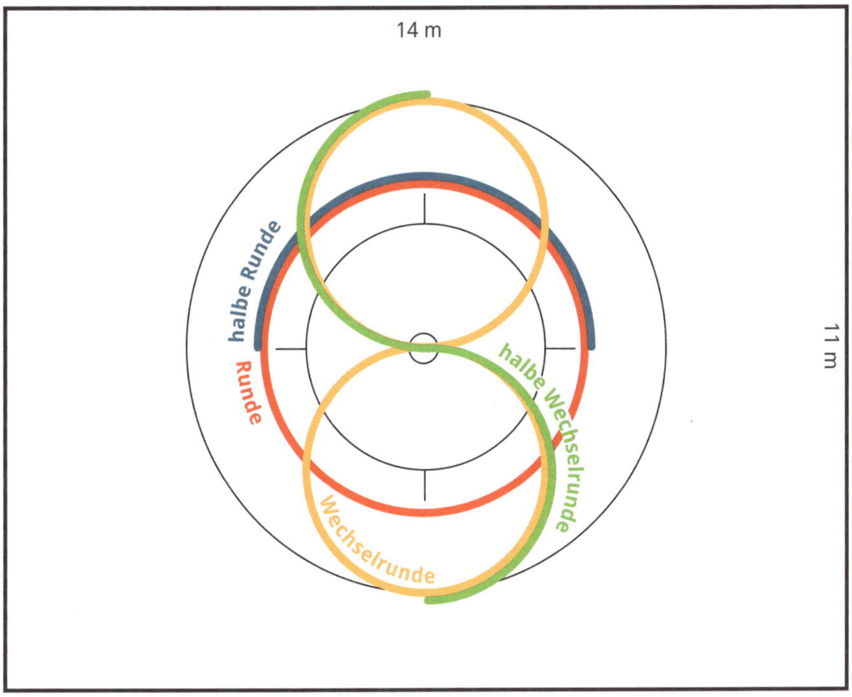

Die Fahrfläche

Die Fahrfläche beim Kunstradfahren ist, wie das Spielfeld beim Zweier-Radball, 14 mal 11 Meter groß. Um den Mittelpunkt sind zwei Kreise gezogen, die einen Durchmesser von vier und acht Metern haben.

Während vieler Übungen kann zwischen bestimmten Wegstrecken gewählt werden, die vorwärts- oder rückwärtsfahrend zurückgelegt werden. Die Grafik zeigt die vier üblichen Wegstrecken.

KUNSTRADFAHREN

Beim Kunstradfahren geht es darum, auf dem Fahrrad möglichst anspruchsvolle und ästhetische Übungen zu vollführen, häufig zu Musik. Deutschland gilt als eine Hochburg des Kunstradsports und hat bei den Hallenradsport-Weltmeisterschaften mit Abstand am meisten Medaillen gewonnen. Der Sport verlangt schon in jungen Jahren sehr viel Training.

Beim Einer-Kunstradfahren präsentiert eine Person auf der Fahrfläche innerhalb von fünf Minuten eine Kür mit 30 Übungen. Zu Beginn erfolgt eine Begrüßung per Knicks oder Verbeugung. Es gibt weitere Disziplinen für zwei Personen, die entweder auf je einem eigenen Rad oder auf einem gemeinsamen Rad möglichst synchrone Übungen vorführen.

Die Jury bewertet die Kür mit Punkten. Jede Übung hat einen vorgegebenen Punktwert, der sich an der Schwierigkeit orientiert. Für unkorrekte Ausführungen gibt es Abzüge. Wer am meisten Punkte erzielt, gewinnt.

Kunstrad

Das Kunstrad ist ein spezielles, meist handgefertigtes Fahrrad. Seine Spezialreifen sorgen für gute Bodenhaftung, der Reifendruck ist mit zwölf bar sehr hoch. Die starre Nabe ermöglicht das Rückwärtsfahren. Sattel und Lenker sind so geformt, dass man mit Gymnastikschuhen auf ihnen stehen kann. Der einem umgedrehten Rennradlenker ähnelnde Lenker eignet sich auch für Handstände. An den Achsen der Räder sind sogenannte Dorne angebracht, auf denen ebenfalls das Stehen möglich ist.

BEISPIELE FÜR ÜBUNGEN

Standsteiger

Kehrstandsteiger

Sattelstand

Lenkerhandstand

Sattellenker-Handstand

KURIOSE DISZIPLINEN

Die Radsportwelt hat viele Disziplinen zu bieten – darunter auch einige besonders kuriose, von denen wohl die wenigsten schon einmal gehört haben. Hier stellen wir einige von ihnen vor.

AUF HISTORISCHEN RÄDERN

Alte Stahlrennräder und Vintage-Trikots lassen das Herz vieler Radsportbegeisterter höher schlagen – doch häufig verstauben sie dann doch in der Garage oder im Schrank. Anders ist das bei Veranstaltungen, die sich der Ästhetik längst vergangener Zeitalter des Radsports verschrieben haben. Die wohl bekannteste ist die seit 1997 jährlich im Sommer ausgetragene Eroica (deutsch: Die Heldenhafte) in der Toskana. Es handelt sich um eine **nostalgische Radrundfahrt**. Es geht darum, das Ziel zu erreichen – und das ist bei Streckenvarianten von teils über 200 Kilometern Länge, die zu einem großen Teil über Schotterstraßen führen, eine echte Herausforderung. Denn erlaubt sind nur Rennräder mit Stahlrahmen, die vor 1987 hergestellt wurden und teilweise nicht mal über eine Gangschaltung verfügen. Inzwischen gibt es Eroica-Events auch in anderen Ländern, in Deutschland etwa in den Weinbergen des Rheingaus.

DOWNHILL AUF NUR EINEM RAD

Das Downhill-Mountainbiken zählt zu den spektakulärsten Disziplinen des Radsports. *Mountainbikesport, S. 108*
Für noch mehr Aufsehen sorgen einige Wagemutige, die sich beim **Einrad-Downhill** nicht auf zwei, sondern nur auf einem Rad den Berg hinunterstürzen. Das verlangt höchste Balancierfähigkeiten, schließlich geht es über ruppige Schotterpisten, steile Trails sowie Hindernisse, die mit Sprüngen überwunden werden müssen. Die Verletzungsgefahr ist dabei gar nicht so hoch, wie es scheint. Denn bei einem Sturz mit dem Einrad ist – anders als bei Zweirädern – die Chance groß, sicher auf den Füßen zu landen. Es gibt noch eine Reihe weiterer kurioser Sportarten auf Einrädern – zum Beispiel Einradbasketball oder Einradhockey.

RITTERSPIELE AUF ZWEI RÄDERN

Der Name klingt brachial: **„Bike Wars“** nennen die Erfinder dieser ungewöhnlichen Disziplin ihre Wettkämpfe. Tatsächlich geht es äußerst ruppig zu. Im ersten Schritt werden möglichst kreative Fahrräder aus Einzelteilen und Schrott zusammengeschweißt. Im zweiten Schritt treten die Kontrahenten auf diesen Fahrrädern gegeneinander an – wobei die Räder meist wieder zerstört werden. Es gibt verschiedene Teildisziplinen, bei denen man entweder frontal aufeinander zufährt oder sich – wie bei Ritterkämpfen – mit Lanzen aus dem Sattel zu stoßen versucht. Die Wettkämpfe entstammen der Punkszene in Großstädten. Berichte über derartige Veranstaltungen gibt es etwa aus Berlin und Kopenhagen.

RUNDKURS DURCH DIE WOHNUNG

Knapp am Bücherregal vorbei, dann eine scharfe Rechtskurve in den Flur und ein Zwischensprint bis zum Kühlschrank – beim **Altbaukriterium** gibt es keine Verschnaufpausen. Es handelt sich um Radwettkämpfe auf kleinstem Raum, ausgetragen in Innenräumen. Die Idee stammt aus Österreich: Eine Grazer Wohngemeinschaft stellte fest, dass ihre Altbauwohnung so geschnitten ist, dass sie einen Rundkurs erlaubt. Der erste Wettkampf fand 2011 statt, seither hat es auch in vielen anderen Städten und Ländern solche Veranstaltungen gegeben. Ziel ist es, in vorgegebener Zeit möglichst viele Runden zu fahren. Absteigen, abstützen oder stürzen führt zum Abzug von Runden. Unter den bisherigen Austragungsorten waren auch schon Kneipen, Einkaufszentren und sogar ein Londoner Seniorenheim.

SCHNITZELJAGD DURCH DIE STADT

Die Fahrradkurier-Szene in Großstädten hat eine ganz eigene Subkultur mit spezieller Mode, Treffpunkten und sportlichen Wettkämpfen geschaffen. Zu letzteren zählen die sogenannten **Alleycats** (deutsch: Streunende Katzen). Dabei handelt es sich um eine Art Schnitzeljagd auf Fahrrädern durch die Stadt. Im Einsatz sind oft Fixies mit starrer Nabe – die typischen Räder der Szene. Ursprünglich fanden Alleycats nur nachts statt, mittlerweile auch tagsüber. Sie stehen zunehmend auch Personen außerhalb der Kurierszene offen. Die Vorgabe ist, verschiedene Orte – sogenannte Checkpunkte – in der Stadt anzufahren und währenddessen Aufgaben zu lösen. Dazu zählen kleine Rätsel, das Ablesen von Schildern oder Geschicklichkeitstests.

FLIEGENDE SCHROTTRÄDER

Zugegeben, dieser Sport hat es noch nicht ins Bewusstsein der Öffentlichkeit geschafft. Auf lokalen Fahrradfesten soll die Disziplin **Fahrrad-Weitwurf** verschiedenen Quellen zufolge aber schon ausgetragen worden sein. Die Regeln sind einfach: Ziel ist es, ausgediente Schrotträder möglichst weit durch die Luft zu schleudern.

UM DIE WETTE SCHRAUBEN

In möglichst kurzer Zeit eine Federgabel warten, die Antriebskomponenten austauschen oder ein komplettes Hinterrad bauen – auch das kann eine sportliche Disziplin sein. Wer über besonderes schrauberisches Talent verfügt, kann sich bei Wettkämpfen mit anderen messen. So findet etwa jährlich in wechselnden Ländern der Europacup der Zweiradberufe statt, der Wettbewerbe in der Fahrrad- und der Motorradtechnik umfasst. Die jungen Teilnehmenden erhalten dabei verschiedene Aufgaben, für die sie jeweils 45 Minuten Zeit haben. Höchste Konzentration ist gefragt, bevor eine Jury die besten Ergebnisse kürt.

ORGANISATION & WETTKÄMPFE

Der Radsportkalender steckt voller Wettkämpfe in den unterschiedlichsten Disziplinen – sowohl für den Profi- als auch für den Hobbysport. Die wichtigste Institution im Profiradsport ist der Weltradsportverband UCI.
Disziplinen, S. 100, Fahrradtypen, S. 54

DIE UCI

Die Union Cycliste Internationale (UCI) ist der internationale Dachverband der Radsportverbände. Ihr Sitz befindet sich im Schweizer Ort Aigle nahe des Genfer Sees. Ihr unterstellt sind fünf Kontinentalverbände sowie 203 nationale Verbände, zu denen wiederum unzählige kleine Radsportvereine gehören (Stand 2023). Die im Jahr 1900 gegründete UCI organisiert und reglementiert die einzelnen Disziplinen des Radsports. Sie vergibt Lizenzen für Teams und Fahrer, zudem veranstaltet sie Weltmeisterschaften und Wettkampfserien.

UCI-WETTKAMPFSERIEN

Die UCI organisiert in verschiedenen Disziplinen Wettkampfserien. Diese dauern meist mehrere Monate und umfassen Veranstaltungen in mehreren Ländern. Oft werden die einzelnen Wettkämpfe nicht direkt von der UCI veranstaltet, sondern von privaten Unternehmen. So ist zum Beispiel die Tour de France eine Veranstaltung des französischen Unternehmens Amaury Sport Organisation, gleichzeitig aber auch Teil der Straßenradsport-Rennserie UCI World Tour. *Tour de France, S. 150* Die eigentliche Idee einer Wettkampfserie ist, dass Fahrer oder Teams bei den einzelnen Wettkämpfen Punkte sammeln, die am Ende über die Gesamtwertung der Serie entscheiden. Im Straßenradsport gibt es solche Wertungen heute aber nicht mehr – die gesammelten Punkte gehen in dieser Disziplin direkt in die serienübergreifende Weltrangliste der UCI ein, welche die wichtigsten Wettkämpfe der Saison berücksichtigt.

Bahnradsport

UCI Track Cycling Nations Cup
UCI Track Cycling World League
UCI Track Champions League

Cyclocross

UCI Cyclo-cross World Cup

Hallenradsport

UCI Cycle-ball World Cup (Radball)
UCI Artistic Cycling World Cup (Kunstradfahren)

Mountainbikesport

UCI Mountain Bike World Series
UCI Mountain Bike Eliminator World Cup
UCI E-MTB Cross-Country World Cup

Straßenradsport

UCI World Tour
Eintagesrennen, S. 132,
Rundfahrten, S. 142
UCI Pro Series
UCI Continental Circuits

BMX-Sport

UCI BMX Racing World Cup
UCI BMX Freestyle World Cup

Gravelsport

UCI Gravel World Series

UCI-WELTMEISTERSCHAFTEN

Eine Aufgabe der UCI ist es, Weltmeisterschaften in verschiedenen Disziplinen zu veranstalten. Die Siegerin und der Sieger der jeweiligen Disziplin erhalten dabei das begehrte Regenbogentrikot – eines der bekanntesten Trikots des Radsports. Dieses darf und muss bis zur nächsten Weltmeisterschaft bei jeder Teilnahme an einem Wettkampf dieser Disziplin getragen werden. Das weiße Trikot mit den bunten Streifen wurde bereits 1927 eingeführt.

UCI

KONTINENTALVERBÄNDE

Afrika: Confédération Africaine de Cyclisme (CAC)
Amerika: Confederación Panamericana de Ciclismo (COPACI)
Asien: Asian Cycling Confederation (ACC)
Europa: Union Européenne de Cyclisme (UEC)
Ozeanien: Oceania Cycling Confederation (OCC)

Bahnradsport
UCI Track Cycling World Championships
Monat: Oktober

Cyclocross
UCI Cyclo-Cross World Championships
Monat: Januar/Februar

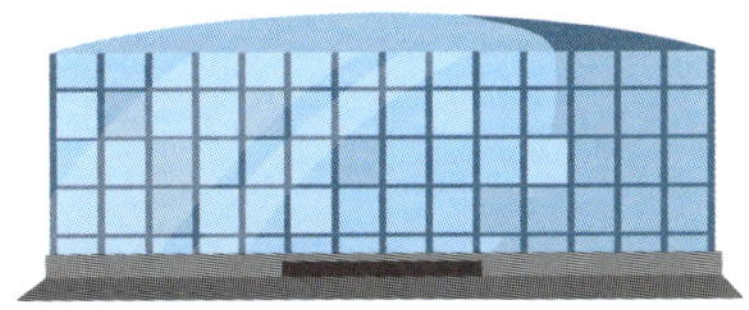

Hallenradsport
UCI Indoor Cycling World Championships (Radball, Kunstradfahren)
Monat: Wechselnde Monate

Mountainbikesport *
UCI Mountain Bike World Championships
Monat: August/September

Straßenradsport
UCI Road World Championships
Monat: September

BMX-Sport
UCI BMX Racing World Championships
Monat: Wechselnde Monate

UCI Urban Cycling World Championships (Freestyle)
Monat: November

Gravelsport
UCI Gravel World Championships
Monat: Oktober

SCHON GEWUSST?
Als neues Format führt die UCI gemeinsame Weltmeisterschaften für derzeit 13 Disziplinen ein, die alle vier Jahre stattfinden sollen. Diese ersetzen in dem jeweiligen Jahr die ansonsten an unterschiedlichen Terminen ausgetragenen Veranstaltungen. Die ersten UCI Cycling World Championships fanden im August 2023 in Glasgow statt, 2027 soll die französische Region Haute-Savoie Gastgeber sein.

* In den Disziplinen Cross-Country-Marathon, Cross-Country-Eliminator und Pumptrack finden eigene UCI-Weltmeisterschaften statt

OLYMPISCHE SPIELE

Die Olympischen Spiele sind für den Radsport eine große Bühne – das gilt vor allem für Disziplinen abseits des Straßenradsports, die ansonsten vergleichsweise wenig TV-Präsenz haben. Alle vier Jahre erhalten Bahnradrennen oder BMX-Wettkämpfe bei Olympia ein weltweites Publikum. Radsport war schon Teil der ersten Olympischen Spiele im Jahr 1896. Jahrzehntelang waren nur der Straßenradsport und der Bahnradsport vertreten. Auch Wettkämpfe für Frauen gibt es erst seit den 1980er Jahren – 1984 fand das erste olympische Straßenrennen für Frauen statt, 1988 die ersten Bahnwettbewerbe. Radsport ist auch ein Bestandteil der olympischen Triathlon-Wettbewerbe.

OLYMPISCHE DISZIPLINEN

Die Grafik zeigt die aktuellen olympischen Disziplinen im Radsport sowie die jeweilige Zahl der bisherigen Austragungen zwischen 1896 und 2024. Die nächsten Spiele finden in Los Angeles (2028) und Brisbane (2032) statt.

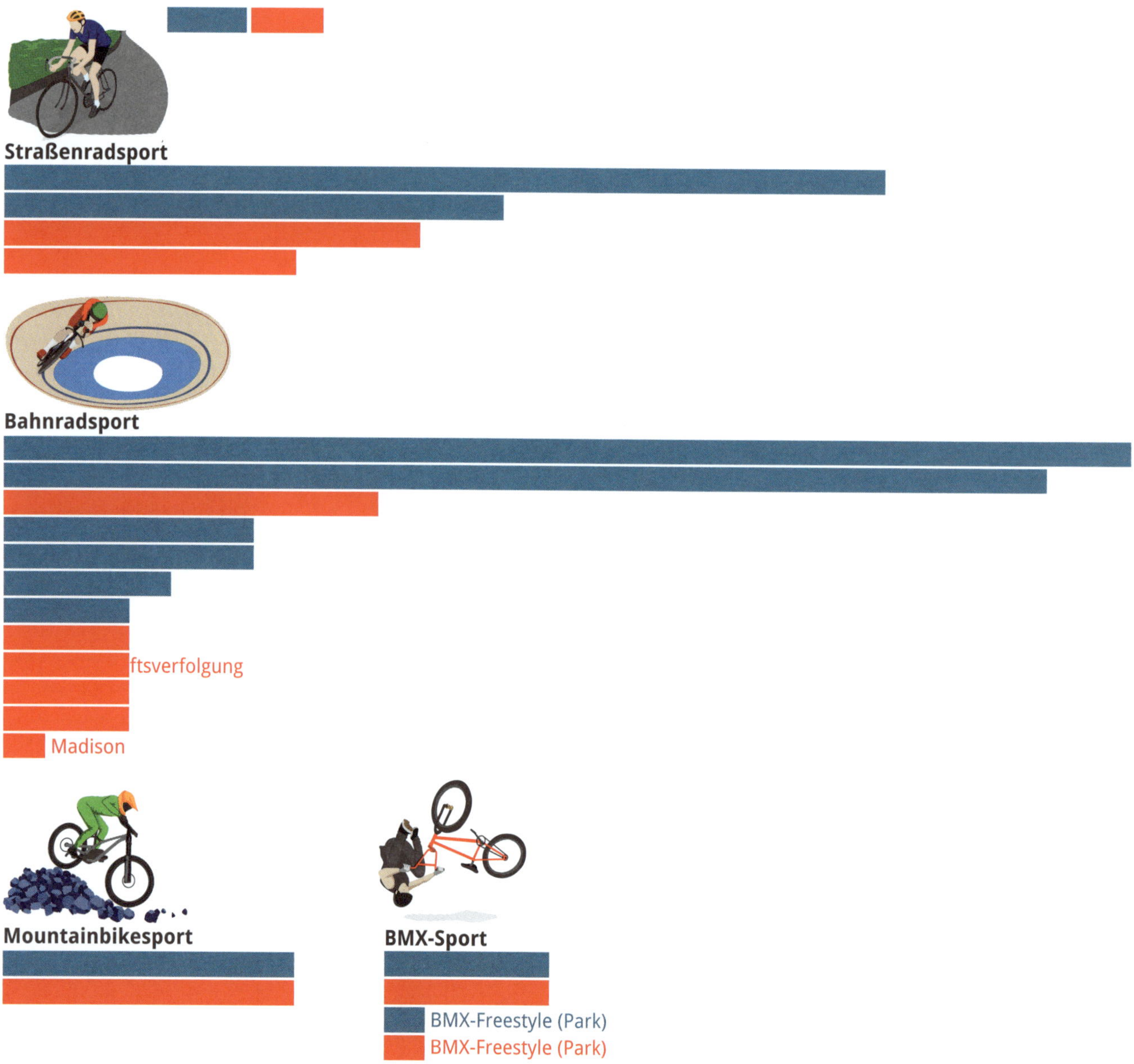

ERFOLGREICHSTE NATIONEN IM RADSPORT BEI OLYMPIA

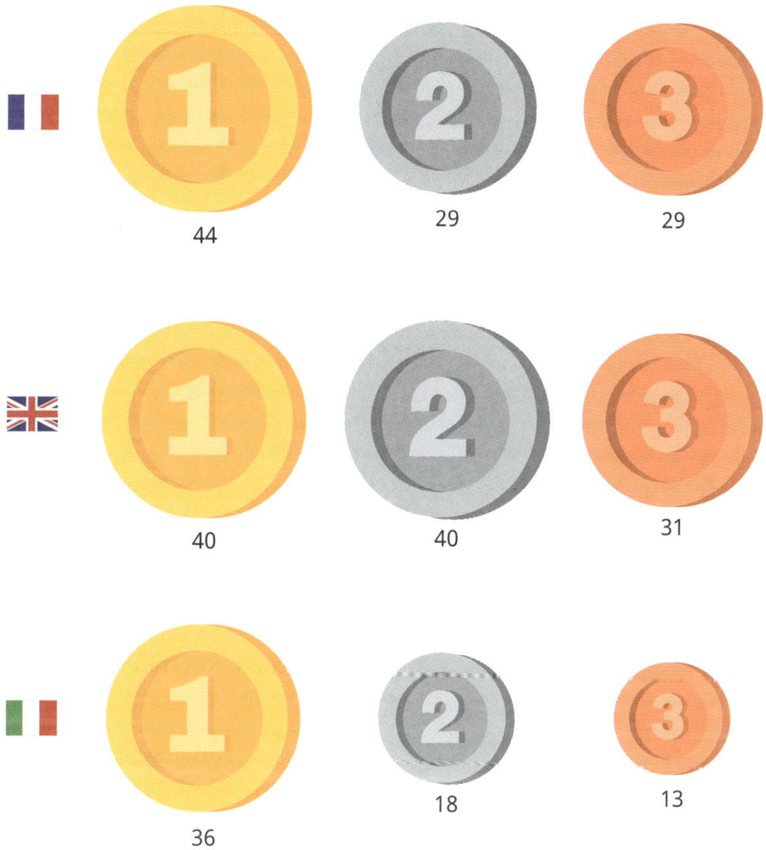

„GOLDEN COUPLE"
Niemand ist im olympischen Radsport so erfolgreich gewesen wie die britischen Bahnradsportler **Laura Kenny** und **Jason Kenny**. Die beiden sind seit 2016 verheiratet und werden von den Medien gern „golden couple" genannt. Jason hat in seiner Karriere sieben Goldmedaillen gewonnen, Laura fünf – damit führen sie jeweils die Radsport-Medaillenwertung bei Männern und Frauen an.

PARALYMPICS

Die alle vier Jahre unmittelbar nach den Olympischen Spielen stattfindenden Paralympics sind die bedeutendste Sportveranstaltung für körperlich beeinträchtigte Menschen. Teil der Paralympics sind auch Radsport-Wettwerbe auf der Straße oder der Bahn. Im sogenannten Paracycling erfolgt je nach Einschränkung eine Einteilung in verschiedene Leistungsklassen. Gefahren wird auf Zweirädern, Dreirädern oder Handbikes. Bei Menschen mit Amputationen kann mit Arm- oder Beinprothesen eine künstliche Verbindung zum Fahrrad hergestellt werden. Ein spezieller Bahn-Wettbewerb ist das Tandem für Sehbehinderte, die mit einem Piloten ohne Sehbehinderung fahren. Weitere bedeutende Veranstaltungen im Paracycling sind die von der UCI organisierten Paracycling-Straßenweltmeisterschaften und Paracycling-Bahnweltmeisterschaften.

PROFI- UND HOBBYSPORT

Wer Profiradsport betreibt, ist in der Regel in der Lage, seinen Lebensunterhalt damit zu bestreiten. Am meisten Geld wird im Straßenradsport der Männer verdient – dieser erzielt die mit Abstand höchsten TV-Quoten. Innerhalb des Fahrerfelds gibt es aber große Unterschiede. Die großen Stars verdienen mehrere Millionen Euro im Jahr, während der Großteil der Fahrer von solchen Sphären weit entfernt ist. Bei den Frauen ist die Bezahlung in den vergangenen Jahren – auch durch von der UCI verordnete Mindestlöhne – zwar angestiegen, die Differenz zum Gehalt der meisten Männer ist aber immer noch groß. Auch in den Disziplinen abseits des Straßenradsports sind viele Athletinnen und Athleten auf staatliche Förderungen angewiesen.

DER WEG IN DEN PROFISPORT

Der erste Schritt auf dem Weg in den Profi-Straßenradsport ist in der Regel der Eintritt in einen Radsportverein. Für die Teilnahme an vielen Rennen benötigt man eine Lizenz vom zuständigen Verband – diese kann der Verein beantragen. Wer mit guten Leistungen auf sich aufmerksam macht, kann einen Platz in Juniorenteams erhalten. Besondere Talente können in Trainingszentren und Sportinternaten gefördert werden. Am Ende steht das Ziel, einen Vertrag bei einem kommerziellen Profiteam zu erhalten – am besten eines, das bei den größten Rennen wie der Tour de France startberechtigt ist. Der Radsport zählt zu den Sportarten mit dem höchsten Trainingsaufwand – ein Radprofi spult pro Jahr im Training und bei Wettkämpfen ungefähr 30 000 Kilometer ab.

FAHRERKATEGORIEN

Der Weltradsportverband unterscheidet zwischen verschiedenen Fahrerkategorien, die sich am Alter orientieren. Die Kategorie ist entscheidend dafür, bei welchen Rennen man starten darf.

- Junioren (17-18 Jahre)
- U23 (19-22 Jahre)
- Elite (23-30 Jahre)
- Masters (über 30 Jahre)

Die Einteilung ist aber teilweise flexibel – wer besonders leistungsstark ist, kann zum Beispiel schon in einem Alter von unter 23 Jahren an Eliterennen teilnehmen. Gleichzeitig starten auch viele über 30-Jährige weiterhin in der Elite.

SCHON GEWUSST?

Radsport ist neben Schwimmen und Laufen auch eine der drei Teildisziplinen des Triathlons. Der internationale Triathlon-Dachverband World Triathlon hat seinen Sitz in Lausanne in der Schweiz. Viele Triathlon-Wettkämpfe werden als Jedermannrennen ausgetragen. Es gibt verschiedene Distanzen. Eine beliebte Jedermann-Distanz für den Anfang sind 500 bis 750 Meter Schwimmen, 20 Kilometer Radfahren und fünf Kilometer laufen. Die Königsdisziplin des Triathlons ist der Ironman über 3,8 Kilometer Schwimmen, 180 Kilometer Radfahren und einem Lauf-Marathon über 42 Kilometer. Dies ist nur mit enorm viel Training zu schaffen. Die besten Triathlon-Profis messen sich bei der jährlichen Ironman-WM auf Hawaii oder in Nizza.

RADSPORTVEREINE

Radsportvereine haben verschiedene Aufgaben: Zum einen fördern sie junge Talente, um die Radprofis der nächsten Generation zu finden und zu entwickeln. Sie treten auch selbst als Veranstalter von Rennen auf. Zum anderen geht es um den Breitensport – dabei steht der Spaß an der Bewegung und der Gemeinschaft im Vordergrund. Die Vereine unterstehen dem jeweiligen nationalen Radsportverband – in Deutschland ist das der Bund Deutscher Radfahrer (BDR). Dieser wiederum ist Mitglied des Kontinentalverbands sowie des Weltradsportverbands UCI.

RTF

RTF

Deutsche Radsportvereine veranstalten sogenannte Radtourenfahrten (RTFs). Dabei handelt es sich um gemeinsame Ausfahrten auf öffentlichen Straßen in großer Gruppe. Die Strecken werden ausgeschildert, unterwegs gibt es Verpflegungsstellen. Es fehlt jeder Wettkampfcharakter – Zeiten oder Platzierungen werden nicht ermittelt. Die gefahrenen Kilometer können aber beim BDR registriert und gesammelt werden – früher über Wertungskarten auf Papier, heute per App. In anderen Ländern gibt es ähnliche Formate unter anderen Namen.

JEDERMANNRENNEN

Jedermannrennen sind Radrennen, für die es keine Zulassungsvoraussetzungen wie Lizenzen gibt. Sie stehen also jenen offen, die den Sport nur als Hobby betreiben. Viele der Jedermänner – und selbstverständlich auch Jederfrauen – investieren aber viel Zeit in ihren Sport, daher geht es oft sehr ambitioniert zur Sache. Es sind Startgebühren zu zahlen, mit denen unter anderem die Absicherung der Strecke finanziert wird. Teilweise finden Profirennen und Jedermannrennen am selben Tag auf ähnlicher Strecke statt.

RADMARATHON

Der Radmarathon ist eine beliebte Form des Jedermannrennens. Es handelt sich um besonders lange Radrennen mit Strecken von über 200 Kilometern Länge. Für viele ist es ein großes Ziel, einmal einen Radmarathon innerhalb des Zeitlimits zu absolvieren. Als besonders schwer und prestigeträchtig gilt der Ötztaler Radmarathon in den österreichischen Alpen mit mehr als 5 000 Höhenmetern. Die begehrten etwa 4 000 Startplätze werden jährlich verlost.

Höhenprofil des Ötztaler Radmarathons (2023)

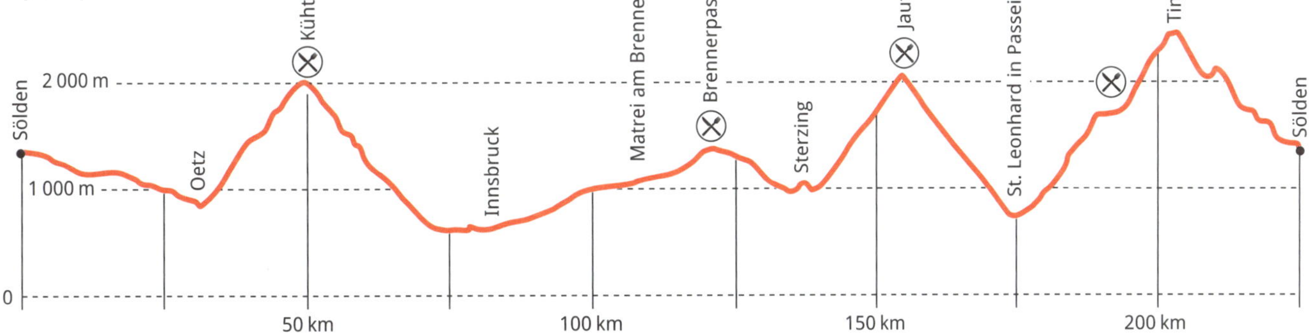

VIRTUELLE WETTKÄMPFE

Immer beliebter werden im Radsport virtuelle Leistungsvergleiche. Zum einen ermöglichen Apps einen Vergleich gefahrener Zeiten auf bestimmten Streckenabschnitten – zum Beispiel an beliebten Anstiegen. Zum anderen boomt das vor allem im Winter beliebte Indoor-Cycling auf einem Ergometer oder Rollentrainer. Rollentrainer erlauben es, mit einem normalen Fahrrad auf der Stelle zu fahren. Anhand der gefahrenen Leistungswerte werden auf virtuellen Plattformen Wettkämpfe in künstlichen Welten ausgetragen.

DIE MEGAVALANCHE

Es gibt viele spektakuläre Radrennen. Eines der wildesten stellen wir hier vor: Die Megavalanche ist ein jährlich im Juli stattfindendes Mountainbike-Rennen beim Ort L'Alpe d'Huez in den französischen Alpen. Die etwa 22 Kilometer lange Strecke führt vom Berg Pic Blanc hinab ins Tal. Sie gilt technisch als sehr anspruchsvoll und verlangt dem Material alles ab. Eine weitere Herausforderung ist der Massenstart. Das erste Rennen fand 1995 statt. Es geht auf den Mountainbike-Pionier George Edwards zurück, dessen Firma bis heute der Veranstalter ist. Teilnehmen können Profis und Hobby-Mountainbiker. Die Megavalanche ist nicht Teil einer Rennserie des Weltradsportverbands, gilt aber als sehr prestigeträchtig.

SCHON GEWUSST?

Eine zweite jährliche Veranstaltung gleichen Namens findet auf der französischen Überseeinsel La Réunion statt. Die Strecke führt dort von einem Vulkangipfel über Lavafelder und durch den Urwald bis ans Meer. Die insgesamt meisten Siege konnte der Franzose Rémy Absalon erringen – er gewann siebenmal auf La Réunion und fünfmal in den Alpen.

ABLAUF

Die Megavalanche zählt zur Mountainbike-Disziplin Enduro-Marathon. Es handelt sich um ein Downhill-Rennen, das aber auch kleinere Uphill-Passagen beinhaltet. *Mountainbikesport, S. 108* Die gesamte Veranstaltung dauert mehrere Tage und beinhaltet Qualifikationsläufe und Rennen für Männer und Frauen. Es gibt auch ein Rennen für E-Mountainbikes und sogar eines für Kinder. Die Qualifikation findet auf einer verkürzten Strecke des Haupttrennens statt. Wer am Hauptrennen teilnehmen möchte, muss in einem Qualifikationslauf das Ziel erreichen. Anhand der gefahrenen Zeit erfolgt eine Einteilung in verschiedene Leistungsklassen, die zu unterschiedlichen Zeiten starten. Im Rennen der schnellsten Männer starten etwa 350 Fahrer gleichzeitig.

Rasant durch den Wald

Der letzte Teil des Rennens führt größtenteils auf steilen Trails durch den Wald. Hier ist noch einmal höchste Konzentration gefragt, um den kurvigen Parcours zu bewältigen.

Zielort: Allemond

700 m

Zielort ist das Bergdorf Allemond, das am Ufer des Stausees Lac du Verney liegt. Die Schnellsten benötigen für die gesamte Strecke nur etwa 40 Minuten.

Startort: Pic Blanc
3 330 m
Das Rennen startet auf dem Berggipfel Pic Blanc auf weit über 3 000 Metern Höhe. Der Berg ist Teil des Skigebiets Alpe d'Huez und mit einer Seilbahn erschlossen, welche die Teilnehmenden nach oben transportiert.

Massenstart auf Schnee
Auf den ersten Kilometern führt das Rennen über mehr oder weniger große Schneefelder steil bergab. Sie werden vor dem Start von Pistenraupen präpariert. Der rutschige Untergrund und die Masse an Fahrern kann in dieser Rennphase für Kollisionen und Stürze sorgen.

Steinige Trails
Die Strecke führt nun auf technisch anspruchsvollen Singletrails über Geröllfelder und Alpwiesen. Das Fahrerfeld hat sich nun bereits weit auseinandergezogen, ein Überholen ist auf den schmalen Wegen kaum möglich.

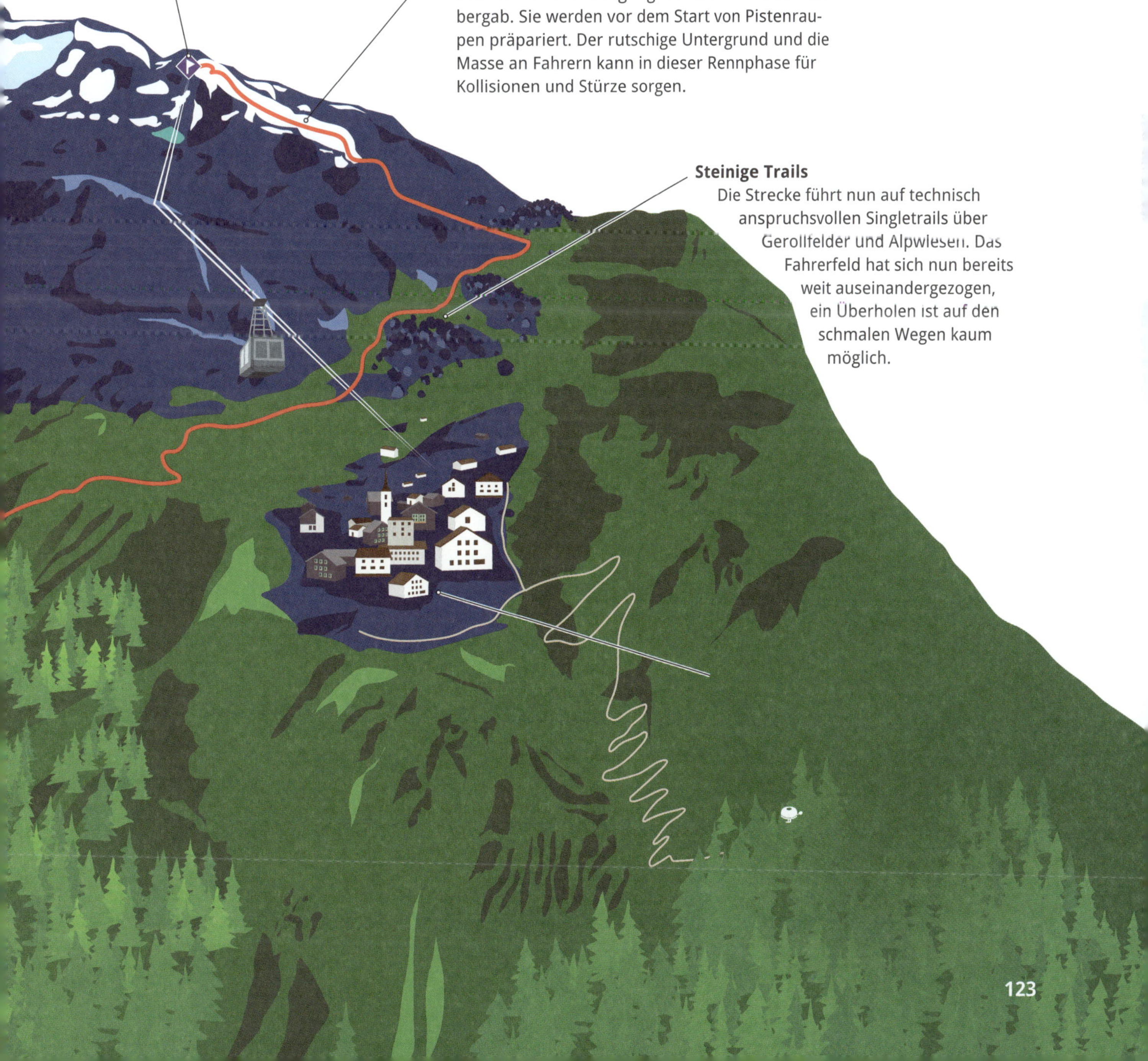

REKORDE

Im Radsport werden immer wieder unglaubliche Leistungen erzielt – sei es bei klassischen Wettkämpfen oder bei speziellen Rekordversuchen. Wir haben einige der außergewöhnlichsten Zahlen zusammengetragen.*

HÖCHSTE GESCHWINDIGKEIT

296 km/h **Denise Mueller-Korenek** 🇺🇸 ***1973** | 🇺🇸 Salzwüste in Utah 2018

Die Amerikanerin Denise Mueller-Korenek hält den Rekord für die höchste Geschwindigkeit, die jemals ein Mensch auf dem Fahrrad gefahren ist. Am 16. September 2018 erreichte sie auf dem ausgetrockneten Bonneville-Salzsee im Bundesstaat Utah unglaubliche 296 km/h – damit brach sie einen Rekord, der über 20 Jahre zuvor am selben Ort aufgestellt worden war. Wegen der fehlenden Hindernisse und ihrer glatten Oberfläche ist die Salzwüste beliebt für Geschwindigkeitsrekorde aller Art. Mueller-Korenek fuhr während des gefährlichen Rekordversuchs nur Zentimeter hinter einem Spezialfahrzeug, um dessen Windschatten zu nutzen. Ein Zugseil beschleunigte die damals 45-Jährige auf etwa 150 km/h, danach löste sie das Seil und trat in die Pedale.

STUNDENWELTREKORD

56,792 km
♂ **Filippo Ganna** 🇮🇹 ***1996**
🇨🇭 Grenchen 2022

50,267 km
♀ **Vittoria Bussi** 🇮🇹 ***1987**
🇲🇽 Aguascalientes 2022

Der vielleicht bekannteste und prestigeträchtigste Rekord des Radsports ist der Stundenweltrekord. Er wird vom Weltradsportverband UCI verwaltet. Es geht darum, in einem einstündigen Zeitfahren auf der Radrennbahn eine möglichst lange Strecke zurückzulegen. *Bahnradsport, S. 102* Erster Rekordhalter war 1893 der Franzose Henri Desgrange, der später die Tour de France begründete. *Geschichte der Grand Tours, S. 146* Er schaffte 35,325 Kilometer. Seither ist der Rekord stetig verbessert worden.

SCHNELLSTES „EVERESTING"

8848 HÖHENMETER MIT DEM FAHRRAD

06:40:54 Stunden
Ronan McLaughlin 🇮🇪 ***1987**
🇮🇪 Mamore Gap 2021

Das sogenannte „Everesting" ist eine Herausforderung der besonderen Art, an der sich immer mehr Radsportbegeisterte versuchen. Es geht darum, mit dem Fahrrad innerhalb eines Tages so viele Höhenmeter zu sammeln, wie es der Höhe des Mount Everest entspricht – also 8848 Meter. Dazu wird ein selbst ausgewählter Anstieg viele Male hoch und wieder hinunter gefahren. Jede Pause zählt mit zur gemessenen Zeit. Eine offizielle Webseite listet über 25000 erfolgreiche Everesting-Versuche auf. Den Rekord für das schnellste Everesting hält seit 2021 der irische Radsportler Ronan McLaughlin. Er kletterte in weniger als sieben Stunden 78 mal auf den Pass Mamore Gap im Norden Irlands.

* Stand: August 2025

MEISTE KILOMETER PRO JAHR

139 326 km

Amanda Coker *1992

2016/2017

Amanda Coker ist eine amerikanische Langstreckenradsportlerin. Sie hält den Rekord für die meisten von einem Menschen je innerhalb eines Jahres gefahrenen Kilometer. Zwischen Mai 2016 und Mai 2017 legte sie im Schnitt pro Tag etwa 380 Kilometer zurück. Eigentlich hatte sie nur vorgehabt, den Jahresrekord der Frauen anzugreifen, brach dann aber auch den Männerrekord. Einen Großteil der Strecke spulte sie auf einem Rundkurs in einem Park in Florida ab.

LÄNGSTE STRECKE UNTER WASSER

6,7 km

Jens Stötzner *1967

Zirndorf 2013

Radfahren unter Wasser? Dass man dabei beachtliche Strecken zurücklegen kann, bewies der deutsche Taucher Jens Stötzner im Jahr 2013 – er stellte einen Rekord für die längste unter der Wasseroberfläche gefahrene Strecke auf. Für die fast sieben Kilometer benötigte er vier Stunden und 48 Minuten. Stötzner fuhr ein gewöhnliches Rad, beschwerte es aber mit Gewichten. Eine Druckluftflasche versorgte ihn mit Sauerstoff.

LÄNGSTE STRECKE IN 24 STUNDEN

1 026 km

Christoph Strasser *1982

Zeltweg 2021

Der österreichische Extremsportler Christoph Strasser hält den Rekord für die längste innerhalb von 24 Stunden auf einem herkömmlichen Fahrrad ohne Windschatten zurückgelegte Strecke. Im Juli 2021 fuhr er auf einem Rundkurs auf einem Militärflugplatz mehr als 1000 Kilometer. Während der 24 Stunden saß er insgesamt nur zwei Minuten nicht auf dem Rad – wegen eines Reifenschadens und zum Wechseln der Kleidung.

MEISTE SIEGE IM STRASSENRADSPORT

1278

Jeannie Longo-Ciprelli *1958

Geht es um den Rekord der meisten Siege im Straßenradsport, fällt meist zuerst der Name Eddy Merckx. Der Belgier hat in seiner Karriere 445 Profi-Radrennen gewonnen und hält damit den Rekord bei den Männern. Mehr als doppelt so viele Siege hat allerdings die Rekordhalterin im Frauenradsport errungen: Jeanni Longo-Ciprelli siegte bei über 1 200 Rennen (Eintagesrennen und Etappen bei Rundfahrten). Zudem gewann sie 115 Rundfahrten und dreizehn Weltmeistertitel.

LÄNGSTER „WHEELIE"

11 Stunden

Kurt Osborn *1969

Anaheim 1998

Als „Wheelie" bezeichnet man im Rad- und Motorradsport das Fahren auf dem Hinterrad. Der amerikanische BMX-Fahrer Kurt Osborn verbrachte 1998 unglaubliche elf Stunden in dieser Position. Während dieser Zeit legte er zudem 88 Kilometer zurück. Osborn wird in der Szene „Wheelie King" genannt. Unter anderem durchquerte er – unterbrochen durch Pausen – auf dem Hinterrad fahrend die kompletten Vereinigten Staaten von der West- bis zur Ostküste.

SCHNELLSTE WELTUMRUNDUNG

78 Tage

Mark Beaumont *1983 | 2017

Schon seit dem 19. Jahrhundert versuchen Menschen, die Welt mit dem Fahrrad zu umrunden. Den Rekord für die schnellste Umrundung hält der Brite Mark Beaumont. Die ganze Geschichte erzählen wir im Kapitel

Weltumrundungen, S. 227

STRASSENRADRENNEN

REGELN & TAKTIK

Straßenradsport ist ein Mannschaftssport. Die Fahrerinnen und Fahrer vollziehen während eines Rennens viele taktische Manöver, die nicht immer ganz leicht zu durchschauen sind. Man unterscheidet zwischen Eintagesrennen und mehrtägigen Rundfahrten. Bei den Rundfahrten geht es nicht nur um den Tagessieg, sondern auch um verschiedene Gesamtwertungen – dadurch wird es noch taktischer.

Eintagesrennen, S. 132
Rundfahrten, S. 142

DER WINDSCHATTEN

In einem Straßenradrennen ist es erlaubt, Windschatten zu nutzen – das hat enormen taktischen Einfluss. Dafür sorgt die Physik: Bei hohen Geschwindigkeiten ist der Großteil der aufzuwendenden Kraft auf die Überwindung des Luftwiderstands zurückzuführen. *Physik des Radfahrens, S. 50*
Wer direkt hinter einer anderen Person fährt, kann etwa 30 Prozent der Kraft sparen. Je stärker der Wind von vorne weht, desto größer wird der Einfluss des Windschattens. Wer auf flacher Strecke immer vorne fährt, wird in der Regel unweigerlich vor dem Ziel von der im Windschatten ausgeruhten Konkurrenz überholt. Es ist daher entscheidend, in Gruppen zu fahren und zum taktisch richtigen Zeitpunkt den Windschatten anderer zu nutzen.

HANDZEICHEN

Beim Fahren in der Gruppe fährt man sehr dicht hintereinander – der Abstand beträgt manchmal nur etwa zehn Zentimeter. Das kann zu gefährlichen Situationen führen, wenn etwas Unvorhergesehenes passiert. Im Radsport haben sich verschiedene Handzeichen etabliert, mit denen man sich im Fahrerfeld verständigen und gegenseitig warnen kann. Diese sind sowohl im Radrennen als auch beim Training in der Gruppe hilfreich. Auch minimal versetztes Fahren erhöht die Sicherheit.

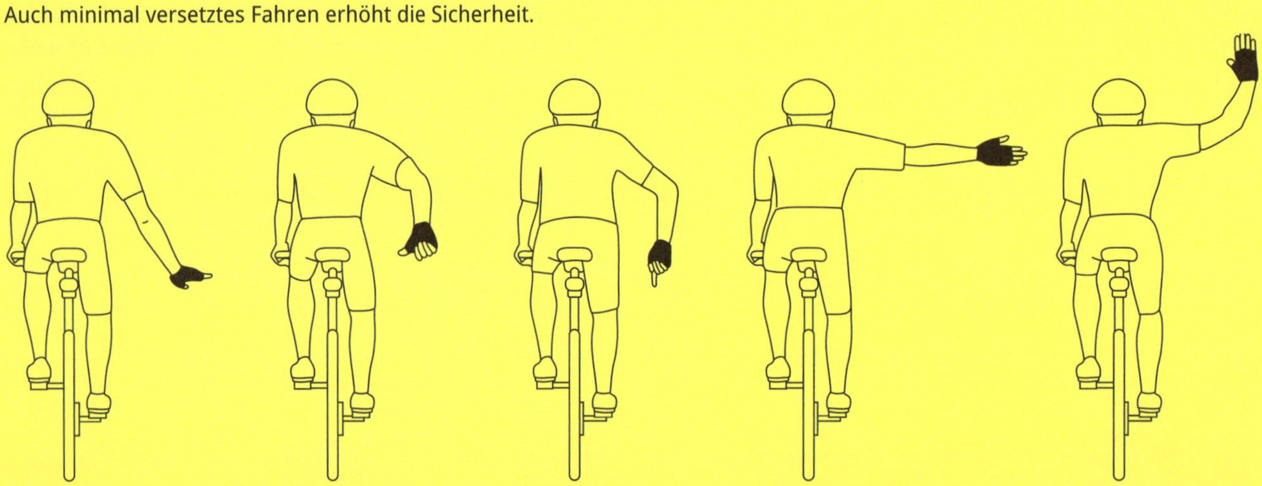

Langsamer fahren! | **Vorsicht Hindernis, ausweichen!** | **Vorsicht Straßenschäden!** | **Abbiegen!** | **Anhalten!**

FORMATIONEN

Es haben sich verschiedene Formationen des Windschattenfahrens in der Gruppe etabliert. Welche am sinnvollsten ist, hängt auch von der jeweiligen Windrichtung und -stärke ab. Während eines Radrennens arbeiten oft Mitglieder unterschiedlicher Teams in einer Gruppe zusammen, wenn sie ähnliche Ziele verfolgen.

DIE EINERREIHE

Das Prinzip der Einerreihe ist denkbar einfach: Die Person an der Spitze fährt im Wind und macht das Tempo, die anderen folgen direkt dahinter in einer Reihe. Regelmäßig wird die Spitze abgelöst, indem die führende Person zur Seite ausschert und sich ans Ende der Reihe fallen lässt. Bei seitlichem Wind wird leicht seitlich versetzt gefahren.

Die Einerreihe kommt auch bei der Vorbereitung von Sprints zum Einsatz. Ein Team bildet dann den sogenannten **Sprintzug**, in dem sich die sprintstärkste Person zunächst an letzter Position befindet. Die Teammitglieder machen das Tempo und scheren nach und nach aus, bevor es zum finalen Sprint kommt.

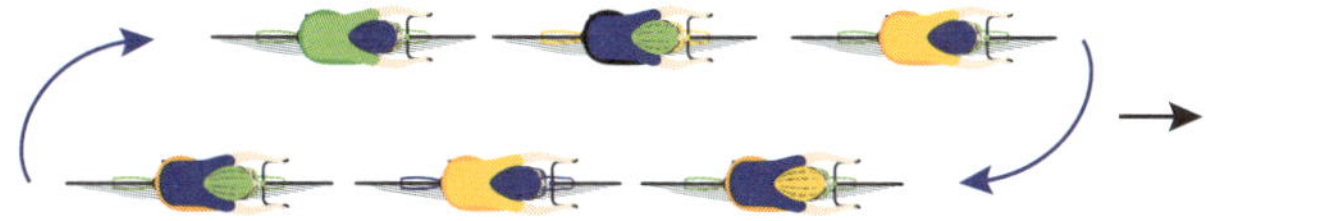

DER BELGISCHE KREISEL

Der Belgische Kreisel ist im Radsport eine bekannte Formation, die etwas Übung erfordert. Gefahren wird in zwei parallelen Reihen, die ständig im Kreis rotieren. Damit das funktioniert, muss immer eine Reihe etwas schneller als die andere fahren. Im Idealfall kreiselt die Gruppe sehr flüssig und jeder kann sich zu gleichen Teilen im Windschatten ausruhen. Wie der Name sagt, soll diese Fahrweise in Belgien entwickelt worden sein, wo starke und wechselnde Winde an der Tagesordnung sind.

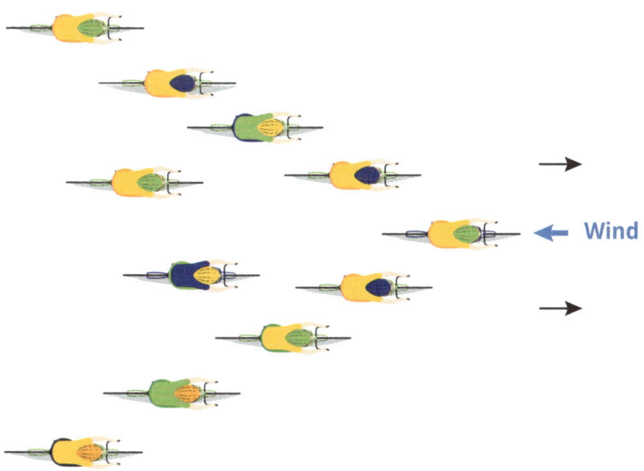

DIE V-FORMATION

Die V-Formation erinnert an Flugformationen von Zugvögeln. Sie kommt in größeren Gruppen zum Einsatz – und zwar dann, wenn starker Wind frontal von vorne weht. Die Person an der Spitze macht das Tempo und wird regelmäßig abgelöst. Der Rest des Feldes folgt seitlich versetzt, wodurch die aerodynamische V-Form entsteht. Diese sorgt auch für Sicherheit – denn das versetzte Fahren ermöglicht einen freien Blick auf die Straße.

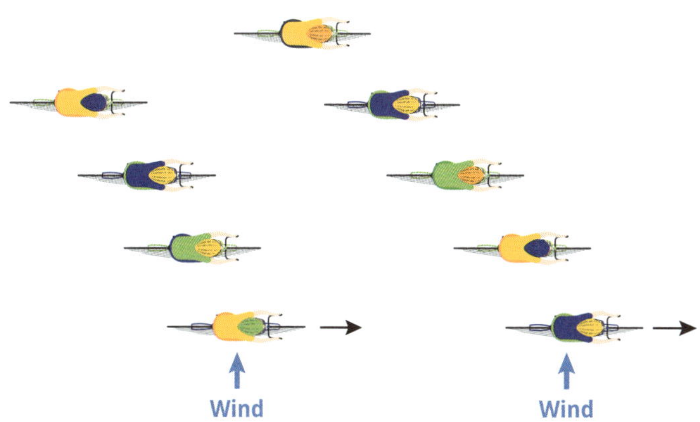

DIE WINDSTAFFEL

Eine Windstaffel entsteht, wenn starker Wind von der Seite oder schräg von vorn weht. Die Gruppe fächert sich dann diagonal auf, um dem Wind möglichst wenig Angriffsfläche zu bieten. Da die Breite der Straße begrenzt ist, ist auch die Gruppengröße limitiert. Bei starkem Seitenwind teilt sich ein großes Fahrerfeld daher in kleinere Gruppen auf. Diese Situation nennt man Windkante – sie hat schon in manchem Rennen vorzeitige Entscheidungen herbeigeführt.

ABLAUF EINES RENNENS

DIE TEAMS

In Straßenradrennen treten Teams gegeneinander an. Diese tragen meist den Namen des jeweiligen Hauptsponsors. Ziel eines Teams ist es, dass ein eigenes Teammitglied als erstes die Ziellinie überquert oder eine andere Wertung gewinnt. Ein wichtiger Teil der Radsporttaktik ist die Rollenverteilung innerhalb eines Teams:

- **Kapitän*in:** Das am stärksten eingeschätzte Teammitglied, das in der Regel den Sieg herausfahren soll. Meist spezialisiert auf Flachetappen, Bergetappen oder den Gesamtsieg einer Rundfahrt.
- **Helfer*innen:** Die anderen Teammitglieder. Sie geben Windschatten, leisten Nachführarbeit oder versorgen das Team während des Rennens mit Getränken und Nahrung.

Die Grafik zeigt den typischen Ablauf eines Radrennens – es bilden sich meist verschieden große Gruppen, in denen sich Mitglieder unterschiedlicher Teams zusammenfinden.

TV-Übertragung
Ein Radrennen für die TV-Übertragung zu filmen, ist eine große Herausforderung. Schließlich spielt sich das Rennen auf sehr großen Distanzen ab. In der Regel wird jede für das Renngeschehen bedeutsame Gruppe von einem Motorrad mit Kamera begleitet. Hubschrauber geben zusätzlich einen Überblick aus der Luft.

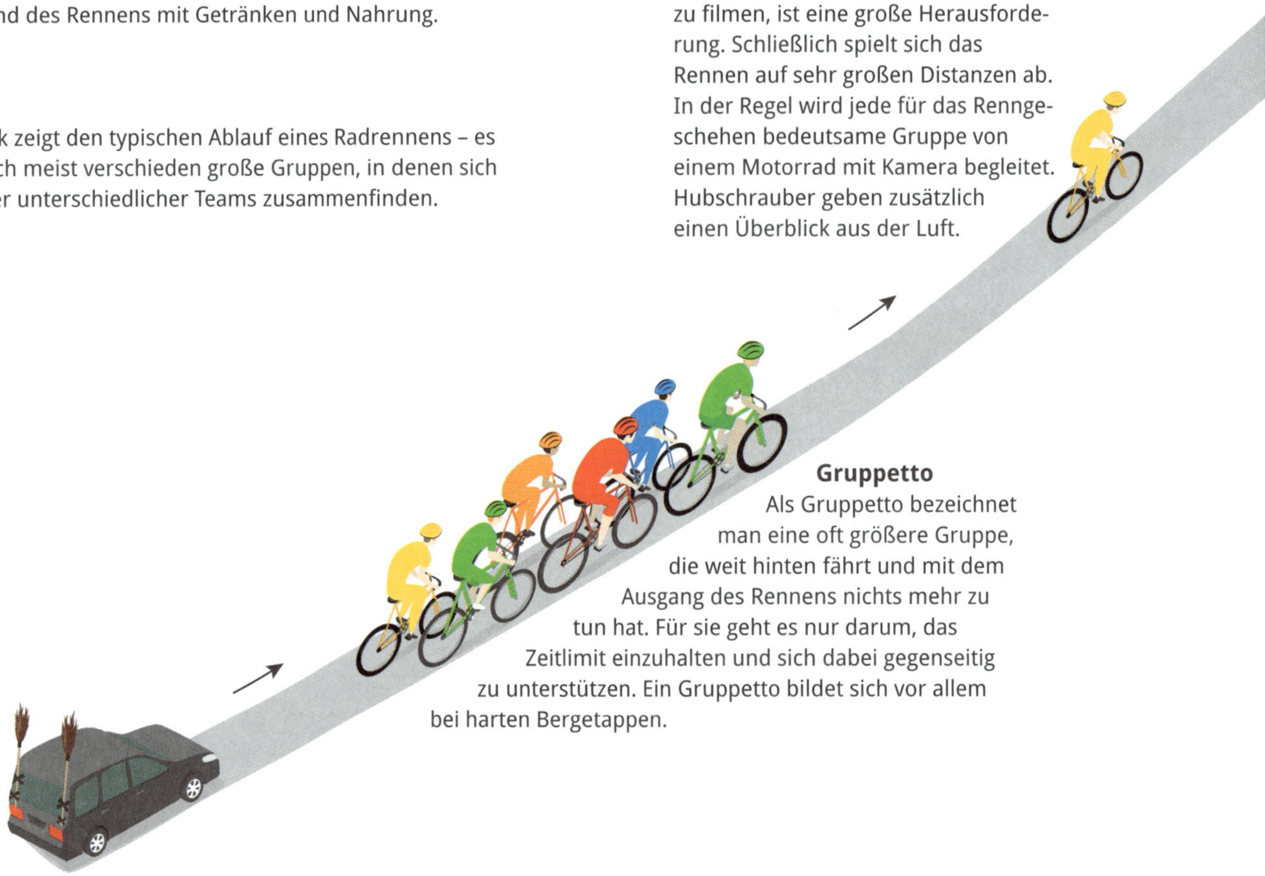

Gruppetto
Als Gruppetto bezeichnet man eine oft größere Gruppe, die weit hinten fährt und mit dem Ausgang des Rennens nichts mehr zu tun hat. Für sie geht es nur darum, das Zeitlimit einzuhalten und sich dabei gegenseitig zu unterstützen. Ein Gruppetto bildet sich vor allem bei harten Bergetappen.

Besenwagen
Der sogenannte Besenwagen markiert das hintere Ende des Radrennens. Niemand darf hinter den Besenwagen zurückfallen – sonst wird das vorgegebene Zeitlimit überschritten.

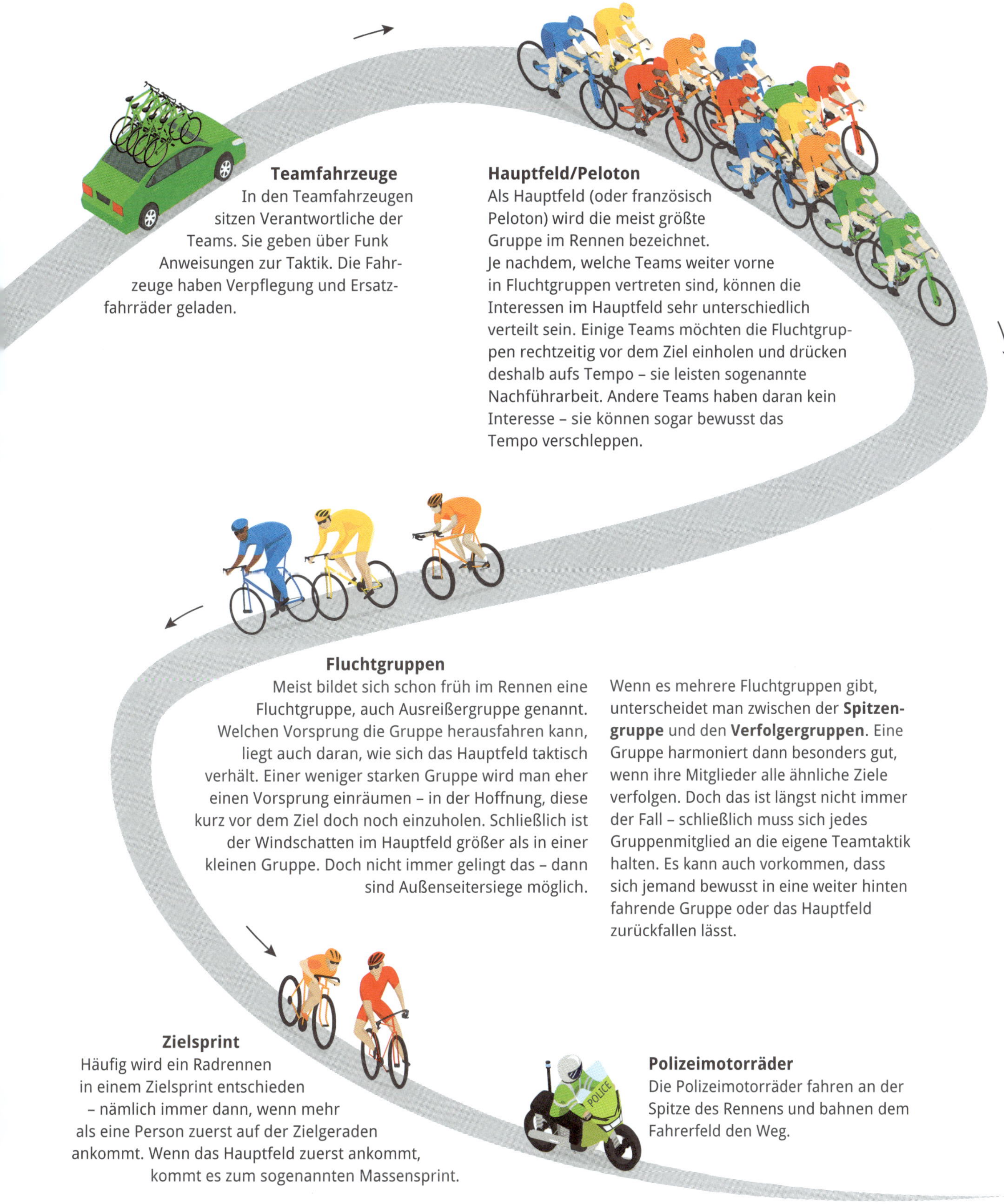

Teamfahrzeuge

In den Teamfahrzeugen sitzen Verantwortliche der Teams. Sie geben über Funk Anweisungen zur Taktik. Die Fahrzeuge haben Verpflegung und Ersatzfahrräder geladen.

Hauptfeld/Peloton

Als Hauptfeld (oder französisch Peloton) wird die meist größte Gruppe im Rennen bezeichnet.
Je nachdem, welche Teams weiter vorne in Fluchtgruppen vertreten sind, können die Interessen im Hauptfeld sehr unterschiedlich verteilt sein. Einige Teams möchten die Fluchtgruppen rechtzeitig vor dem Ziel einholen und drücken deshalb aufs Tempo – sie leisten sogenannte Nachführarbeit. Andere Teams haben daran kein Interesse – sie können sogar bewusst das Tempo verschleppen.

Fluchtgruppen

Meist bildet sich schon früh im Rennen eine Fluchtgruppe, auch Ausreißergruppe genannt. Welchen Vorsprung die Gruppe herausfahren kann, liegt auch daran, wie sich das Hauptfeld taktisch verhält. Einer weniger starken Gruppe wird man eher einen Vorsprung einräumen – in der Hoffnung, diese kurz vor dem Ziel doch noch einzuholen. Schließlich ist der Windschatten im Hauptfeld größer als in einer kleinen Gruppe. Doch nicht immer gelingt das – dann sind Außenseitersiege möglich.

Wenn es mehrere Fluchtgruppen gibt, unterscheidet man zwischen der **Spitzengruppe** und den **Verfolgergruppen**. Eine Gruppe harmoniert dann besonders gut, wenn ihre Mitglieder alle ähnliche Ziele verfolgen. Doch das ist längst nicht immer der Fall – schließlich muss sich jedes Gruppenmitglied an die eigene Teamtaktik halten. Es kann auch vorkommen, dass sich jemand bewusst in eine weiter hinten fahrende Gruppe oder das Hauptfeld zurückfallen lässt.

Zielsprint

Häufig wird ein Radrennen in einem Zielsprint entschieden – nämlich immer dann, wenn mehr als eine Person zuerst auf der Zielgeraden ankommt. Wenn das Hauptfeld zuerst ankommt, kommt es zum sogenannten Massensprint.

Polizeimotorräder

Die Polizeimotorräder fahren an der Spitze des Rennens und bahnen dem Fahrerfeld den Weg.

EINTAGESRENNEN

Wer heute an Radrennen denkt, dem kommen womöglich zuerst die großen Rundfahrten wie die Tour de France in den Sinn. Doch die klassische Form des Radsports sind Eintagesrennen. So hat es im 19. Jahrhundert angefangen: Ein Startort und ein Zielort – und am Ende des Tages ein strahlender Sieger. Einige dieser Rennen gibt es noch heute. Eintagesrennen sind die „Klassiker" des Radsports und stecken voller Geschichte. Viele von ihnen finden zu Beginn der Radsportsaison im Frühjahr statt. Besonders viele wichtige Rennen gibt es in Belgien.

DIE WORLD TOUR

Radrennen (Eintagesrennen und Rundfahrten) werden vom Weltradsportverband UCI in verschiedene Kategorien eingeteilt. Die höchste Kategorie ist die „World Tour".

Auf dieser Seite zeigen wir die Eintagesrennen der World Tour (Stand 2023) im Männer- und Frauenradsport mit ihren Erstaustragungsjahren.

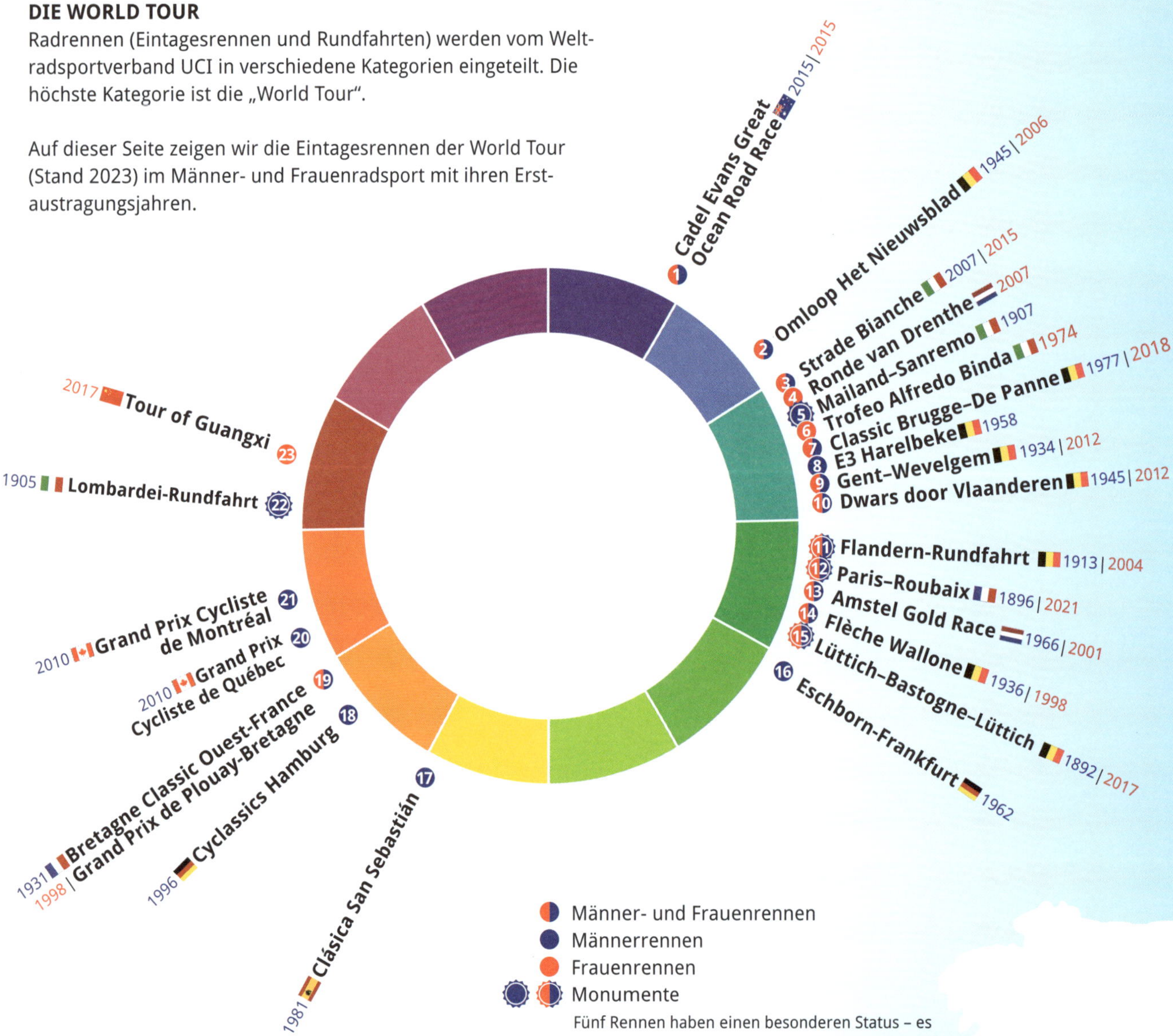

Fünf Rennen haben einen besonderen Status – es sind die sogenannten „Monumente des Radsports", die alle deutlich über 100 Jahre alt sind. Diese stellen wir in diesem Kapitel noch ausführlicher vor.

SCHON GEWUSST?

Das älteste noch existierende Radrennen der Welt ist Mailand–Turin. Die Erstaustragung war im Jahr 1876. Acht Fahrer nahmen an dem von einem Mailänder Fahrradclub organisierten Rennen teil. Seit 1911 findet das Rennen mit einigen Ausnahmen jährlich statt. Das älteste noch existierende Radrennen in Deutschland ist Rund um Köln – es fand erstmals 1908 statt.

DIE MONUMENTE

Die fünf sogenannten „Monumente des Radsports" sind die wichtigsten jährlich stattfindenden Eintagesrennen im Straßenradsport. Los geht es im März mit Mailand–Sanremo, dann folgen im April die Flandern-Rundfahrt, Paris–Roubaix und Lüttich-Bastogne–Lüttich. Das letzte Monument des Jahres ist die Lombardei-Rundfahrt im Oktober. Eines dieser Rennen zu gewinnen, ist enorm prestigeträchtig. Hier stellen wir ihre Geschichte vor.

1892 15

LÜTTICH–BASTOGNE–LÜTTICH

Gegen Ende des 19. Jahrhunderts sind Radrennen als Publikumssport äußerst beliebt. Das Fahrrad in seiner heutigen Form als „Niederrad" gibt es erst seit wenigen Jahren. *Geschichte des Fahrrads, S. 15/16* **Vielerorts entstehen zu dieser Zeit neue Rennen. Oftmals werden sie von Zeitungen organisiert, die sich von der Austragung eine Steigerung ihrer Auflage erhoffen.**

So ist es auch beim Rennen Lüttich–Bastogne–Lüttich. Die Zeitung *L'Express* mit Sitz in Lüttich im französischsprachigen Teil Belgiens initiiert die erste Austragung des Rennens im Jahr 1892. 33 Fahrer gehen an den Start, die meisten stammen aus Lüttich. Das Rennen über 250 Kilometer startet und endet damals noch in der südöstlich von Lüttich gelegenen Stadt Spa. Nur 17 Fahrer beenden das Rennen – am Wendepunkt am Bahnhof von Bastogne haben einige Athleten genug von den Strapazen und fahren mit dem Zug zurück. Sieger wird der Lütticher **Léon Houa**.

1896 12

PARIS–ROUBAIX

Wegen des großen Interesses am Radsport werden in den 1890er Jahren in Europa viele Radrennbahnen errichtet. In einem Park der an der belgischen Grenze gelegenen französischen Stadt Roubaix entsteht 1895 das „Vélodrome roubaisien". Zwei beteiligte Unternehmer haben die Idee, ein Straßenradrennen zu organisieren, das auf der neuen Rennbahn endet. Es soll das Vélodrome sowie die ganze Region bekannter machen.

Sie wenden sich an die Radsportzeitschrift *Le Vélo*, die eine Strecke plant. Die letzten 30 Kilometer verlaufen über Kopfsteinpflaster, für welches das Rennen heute berühmt ist. Es siegt der deutsche Fahrer **Josef Fischer**.

1905 22

LOMBARDEI-RUNDFAHRT

Die Lombardei-Rundfahrt geht auf den italienischen Journalisten Tullo Morgagni (1881-1919) zurück, der auch Gründer des Giro d'Italia ist. *Geschichte der Grand Tours, S. 147* Im Jahr 1905 organisiert er das Rennen Milan–Milan, das wenige Jahre später in Giro di Lombardia umbenannt wird. Das Rennen verläuft zunächst über weitgehend flaches Terrain, im Laufe der Jahre und Jahrzehnte kommen dann immer mehr Anstiege hinzu. Bei der ersten Austragung nehmen nur italienische Fahrer teil, es siegt **Giovanni Gerbi**. Der gewiefte Fahrer glänzt mit seiner Kenntnis gefährlicher Streckenabschnitte. Während seine Konkurrenten stürzen, erreicht er mit über 40 Minuten Vorsprung das Ziel.

SCHON GEWUSST?

Nur drei Rennfahrern ist es gelungen, alle fünf Monumente des Radsports zu gewinnen. Alle drei stammen aus Belgien: Rik Van Looy, Eddy Merckx und Roger De Vlaeminck. Seit 1979 hat es niemand mehr geschafft.

1907

MAILAND–SANREMO

1904 findet zwischen Mailand und Sanremo ein Autorennen statt – es soll für das neue Casino von Sanremo werben. Die Veranstaltung ist jedoch kein Erfolg. Nur zwei Fahrzeuge erreichen die Stadt an der ligurischen Küste. Als Ersatz soll ein Radrennen dienen, das ein lokaler Sportverein gemeinsam mit Sportjournalisten organisiert. Da es am Tag der Erstaustragung im Jahr 1907 regnet, gehen nur 33 von 62 gemeldeten Fahrern an den Start. Bei dem 280 Kilometer langen Rennen siegt der Franzose **Lucien Petit-Breton**.

1913

FLANDERN-RUNDFAHRT

1912 gewinnt mit Odiel Defraeye erstmals ein Belgier die 1903 gegründete Tour de France – und sorgt in seiner Heimat Flandern für riesige Radsportbegeisterung. In dieser Zeit entsteht auch die flämische Sportzeitschrift *Sportwereld*. Die Journalisten beschließen, ein Radrennen in Flandern zu initiieren. Es soll nicht nur die Auflage der Zeitung ankurbeln, sondern zum Stolz der ganzen Region werden – und in Konkurrenz zum im französischsprachigen Teil Belgiens ausgetragenen Rennen Lüttich–Bastogne–Lüttich treten. 37 Fahrer gehen 1913 bei der ersten Austragung an den Start. Die etwa 300 Kilometer lange Strecke über löchrige Straßen gilt als so gefährlich, dass französische Teams ihren belgischen Fahrern die Teilnahme verbieten. Sieger wird der flämische Rennfahrer **Paul Deman**.

Elizabeth Deignan, Siegerin der ersten Austragung von Paris–Roubaix Femmes (2021)

FRAUENRENNEN

Es dauerte sehr lange, bis bei den Radsport-Monumenten erstmals auch Rennen für Frauen stattfanden. Seit 2004 gibt es ein Frauenrennen bei der Flandern-Rundfahrt, seit 2017 bei Lüttich–Bastogne–Lüttich und seit 2021 bei Paris–Roubaix. Bei Mailand–Sanremo gibt es seit 2025 ein Frauenrennen – bereits von 1999 bis 2005 fand hier als Gegenstück zum Männerrennen die „Primavera Rosa" statt. Somit ist die Lombardei-Rundfahrt das letzte Monument, das noch kein offizielles Frauenrennen veranstaltet.

⑤ MAILAND-SANREMO

Lombardei, Piemont, Ligurien
LA PRIMAVERA *(Der Frühling)*
LA CLASSICISSIMA *(Das ganz Klassische)*

Trophäe

289 km
Männerrennen*
156 km
Frauenrennen*

Ein Samstag Mitte März
Termin

RCS Sport
Veranstalter

Mailand–Sanremo läutet im März die Saison der Monumente ein. Das Rennen ist mit fast 300 Kilometern das längste Monument. Es führt durch reizvolle Landschaften, die zweite Rennhälfte verläuft direkt an der Mittelmeerküste an der italienischen Riviera. Das Rennen endet auf der Via Roma in Sanremo. Mal kommt es zu einem Massensprint, mal können sich einzelne Fahrer bereits auf den vorgelagerten Anstiegen Cipressa und Poggio entscheidend absetzen. Diese wurden vor einigen Jahrzehnten ins Rennen integriert, um die Spannung im Finale zu erhöhen.

Erfolgreichste Nationen*

Männer	Frauen
51 (Italien)	1 (Niederlande)
23 (Belgien)	
14 (Frankreich)	

Meiste Siege*
7 (Belgien) Eddy Merckx

1 (Niederlande) Lorena Wiebes

① Passo del Turchino

Der Passo del Turchino ist ein Passübergang im Apennin. Er bildet den längsten Anstieg und höchsten Punkt des Rennens. Da er sich so weit vor dem Ziel befindet, ist das Geschehen hier in der Regel noch nicht rennentscheidend.

② Cipressa

Hier verlassen die Rennfahrer die Küstenstraße und erklimmen den Anstieg in das Dorf Cipressa. Die entscheidende Phase des Rennens beginnt. Wer in Sanremo noch eine Chance auf den Sieg haben will, darf sich hier nicht abhängen lassen.

③ Poggio di Sanremo

Der letzte Anstieg führt hinauf nach Poggio, einem Ortsteil von Sanremo. Hier finden oft die entscheidenden Attacken statt. Auch die anschließende Abfahrt kann entscheidend sein – wer hier besonders schnell hinunterfährt, kann in Sanremo wichtige Sekunden Vorsprung haben.

SCHON GEWUSST?
113 Ausgaben lang startete das Rennen direkt in Mailand. 2023 lag der Startort aus organisatorischen Gründen erstmals nicht in der Metropole, sondern im 25 Kilometer entfernten Abbiategrasso. 2024 und 2025 startete das Rennen in der Stadt Pavia.

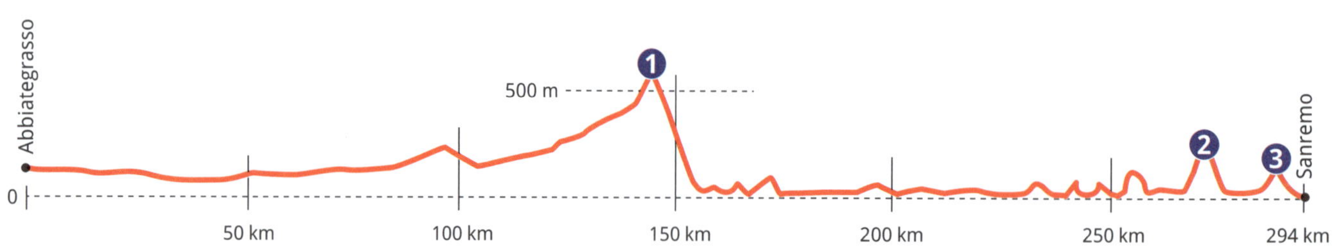

* Wir zeigen in diesem Kapitel Grafiken zu den Strecken und Höhenprofilen der Männerrennen von 2023. Die Frauenrennen finden auf einer verkürzten Variante statt.

⑪ FLANDERN-RUNDFAHRT

Flandern

DE RONDE *(Die Runde)*

VLAANDERENS MOOISTE

(Das Schönste von Flandern)

Trophäe

269 km
Männerrennen*
169 km
Frauenrennen*

Ein Sonntag Ende März /Anfang April**
Termin

Flanders Classics
Veranstalter

Womöglich ist in keiner Region der Welt die Begeisterung für den Radsport so groß wie in Flandern. Das wichtigste Rennen des Jahres ist hier die Flandern-Rundfahrt, bei der Hunderttausende Fans am Streckenrand stehen. Obwohl das Rennen keine größeren Berge beinhaltet, stehen etwa 3000 Höhenmeter auf dem Plan. Dafür sorgen viele kleine, oft sehr steile Anstiege auf schmalen Straßen, die sogenannten Hellingen. Einige Passagen verfügen über Kopfsteinpflaster. Das Rennen endet seit einigen Jahren in der Stadt Oudenaarde. Rund um den Zielort werden im Finale mehrere Runden gefahren.

Erfolgreichste Nationen*

Männer		Frauen	
69	Belgien	8	Niederlande
12	Niederlande	4	Belgien
11	Italien	3	Italien
		3	Deutschland

Meiste Siege*

3 Achille Buysse
Fiorenzo Magni
Eric Leman
Johan Museeuw
Tom Boonen
Mathieu van der Poel

3 Lotte Kopecky
2 Mirjam Melchers
Judith Arndt
Annemiek van Vleuten
Elisa Longo Borghini

① Oude Kwaaremont
Der Oude Kwaaremont ist ein 111 Meter hoher Hügel, auf den eine schmale, größtenteils kopfsteingepflasterte Straße führt. Bei der Flandern-Rundfahrt wird der 2,2 Kilometer lange Anstieg meist mehrfach befahren und spielt daher eine entscheidende Rolle für den Rennausgang. Hier versammeln sich besonders viele begeisterte Fans am Streckenrand.

② Paterberg
Beim Paterberg handelt es sich um einen nur etwa 300 Meter langen, aber dafür umso steileren Anstieg auf Kopfsteinpflaster mit einer Maximalsteigung von bis zu 20 Prozent. Derzeit wird er im Rennen zweimal befahren und bildet auch den entscheidenden Schlussanstieg.

③ Koppenberg
Der schmale Anstieg zum Koppenberg ist 600 Meter lang und erreicht eine Maximalsteigung von über 20 Prozent. In der Vergangenheit gab es auf dem schlechten Kopfsteinpflaster so viele Stürze, dass er aus dem Programm genommen wurde. Seit das Pflaster renoviert wurde, ist er wieder Teil des Rennens.

SCHON GEWUSST?
Einer der populärsten Streckenabschnitte der Flandern-Rundfahrt war jahrzehntelang die sogenannte Mauer von Geraardsbergen, ein steiler Anstieg mit Kopfsteinpflaster in der Stadt Geraardsbergen. Seit 2020 ist sie nicht mehr Teil des Rennens – in der Stadt sorgte das für große Empörung. Der Bürgermeister warf dem Veranstalter vor, die Streichung habe finanzielle Gründe. Geraardsbergen hatte sich geweigert, Geld für die Durchfahrt des Rennens zu zahlen.

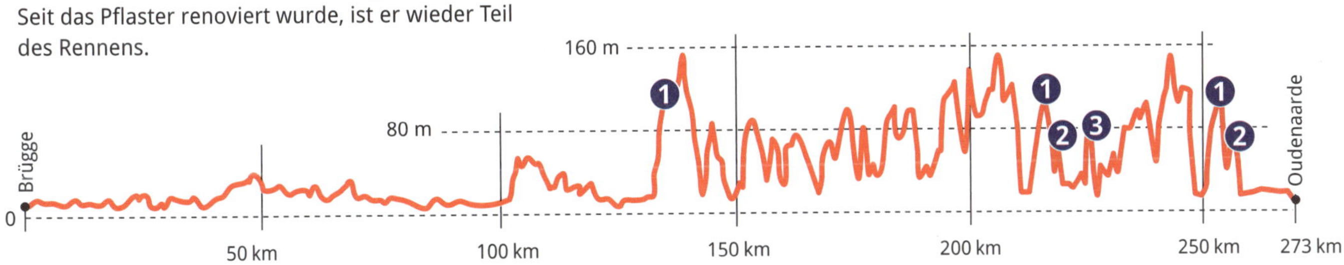

* Stand 2025
** eine Woche vor Paris–Roubaix

12 PARIS–ROUBAIX

Hauts-de-France

LA REINE DES CLASSIQUES *(Die Königin der Klassiker)*
L'ENFER DU NORD *(Die Hölle des Nordens)*

Paris–Roubaix wird nicht umsonst „Königin der Klassiker" genannt. Kein Sieg bei einem der Monumente ist so prestigeträchtig wie dieser. Zwar gibt es kaum nennenswerte Anstiege. Doch wer die begehrte Trophäe, den Pflasterstein, in Händen hält, musste die Konkurrenz über viele Kilometer holpriges Kopfsteinpflaster abhängen. Die Kopfsteinpflaster-Passagen, die sogenannten Pavés, machen das Rennen aus. Teilweise stammen sie noch aus dem 19. Jahrhundert und werden extra für das Rennen erhalten. In der Frühzeit des Radsports verliefen viele Rennen über Pflastersteine – Paris–Roubaix galt damals sogar als Rennen mit vergleichsweise gut ausgebauten Straßen. Heute stellt die „Hölle des Nordens" nicht nur an die Fahrer, sondern auch ans Material höchste Anforderungen. Oft wird es durch Stürze oder Defekte entschieden. Seit 1977 startet das Rennen nicht mehr direkt in Paris, sondern vor dem historischen Schloss Compiègne.

Trophäe

259 km
Männerrennen*
148 km
Frauenrennen*

Ein Wochenende Anfang/Mitte April**
Termin

Amaury Sport Organisation (A.S.O.)
Veranstalter

Erfolgreichste Nationen*

Männer	Frauen
55 (Belgien)	1 (Großbritannien)
28 (Frankreich)	1 (Italien)
15 (Italien)	1 (Kanada)
	1 (Belgien)
	1 (Frankreich)

Meiste Siege*

4 Roger De Vlaeminck
Tom Boonen

1 Elizabeth Deignan
Elisa Longo Borghini
Alison Jackson
Lotte Kopecky
Pauline Ferrand-Prévot

* Stand 2025
** eine Woche nach der Flandern-Rundfahrt

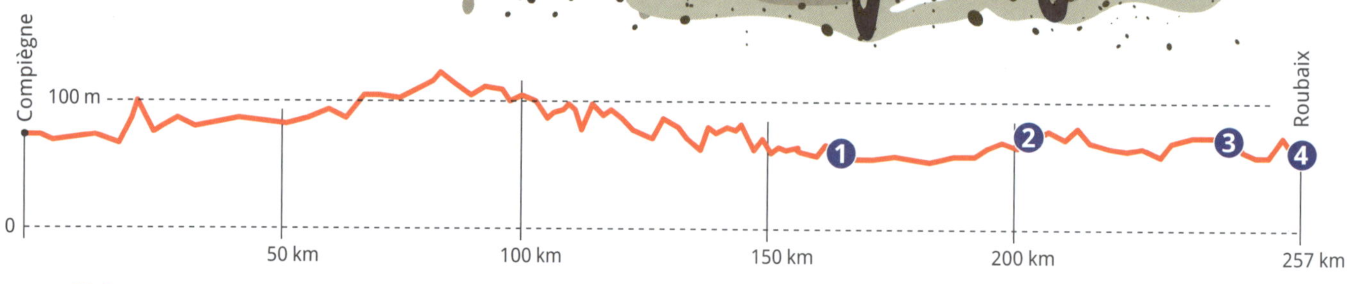

SCHON GEWUSST?

Paris–Roubaix ist nicht nur berühmt für Kopfsteinpflaster, sondern auch für die über 80 Jahre alten Beton-Duschkabinen im Vélodrome von Roubaix. Sich hier nach dem Rennen den Staub und Schlamm abzuwaschen, gilt als besondere Belohnung nach 250 strapaziösen Kilometern. Die Duschen sind Kult – auch weil in den Kabinen Messingschildern mit den Namen früherer Sieger des Rennens hängen.

❶ Wald von Arenberg ★★★★★
Der bekannteste und berüchtigste Kopfsteinpflaster-Abschnitt des Rennens ist die Trouée d'Arenberg, auch Wald von Arenberg genannt. Es handelt sich um einen 2,4 Kilometer langen, schnurgeraden und denkmalgeschützten Waldweg mit besonders grobem Pflaster. Obwohl der Abschnitt fast 100 Kilometer vor dem Ziel liegt, finden hier oft Entscheidungen statt. Fährt das Hauptfeld noch geschlossen und mit hohem Tempo in den Wald von Arenberg hinein, ist es danach oft durch Stürze und Defekte in viele kleine Gruppen zertellt.

❷ Mons-en-Pévèle ★★★★★
Der etwa 50 Kilometer vor dem Ziel gelegene Abschnitt Mons-en-Pévèle zählt mit drei Kilometern Länge zu den längsten Kopfsteinpflaster-Passagen des Rennens. Für besondere Schwierigkeiten sorgen zwei scharfe Kurven, die vor allem bei nassen und schlammigen Bedingungen für Stürze sorgen können.

❸ Carrefour de l'Arbre ★★★★★
Der etwa zwei Kilometer lange Abschnitt Carrefour de l'Arbre liegt weniger als 20 Kilometer vor dem Ziel und ist die letzte richtig schwere Passage. Das grobe Pflaster und eine leichte Steigung verlangen noch einmal alle Kräfte.

❹ Vélodrome Roubaix
Das Ziel befindet sich auf der Radrennbahn von Roubaix. Der 1936 errichtete Bau ist ein Nachfolger der ersten Rennbahn von 1895. Hier steht noch eine Extrarunde an. Wer die Konkurrenz abgehängt hat, kann schon den Applaus genießen – oft sprintet die Spitzengruppe aber noch auf den letzten Metern um den Sieg.

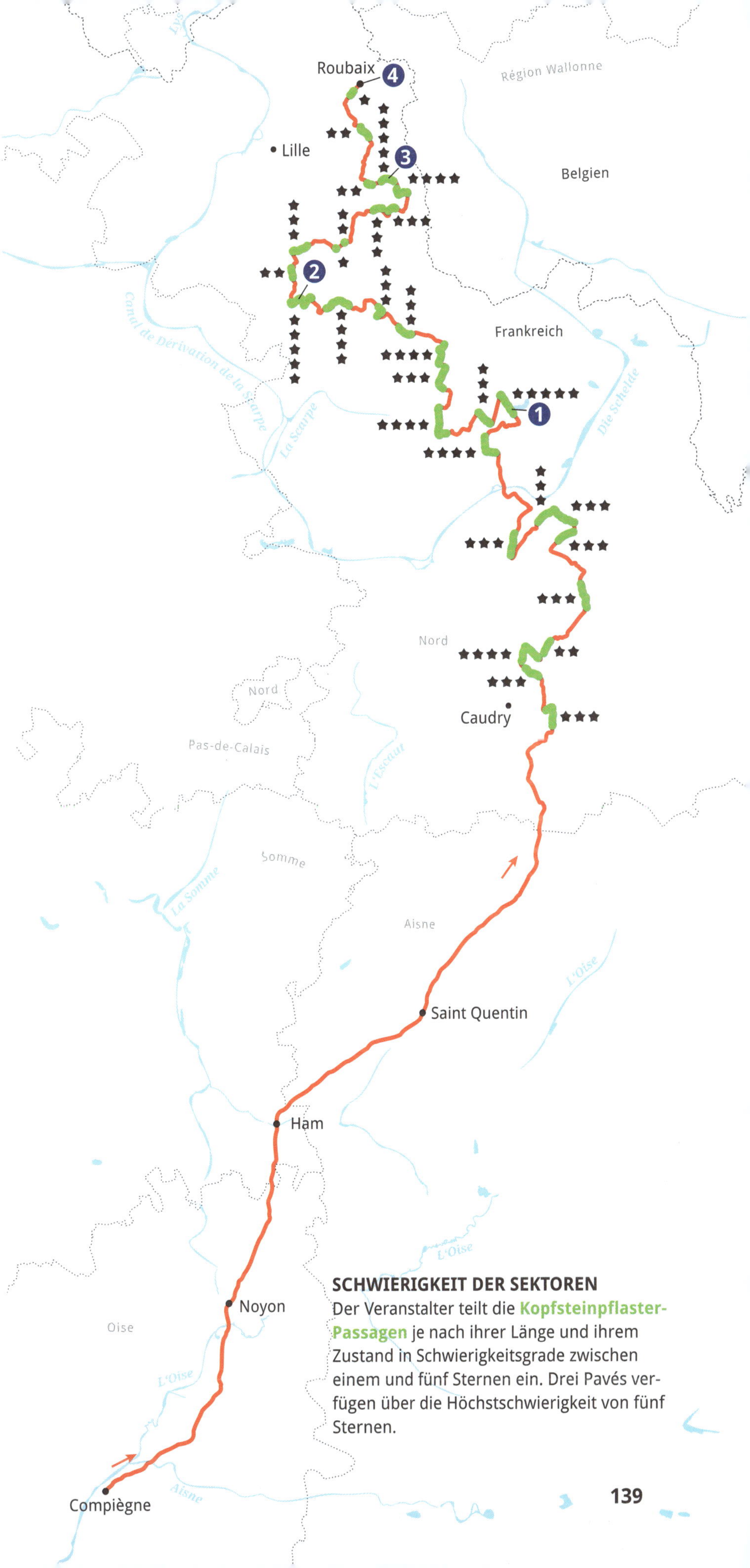

SCHWIERIGKEIT DER SEKTOREN
Der Veranstalter teilt die **Kopfsteinpflaster-Passagen** je nach ihrer Länge und ihrem Zustand in Schwierigkeitsgrade zwischen einem und fünf Sternen ein. Drei Pavés verfügen über die Höchstschwierigkeit von fünf Sternen.

15 LÜTTICH-BASTOGNE-LÜTTICH

Wallonie

LA DOYENNE *(Die Älteste/ Die alte Dame)*

Trophäe	**252 km** Männerrennen* **153 km** Frauenrennen*	**Ein Sonntag Ende April** Termin	**Amaury Sport Organisation (A.S.O.)** Veranstalter

Erfolgreichste Nationen*

Männer	Frauen
60	6
12	1
6	1
	1

Meiste Siege*

5 Eddy Merckx

2 Anna van der Breggen
Annemiek van Vleuten
Demi Vollering

* Stand 2025

Das älteste der fünf Monumente gilt als besonders hart. Die Streckenführung in den belgischen Ardennen bietet viele kurze, aber sehr steile Anstiege, die sogenannten Côtes. Weil sie so kurz aufeinander folgen, ist kaum Zeit für Erholung. Insgesamt kommen über 4000 Höhenmeter zusammen, also noch einmal deutlich mehr als bei der Flandern-Rundfahrt, die ein ähnliches Profil aufweist. Die entscheidenden Anstiege liegen im letzten Drittel des Rennens, wenn es von Bastogne wieder zurück in den Startort Lüttich geht.

1 Côte de Stockeu

Die Côte de Stockeu ist ein nur einen Kilometer langer, aber bis zu etwa 20 Prozent steiler Anstieg. Oben steht ein Denkmal für die belgische Radsportlegende Eddy Merckx.

2 Côte de la Redoute

Die Côte de la Redoute ist der berühmteste Abschnitt des Rennens. Der etwa zwei Kilometer lange, bis zu 16 Prozent steile Anstieg läutet das Finale des Rennens ein. Hier fallen oft Vorentscheidungen. Oben steht ein Denkmal, das an eine der vielen in den Ardennen geschlagenen Schlachten erinnert.

3 Côte de la Roche aux Faucons

Bei der Côte de la Roche aux Faucons handelt es sich um den letzten Anstieg vor dem Ziel. Der Name lässt sich mit „Falkenfelsen" übersetzen. Tatsächlich gibt es hier auffällige Felswände, die über dem Tal des Flusses Ourthe aufragen.

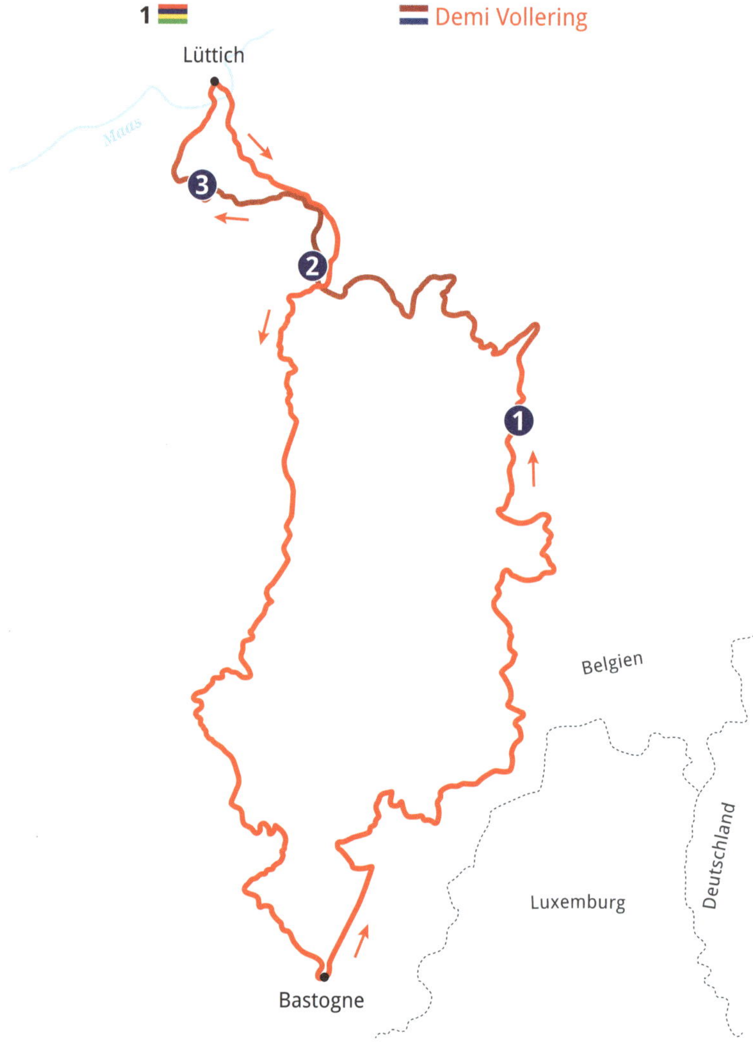

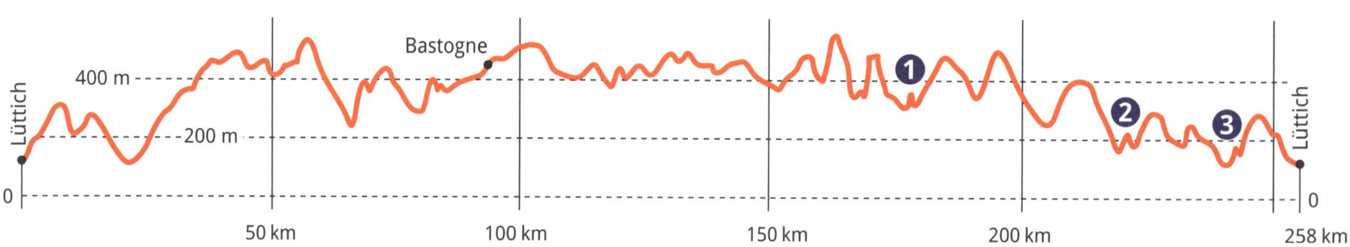

22 LOMBARDEI-RUNDFAHRT

Lombardei

LA CLASSICA DELLE FOGLIE MORTE

(Das Rennen der fallenden Blätter)

Trophäe

252 km
Länge**

Zweiter Samstag im Oktober
Termin

RCS Sport
Veranstalter

Erfolgreichste Nationen**

69 (Italien)
12 (Belgien)
5 (Frankreich)

Meiste Siege**

5 (Italien) Fausto Coppi

Der jährliche Termin der Lombardei-Rundfahrt liegt ganz am Ende der Radsport-Saison. Sie bietet eine besondere landschaftliche Kulisse: Das Rennen findet in der Region des Comer Sees zwischen hohen Bergen statt. Im Gegensatz zu den anderen Monumenten gibt es längere Anstiege, die in Höhen von über 1000 Metern führen. Das Herbstlaub sorgt für besonders farbenfrohe Eindrücke. Eine Besonderheit ist, dass die Städte Como und Bergamo sich als Start- und Zielort abwechseln. Die Ost-West-Richtung von Bergamo nach Como wird jedoch häufiger befahren. Auch die Auswahl der befahrenen Passstraßen ändert sich regelmäßig.

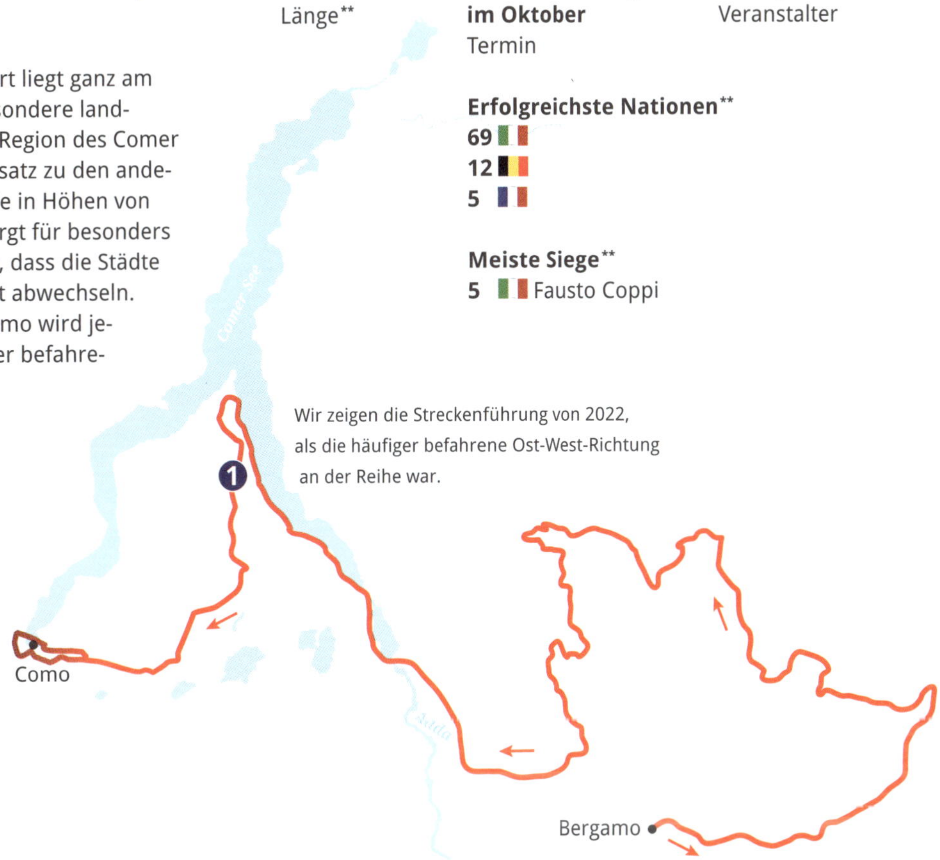

1 Madonna del Ghisallo

Die Auffahrt zur Madonna del Ghisallo ist der einzige Anstieg, der jährlich Teil der Streckenführung des Rennens ist. Es handelt sich um einen der berühmtesten Anstiege des Radsports. Die häufiger befahrene Nordseite überwindet auf etwa neun Kilometern über 500 Höhenmeter. Im Durchschnitt ist das nicht besonders steil – doch der Beginn und das Ende der Auffahrt haben es mit zweistelligen Steigungswerten in sich. Die Madonna del Ghisallo ist eine oberhalb des Comer Sees gelegene Wallfahrtskirche auf 754 Metern Höhe. Die Kirche erlangte durch die Lombardei-Rundfahrt große Bekanntheit. In den 1940er Jahren überlegte sich der Pfarrer des benachbarten Dorfes Magreglio, die auf einem Bildnis in der Kirche gezeigte Madonna del Ghisallo könne zur Schutzpatronin der Radfahrer werden. Der Vorschlag erreichte Papst Pius XII. 1949 reiste der Pfarrer mit den beiden Radsport-Stars Fausto Coppi und Gino Bartali nach Rom, wo der Papst die Ernennung offiziell machte. Heute ist die Kirche eine Pilgerstätte für Radsportfans, nebenan gibt es ein Radsportmuseum.

SCHON GEWUSST?

Wer alle drei großen italienischen Radrennen (Mailand–Sanremo, die Lombardei-Rundfahrt und den Giro d'Italia) in einem Jahr gewinnen kann, sichert sich „la tripletta". Gelungen ist das bisher nur zwei Fahrern – nämlich den beiden Radsportlegenden Fausto Coppi im Jahr 1949 und Eddy Merckx im Jahr 1972.

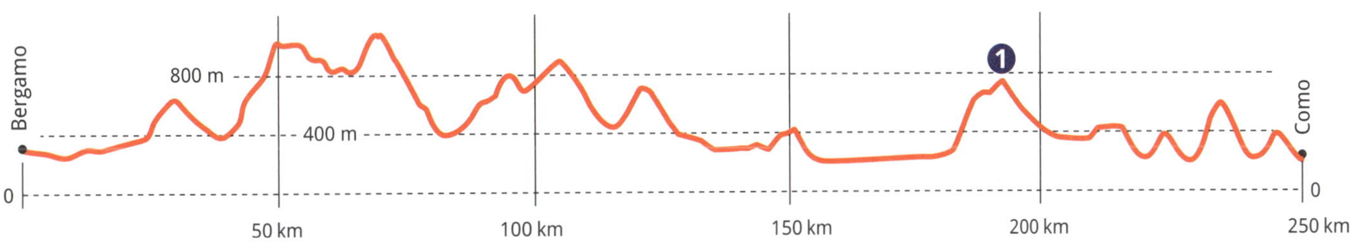

RUNDFAHRTEN

Zu Beginn des 20. Jahrhunderts wurden erstmals mehrere an unterschiedlichen Tagen ausgetragene Radrennen in einer Gesamtwertung kombiniert. Solche Rundfahrten zeichnet aus, dass sie sowohl Sieger einzelner Etappen als auch Gesamtsieger verschiedener Wertungen hervorbringen. **So finden oft in einem einzelnen Rennen verschiedene Wettkämpfe parallel statt – das macht Rundfahrten besonders spannend.** Die Entscheidung um den Gesamtsieg fällt meist auf Bergetappen. Wenn berühmte Passstraßen im Hochgebirge befahren werden, gehen spektakuläre Bilder um die Welt.

DIE WORLD TOUR

Radrennen (Eintagesrennen und Rundfahrten) werden vom Weltradsportverband UCI in verschiedene Kategorien eingeteilt. Die höchste Kategorie ist die „World Tour".

Auf dieser Seite zeigen wir die Rundfahrten der World Tour (Stand 2023) im Männer- und Frauenradsport, also die bedeutendsten mehrtägigen Rennen des Jahres.

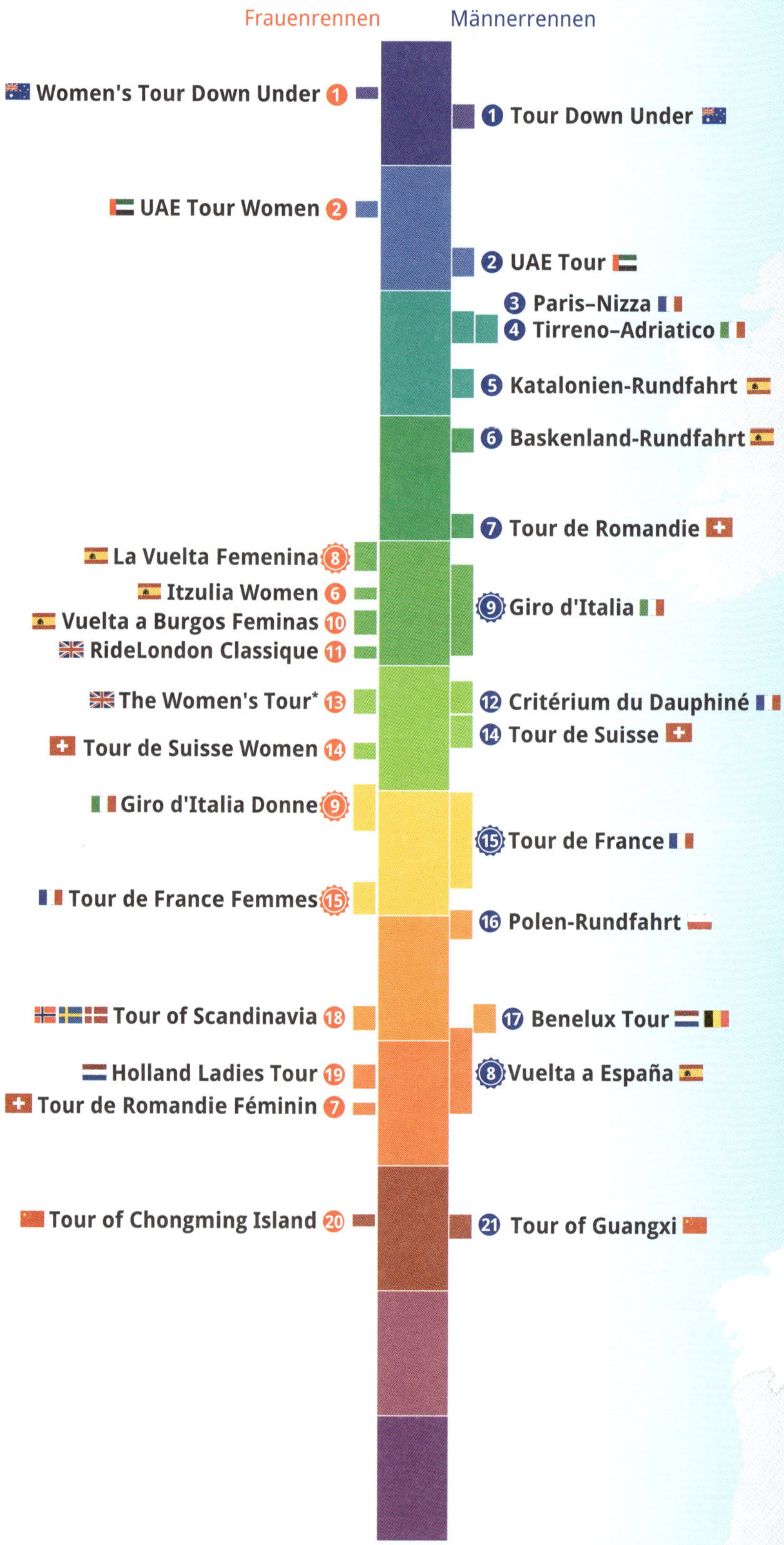

- Männer- und Frauenrennen
- Männerrennen
- Frauenrennen
- Die Grand Tours

Drei Rundfahrten haben einen besonderen Status: Es sind die sogenannten Grand Tours, die bei den Männern über drei Wochen andauern. Diese stellen wir in diesem Kapitel noch ausführlicher vor.

Oslo
NORWEGEN
18
Göteborg
SCHWEDEN
DÄNEMARK
Kopenhagen
Malmö
Ostsee
Nordsee
VEREINIGTES KÖNIGREICH
13 Birmingham
11 London
NIEDERLANDE
Amsterdam
19
Hamburg
Berlin
Warschau
POLEN
Brüssel
17
BELGIEN
DEUTSCHLAND
LUXEMBURG
Prag
TSCHECHIEN
Krakau
16
15 Paris
Stuttgart
München
SLOWAKEI
Wien
ÖSTERREICH
Zürich
14 Bern
SCHWEIZ
FRANKREICH
UNGARN
7 Genf
SLOWENIEN
Atlantischer Ozean
9 Mailand
Venedig
KROATIEN
Turin
12 Grenoble
Bordeaux
ITALIEN
BOSNIEN UND HERZEGOWINA
SERBIEN
Nizza 3
Florenz
4
Ligurisches Meer
Adriatisches Meer
6 Bilbao
MONTENEGRO
KOSOVO
10 Burgos
Korsika
Rom
Barcelona 5
SPANIEN
Neapel
Sardinisches Meer
ALBANIEN
8 Madrid
Sardinien
Balearen-Meer
Außerhalb Europas
Mallorca
1
2
20
21
Ionisches Meer

WERTUNGSTRIKOTS

Bei einer Radrundfahrt kann man – neben den Etappensiegen – in der Regel drei wichtige Wertungen gewinnen: die Gesamtwertung, die Punktewertung und die Bergwertung. Wer in einer dieser Wertungen vorne liegt, darf ein entsprechendes Trikot anziehen. Wer das Trikot bis ins Ziel der letzten Etappe verteidigen kann, hat die Wertung gewonnen. Die Farben und Muster der jeweiligen Wertungstrikots unterscheiden sich von Rundfahrt zu Rundfahrt – und sind ein wichtiger Teil von deren Identität und Geschichte. **Auf dieser Seite vergleichen wir die Wertungstrikots aller Rundfahrten mit mindestens sieben Etappen.**

DAS TRIKOT DES GESAMTFÜHRENDEN

Diese Wertung gewinnt, wer für alle Etappen (klassische Radrennen und Zeitfahren) zusammengerechnet am wenigsten Zeit benötigt hat – die Gesamtstrecke der Rundfahrt also insgesamt am schnellsten bewältigt hat.

Tour de France *maillot jaune* · **Giro d'Italia** *maglia rosa* · **Vuelta a España** *maillot rojo* · Paris–Nizza · Tour de Suisse

DAS TRIKOT DES FÜHRENDEN IN DER PUNKTEWERTUNG

Diese Wertung gewinnt, wer während der Rundfahrt am meisten Punkte bei Punktewertungen gesammelt hat. Punkte gibt es meist für die ersten Fahrer im Ziel einer Etappe, aber auch an gekennzeichneten Stellen während der Etappe – in der Regel auf flachem Terrain. Sprintstarke Fahrer sind in der Punktewertung im Vorteil.

Tour de France *maillot vert* · **Giro d'Italia** *maglia ciclamino* · **Vuelta a España** *maillot verde* · Paris–Nizza · Tour de Suisse

DAS TRIKOT DES FÜHRENDEN IN DER BERGWERTUNG

Diese Wertung gewinnt, wer während der Rundfahrt am meisten Bergpunkte bei Bergwertungen gesammelt hat. Bergwertungen liegen am höchsten Punkt von Anstiegen. Je länger und steiler der Berg, desto mehr Punkte sind zu vergeben.

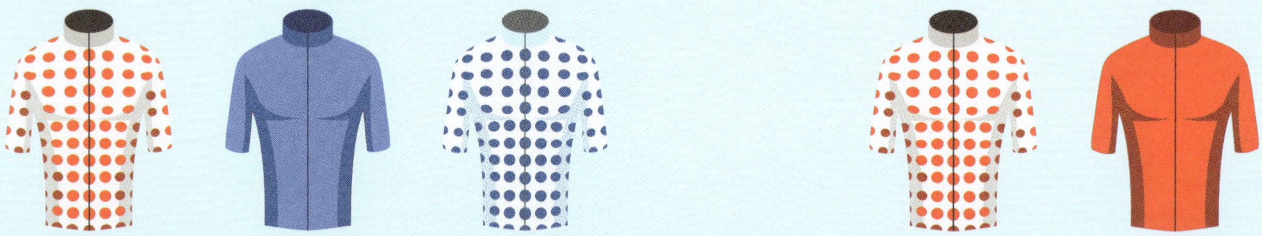

Tour de France *maillot à pois rouges* · **Giro d'Italia** *maglia azzurra* · **Vuelta a España** *maillot lunares* · Paris–Nizza · Tour de Suisse

SCHON GEWUSST?

Eines der bekanntesten und beliebtesten Wertungstrikots ist das rot gepunktete Trikot des besten Bergfahrers bei der Tour de France. Es ist seit 1975 im Einsatz. Die Organisatoren erhofften sich mit dem auffälligen Design mehr Aufmerksamkeit für die Bergwertung. Einigen Quellen zufolge soll das Muster auf den französischen Schokoladen-Hersteller Chocolat Poulain zurückgehen, der anfangs Sponsor der Bergwertung war und seine Schokolade in rot gepunktetem Papier verkaufte. Eine andere Theorie ist, dass das Trikot von den auffälligen Hemden des Pferderennsports inspiriert wurde.

Critérium du Dauphiné | UAE Tour | Tirreno–Adriatico | Katalonien-Rundfahrt | Polen-Rundfahrt | Benelux Tour

Critérium du Dauphiné | UAE Tour | Tirreno–Adriatico | Katalonien-Rundfahrt | Polen-Rundfahrt | Benelux Tour

Critérium du Dauphiné | UAE Tour | Tirreno–Adriatico | Katalonien-Rundfahrt | Polen-Rundfahrt | Benelux Tour

GESCHICHTE DER GRAND TOURS

Der Radsportkalender ist voller Etappenrennen – doch drei stechen heraus: Es sind die sogenannten Grand Tours Giro d'Italia, Tour de France und Vuelta a España. Die bei den Männern dreiwöchigen Landesrundfahrten entfachen jedes Jahr in ihren Heimatländern Italien, Frankreich und Spanien eine riesige Begeisterung für den Radsport. Auch international besitzen sie eine große Strahlkraft – das gilt ganz besonders für die Tour de France. Alle drei Grand Tours gehen auf Zeitungen zurück. Hier stellen wir ihre Geschichte vor.

SCHON GEWUSST?

Henri Desgrange blieb bis zu seinem Tod 1940 Direktor der Tour. Auch das 1919 eingeführte Gelbe Trikot geht auf Desgrange zurück – die Farbe wurde angeblich von der auf gelblichem Papier gedruckten L'Auto inspiriert. Als Nachfolge-Zeitung von L'Auto gilt die 1946 gegründete L'Équipe, die größte Sportzeitung Frankreichs. Der heutige Veranstalter der Tour de France, die Amaury Sport Organisation (A.S.O.), ist ein Tochterunternehmen der Groupe Amaury, der Herausgeberin von L'Équipe.

Annemiek van Vleuten 🇳🇱 gewann 2022 die erste Ausgabe der neuen Tour de France Femmes.

FRAUENRENNEN

Heute werden alle drei Grand Tours auch für Frauen ausgetragen – bis es soweit war, hat es allerdings lang gedauert. Den heute neuntägigen Giro d'Italia Donne gibt es unter unterschiedlichen Namen seit 1988. Eine Spanien-Rundfahrt für Frauen gibt es seit 2018 als Etappenrennen, seit 2023 ist das Rennen eine Woche lang. Besonders vehement kämpfte der Frauenradsport für eine Tour de France. Zwar gab es ab 1984 eine Frankreich-Rundfahrt der Frauen. Unter wechselnden Veranstaltern und Namen verlor das Rennen aber an Bedeutung und wurde nach 2009 eingestellt. Erst 2022 kam es zum Comeback: Die neue Tour de France Femmes wird von der Amaury Sport Organisation (A.S.O.) veranstaltet, die auch die Tour de France der Männer organisiert. Sie fand schon bei der ersten Austragung ein großes Publikum am Streckenrand. 2024 gab es ein besonders dramatisches Finale, als nach der letzten Etappe die drei Führenden in der Gesamtwertung durch einen Zeitabstand von lediglich zehn Sekunden getrennt waren.

Le Numéro: 5 Centimes

Abonnements:

L'Auto

1903 TOUR DE FRANCE

Die Gründung

Die Tour de France geht auf die Journalisten Henri Desgrange und Géo Lefèvre zurück. Desgrange war Herausgeber der Sportzeitung *L'Auto*, Lefèvre leitete deren Radsport-Berichterstattung. *L'Auto* stand zu Beginn des 20. Jahrhunderts in einem harten Konkurrenzkampf mit der Zeitung *Le Vélo*. In einem Rechtsstreit hatte *Le Vélo* erwirkt, dass Desgrange den Namen seiner Zeitung von *L'Auto-Vélo* in *L'Auto* ändern musste. In der Folge gingen die Auflagen des Blattes zurück. Es musste eine neue Idee her, um mehr Aufmerksamkeit zu generieren. 1902 beriet Lefèvre mit seinem Chef beim Essen in einem Pariser Lokal seinen neuesten Einfall: eine Radrundfahrt durch ganz Frankreich. Im Januar 1903 war es schließlich soweit: Die erste Tour de France wurde in *L'Auto* vollmundig als „der größte Wettbewerb der Welt" angekündigt.

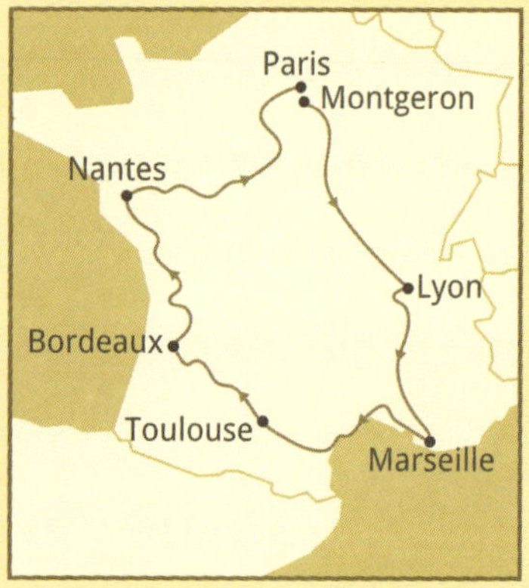

Das erste Rennen

Das erste Etappenrennen des Radsports startete am 3. Juli 1903 mit 60 Teilnehmern. Die Fahrer erhielten Unterlagen mit Hinweisen auf besondere Gefahrenstellen. Zwischen den sechs teils über 400 Kilometer langen Etappen lagen jeweils mehrere Ruhetage. Schon bei der ersten Austragung herrschte am Straßenrand große Begeisterung. Gesamtsieger in Paris wurde der Franzose **Maurice Garin** mit fast zwei Stunden Vorsprung. 21 Fahrer erreichten das Ziel, der Letztplatzierte hatte einen Rückstand von fast 65 Stunden.

La Gazzetta dello Sport

1909 GIRO D'ITALIA

Die Gründung

Der Giro d'Italia ist eine Erfindung der italienischen Sportzeitung *La Gazzetta dello Sport*, die traditionell auf rosa Papier gedruckt wird – hier liegt auch der Ursprung des Rosa Trikots des Gesamtführenden. Die Initiatoren waren der Verleger Eugenio Camillo Costamagna sowie seine Redakteure Armando Cougnet und Tullo Morgagni. Ab 1908 planten sie ein Etappenrennen durch Italien – Vorbild war natürlich die wenige Jahre zuvor gegründete Tour de France im Nachbarland. Das Rennen sollte in einem Rundkurs von Mailand wieder nach Mailand führen, die Etappen immer jeweils einen Tag vor den Erscheinungstagen der *Gazzetta* stattfinden, um ausgiebige Berichterstattung zu ermöglichen.

Das erste Rennen

127 Fahrer starteten am 13. Mai mitten in der Nacht in Mailand in den ersten Giro d'Italia. Nur 49 gaben während der acht schweren Etappen nicht auf. Der Italiener **Luigi Ganna** wurde zum ersten Gesamtsieger – von Beruf war er eigentlich Maurer. Von den 5 000 Lire Preisgeld gründete Ganna eine Werkstatt für Rennräder.

INFORMACIONES

1935 Vuelta a España

Die Gründung

Es dauerte über 25 Jahre, bis auch Spanien eine große Landesrundfahrt erhielt. Die Erfolge der Tour de France und des Giro d'Italia inspirierten die spanische Zeitung *Informaciones*. Als Gründerväter gelten der Herausgeber Juan Pujol und der Journalist Clemente López Dóriga, der selbst Radsportler war. Für die erste Ausgabe planten sie einen Rundkurs über 14 Etappen von und nach Madrid.

Das erste Rennen

50 Teilnehmer gingen am 29. April 1935 zur ersten Etappe an den Start. Schon bei der ersten Austragung der Vuelta standen viele Berge auf dem Programm, auch eine Bergwertung wurde schon ausgefahren. 29 Teilnehmer erreichten das Ziel. Sieger wurde der Belgier **Gustaaf Deloor** mit etwa zwölf Minuten Vorsprung auf den Zweitplatzierten. Er konnte sich das damals noch orangefarbene Führungstrikot schon auf der dritten Etappe sichern und behielt es bis nach Madrid. Im ersten Jahrzehnt nach der Gründung fielen viele Austragungen aus – erst wegen des Spanischen Bürgerkriegs, dann wegen des Zweiten Weltkriegs.

DIE GRAND TOURS IM VERGLEICH

Mit ihrer langen Historie bieten die drei größten Radrundfahrten der Welt unzählige Statistiken. Hier vergleichen wir einige Kennzahlen und Rekorde (Stand 2025).

Tour de France | Giro d'Italia | Vuelta a España

LÄNGSTE GESAMTSTRECKE

5745 km 1926

4455 km 1941

4337 km 1954

HÖHE DER PREISGELDER

2,3 Mio Euro
Gesamtsieger: 500 000 Euro

1,6 Mio Euro
Gesamtsieger: 266 000 Euro

1,2 Mio Euro
Gesamtsieger: 150 000 Euro

SCHNELLSTE ETAPPEN

55,2 km/h
2001
Etappe 9, 179 km
Sieger: *Igor Gonzalez de Galdeano*

51,2 km/h
2020
Etappe 7, 143 km
Sieger: *Arnaud Démare*

50,4 km/h
1999
Etappe 4, 191 km
Sieger: *Mario Cipollini*

GRÖSSTER ABSTAND

zwischen Sieger und Zweitplatziertem

02:59:21 h
1903
1. *Maurice Garin*
2. *Lucien Pothier*

01:57:26 h
1914
1. *Alfonso Calzolari*
2. *Pierino Albini*

00:30:08 h
1945
1. *Delio Rodríguez*
2. *Julián Berrendero*

KLEINSTER ABSTAND

zwischen Sieger und Zweitplatziertem

6 Sek.
1984
1. *Éric Caritoux*
2. *Alberto Fernández*

8 Sek.
1989
1. *Greg LeMond*
2. *Laurent Fignon*

11 Sek.
1948
1. *Fiorenzo Magni*
2. *Ezio Cecchi*

HÖCHSTE BEFAHRENE PUNKTE

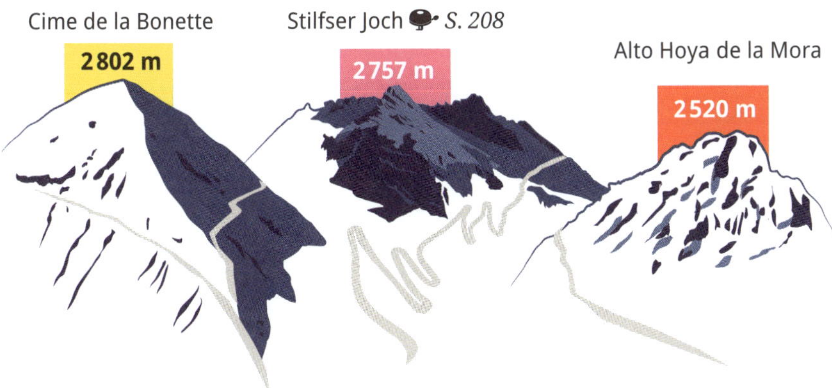

SCHON GEWUSST?
Für die höchsten Punkte der jeweiligen Ausgaben einer Grand Tour gibt es besondere Bezeichnungen. Den höchsten Punkt beim Giro d'Italia nennt man Cima Coppi (nach dem italienischen Rennfahrer Fausto Coppi). Bei der Tour de France spricht man vom Dach der Tour, bei der Vuelta a España von der Cima Alberto Fernández (nach dem spanischen Rennfahrer Alberto Fernández).

LÄNGSTE ETAPPEN

482 km
Les Sables d'Olonne – Bayonne
Jährliche Etappe zwischen 1919 und 1924

430 km
Lucca – Rom
1914/Etappe 3

310 km
Saragossa – Barcelona
1935/Etappe 6

JÜNGSTER GESAMTSIEGER

19 Jahre

Henri Cornet
1904

20 Jahre

Fausto Coppi
1940

21 Jahre

Angelino Soler
1940

ÄLTESTER GESAMTSIEGER

41 Jahre

Chris Horner
2013

36 Jahre

Firmin Lambot
1922

34 Jahre

Fiorenzo Magni
1955

SCHON GEWUSST?
Sieben Rennfahrern ist es gelungen, alle drei Grand Tours mindestens einmal zu gewinnen: Dies sind der Belgier Eddy Merckx, die Franzosen Jacques Anquetil und Bernard Hinault, die Italiener Felice Gimondi und Vincenzo Nibali, der Spanier Alberto Contador und der Brite Chris Froome. Merckx ist mit elf Grand-Tour-Siegen der Rekordhalter.

TOUR DE FRANCE

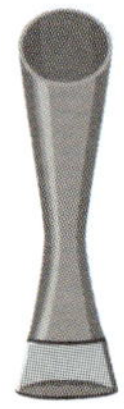

Trophäe

Drei Wochen im Juli
Termin

Amaury Sport Organisation (A.S.O.)
Veranstalter

Stand 2025

LA GRANDE BOUCLE *(Die große Schleife)*

Die Tour de France ist das bedeutendste Straßenradrennen der Welt. Sie gilt sogar als das weltweit größte jährlich stattfindende Sportereignis. Über zehn Millionen Menschen verfolgen die Rundfahrt direkt an der Strecke, in 190 Ländern wird sie im Fernsehen übertragen. Die Tour, die immer in den französischen Sommerferien stattfindet, ist ein wichtiger Teil der Kultur und Tradition Frankreichs. Wenn die *Grande Boucle* vorbeikommt, feiert man am Straßenrand ein großes Volksfest. Eine sogenannte Werbekarawane, die an einen Karnevalsumzug erinnert, fährt dem Rennen voraus. Besonders ekstatisch ist die Stimmung während der Bergetappen an berühmten Anstiegen.

Erfolgreichste Nationen (Gesamtsiege)
36 (Frankreich)
18 (Belgien)
12 (Spanien)

Meiste Gesamtsiege
5 (Frankreich) Jacques Anquetil
(Belgien) Eddy Merckx
(Frankreich) Bernard Hinault
(Spanien) Miguel Indurain

Meiste Teilnahmen
18 (Frankreich) Sylvain Chavanel

Meiste Etappensiege
35 (Großbritannien) Mark Cavendish

TOUR DE FRANCE FEMMES*

Erfolgreichste Nationen (Gesamtsiege)
2 (Niederlande)
1 (Polen)
1 (Frankreich)

Meiste Gesamtsiege
1 (Niederlande) Annemiek van Vleuten
1 (Niederlande) Demi Vollering
1 (Polen) Kasia Niewiadoma
1 (Frankreich) Pauline Ferrand-Prévot

Meiste Etappensiege
5 (Niederlande) Lorena Wiebes
3 (Niederlande) Demi Vollering
3 (Niederlande) Marianne Vos

*seit 2022

→ Frauenrennen, S. 146

STRECKENFÜHRUNG

Wie bei den meisten Radrundfahrten ändert sich die Streckenführung der Tour de France von Jahr zu Jahr. In ihren Anfangsjahren bildete die Tour eine zusammenhängende Runde, heute liegen in der Regel mehr oder weniger lange Distanzen zwischen Ziel- und Startorten. So können mehr Regionen und Orte abgedeckt werden. Wer Etappenort werden möchte, muss eine Summe an den Veranstalter zahlen. Im Gegenzug profitieren die Städte und Gemeinden von touristischen Einnahmen und dem Werbeeffekt durch die TV-Übertragung. Schließlich verfolgen viele Menschen die Tour auch wegen der schönen Landschaften und der Informationen über Land und Leute.

28 000
Sicherheitskräfte
(Polizei, Gendarmerie, Feuerwehr) waren während der Tour de France 2022 an der Strecke im Einsatz.

Bretagne
Auf den vergleichsweise flachen Etappen im Norden und Westen Frankreichs herrscht oft starker Wind, der das Fahrerfeld auseinanderreißen kann. Die Bretagne ist besonders bekannt für stürmisches Wetter.

Pyrenäen
Die Pyrenäen stehen jährlich im Programm der Tour. Hier befindet sich mit dem Col du Tourmalet die in der Geschichte der Tour de France am häufigsten befahrene Passstraße. In den Pyrenäen und den Alpen fallen in der Regel die wichtigsten Entscheidungen im Kampf um den Gesamtsieg.

DER TOUR-TEUFEL

Am Streckenrand der Tour sieht man oft kreative Kostüme. Besonders bekannt ist der deutsche Radsportfan Didi Senft, der die Fahrer seit Jahrzehnten als „Tour-Teufel" anfeuert.

Paris

Die Zielankunft der letzten Etappe der Tour findet traditionell auf der Pariser Prachtstraße Champs Élysées statt. Bevor die Rundfahrt mit einem prestigeträchtigen Sprint endet, dreht das Fahrerfeld mehrere Runden und passiert den berühmten Triumphbogen.

Vogesen

Die Vogesen sind ein Mittelgebirge, in welchem 1905 die erste Bergetappe der Tour stattfand. Seit den 2010er Jahren stehen die Vogesen wieder häufiger im Streckenplan der Rundfahrt.

Jura

Das Jura ist ein Mittelgebirge, das sich über Frankreich und die Schweiz erstreckt. Wenn die Tour de France hier Station macht, steht häufig der Col du Grand Colombier auf dem Etappenplan.

Alpen

Die Alpen sind neben den Pyrenäen das zweite Gebirge, in dem die Tour jedes Jahr Station macht. Einige Anstiege wie der *Col du Galibier, S. 204, Alpe d'Huez, S. 202* und der am Alpenrand gelegene *Mont Ventoux, S. 200* sind durch die Tour zu mythischen Bergen des Radsports geworden.

Zentralmassiv

Das Zentralmassiv ist ein Mittelgebirge im Herzen Frankreichs, das teils vulkanischen Ursprungs ist. Obwohl hier keine sehr hohen Berge stehen, stehen häufig anspruchsvolle Etappen mit vielen Höhenmetern auf dem Plan.

DIE TOUR IM AUSLAND

Die Tour de France verlässt regelmäßig für einzelne Etappen die Grenzen Frankreichs. Vor allem der Start der Rundfahrt, der sogenannte Grand Départ, findet mittlerweile häufig im Ausland statt. Dabei kann es sich um ein kurzes Zeitfahren oder eine vollwertige Etappe handeln. So möchte der Veranstalter die Radsportbegeisterung rund um die Tour auch in andere europäische Länder tragen.

GRAND DÉPART

GRANDS DÉPARTS
Jahre, in denen der Auftakt der Tour de France außerhalb Frankreichs stattfand

ZIELANKÜNFTE

Zahl der Zielankünfte außerhalb Frankreichs (Stand 2025, inkl. Prologe)

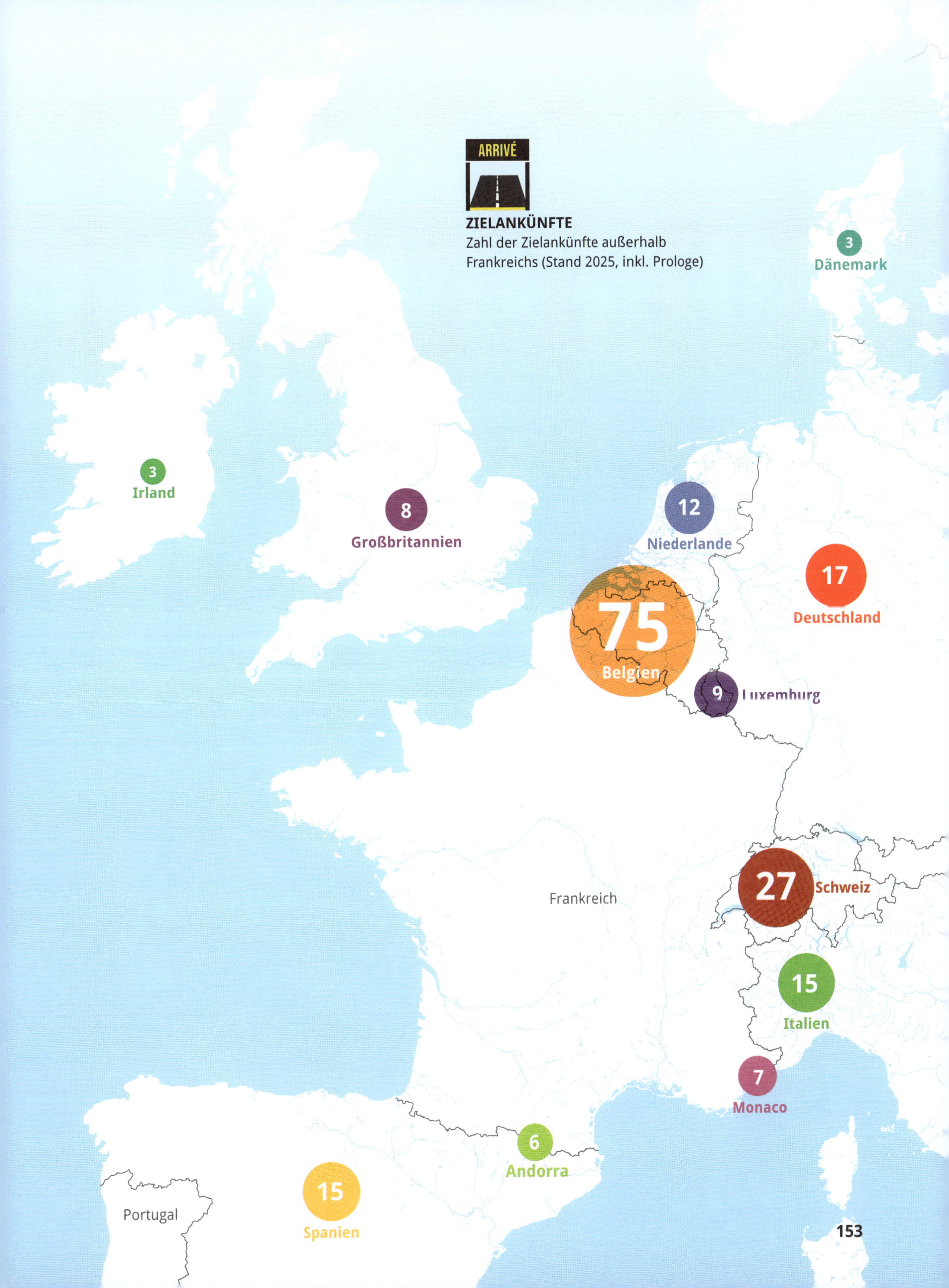

122 JAHRE TOUR DE FRANCE

In 122 Jahren hat die Tour de France der Männer zwischen 1903 und 2025 unzählige Geschichten geschrieben und Daten hervorgebracht. Während die Streckenlänge der Tour seit 1926 deutlich abgenommen hat, ist die Durchschnittsgeschwindigkeit im Laufe der Jahrzehnte immer weiter gestiegen. Und während in den Anfangsjahren weit weniger als die Hälfte der Starter das Ziel der letzten Etappe erreichte, scheidet heute nur noch etwa einer von fünf Fahrern vorzeitig aus.

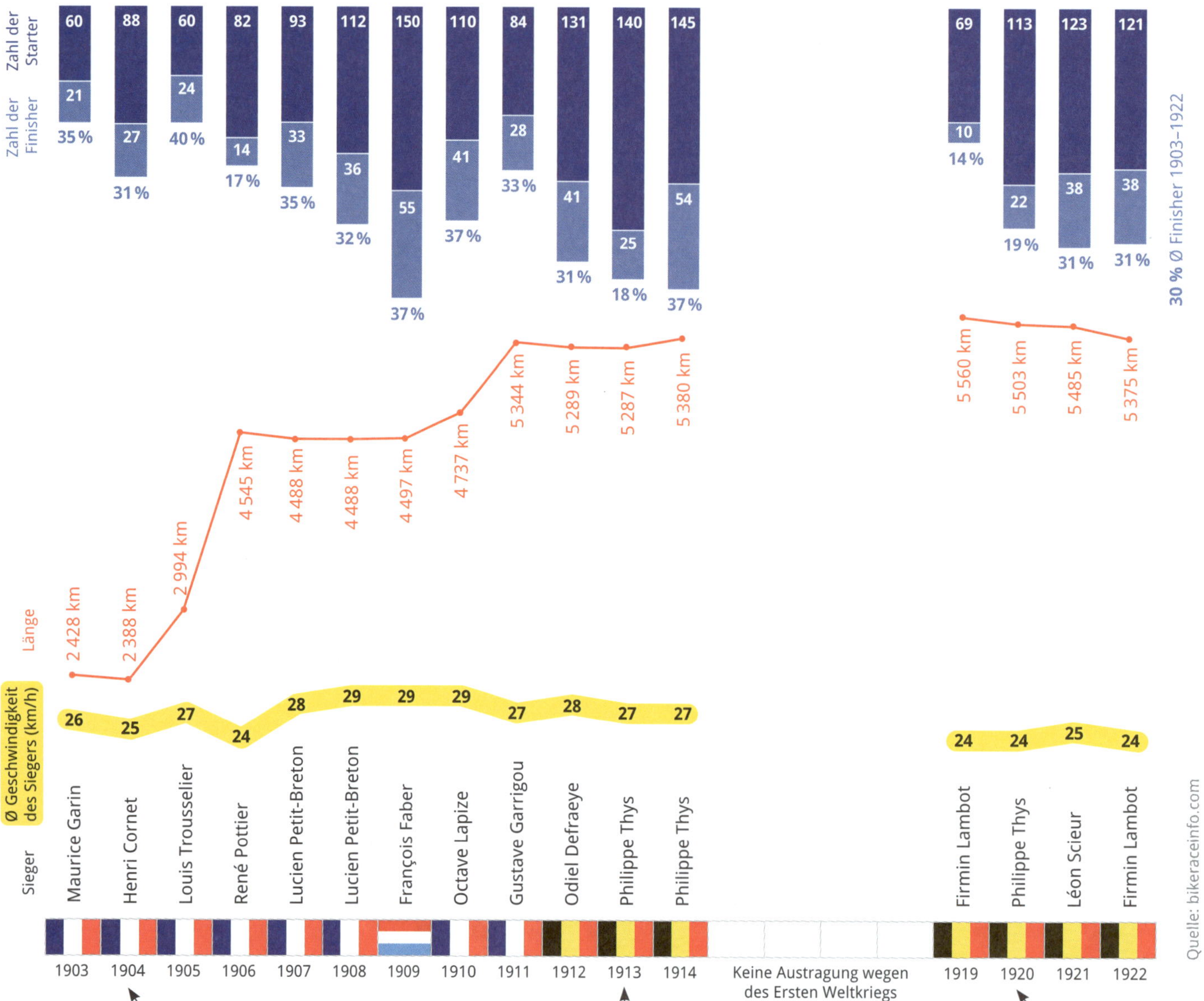

Kuriositäten

Tragödien

Skandale

Fünffache Sieger

Eine Tour voller Skandale

Bei der zweiten Austragung der Tour reiht sich ein Skandal an den nächsten. Zahlreiche Fahrer halten sich nicht an die Regeln. Die ersten vier Fahrer der Gesamtwertung werden nachträglich disqualifiziert – unter anderem, weil sie während einer Etappe mit dem Zug gefahren sein sollen. Auch das Publikum ist nicht zimperlich: So kommt es zu einem Knüppelangriff von Fans auf die Verfolger ihres Idols. Andere streuen Nägel auf die Straße oder werfen sogar Steine, um das Rennen zu beeinflussen. Nach all diesem Chaos glaubt Tour-Direktor Desgrange selbst nicht an einen Fortbestand der Rundfahrt.

Die geschmiedete Gabel

In den Anfangsjahren der Tour sind die Regeln sehr streng: Fahrer dürfen sich bei der Reparatur ihrer Fahrräder – die mehr als 20 Kilogramm wiegen und nicht mal über eine Gangschaltung verfügen – während des Rennens nicht helfen lassen. Als der Franzose Eugène Christophe als Führender einer Etappe den Col du Tourmalet hinunterrast, bricht seine Gabel. Christophe beschließt, sein Rad 14 Kilometer weit bis in die nächste Dorfschmiede zu tragen. Dort schmiedet er die Gabel wieder zusammen, wobei ihm Tour-Direktor Desgrange persönlich über die Schulter schaut. Die Reparatur gelingt und Christophe kann weiterfahren. Doch er verliert über zwei Stunden Zeit. Als wäre das noch nicht genug, erhält er eine zusätzliche Strafminute: Denn ein kleiner Junge hat verbotenerweise den Blasebalg zum Anfachen der Glut bedient.

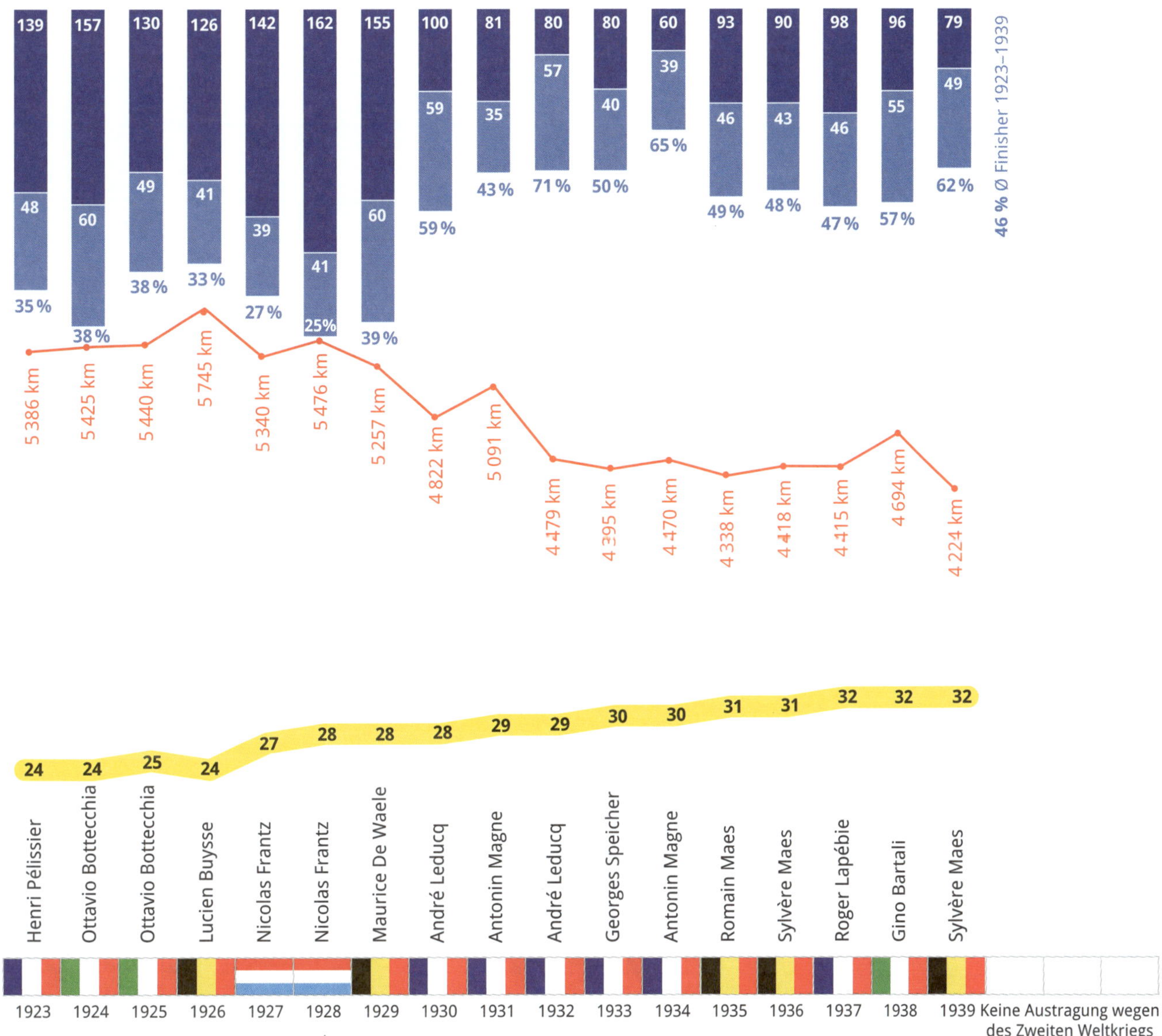

Kollision mit Esel

Während einer über 480 Kilometer langen Etappe stößt der französische Rennfahrer Napoléon Paoli mit einem auf der Straße stehenden Esel zusammen. Er landet auf dem Rücken des Tieres und klammert sich dort fest. Der erschrockene Esel läuft mit ihm davon. Schließlich kann Paoli doch zurück zu seinem Rad gelangen und das Rennen fortsetzen. Doch das Pech verfolgt ihn während dieser Tour weiterhin: In den Pyrenäen fällt ihm ein Felsbrocken auf den Kopf, woraufhin er das Rennen aufgibt.

Sieg auf dem Damenrad

Vorjahressieger Nicolas Frantz möchte bei der Tour de France 1928 seinen Titel verteidigen. Doch etwa 100 Kilometer vor dem Ziel der 19. Etappe bricht sein Rahmen auf holpriger Straße entzwei. Kurzerhand schnappt er sich das Damenrad einer hilfsbereiten Zuschauerin. Das Rad ist ihm viel zu klein und für Radrennen völlig ungeeignet. Doch Frantz kämpft sich erfolgreich ins Ziel. Er verliert zwar 28 Minuten auf seine Konkurrenten, behält dank eines großen Vorsprungs aber seine Führung in der Gesamtwertung – und gewinnt am Ende auch die Tour.

✪✪✪✪✪ Jacques Anquetil

Der Franzose Jacques Anquetil ist der erste Fahrer, der die Tour fünfmal gewinnen kann. Schon bei seiner ersten Teilnahme 1957 siegt er. Bei seinem letzten Sieg im Jahr 1964 liefert er sich ein bis heute legendäres Duell mit seinem Landsmann Raymond Poulidor. Bei einer Etappe am Puy de Dôme kämpfen sich die beiden Ellbogen an Ellbogen den Berg hinauf – dabei entsteht eines der berühmtesten Fotos des Radsports. Anquetils Spitznamen sind *Maitre Jacques* oder – wegen seiner starken Zeitfahrfähigkeiten – *Monsieur Chrono*.

	1947	1948	1949	1950	1951	1952	1953	1954	1955	1956	1957	1958	1959	1960	1961	1962	1963
	99	120	120	116	123	122	119	110	130	120	120	120	120	128	132	149	130
	53	44	55	51	66	78	76	69	69	88	56	78	65	81	72	94	76
56 % Ø Finisher 1947–1963	54 %	37 %	46 %	44 %	54 %	64 %	64 %	63 %	53 %	73 %	47 %	65 %	54 %	63 %	55 %	63 %	58 %
	4 640 km	4 922 km	4 808 km	4 773 km	4 690 km	4 827 km	4 476 km	4 656 km	4 495 km	4 498 km	4 665 km	4 319 km	4 391 km	4 173 km	4 397 km	4 274 km	4 137 km
	31	33	32	33	33	32	35	33	34	36	35	37	35	37	36	37	37
	Jean Robic	Gino Bartali	Fausto Coppi	Ferdy Kübler	Hugo Koblet	Fausto Coppi	Louison Bobet	Louison Bobet	Louison Bobet	Roger Walkowiak	✪ Jacques Anquetil	Charly Gaul	Federico Bahamontes	Gastone Nencini	✪ Jacques Anquetil	✪ Jacques Anquetil	✪ Jacques Anquetil

Keine Austragung wegen des Zweiten Weltkriegs

Neustart nach dem Krieg

Während des Zweiten Weltkriegs ist an die Tour de France nicht zu denken. 1947 ist ein Neustart geplant – auch als Zeichen des Zusammenhalts der Nation. Deutsche Fahrer dürfen zunächst nicht teilnehmen. Die Tour 1947 stößt gleich wieder auf großes Interesse. Dazu trägt in den folgenden Jahren auch das Fernsehen bei. In den 1950er und 1960er Jahren wird es zum Massenmedium, das die Tour de France in Millionen Wohnzimmer überträgt.

Verhängnisvoller Weißwein

Bei einer Etappe in glühender Hitze ist der algerische Rennfahrer Abdel-Kader Zaaf gemeinsam mit dem späteren Etappensieger als Ausreißer etwa 15 Minuten vor dem Hauptfeld unterwegs. Da überkommt ihn starker Durst. In einem Restaurant besorgt er zwei Flaschen Wein und leert sie. Daraufhin schläft er an einen Baum gelehnt ein und setzt das Rennen später in die falsche Richtung fort. Soweit die Legende – einer anderen Darstellung zufolge soll Zaaf wegen der Hitze zusammengebrochen sein, woraufhin ihm Zuschauer Wein zur Stärkung einflößten.

Bergung mit Schläuchen

Wim van Est erobert 1951 als erster Niederländer das Gelbe Trikot – stürzt dann aber bei einer Abfahrt in den Pyrenäen in eine 70 Meter tiefe Schlucht. Wie durch ein Wunder überlebt er mit leichten Verletzungen. Doch die Bergung gestaltet sich schwierig. Van Ests sportlicher Leiter kommt auf die Idee, 40 Fahrradschläuche aneinanderzuknoten und dadurch das Bergungsseil zu verlängern. Es gelingt, van Est nach oben zu ziehen. Der will danach sogar noch weiterfahren, doch sein Team rät ihm davon ab.

Eddy Merckx

Der Belgier Eddy Merckx gilt vielen als größter Radrennfahrer aller Zeiten. Er gewinnt nicht nur fünfmal die Tour, sondern auch fünfmal den Giro d'Italia. Gleich bei seiner ersten Tour fährt er einen Vorsprung von über 17 Minuten heraus, gewinnt zudem sowohl die Punkte- als auch die Bergwertung. Sein Siegeshunger beschert ihm den Spitznamen *Le Cannibale*.

Bernard Hinault

Bernard Hinault ist der dritte Fahrer, der fünf Siege einfährt. Seine taktische Cleverness bringt ihm den Spitznamen *Le Blaireau* (der Dachs) ein. Er gilt als ein Anführer im Fahrerfeld und setzt sich für die Interessen der Athleten ein. Sein Sieg bei der Tour 1985 ist bis heute der letzte Gesamtsieg eines Franzosen.

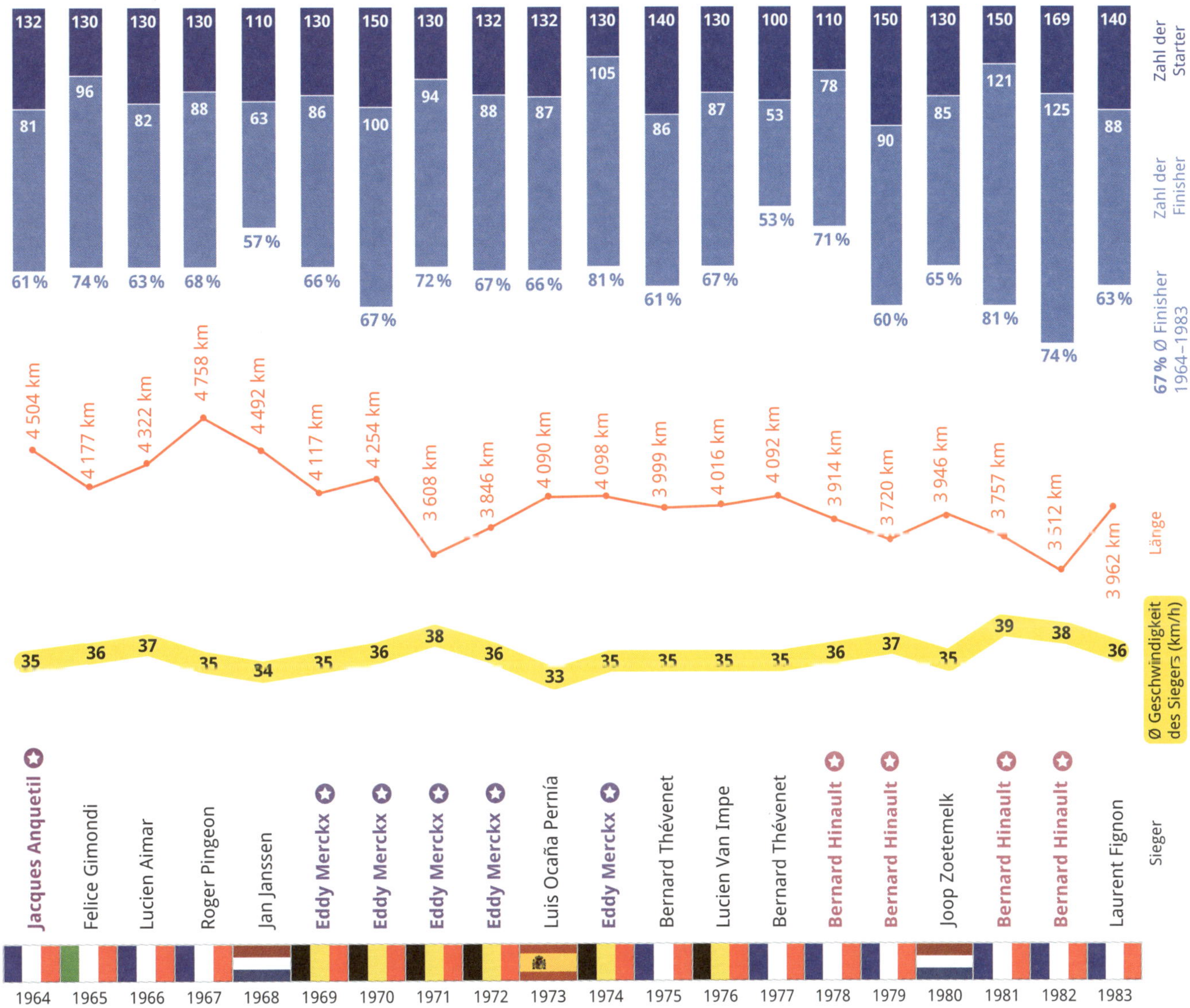

† Tragödie am Streckenrand

Am Rande der 19. Etappe der Tour 1964 kommt es in der Dordogne zum folgenschwersten Unfall in der Geschichte der Rundfahrt. Der Fahrer eines den Tour-Tross begleitenden Tankwagens verliert in einer Kurve die Kontrolle über sein Fahrzeug. Der Wagen stürzt in einen Fluss und reißt zahlreiche Menschen mit sich, die am Straßenrand auf die Ankunft der Rennfahrer warten. Neun Menschen sterben.

† Tod am Mont Ventoux

Der englische Rennfahrer Tom Simpson liegt am 13. Juli 1967 während einer extrem heißen Etappe nahe des Gipfels des Mont Ventoux in Führung, als er kollabiert und wenig später am Straßenrand verstirbt. Simpson hat vor dem Rennen Amphetamine und Alkohol konsumiert. Der tragische Todesfall rückt das Thema Doping ins Bewusstsein der Öffentlichkeit und trägt bis heute zum Mythos Mont Ventoux bei. Ein berühmtes Denkmal erinnert dort an Simpson.

Mont Ventoux, S. 201, Doping, S. 96

✪✪✪✪✪ Miguel Indurain

Dem Spanier Miguel Indurain gelingt als bis heute letztem Fahrer der Fünferpack. Zu Beginn der 1990er Jahre fährt er alle fünf Siege in Folge ein. Für einen Toursieger ist Indurain mit 1,86 Metern ungewöhnlich groß, was ihm den Spitznamen *Big Mig* beschert. Sein Ruhepuls von 28 Schlägen pro Minute ist angeblich der niedrigste Wert, der je bei einem Menschen gemessen wurde.

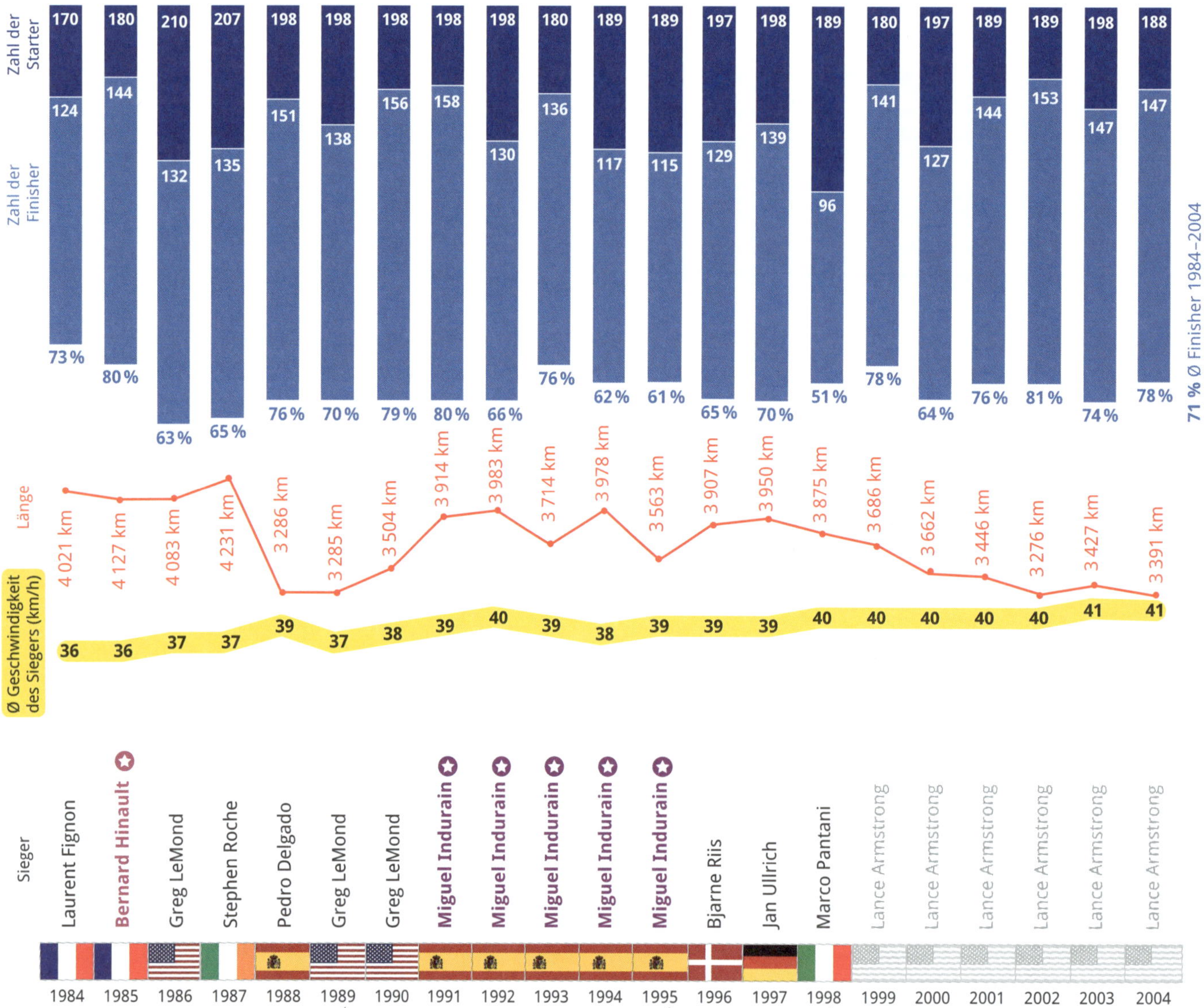

Acht entscheidende Sekunden

Im Jahr 1989 kommt es zur knappsten Entscheidung um den Gesamtsieg in der Geschichte der Tour. Der Amerikaner Greg LeMond siegt mit nur acht Sekunden Vorsprung auf den Franzosen Laurent Fignon – und das nach einer Gesamtfahrzeit von über 87 Stunden. Während der Tour wechselt das Gelbe Trikot mehrmals zwischen den beiden hin und her. LeMond sichert sich den Gesamtsieg im entscheidenden Zeitfahren am letzten Tag.

† Tödlicher Sturz

Der junge italienische Rennfahrer Fabio Casartelli stürzt bei der Tour 1995 während einer Abfahrt in den Pyrenäen schwer und schlägt mit dem Kopf auf Beton auf. Einige Stunden später erliegt er seinen schweren Kopfverletzungen. Es ist der vierte Todesfall eines Fahrers bei der Tour. Er sorgt dafür, dass der Weltradsportverband – wenn auch erst 2003 – eine Helmpflicht bei allen Rennen einführt.

⚠ Die Festina-Affäre

Die „Festina-Affäre" sorgt bei der Tour 1998 für einen großen Dopingskandal. Bei einem Betreuer des Teams Festina werden große Mengen an illegalen Substanzen gefunden – vor allem EPO. Das Team wird von der Tour ausgeschlossen. Rückblickend bildet Festina wohl nur die Spitze des Eisbergs – EPO-Doping ist in den 1990er Jahren im Fahrerfeld weit verbreitet.

Doping, S. 97

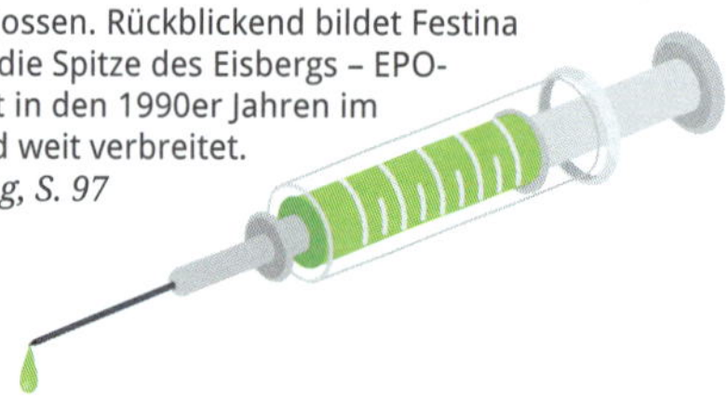

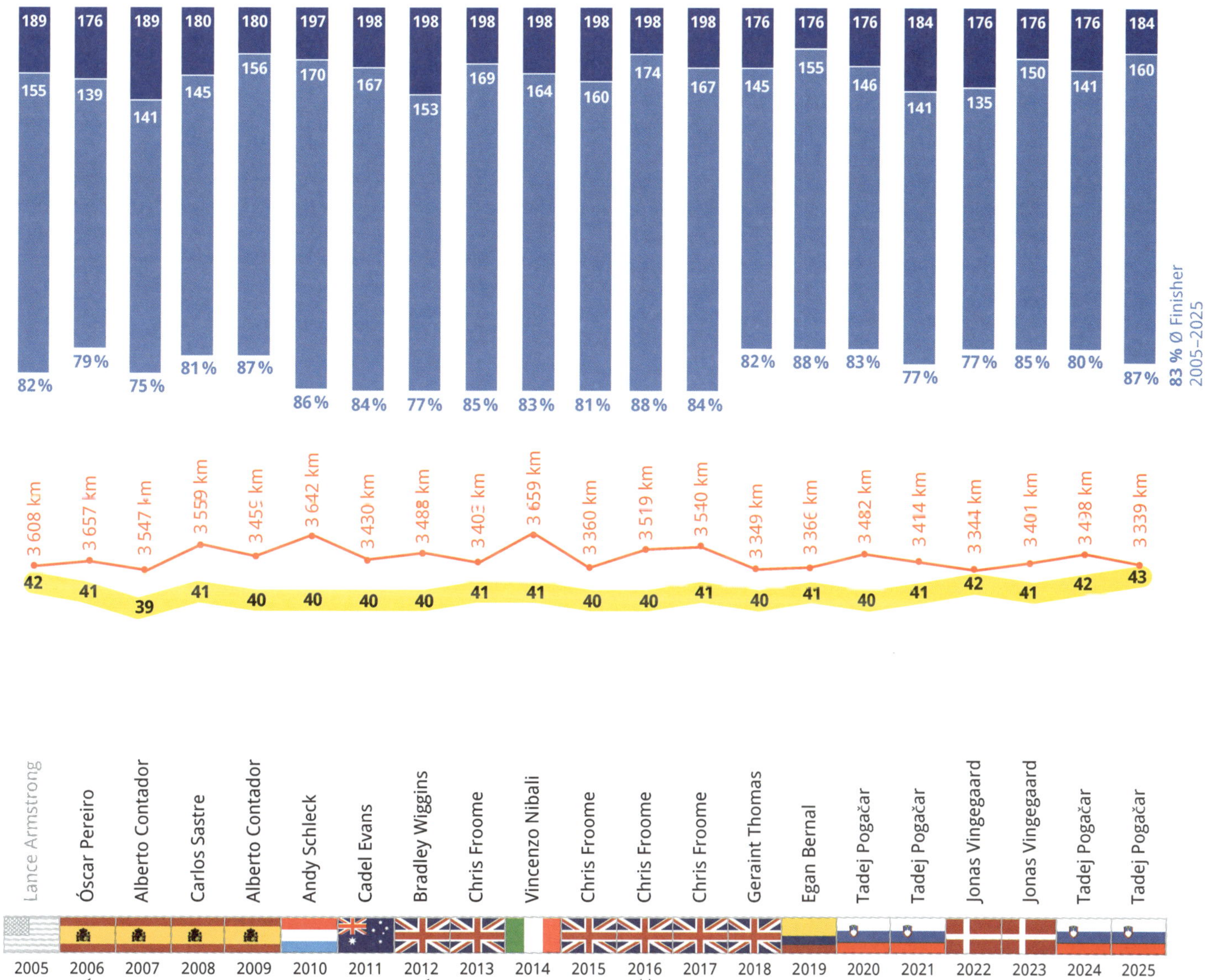

Der Fuentes-Skandal

Im Mittelpunkt des „Fuentes-Skandals" steht der spanische Mediziner Eufemiano Fuentes. Im Mai 2006 wird er bei einer Razzia der spanischen Polizei verhaftet. Er hat zahlreiche Radsportler mit Blutdoping behandelt – die Polizei beschlagnahmt gelagerte Blutbeutel. 58 verdächtige Fahrer werden von der bevorstehenden Tour de France 2006 ausgeschlossen.

Doping, S. 97

Sieben Titel aberkannt

Der Amerikaner Lance Armstrong gewinnt die Tour zwischen 1999 und 2005 siebenmal – begleitet von Dopinggerüchten. 2005 kann ihm nachträglich EPO-Doping bei der Tour 1999 nachgewiesen werden. Armstrong streitet zunächst alles ab, doch ehemalige Weggefährten berichten von jahrelangem Doping. 2012 erkennt ihm der Weltradsportverband sämtliche Tour-Titel wieder ab. Es gibt keine Nachrücker.

Doping, S. 97

Jogger im Gelben Trikot

Bei der zwölften Etappe der Tour 2016 stürzt der Gesamtführende Chris Froome im dichten Gedränge am Anstieg zum Mont Ventoux. Sein Rad ist kaputt und ein Ersatzrad nicht in der Nähe. Der Brite beschließt, den Berg hoch zu rennen – in den dafür völlig ungeeigneten Klickschuhen. Er verliert Zeit, die von der Jury im Nachhinein aber nicht gewertet wird. Am Ende wird er zum dritten Mal Toursieger.

Mont Ventoux, S. 200

Unterm Teufelslappen

Der berühmte Teufelslappen (französisch: flamme rouge) markiert bei der Tour den letzten Kilometer vor dem Ziel. Während der siebten Etappe der Tour 2016 stürzt der luftgefüllte Bogen, an dem der Teufelslappen befestigt ist, plötzlich zusammen – ausgerechnet in dem Moment, als der Brite Adam Yates darunter durchfährt. Yates stürzt und wird leicht verletzt, kann das Rennen aber fortsetzen. Der Tour-Veranstalter verzichtet seitdem auf Bögen dieser Bauart.

GIRO D'ITALIA

LA CORSA ROSA *(Das rosa Rennen)*

Der Giro d'Italia gilt als die nach der Tour de France zweitwichtigste Radrundfahrt der Welt. Seine Tradition reicht bis ins Jahr 1909 zurück – der Giro ist also nur sechs Jahre jünger als die Tour. Vor allem im Heimatland Italien entfacht er jedes Jahr eine große Begeisterung. Viele Topfahrer entscheiden von Jahr zu Jahr, ob sie in Frankreich oder Italien an den Start gehen – ausschlaggebend ist dabei auch das jeweilige Profil der Strecke. Der Kampf um den Gesamtsieg entscheidet sich meist während der Bergetappen in den Alpen. Ähnlich wie die Tour de France startet der Giro regelmäßig im Ausland – dabei wurden auch schon weit entfernt liegende Länder wie Israel angesteuert.

Trophäe

Drei Wochen im Mai
Termin

RCS Sport
Veranstalter

Erfolgreichste Nationen (Gesamtsiege)
69
7
6

Meiste Gesamtsiege
5 Alfredo Binda
Fausto Coppi
Eddy Merckx

Meiste Teilnahmen
18 Wladimiro Panizza

Meiste Etappensiege
42 Mario Cipollini

GIRO D'ITALIA DONNE*

Erfolgreichste Nationen (Gesamtsiege)
11 10
3 3

Meiste Gesamtsiege
5 Fabiana Luperini

Meiste Teilnahmen
18 Silvia Valsecchi

Meiste Etappensiege
32 **Marianne Vos**

*seit 1988

Stand 2025

COPPI VS. BARTALI

In seiner Geschichte ist der Giro d'Italia von vielen großen italienischen Rennfahrern geprägt worden. Besonders legendär sind die Duelle zwischen den beiden Kontrahenten Fausto Coppi und Gino Bartali in den 1940er Jahren. Coppi gewann die Rundfahrt in seiner Karriere fünfmal, der ältere Bartali dreimal. Die beiden Rennfahrer fuhren anfangs im selben Team, bevor sie zu erbitterten Rivalen wurden. Dabei teilten sie auch die italienischen Radsportfans in zwei Lager: Die „Coppisten" und die „Bartalisten".

IM SCHNEETREIBEN

Da der Giro nicht im Sommer, sondern im Frühling stattfindet, war er schon immer bekannt für Wetterkapriolen. Meterhohe Schneewände am Straßenrand der Alpenpässe zählen zum gewohnten Bild der Rundfahrt. Es kommt auch immer wieder vor, dass Hochgebirgsetappen wegen Schneefalls umgeplant werden müssen. Besonders dramatische Wetterbedingungen herrschten während einer Etappe auf den Gaviapass im Jahr 1988. **Der 5. Juni gilt als kältester Tag in der Geschichte der Rundfahrt – die Zeitungen schrieben vom „Tag, an dem die großen Männer weinten".** Die Fahrer kämpften sich bei Temperaturen von minus vier Grad und dichtem Schneetreiben den Berg hinauf. Als erster erreichte der Niederländer Johan Van der Velde die Passhöhe – ohne Handschuhe oder Kopfbedeckung. Oben weigerte er sich zunächst, die 26 Kilometer lange Abfahrt auf sich zu nehmen. Etappensieger wurde der Amerikaner Andrew Hampsten, der mit Neopren-Handschuhen, Schal und Wollmütze punkten konnte. Am Ziel angekommen, waren viele der vollkommen durchgefrorenen Rennfahrer nicht mehr in der Lage, ohne Hilfe vom Rad zu steigen.

Alpen

Die spektakulärsten Bergetappen des Giro d'Italia spielen sich in den italienischen Alpen ab. Legendär ist der kurvenreiche Anstieg zum *Stilfser Joch, S. 208*. Es bildet häufig den höchsten Punkt der Rundfahrt, an dem der Sonderpreis Cima Coppi verliehen wird. Auch die Dolomiten mit Pässen wie dem Pordoijoch und dem *Sellajoch, S. 210* stehen oft im Programm. Weitere bekannte Anstiege sind der Gaviapass, der teils geschotterte Colle delle Finestre, der steile Mortirolopass und der extrem steile *Monte Zoncolan, S. 211*.

Mailand

In den ersten Jahrzehnten des Giro bildete Mailand fast immer sowohl den Start-, als auch den Zielort der Rundfahrt. Die Stadt ist Sitz der Zeitung *Gazzetta dello Sport*, welche die Rundfahrt gründete. Heute wechselt der Startort jährlich – und auch einen festen Zielort gibt es nicht mehr, wobei Mailand nach wie vor oft den Schlusspunkt bildet – häufig in Form eines abschließenden Zeitfahrens.

Apennin

Der Apennin ist ein bis zu 2 900 Meter hoher Gebirgszug, der einen großen Teil des mittleren Italiens durchzieht und fester Bestandteil des Giro ist. Auch wenn es hier nicht ganz so lange Anstiege wie in den Alpen gibt, sind die Etappen oft sehr herausfordernd. Besonders bekannt ist der Anstieg zum Berg Blockhaus in den Abruzzen.

Sizilien

Der Giro stattet in regelmäßigen Abständen Sizilien einen Besuch ab. Die bergige Insel bietet viele kleine und größere Anstiege. Besonders spektakulär ist die inmitten von Lavafeldern gelegene Bergankunft am Vulkan Ätna.

DIE GESCHICHTE VON ALFONSINA STRADA

Der Giro d'Italia 1924 schrieb eine besondere Geschichte. Es war das erste und bis heute einzige Mal, dass eine Frau an einer Grand Tour der Männer teilnahm. Die Italienerin Alfonsina Strada (1891-1959) gilt bis heute als wichtige Wegbereiterin für den Frauenradsport, der zu ihren Lebzeiten noch ein Schattendasein fristete und einigen gar als unmoralisch galt. Ihr Spitzname war *il diavolo in gonnella* (Der Teufel im Rock).

1900 1910

1891
Alfonsina Morini wird in Castelfranco Emilia bei Bologna geboren. Sie stammt aus ärmlichen Verhältnissen und wächst mit vielen Geschwistern auf.

1901
Früh begeistert sich Alfonsina für das Fahrrad ihres Vaters – angeblich soll sie das Radfahren zunächst heimlich in der Nacht ausprobiert haben. Als sie zehn Jahre alt ist, besorgt der Vater ihr ein eigenes Rad – im Tausch gegen einige Hühner.

1904
Alfonsina entwickelt eine Leidenschaft für den Radrennsport. Im Alter von 13 Jahren fährt sie ihr erstes Rennen und gewinnt ein lebendes Schwein. Ihre Familie ist alles andere als begeistert. Radfahrende Frauen – und erst recht die Teilnahme an Rennen – gelten in der damaligen Gesellschaft vielen als unschicklich. Doch Alfonsina lässt sich nicht beirren.

1915
Sie heiratet den Radsportler Luigi Strada. Er unterstützt ihre Radsport-Leidenschaft und schenkt ihr zur Hochzeit ein neues Fahrrad. Fortan lebt sie in Mailand und trainiert auf der dortigen Radrennbahn.

1917
Sie gewinnt zahlreiche Rennen, viele davon gegen Männer. 1917 nimmt sie an der Lombardei-Rundfahrt teil, einem berühmten Eintagesrennen. Sie belegt den letzten Platz. Im folgenden Jahr wiederholt sie ihre Teilnahme und lässt mehrere Männer hinter sich.

Lombardei-Rundfahrt, S. 141

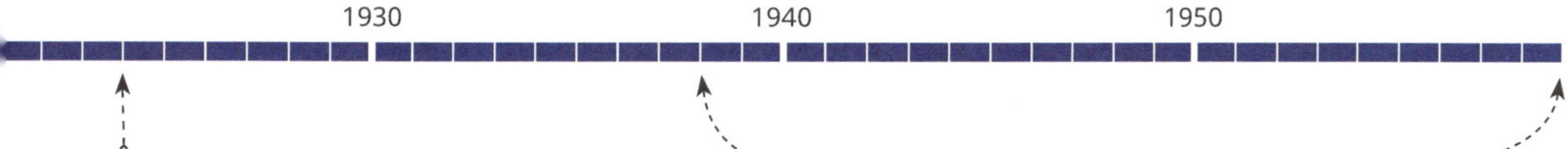

1924

DER GIRO D'ITALIA

- Dem Giro d'Italia 1924 geht ein Streit zwischen Organisator Emilio Colombo von der *Gazzetta dello Sport* und den Spitzenfahrern voraus. Diese fordern deutlich höhere Prämien und weigern sich, anzutreten.
- Colombo lässt sich nicht erweichen. Damit der Giro dennoch stattfinden kann, öffnet er die Rundfahrt für jedermann und ruft einen „Giro der Erneuerung" aus. Statt mit Preisgeldern wirbt er mit freier Kost und Logis.
- Die 32-jährige Alfonsina Strada hört von dem neuen Konzept und beschließt, sich anzumelden. **Da Frauen nicht zugelassen sind, trägt sie sich als „Alfonsin" Strada ein. Die Organisatoren bestätigen die Zulassung mit der Startnummer 72.**

72

- Am 10. Mai starten Alfonsina und 89 männliche Rennfahrer in Mailand. Ihre Teilnahme sorgt für großes Aufsehen. Sie wird am Streckenrand bejubelt, aber auch verspottet und unflätig beschimpft.
- Alfonsina beeindruckt auf den oft über 300 Kilometer langen, auf löchrigen Straßen ausgetragenen Etappen mit ihren Leistungen. Auf den ersten Etappen bleibt sie im Zeitlimit und lässt immer wieder männliche Fahrer hinter sich.
- Auf der achten Etappe bricht ihr Lenker bei einem Sturz, weshalb sie knapp das Zeitlimit verfehlt und offiziell vom Rennen ausgeschlossen wird. Doch die Organisatoren beschließen, sie weiterfahren zu lassen. Zu groß ist das Interesse des Publikums und der Presse.
- Im Ziel der zehnten Etappe ist sie völlig erschöpft. Doch eine enthusiastische Menschenmenge hebt sie vom Rad und feiert sie.
- Das gibt ihr neue Motivation, den Giro zu Ende zu fahren. Mit ihr erreichen nur 38 Fahrer das Ziel in Mailand. Wegen zweimaliger Überschreitung des Zeitlimits ist sie nicht mehr Teil der offiziellen Wertung. Doch sie war insgesamt 20 Stunden schneller als der offiziell letztplatzierte Fahrer.

1938

Eine weitere Teilnahme am Giro d'Italia wird Alfonsina nicht mehr erlaubt. In ihrer späten Karriere fährt sie hauptsächlich auf der Bahn, stellt 1938 im Alter von 47 Jahren einen Stundenweltrekord der Frauen auf. Dieser wird erst 17 Jahre später geknackt. *Rekorde, S. 124*

1959

Alfonsina Strada stirbt im Alter von 68 Jahren an einem Herzanfall.

Die Erinnerung an sie wird unter anderem in der „Radsport-Kirche" Madonna del Ghisallo wachgehalten. Dort steht bis heute eines ihrer Fahrräder.

Lombardei-Rundfahrt, S. 141

VUELTA A ESPAÑA

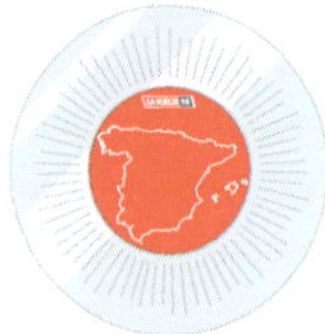

Die Vuelta a España ist im Jahresverlauf die letzte der drei Grand Tours. Die Rundfahrt durch Spanien ist mehr als zwei Jahrzehnte jünger als Tour und Giro – und steht auch etwas in deren Schatten. Den Prestigefaktor und die weltweite Popularität der Rundfahrten in Frankreich und Italien erreicht sie nicht. Dabei hat die Vuelta einiges zu bieten: Spanien ist ein Land voller Gebirge, das Streckenprofil des Rennens ist oft sehr anspruchsvoll. Im Gegensatz zu den anderen beiden Grand Tours verlässt die Vuelta nur selten die Grenzen ihres Heimatlandes.

Trophäe

Drei Wochen im August/September
Termin

Unipublic (Tochtergesellschaft der Amaury Sport Organisation (A.S.O.))
Veranstalter

Meiste Teilnahmen
17 Íñigo Cuesta

Meiste Etappensiege
39 Delio Rodríguez

Meiste Gesamtsiege
4 Roberto Heras
4 Primož Roglič

Erfolgreichste Nationen (Gesamtsiege)
32
9
8

LA VUELTA FEMENINA*

Meiste Gesamtsiege
2 Demi Vollering
1 Annemiek van Vleuten

Meiste Etappensiege
6 Marianne Vos
6 Demi Vollering

Erfolgreichste Nationen (Gesamtsiege)
3

Stand 2025

*seit 2023

Frauenrennen, S. 146

DIE ENTDECKUNG DES ALTO DE ANGLIRU

Die Vuelta a España steht vor der Herausforderung, sich gegenüber den anderen Grand Tours zu behaupten. Eine Strategie ist es, besonders spektakuläre und anspruchsvolle Streckenführungen zu wählen, wie den extrem steilen Alto de Angliru, der 1999 erstmals im Programm stand und heute der bekannteste Anstieg der Vuelta ist. **Früher ein unbedeutender Ziegenpfad**, wurde er in den 1990er Jahren extra für die Vuelta asphaltiert. Erster Etappensieger wurde – in dichtem Nebel und Nieselregen – der Spanier José María Jiménez. Auf den letzten Kilometern befinden sich drei Rampen mit je über 20 Prozent Steigung.

„Wir sind doch keine Tiere, das ist unmenschlich."

David Millar, ehemaliger schottischer Radrennfahrer, über den Alto de Angliru. Aus Protest weigerte er sich 2002 bei einer Vuelta-Etappe, die Ziellinie der Bergankunft zu überqueren. Dadurch schied er aus dem Rennen aus.

Kantabrisches Gebirge

Das Kantabrische Gebirge ist ein länglicher Gebirgszug im Norden Spaniens. Hier liegen zwei der bekanntesten Anstiege der Vuelta – der extrem steile Alto de Angliru sowie die Auffahrt zu den von Gletschern geformten Seen Lagos de Covadonga im Nationalpark Picos de Europa.

Baskenland

Wo das Kantabrische Gebirge in die Pyrenäen übergeht, liegt das Baskenland, eine besonders radsportbegeisterte Region. Zwischen den 1950er und den 1970er Jahren endete die Vuelta häufig in den baskischen Städten Bilbao oder San Sebastián. Nachdem es zweimal während einer Etappe zu Bombenanschlägen der baskischen Untergrundorganisation ETA gekommen war, machte die Vuelta ab 1978 einen Bogen um die Region. Erst seit 2011 wird sie wieder angesteuert.

Iberisches Scheidegebirge

Das Iberische Scheidegebirge zieht sich durch die Mitte Spaniens. Der nördlich von Madrid gelegene Anstieg Alto del Léon stellte bei der Vuelta-Premiere im Jahr 1935 die erste Bergwertung dar. In der Nähe befindet sich der Pass Puerto de Navacerrada, der zu den am häufigsten befahrenen Anstiegen der Rundfahrt zählt.

Madrid

Madrid ist der traditionelle Zielort der Vuelta – in den meisten Jahren endete die Rundfahrt in der spanischen Hauptstadt, wo meist ein finaler Rundkurs in der Altstadt gefahren wird.

Sierra Nevada

Das höchste Gebirge Spaniens liegt ganz im Süden des Landes. Es ist die Sierra Nevada, deren höchster Gipfel fast 3 500 Meter hoch ist. Der höchste von der Vuelta bisher angefahrene Punkt ist der Aussichtspunkt Alto Hoya de la Mora zu Füßen des Pico del Veleta.

REISE

FAHRRADTOURISMUS

Urlaub mit dem Fahrrad wird immer beliebter. Ob man nun gemütlich am Flussufer radelt, steile Bergstraßen erklimmt oder sich auf Mountainbike-Trails ins Tal stürzt – auf zwei Rädern kann man gut abschalten und gleichzeitig Abenteuer erleben. Für Regionen mit attraktiven Routen ist der Fahrradtourismus ein bedeutender Wirtschaftsfaktor.

ZAHLEN & FAKTEN

In diesem Kapitel haben wir – am Beispiel Deutschland – Zahlen und Fakten zum Thema Fahrradtourismus zusammengetragen. Quelle ist die Radreiseanalyse 2023 des Allgemeinen Deutschen Fahrrad-Clubs (ADFC), die auf einer repräsentativen Online-Befragung im Jahr 2022 beruht.

Bis in die 1990er Jahre spielten Radreisen in der deutschen Tourismusbranche eine untergeordnete Rolle. **Heute gibt es ein dichtes Netz von über 250 Fernradwegen.** Hinter jedem dieser Wege steht ein Routenbetreiber, meist handelt es sich um Tourismusorganisationen.

4,6 Millionen Menschen in Deutschland haben 2022 eine Radreise unternommen. Als Radreise gilt hier eine Reise mit mindestens drei Übernachtungen, bei der das Fahrradfahren eines der Hauptmotive ist.

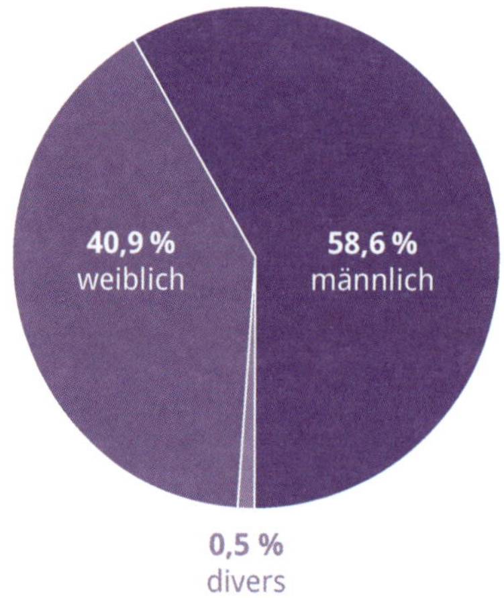

REISEZEITPUNKT

Die Grafik zeigt die prozentuale Verteilung des Monats, in dem die Befragten im Jahr 2022 die für sie wichtigste Radreise begonnen haben.

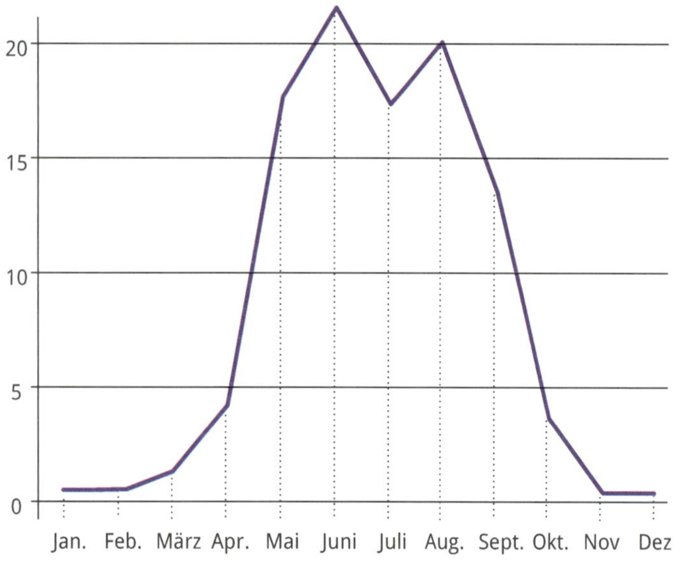

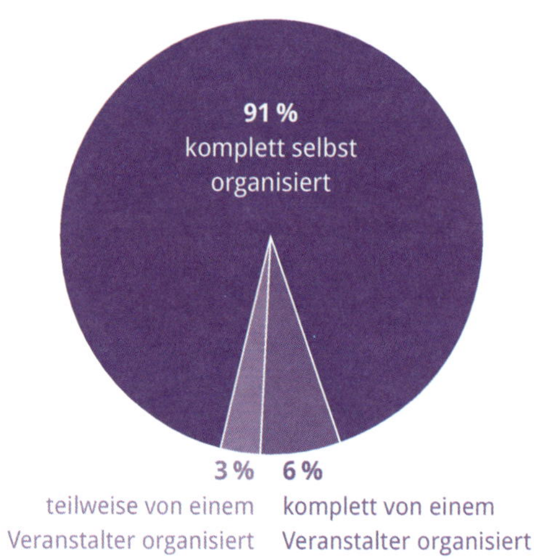

Quelle: ADFC-Radreiseanalyse 2023

DIE WICHTIGSTEN BEWEGGRÜNDE, EINE RADREISE ZU UNTERNEHMEN*

1. Bei Radreisen sieht man mehr von Land und Leuten.

2. Ich möchte im Urlaub aktiv sein.

3. Radreisen sind eine umweltfreundliche Art, zu reisen.

4. Radreisen sind eine gute Möglichkeit, etwas für meine Gesundheit zu tun.

5. Radreisen sind eine erschwingliche Art, Urlaub zu machen.

4,4 %
der Radreisenden fahren ein gemietetes Rad.

38 %
der Radreisenden fahren ein E-Bike.

53,5 Jahre
ist das Durchschnittsalter der Radreisenden.

GENUTZTE UNTERKÜNFTE BEI RADREISEN**

55 %
Hotel

35,6 %
Pension

28,6 %
Camping

17 %
Ferienwohnung/ Ferienhaus

11,9 %
Privatunterkunft

8,4 %
Verwandte/ Bekannte

* Drei Nennungen waren möglich
** Mehrfachnennungen möglich

ARTEN VON RADREISEN

Schon ein Tagesausflug mit dem Rad kann sich wie ein kleiner Urlaub anfühlen. Wer mehr Zeit hat, ist mehrere Tage, Wochen oder gar Monate unterwegs.

TAGESTOUR

Die Tagestour ist ein eintägiger Ausflug mit dem Rad. Startpunkt ist meist der eigene Wohnort oder ein Ort in der Region.

38

Millionen

Deutsche haben 2022 mindestens eine Tagestour mit dem Fahrrad unternommen.

46

Kilometer

beträgt die durchschnittlich zurückgelegte Strecke pro Tagestour.

OVERNIGHTER

Der Overnighter beinhaltet eine Übernachtung. Es handelt sich in der Regel um einen Bikepacking-Trip mit Zelt oder Biwak. Nach einer Nacht im Freien kehrt man am nächsten Tag zurück zum Ausgangsort. In der Radreise-Szene werden solche Touren auch als „Mikroabenteuer" bezeichnet.

Quelle: ADFC-Radreiseanalyse 2023

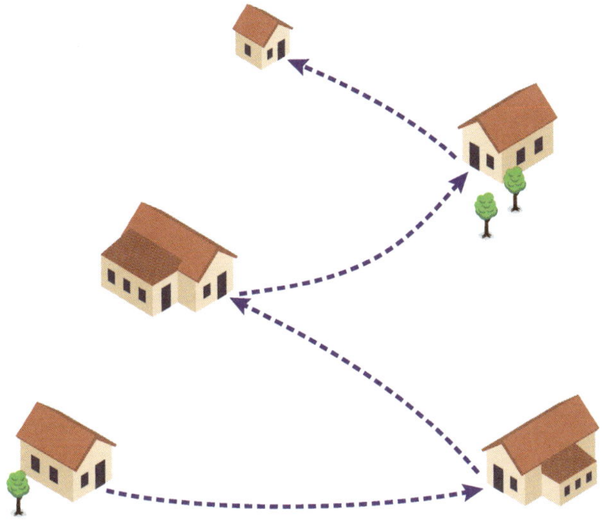

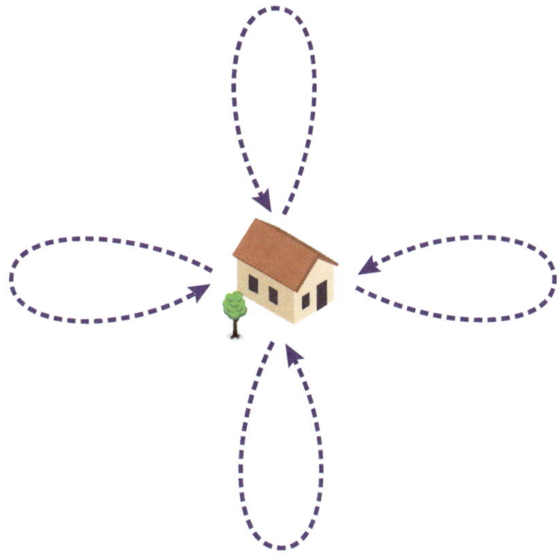

STRECKENTOUR

Bei einer Streckentour, auch Etappentour genannt, sind Radreisende mehrere Tage unterwegs und fahren eine Route mit wechselnden Unterkünften. Dabei kommt dem Bikepacking eine hohe Bedeutung zu. *Radtaschen, S. 173* Wer sein Gepäck nicht selbst schleppen möchte, kann auf beliebten Routen und Fernradwegen organisierte Radtouren bei Veranstaltern buchen. Je nach Art der Buchung kümmern sich diese auch um alle Unterkünfte und die Verpflegung. Eine Streckentour bietet besonders viele neue Eindrücke, da man jeden Tag neue Regionen durchfährt.

71

Kilometer

pro Tag fahren Radreisende auf einer Streckentour im Durchschnitt.

9,4

Tagesetappen

fahren Radreisende auf einer Streckentour im Durchschnitt.

52 %

der Radreisenden buchen auf einer Streckentour ihre Unterkünfte spontan.

STERNTOUR

Als Sterntour wird ein Radurlaub bezeichnet, bei dem man von einer festen Unterkunft aus mehrere Tagestouren mit dem Rad unternimmt. Der Vorteil ist, dass das Gepäck in der Unterkunft bleiben kann. Zudem lernt man eine bestimmte Region besonders gut kennen. Sterntouren werden – zum Beispiel in Form von Trainingslagern für Radsportler – auch von Veranstaltern organisiert.

52

Kilometer

pro Tag fahren Radreisende während einer Sterntour im Durchschnitt.

6,3

Tage

fahren Sterntour-Reisende im Durchschnitt Fahrrad.

FERNRADWEGE

Kaum eine Art des Urlaubs ist so eindrücklich wie eine mehrtägige Radreise. Radfahren bietet die perfekte Geschwindigkeit: Man ist langsam genug, um alles um sich herum intensiv wahrzunehmen: die Landschaft, die kulturellen Sehenswürdigkeiten, die Sonne und den Fahrtwind. Aber man ist auch schnell genug, um viele Kilometer pro Tag zurückzulegen und ständig etwas Neues zu sehen. Schnell genug, um innerhalb weniger Tage ganz unterschiedliche Regionen zu durchfahren. Wer nur das Nötigste einpackt und mehrere Tage im Sattel sitzt, lässt den Alltag hinter sich. Jede Radreise ist ein Abenteuer, und am Ende kommt meistens alles ganz anders als geplant.

Fernradwege bieten sich für eine Radreise an. Sie führen meist durch schöne Regionen, sind autofrei oder zumindest verkehrsarm und verfügen über passende Übernachtungsmöglichkeiten und andere Infrastruktur wie Fahrradwerkstätten oder Ladestationen für E-Bikes. Einige Fernradwege sind sehr flach und eignen sich auch gut für weniger Trainierte, andere überqueren ganze Gebirge. Natürlich kann man auch seine eigene Fernradtour zusammenstellen oder nur Teile eines offiziellen Radwegs in seine Tour einbauen. In diesem Kapitel stellen wir besonders schöne Fernradwege vor.

AUSRÜSTUNG & TIPPS

FAHRRAD

Als Reiseräder werden Fahrräder bezeichnet, die besonders stabil und belastbar sind und sich gut für die Befestigung von Taschen eignen – zum Beispiel durch einen robusten Gepäckträger. Wenn keine größeren Steigungen geplant sind, bietet sich eine Nabenschaltung an, die nur selten technische Probleme macht. Empfehlenswert sind auch Reifen mit gutem Pannenschutz. Die meisten klassischen Reiseräder sind besonders robuste Trekkingräder. Führt der Weg häufiger ins Gelände, bieten sich Mountain- oder Gravelbikes an.

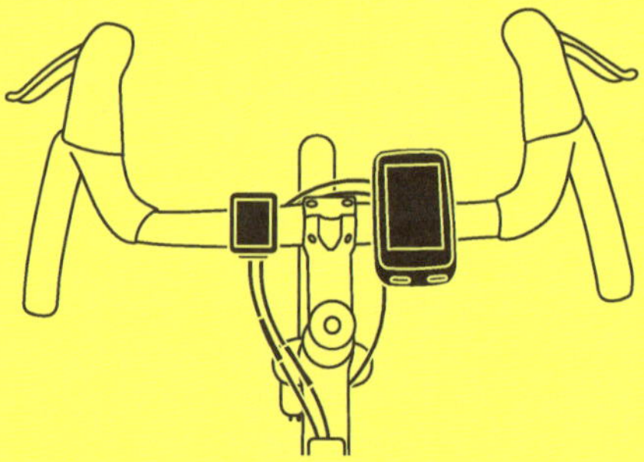

ROUTENPLANUNG

Früher hantierte man vor allem mit Landkarten auf Papier – und musste dafür oft an Kreuzungen vom Rad steigen. Heute bietet es sich an, einen GPS-Track der geplanten Route auf den Fahrradcomputer oder das am Lenker befestigte Smartphone zu laden. Viele Geräte bieten ein Navigationssystem, das die richtige Route anzeigt. Für beliebte Routen und Fernradwege gibt es fertige Tracks im Internet. Und natürlich kann und sollte man zusätzlich auf die Beschilderung an der Strecke achten.

ÜBERNACHTUNG

Entlang von Fernradwegen stehen meist Unterkünfte, die sich auf die Bedürfnisse von Radreisenden eingestellt haben. Dabei kann man auch auf spezielle Siegel achten, etwa das „Bett+Bike"-Siegel des Allgemeinen Deutschen Fahrrad-Clubs (ADFC) in Deutschland. Diese Unterkünfte bieten Services wie Unterstellmöglichkeiten für die Räder, Reparatursets oder Lunchpakete. Wer etwas mehr Gepäck in Kauf nimmt, kann auch ein Zelt oder Biwak mitnehmen – Wildcampen ist in vielen europäischen Ländern aber verboten.

RADTASCHEN

Fahrradtaschen sind auf einer mehrtägigen Tour unverzichtbar. Natürlich kann man auch einen Rucksack tragen – doch sobald dieser etwas voller gepackt wird, belastet er den Rücken und sorgt für starkes Schwitzen. Es gibt verschiedene Arten von Taschen fürs „Bikepacking", die alle ihre Vor- und Nachteile haben. Es bietet sich an, das Gewicht auf mehrere Taschen zu verteilen. Für alle Taschen gilt: Sie sollten aus möglichst wasserdichtem Material bestehen.

❶ Satteltasche

+ Durch die längliche Form sind diese – auch „Arschrakete" genannten – Taschen besonders aerodynamisch. Meist sind sie auch leichter als andere Taschenarten.

– Größere Taschen können beim Fahren störend auf und ab wippen – vor allem im Wiegetritt. Daher sollte man sie nur mit leichtem Gepäck füllen. Bei Fahrrädern ohne Schutzbleche bekommt die Tasche viel Schmutz und Nässe ab.

❷ Gepäckträgertasche

+ Meist handelt es sich um Doppeltaschen, die beiderseits des Gepäckträgers hängen. Diese bieten besonders viel Stauraum. Werden die beiden Taschen gleichmäßig beladen, beeinflussen sie das Fahrgefühl nur wenig. Schwere Gegenstände sollten unten liegen.

– In holprigem Gelände können die Taschen wackeln und klappern. Es besteht zudem die Gefahr, mit der Ferse die Taschen zu berühren. Sind die beiden Seiten ungleichmäßig beladen, kann das Fahrrad im Stand umkippen.

❸ Rahmentasche

+ Sie stört das gewohnte Fahrgefühl nicht, da sie sich nah am Schwerpunkt des Rads befindet. Hier kann man besonders schweres Gepäck unterbringen.

– Nicht immer ist der nötige Platz am Rahmen vorhanden, zudem kann die Tasche den Transport von Trinkflaschen am Rahmen stören. Die Breite der Tasche ist begrenzt, da sie sonst beim Treten hinderlich wäre.

❹ Lenkertasche

+ Sie bietet jederzeit schnellen Zugriff auf die wichtigsten Utensilien, für die es meist verschiedene Fächer gibt. Moderne Taschen sind leicht abnehmbar und können als Umhängetasche getragen werden.

– Bei hohem Gewicht wird das Lenkverhalten negativ beeinflusst. Schwere Gegenstände sollte man hier nicht verstauen.

Die Karte zeigt beliebte Fernradwege in Europa, die wir auf den folgenden Seiten im Detail vorstellen.

— im Buch beschriebener Abschnitt
— ganzer Radweg

❶ Coast-to-Coast-Radweg
215 km
S.176

❷ Nordseeküsten-Radweg
7000 km
Beschriebener Abschnitt:
Rotterdam – Leer (525 km)
S. 178

❸ Loire-Radweg
900 km
Beschriebener Abschnitt:
Angers – Orléans (250 km)
S. 180

❹ Bodensee-Radweg
260 km
S. 182

❺ Donau-Radweg
2850 km
Beschriebener Abschnitt:
Passau – Wien (320 km)
S. 184

Bergen
Oslo
NORWEGEN
ESTLAND
Göteborg
SCHWEDEN
LETTLAND
Riga
Halmstad
Grenaa
DÄNEMARK
Daugavpils
Klaipeda
Kopenhagen
Malmö
Ostsee
LITAUEN
Nordsee
Kaunas
Vilnius
Minsk
Nordseeküsten-Radweg
2
Hamburg
Leer
BELARUS
Berlin
Amsterdam
POLEN
Warschau
Rotterdam
NIEDERLANDE
DEUTSCHLAND
BELGIEN
Prag
Krakau
Lwiw
UKRAINE
LUXEMBURG
TSCHECHIEN
Winnyzja
Stuttgart
SLOWAKEI
Donau-
eschingen
Passau
5
Wien
München
Donau-Radweg
FRANKREICH
4
Bodensee-Radweg
MOLDAWIEN
Zürich
ÖSTERREICH
UNGARN
Bern
SCHWEIZ
Targu
Mures
Bacau
Genf
SLOWENIEN
RUMÄNIEN
Venedig
Mailand
KROATIEN
Turin
Grenoble
ITALIEN
BOSNIEN UND
HERZEGOWINA
Craiova
Bukarest
Konstanza
SERBIEN
Monaco
Florenz
Russe
Ligurisches
Meer
Adriatisches
Meer
Warna
MONTENEGRO
KOSOVO
Sofia
Burgas
Schwarzes
Meer
Korsika
BULGARIEN
Rom
NORD-
MAZEDONIEN
Istanbul
Neapel
Thessaloniki
ALBANIEN
Sardinisches
Meer
Sardinien
Ägäis
TÜRKEI
GRIECHENLAND
Ionisches
Meer

1 COAST-TO-COAST-RADWEG

WHITEHAVEN – TYNEMOUTH

Der Coast-to-Coast-Radweg (C2C) ist ein Klassiker unter den britischen Radwanderwegen. Wie der Name schon sagt, verbindet er zwei Küsten – die der Irischen See und die der Nordsee. Dabei durchquert er den Norden Englands und passiert reizvolle Landschaften und viele historische Sehenswürdigkeiten. Da der Radweg, der auch unter dem Namen „Sea to Sea" bekannt ist, zwei Mittelgebirge überquert, sind einige Steigungen zu überwinden. Die Route verläuft meist auf verkehrsfreien Wegen oder ruhigen Landstraßen und ist gut ausgeschildert. Zu beachten ist, dass in England Linksverkehr herrscht – das erfordert ein wenig Gewöhnung. Das Wetter kann in England sehr wechselhaft sein, eine regendichte Jacke ist auch im Sommer Pflicht. Wer die Route von West nach Ost fährt, kann häufig mit Rückenwind rechnen.

215 km Gesamtlänge
ca. **3 000 m** Höhenmeter bergauf
ca. **3 000 m** Höhenmeter bergab

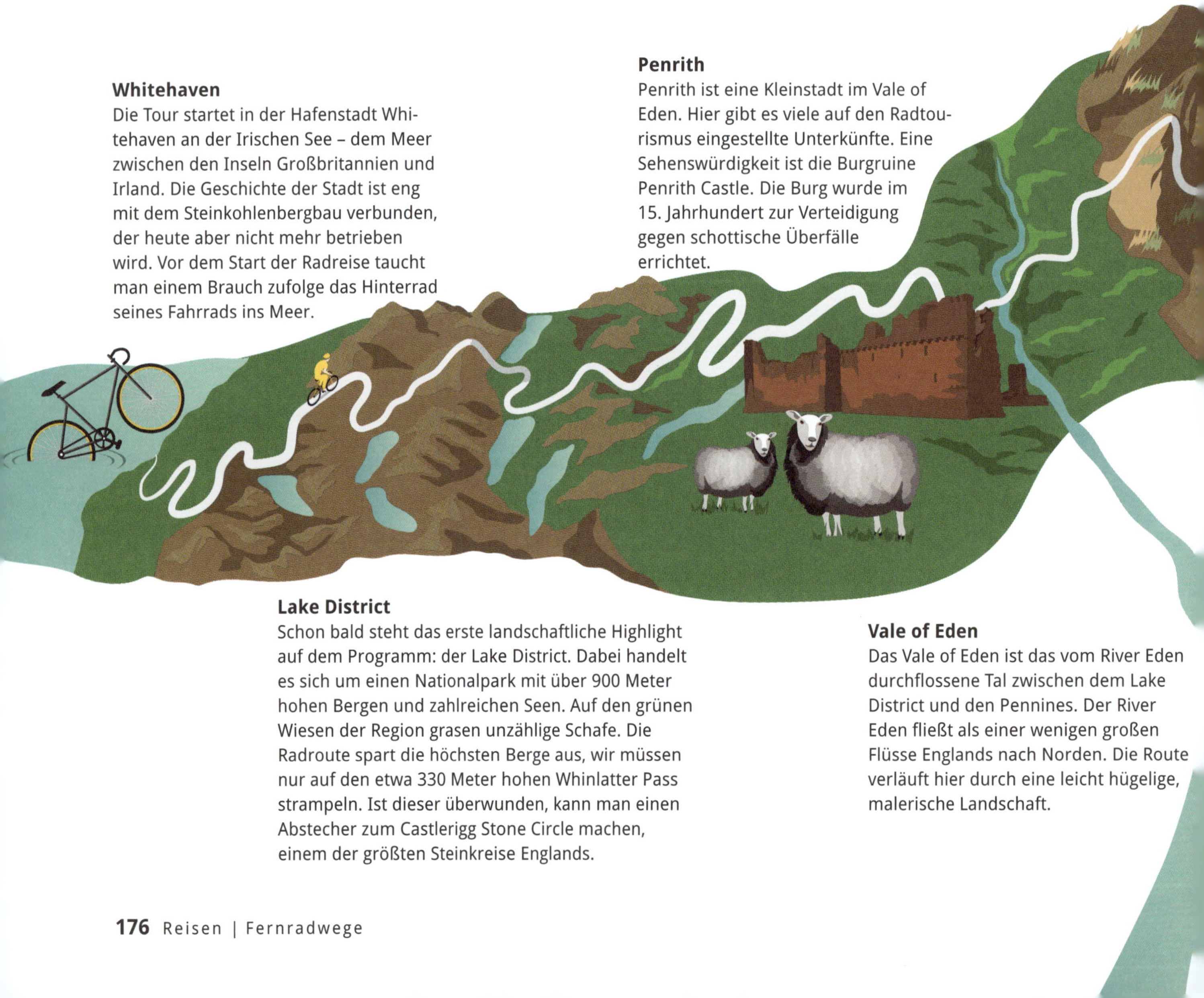

Whitehaven
Die Tour startet in der Hafenstadt Whitehaven an der Irischen See – dem Meer zwischen den Inseln Großbritannien und Irland. Die Geschichte der Stadt ist eng mit dem Steinkohlenbergbau verbunden, der heute aber nicht mehr betrieben wird. Vor dem Start der Radreise taucht man einem Brauch zufolge das Hinterrad seines Fahrrads ins Meer.

Penrith
Penrith ist eine Kleinstadt im Vale of Eden. Hier gibt es viele auf den Radtourismus eingestellte Unterkünfte. Eine Sehenswürdigkeit ist die Burgruine Penrith Castle. Die Burg wurde im 15. Jahrhundert zur Verteidigung gegen schottische Überfälle errichtet.

Lake District
Schon bald steht das erste landschaftliche Highlight auf dem Programm: der Lake District. Dabei handelt es sich um einen Nationalpark mit über 900 Meter hohen Bergen und zahlreichen Seen. Auf den grünen Wiesen der Region grasen unzählige Schafe. Die Radroute spart die höchsten Berge aus, wir müssen nur auf den etwa 330 Meter hohen Whinlatter Pass strampeln. Ist dieser überwunden, kann man einen Abstecher zum Castlerigg Stone Circle machen, einem der größten Steinkreise Englands.

Vale of Eden
Das Vale of Eden ist das vom River Eden durchflossene Tal zwischen dem Lake District und den Pennines. Der River Eden fließt als einer wenigen großen Flüsse Englands nach Norden. Die Route verläuft hier durch eine leicht hügelige, malerische Landschaft.

Tynemouth

Nach mehr als 200 Kilometern ist der Zielort Tynemouth erreicht, in dem der Tyne in die Nordsee mündet. Die Stadt ist wegen ihrer Sandstrände und einer alten Klosterruine ein beliebtes Ausflugsziel. Hier kann man sich ein Bad in der Nordsee gönnen – und das Vorderrad des Fahrrads ins Meer tauchen. So verlangt es die Tradition des C2C-Radwegs.

Newcastle

Newcastle ist die nördlichste Großstadt Englands. Die am Fluss Tyne gelegene Stadt ist bekannt für die Kathedrale St. Nicholas aus dem 14. Jahrhundert und beheimatet viele Kunstgalerien und Museen. In Newcastle spricht man einen speziellen englischen Dialekt, das Geordie.

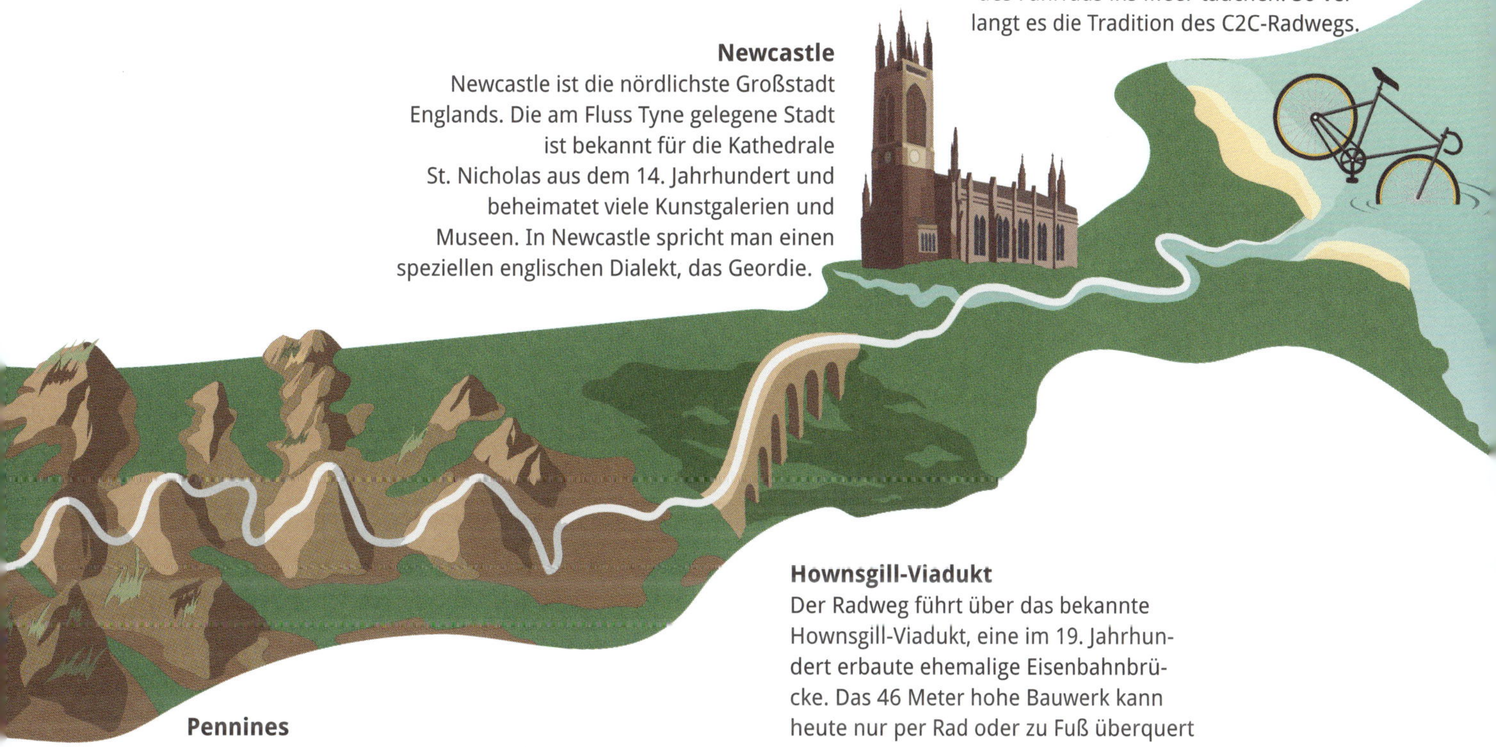

Hownsgill-Viadukt

Der Radweg führt über das bekannte Hownsgill-Viadukt, eine im 19. Jahrhundert erbaute ehemalige Eisenbahnbrücke. Das 46 Meter hohe Bauwerk kann heute nur per Rad oder zu Fuß überquert werden.

Pennines

Die Pennines sind ein bis zu 890 Meter hohes Mittelgebirge, das auch als „Rückgrat Englands“ bezeichnet wird. Die Landschaft ist von Mooren geprägt und bietet zahlreiche Hochplateaus mit weiten Aussichten. Dies ist der anstrengendste Teil der Radtour: Wir erklimmen zunächst den Hartside Pass, den längsten Anstieg der Tour. Er führt bis auf eine Höhe von etwa 580 Metern. Es folgt eine Reihe weiterer kleinerer Anstiege, bevor es etwa 30 Kilometer lang überwiegend bergab geht.

2 NORDSEEKÜSTEN-RADWEG

ROTTERDAM – LEER

Der Nordseeküsten-Radweg gilt als längster ausgeschilderter Fernradweg der Welt. Auf einer Strecke von etwa 7000 Kilometern lässt sich die Nordsee beinahe umrunden, wobei Teilstücke per Fähre absolviert werden. Oft führt die Route direkt an der Küste entlang. Sie startet auf den schottischen Shetlandinseln und endet im norwegischen Bergen.

Wer den kompletten Weg absolvieren möchte, braucht mehrere Monate Zeit – doch natürlich kann man auch nur Teilabschnitte fahren. Besonders beliebt ist der niederländische Teil des Nordseeküsten-Radwegs. Die Niederlande sind eine fahrradverrückte Nation – entsprechend gut ist das Angebot an Radwegen und Fahrrad-Infrastruktur. *Fahrradkultur in Europa, S. 292* Der teils zweispurige Radweg folgt der kompletten niederländischen Küste. Er passiert auf flacher Strecke idyllische Dörfer, Küstenschutzbauwerke, Strände und Dünen sowie das Weltnaturerbe Wattenmeer. Es empfiehlt sich, in West-Ost-Richtung zu fahren. So hat man den Wind häufig im Rücken.

Den Helder

Den Helder liegt an der Spitze der Halbinsel Nord-Holland. Von hier aus fährt eine Fähre nach Texel, der größten und touristisch beliebtesten Westfriesischen Insel. Ein Abstecher lohnt sich, denn auch Texel bietet ein dichtes Netz an Radwegen. In Den Helder steht einer der bekanntesten und höchsten Leuchttürme der Nordseeküste – der 63 Meter hohe Leuchtturm von Huisduinen, auch bekannt als *Lange Jaap*.

Zandvoort

Einer der größten und beliebtesten Strände der Niederlande befindet sich beim Ort Zandvoort. Wer hier eine Pause macht, kann sich in die Wellen stürzen. Zu beachten sind die Badezeiten – bei Ebbe ist das Baden in der Nordsee gefährlich.

Den Haag

Der Radweg erreicht Den Haag, den Sitz der niederländischen Regierung. Die Stadt liegt direkt am Meer und verfügt über ausgedehnte Strände. Besonders bekanntes Ausflugsziel ist der Stadtbezirk Scheveningen, das größte Seebad der Niederlande. Hier kann man eine Runde mit dem beliebten Riesenrad fahren, das auf einer Seebrücke direkt am Strand steht.

Durch die Dünen

Der Radweg führt nun mitten durch eine idyllische Dünenlandschaft – mal fährt man direkt am Meer entlang, mal etwas weiter im Binnenland. Die niederländischen Dünen sind teilweise als Nationalparks geschützt. Die von Sand und Wind geprägten Landschaften sind ein bedeutender Lebensraum für Seevögel und viele andere Tiere.

Rotterdam

Als Startort für den niederländischen Teil des Nordseeküsten-Radwegs bietet sich Rotterdam an, die zweitgrößte Stadt der Niederlande. Hier befindet sich der größte Hafen Europas, in dem pro Jahr etwa 470 Millionen Tonnen Seegüter umgeschlagen werden. Der Hafen lässt sich am besten bei einer Bootsrundfahrt besichtigen – mit etwas Glück sieht man die größten Containerschiffe der Welt.

525 km ⟼ Abschnitt Rotterdam – Leer

ca. **250 m** Höhenmeter bergauf

ca. **250 m** Höhenmeter bergab

Am Wattenmeer

Zwischen dem Festland und den Friesischen Inseln liegt das Wattenmeer, eines der bedeutendsten und artenreichsten Ökosysteme der Welt. In diesem Lebensraum aus Sand und Schlick, der zweimal am Tag überspült wird, leben unzählige Muscheln, Würmer und Schnecken, welche die Nahrungsgrundlage für zahlreiche Seevogelarten bilden. Besonders beeindruckend ist das Schauspiel der riesigen Vogelschwärme während des Vogelzugs im Frühjahr und Herbst. Der Radweg führt teils direkt an Deich und Wattenmeer entlang, teils macht er Schlenker ins Binnenland.

Afsluitdijk & IJsselmeer *

Etwa ein Viertel der Niederlande liegt unter der Höhe des Meeresspiegels, weshalb das Land schon immer von Sturmfluten bedroht war. Im 20. Jahrhundert wurde massiv in den Küstenschutz investiert. Eines der wichtigsten Bauwerke ist der gewaltige Afsluitdijk (deutsch: Abschlussdeich). Es handelt sich um einen 32 Kilometer langen Damm, der vor der Kraft des Meeres schützen soll. Durch den Bau des Damms wurde aus dem ehemaligen Meeresarm Zuiderzee das heutige Ijsselmeer, ein großer Binnensee. Der Nordseeküsten-Radweg führt direkt über den Afsluitdijk und bietet beeindruckende Aussichten. Auch das Ijsselmeer kann per Rad umrundet werden – dies ist ein weiterer Klassiker unter den niederländischen Radrouten.

* Bis 2026 ist der Damm wegen Renovierungsarbeiten teilweise für den Radverkehr gesperrt. Es fährt ein Pendelbus, der Fahrräder mitnimmt.

Leer (Ostfriesland)

Bei der Meeresbucht Dollart wird die Grenze zu Deutschland überquert. Wir erreichen Ostfriesland. Die Region ist berühmt für ihren hohen Teekonsum. Im Zielort Leer hat man sich dann auf jeden Fall einen Ostfriesentee verdient.

TIPP: DAS NORDSEEBUCH

Die Nordsee ist nicht nur ein faszinierendes Ökosystem, sondern auch ein bedeutender Kultur- und Wirtschaftsraum. Du möchtest mehr über die Region erfahren? In unserem Nordseebuch findest du umfassendes Wissen. In über 1 000 Infografiken, Karten und Illustrationen erzählt das Buch von Seehunden und Möwen, Leuchttürmen und Containerschiffen, Strandkörben und Ostfriesentee.

www.marmotamaps.com/de/nordseebuch/

❸ LOIRE-RADWEG

ANGERS – ORLÉANS

Die Loire ist mit über 1 000 Kilometern Länge der längste innerfranzösische Fluss. Sie entspringt im Zentralmassiv in Südfrankreich und mündet im Westen des Landes in den Atlantik. Das Flusstal im Mittellauf der Loire ist für seine landschaftliche Schönheit und die vielen prächtigen Schlösser bekannt. Während des späten Mittelalters und der frühen Renaissance ließen sich viele Könige an den Ufern des vom Weinbau geprägten Tals nieder. Heute zieht die zum UNESCO-Welterbe erklärte Region Kulturinteressierte aus aller Welt an – und auch viele Radreisende. Denn auf dem mehr als 900 Kilometer langen, weitgehend steigungs- und verkehrsfreien Loire-Radweg (französisch: *La Loire à Vélo*) lässt sich die Region gut erkunden. Besonders beliebt ist der Abschnitt zwischen Angers und Orléans, wo sich die meisten Loire-Schlösser sowie einige der berühmtesten Weinlagen Frankreichs befinden. Da der Wind oft vom Atlantik her weht, ist eine Befahrung in West-Ost-Richtung zu empfehlen, also flussaufwärts.

250 km ⟼ Abschnitt Angers – Orléans

ca. **600 m** ↗ Höhenmeter bergauf

ca. **500 m** ↘ Höhenmeter bergab

Schloss Langeais

Das Schloss Langeais thront über der Kleinstadt Langeais am rechten Loire-Ufer. Das Bauwerk mit mächtigen Türmen und einer Zugbrücke entstand im 15. Jahrhundert im Auftrag des französischen Königs Louis XI. Ein Abstecher zum Schloss lohnt sich: 15 Innenräume sind komplett möbliert. Zu sehen gibt es originale Möbel und Wandbehänge aus dem 16. Jahrhundert. Im Großen Saal des Schlosses wird eine berühmte königliche Hochzeitszeremonie nachgestellt.

Schloss Angers

Startort ist die Stadt Angers, die etwa 125 Kilometer vom Atlantik entfernt liegt. Sie ist bekannt für ihre Kathedrale sowie für das im 13. Jahrhundert errichtete Schloss Angers, in dem einst die Grafen der historischen Provinz Anjou lebten. Während viele andere Schlösser im Loiretal sehr filigran wirken, erinnert das Schloss mit seinen mächtigen Wehrmauern und 17 Rundtürmen eher an eine Festung.

Schloss Saumur

Wahrzeichen der Kleinstadt Saumur ist ihr Schloss, das auf einem Felsplateau nahe der Mündung des Flusses Thouet in die Loire thront. Im 14. Jahrhundert diente es als prunkvolle Residenz des Herzogs von Anjou. Um 1600 wurde die Stadt zur Hochburg protestantischer Hugenotten, die dem Schloss ein zusätzliches Verteidigungssystem verpassten. Saumur ist heute auch bekannt für in Höhlen gezüchtete Champignons. Es gibt hier sogar ein Champignon-Museum. Auch das Weinanbaugebiet Saumur genießt einen sehr guten Ruf – vor allem für die Produktion von Schaumwein.

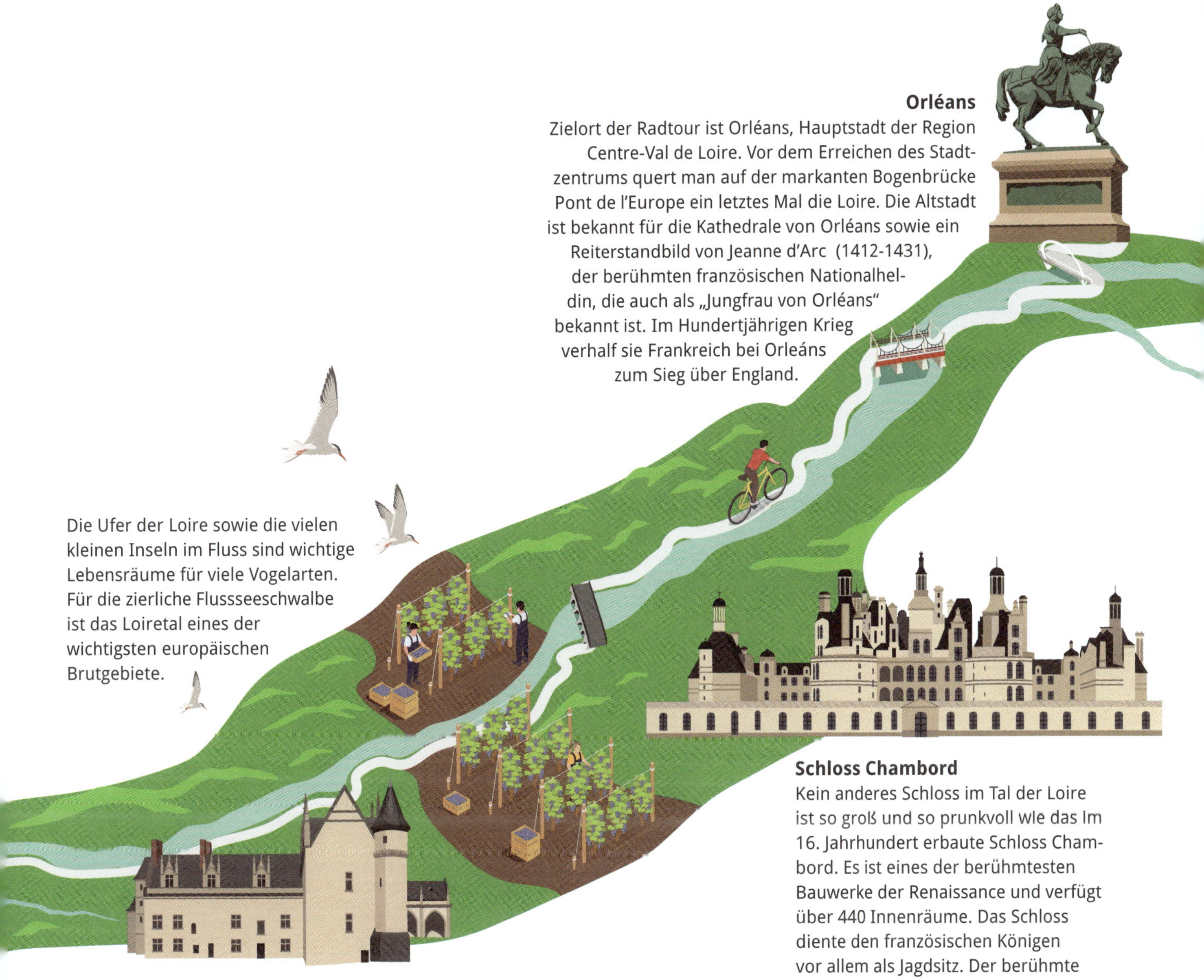

Orléans

Zielort der Radtour ist Orléans, Hauptstadt der Region Centre-Val de Loire. Vor dem Erreichen des Stadtzentrums quert man auf der markanten Bogenbrücke Pont de l'Europe ein letztes Mal die Loire. Die Altstadt ist bekannt für die Kathedrale von Orléans sowie ein Reiterstandbild von Jeanne d'Arc (1412-1431), der berühmten französischen Nationalheldin, die auch als „Jungfrau von Orléans" bekannt ist. Im Hundertjährigen Krieg verhalf sie Frankreich bei Orleáns zum Sieg über England.

Die Ufer der Loire sowie die vielen kleinen Inseln im Fluss sind wichtige Lebensräume für viele Vogelarten. Für die zierliche Flussseeschwalbe ist das Loiretal eines der wichtigsten europäischen Brutgebiete.

Schloss Chambord

Kein anderes Schloss im Tal der Loire ist so groß und so prunkvoll wie das im 16. Jahrhundert erbaute Schloss Chambord. Es ist eines der berühmtesten Bauwerke der Renaissance und verfügt über 440 Innenräume. Das Schloss diente den französischen Königen vor allem als Jagdsitz. Der berühmte „Sonnenkönig" Louis XIV. veranstaltete hier opulente Feste. Das Schloss liegt etwa fünf Kilometer südlich der Loire etwas abseits des Loire-Radwegs. Eine Besichtigung der wichtigsten Sehenswürdigkeit der Region sollte man sich aber nicht entgehen lassen.

Schloss Amboise

Das Schloss Amboise ist eines der bekanntesten Loire-Schlösser. Das Bauwerk in der Kleinstadt Amboise entstand in seiner heutigen Form im 15. und 16. Jahrhundert und war Residenz des französischen Königshauses. Später diente es zeitweise als Staatsgefängnis. In einer Kapelle im Schlosspark liegt das Grab des weltberühmten italienischen Malers Leonardo da Vinci, der seine letzten Jahre in Amboise verbrachte. Amboise liegt mitten im nach der Stadt Tours benannten Weinanbaugebiet Touraine.

4 BODENSEE-RADWEG

260 km Gesamtlänge
ca. **1000 m** Höhenmeter bergauf
ca. **1000 m** Höhenmeter bergab

Der vom Rhein durchflossene Bodensee liegt im Dreiländereck zwischen Deutschland, Österreich und der Schweiz. Die Region ist für Fahrradtourismus bekannt – denn der See lässt sich auf einem sehr beliebten Radweg komplett umrunden. Der Bodensee-Radweg verläuft oft dicht am Ufer und verbindet viele reizvolle Städte und Dörfer in drei Ländern. Vielerorts gibt es Strandbäder, wo man im Sommer in den See springen kann. Die Ufer sind von Wein- und Obstbau geprägt, im Süden fällt der Blick bei klarer Sicht auf die Alpenkette. Wer die extreme sportliche Herausforderung sucht, kann sich vornehmen, den See an einem Tag zu umrunden. Die meisten Radreisenden nehmen sich etwa eine Woche Zeit. An vielen Stellen lässt sich die überwiegend flache und verkehrsfreie Tour variieren und verkürzen, indem man Fähren zum gegenüberliegenden Ufer nutzt. In der Regel wird der Rundweg im Uhrzeigersinn gefahren – so fährt man immer auf der Seeseite der Straße.

Überlinger See mit Insel Mainau

Der nordwestliche Teil des Obersees wird als Überlinger See bezeichnet. Hier liegt die Insel Mainau, die wegen ihrer Park- und Gartenanlagen als „Blumeninsel" bekannt ist. Fahrräder sind auf der kleinen, über eine Brücke erreichbaren Insel nicht erlaubt – es gibt aber viele Fahrradabstellplätze am Inseleingang.

Meersburg

Meersburg ist einer der bekanntesten Orte am Bodensee. Die von Weinbergen umgebene Kleinstadt wurde auf einem steilen Südhang erbaut. Die Burg Meersburg sowie das Neue Schloss Meersburg sind beliebte Ausflugsziele.

Über den Bodanrück

Der Bodanrück ist eine Halbinsel zwischen dem Untersee und dem Überlinger See. In der einst von Gletschern geschaffenen Hügellandschaft, die nach Norden hin steil abfällt, müssen Radreisende auf dem Bodensee-Radweg die einzige längere Steigung überwinden.

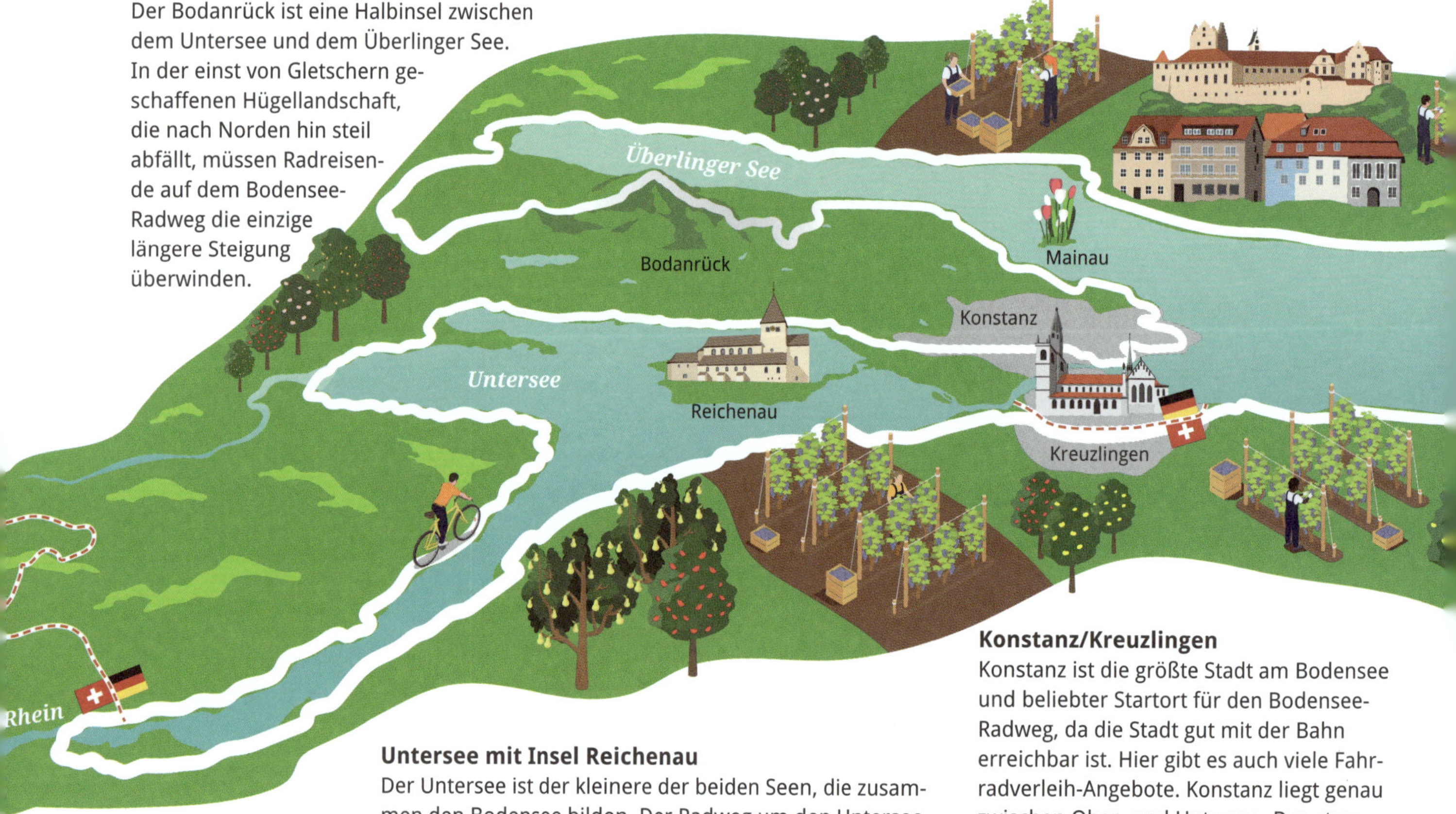

Untersee mit Insel Reichenau

Der Untersee ist der kleinere der beiden Seen, die zusammen den Bodensee bilden. Der Radweg um den Untersee gilt landschaftlich als besonders abwechslungsreich. Es bietet sich zudem ein Abstecher zur Insel Reichenau an, der größten Insel des Bodensees. Auf der als „Klosterinsel" zum UNESCO-Welterbe gehörenden Insel befinden sich ein Benediktinerkloster aus dem Mittelalter und mehrere Kirchen. Mit dem Fahrrad ist Reichenau über einen von Pappeln gesäumten Damm erreichbar und lässt sich auf einem ufernahen Rundweg erkunden.

Konstanz/Kreuzlingen

Konstanz ist die größte Stadt am Bodensee und beliebter Startort für den Bodensee-Radweg, da die Stadt gut mit der Bahn erreichbar ist. Hier gibt es auch viele Fahrradverleih-Angebote. Konstanz liegt genau zwischen Ober- und Untersee. Der etwa vier Kilometer lange Seerhein verbindet die beiden Seen und teilt die Stadt in zwei Teile. Das Konstanzer Münster prägt das Bild der historischen Altstadt. Im Süden geht Konstanz direkt in die Stadt Kreuzlingen über, die größte Schweizer Stadt am See.

Friedrichshafen
Bei Friedrichshafen führt der Radweg vorübergehend direkt an einer vielbefahrenen Straße entlang. Die Stadt hat aber einiges zu bieten: Bekannt ist sie vor allem für Graf Ferdinand von Zeppelin, der hier einst das berühmte Luftschiff erfand. Im Zeppelin-Museum kann man die Geschichte nacherleben. Auch Zeppelin-Rundflüge sind in Friedrichshafen möglich, allerdings sehr teuer.

Lindau
Die Stadt Lindau ist bekannt für ihre historische Altstadt, die auf einer Insel im See liegt. Der Radweg führt direkt an der Brücke vorbei, die auf die Insel führt. Hier sollte man auf jeden Fall einen Abstecher machen. Eine besondere Sehenswürdigkeit auf der Insel ist der Lindauer Leuchtturm, der südlichste Leuchtturm Deutschlands. Lindau ist auch Startort für den beliebten Bodensee-Königssee-Radweg, der von hier aus über etwa 450 Kilometer durch das bayerische Alpenvorland führt.

Bregenz
Bregenz ist die Hauptstadt des österreichischen Bundeslandes Vorarlberg. Ihr Aushängeschild sind die jährlichen Bregenzer Festspiele, die auf einer riesigen, kunstvoll gestalteten Bühne im See stattfinden. Meist werden Opernproduktionen aufgeführt. Östlich von Bregenz erhebt sich die Region Bregenzerwald mit Ausläufern der Alpen. Südlich der Stadt passiert der Radweg das Rheindelta, wo der Alpenrhein in den See mündet.

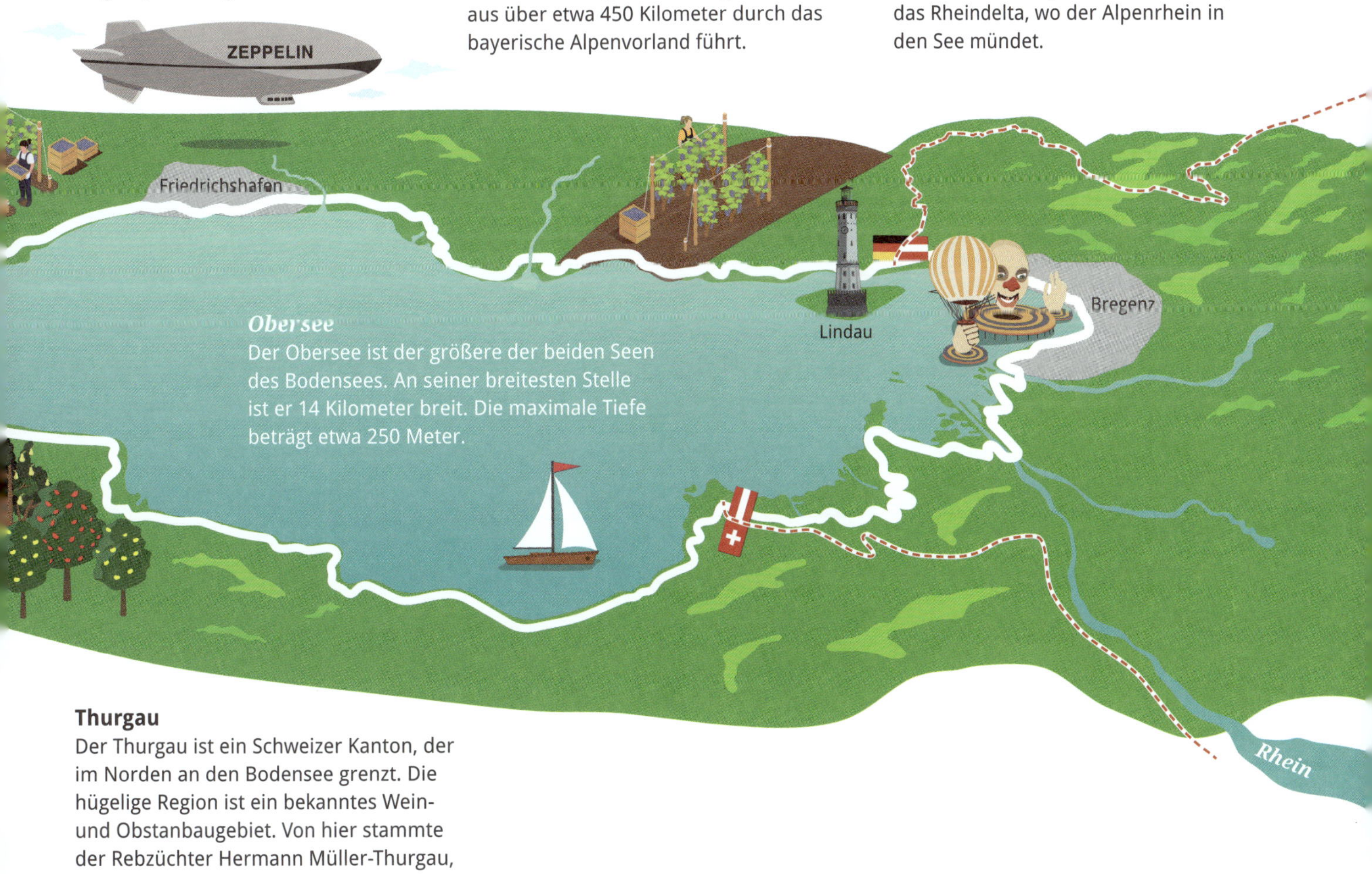

Obersee
Der Obersee ist der größere der beiden Seen des Bodensees. An seiner breitesten Stelle ist er 14 Kilometer breit. Die maximale Tiefe beträgt etwa 250 Meter.

Thurgau
Der Thurgau ist ein Schweizer Kanton, der im Norden an den Bodensee grenzt. Die hügelige Region ist ein bekanntes Wein- und Obstanbaugebiet. Von hier stammte der Rebzüchter Hermann Müller-Thurgau, auf den die gleichnamige Weißweinsorte zurückgeht. Wegen der vielen Apfelbäume ist die Region auch als Apfelkanton bekannt.

❺ DONAU-RADWEG

PASSAU – WIEN

Der Donau-Radweg ist einer der beliebtesten Fernradwege Europas und ein echter Klassiker. Er folgt über eine Strecke von etwa 2 850 Kilometern dem Lauf der Donau – von der Quelle im Schwarzwald bis zur Mündung ins Schwarze Meer in Rumänien. Dabei durchquert er acht Staaten. Durch den Verlauf am Flussufer gibt es kaum Steigungen. Wer nicht den kompletten Weg absolvieren kann und möchte, für den bietet sich der hauptsächlich in Österreich verlaufende Abschnitt zwischen Passau und Wien an. Die weitgehend autofreie, etwa 320 Kilometer lange Strecke passiert zahlreiche berühmte Kulturlandschaften und historische Sehenswürdigkeiten. Oft gibt es sogar an beiden Ufern asphaltierte Radwege. So kann man immer mal wieder die Seite wechseln – ob über eine Brücke oder per Fähre.

320 km ⟼ Abschnitt Passau – Wien

ca. **500 m** ↗ Höhenmeter bergauf

ca. **600 m** ↘ Höhenmeter bergab

SCHON GEWUSST?

Der Donau-Radweg verläuft häufig auf sogenannten Treppelwegen direkt am Flussufer – so hat man die Donau fast immer direkt im Blick. Treppelwege wurden einst angelegt, um Schiffe entgegen der Strömung flussaufwärts zu ziehen – entweder von Hand oder mithilfe von Tieren. Als ab den 1980er Jahren der Radtourismus immer beliebter wurde, wurden die historischen Wege entlang der Donau für den Radverkehr ausgebaut und beschildert.

Passau

Die Tour startet im niederbayerischen Passau, das auch „Dreiflüssestadt" genannt wird. Hier münden der Inn und die Ilz in die Donau, die dadurch deutlich an Breite gewinnt. Die historische Altstadt liegt auf einer schmalen Halbinsel am Zusammenfluss von Inn und Donau. Die steilen Gassen und Treppen erinnern an italienische Städte. Wahrzeichen der Stadt ist der Dom St. Stephan mit der größten Orgel Europas. Passau ist berühmt für das Farbenspiel der Flüsse, die hier aufeinandertreffen: Die Donau wirkt oft blau, der Inn grün und die Ilz schwarz.

Linz

Die drittgrößte Stadt Österreichs ist bekannt für den Neuen Dom, die größte Kirche Österreichs. Linz verfügt außerdem über eine sehr lebendige Kulturszene – und ist die Heimat der mit Marmelade gefüllten Linzer Torte, mit der man sich hier nach geschaffter Etappe stärken kann.

Schlögener Schlinge

Schon kurz hinter Passau liegt die Grenze zu Österreich. Das Donautal verengt sich. Ein landschaftliches Highlight ist die Schlögener Schlinge: Die Donau schlängelt sich hier in zwei 180-Grad-Kurven durch die Hügellandschaft und bildet eine S-Form. Hier kann man gut Pause am Ufer machen – oder man radelt ein Stück den Berg hinauf und betrachtet das Naturwunder von oben. Einige Kilometer weiter verlässt die Donau das enge Tal und die Ebene weitet sich.

Wien
Je näher man Wien kommt, desto breiter wird die Donau, die nun von weiten Auengebieten umgeben ist. Schließlich ist das Ziel erreicht: Die österreichische Hauptstadt steckt voller Sehenswürdigkeiten – als Highlights sind der Stephansdom und der Wiener Prater zu nennen. Eine Fahrt auf dem berühmten Riesenrad hat man sich nach 320 geschafften Kilometern verdient.

Wachau
Zwischen den Orten Melk und Krems liegt der wohl bekannteste Abschnitt des Radweges – die Wachau. Diese bergige Kulturlandschaft wurde von der UNESCO zum Welterbe ernannt. An den unteren Hängen des engen Flusstals wird Wein- und Obstbau betrieben, auf den bewaldeten Bergen stehen Schlösser und Burgen. Besonders berühmt ist der Ort Dürnstein mit seinem Blauen Turm und der Burgruine Dürnstein.

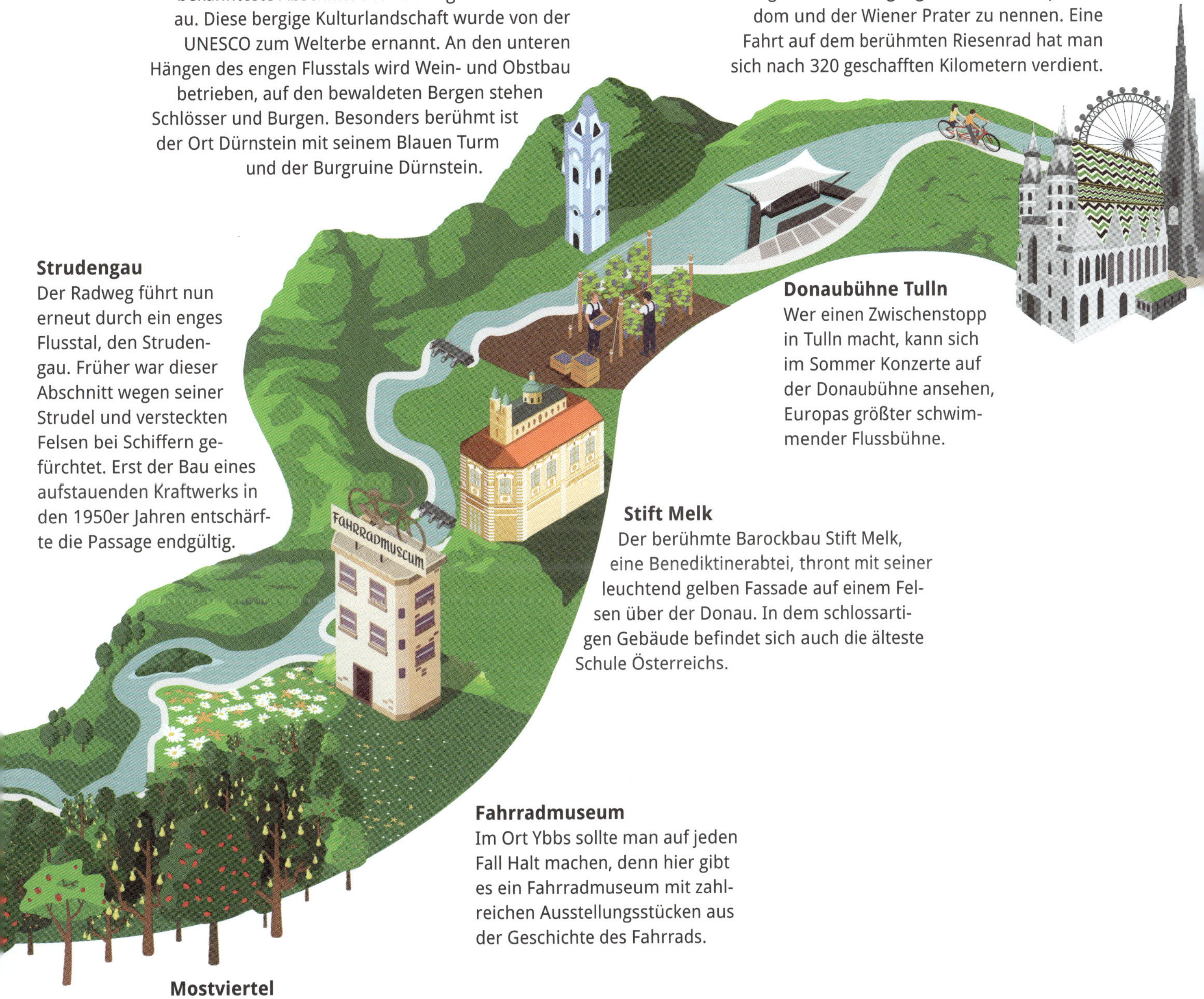

Strudengau
Der Radweg führt nun erneut durch ein enges Flusstal, den Strudengau. Früher war dieser Abschnitt wegen seiner Strudel und versteckten Felsen bei Schiffern gefürchtet. Erst der Bau eines aufstauenden Kraftwerks in den 1950er Jahren entschärfte die Passage endgültig.

Donaubühne Tulln
Wer einen Zwischenstopp in Tulln macht, kann sich im Sommer Konzerte auf der Donaubühne ansehen, Europas größter schwimmender Flussbühne.

Stift Melk
Der berühmte Barockbau Stift Melk, eine Benediktinerabtei, thront mit seiner leuchtend gelben Fassade auf einem Felsen über der Donau. In dem schlossartigen Gebäude befindet sich auch die älteste Schule Österreichs.

Fahrradmuseum
Im Ort Ybbs sollte man auf jeden Fall Halt machen, denn hier gibt es ein Fahrradmuseum mit zahlreichen Ausstellungsstücken aus der Geschichte des Fahrrads.

Mostviertel
Hinter dem Ort Wallsee entfernt sich der Radweg ein Stück von der Donau und führt durch die Kulturlandschaft des Mostviertels. Hier stehen unzählige Apfel- und Birnbäume. Im Frühjahr fährt man durch ein Blütenmeer. Im Herbst wird geerntet – um aus den Früchten unter anderem Most und Schnaps zu produzieren. Über 300 verschiedene Birnensorten wachsen hier.

BAHNTRASSEN-RADWEGE

Sogenannte Bahntrassen-Radwege verlaufen zum größten Teil auf stillgelegten Eisenbahnstrecken. Die Schienen wurden entfernt und durch einen zum Radfahren geeigneten Untergrund ersetzt. Diese Wege verlaufen weitgehend abgetrennt vom sonstigen Straßenverkehr, so dass das Radfahren hier besonders sicher ist. Zudem sind Bahnstrecken so konstruiert, dass nur sanfte Steigungen von meist nicht über zwei Prozent überwunden werden. Gleichzeitig bieten die leicht erhöht liegenden Bahntrassen oft tolle Ausblicke. Einen besonderen Reiz hat auch das Befahren der ehemaligen Bahntunnel und -viadukte. Das Netz an Radwegen dieser Art wächst immer weiter. Hier stellen wir einige von ihnen vor.

Zahl der befahrbaren Tunnel

Zahl der befahrbaren Viadukte
(Als Viadukte gelten größere Brücken mit mehreren Pfeilern, die meist ein Tal überqueren. Kleinere Brücken werden hier nicht mitgezählt.)

Längster befahrbarer Tunnel

PISTA CICLABILE

Imperia – Ospedaletti

Die *Pista Ciclabile della Riviera Ligure* ist nur etwa 30 Kilometer lang, darf aber in einer Auflistung von Bahntrassen-Radwegen nicht fehlen. Es handelt sich hier nämlich um einen der schönsten Küstenradwege Europas. Die Strecke mit mehreren Fahrradverleih-Stationen führt entlang der italienischen Riviera in Ligurien und passiert dabei beliebte Badeorte. Dabei verläuft der zweispurig ausgebaute Radweg fast immer unmittelbar am Meer entlang. Zwei beleuchtete Tunnel sind über einen Kilometer lang – in diesen hängen Infotafeln zur Geschichte des berühmten Radrennens Mailand–Sanremo, dessen Zielort Sanremo ebenfalls passiert wird. *Mailand–Sanremo, S. 136* Die Stadt ist nicht nur bekannt für den Radsport, sondern auch für ihr Casino sowie die verwinkelte Altstadt. Wem die sportliche Herausforderung fehlt, der kann Abstecher ins bergige ligurische Hinterland unternehmen. In Zukunft soll der Radweg nach und nach verlängert werden.

EHEMALIGE BAHNSTRECKE

Auf der Trasse des heutigen Radwegs verlief früher ein Teil der wichtigen Bahnstrecke zwischen Genua und Ventimiglia, auf der neben regionalen Bahnen auch Fernzüge zwischen Italien und Frankreich verkehren. Die Gleise verliefen unmittelbar am Meer entlang. Das erlaubte den Fahrgästen schöne Ausblicke, erschwerte aber den Zugang zu den Stränden. Zudem war die Strecke nur eingleisig ausgebaut und anfällig für Schäden durch Wellengang. So wurde der Bau einer neuen Trasse beschlossen, die etwas weiter im Hinterland verläuft und von Tunneln geprägt ist. Der Abschnitt des heutigen Radwegs wurde zum Großteil im Jahr 2001 stillgelegt.

30 km Länge | ca. **50 m** Höhenmeter | **2005** Eröffnungsjahr

1 700 m / Galleria Capo Nero

PARENZANA-RADWEG

Muggia – Poreč

Der grenzüberschreitende Parenzana-Radweg führt von Italien über Slowenien nach Kroatien. Startort ist der Küstenort Muggia bei Triest, Zielort das kroatische Poreč (italienischer Name: Parenzo) – ebenfalls ein beliebter Badeort. Die Strecke bleibt zunächst nah an der Adriaküste, passiert Badestrände und Salzfelder. Die zweite Hälfte der Route führt in einem weiten Bogen durch das bergige Hinterland der Halbinsel Istrien. Dabei passiert man ausgedehnte Trüffelwälder und hübsche Bergdörfer – und auch viele Tunnel und Viadukte.

Im Gegensatz zu den meisten anderen Bahntrassen-Radwegen ist die Parenzana in weiten Teilen nicht asphaltiert. Wegen des teils groben Schotters bietet es sich an, die Tour auf Mountainbikes in Angriff zu nehmen.

115 km Länge | ca. **1000 m** Höhenmeter | **2008** Eröffnungsjahr

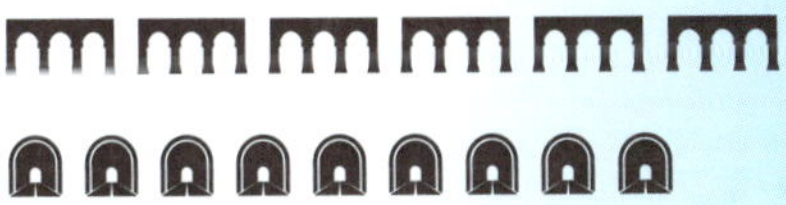

544 m Tunnel Valeta

EHEMALIGE BAHNSTRECKE

Die in Italien als Parenzana bekannte Lokalbahn Triest–Parenzo war eine Schmalspurbahn, die von 1902 bis 1935 betrieben wurde. Im Einsatz waren Dampflokomotiven. Da die Strecke in großen Teilen durch wenig besiedeltes Gebiet führte, gab es nur einen ausgedünnten Fahrplan. Für die Menschen im Hinterland Istriens hatte die Bahn aber eine große Bedeutung. Sie ermöglichte es, Handelswaren wie Wein und Olivenöl an die Küste zu transportieren. Als sich immer mehr Transporte auf die Straße verlagerten, verlor die Bahn an Bedeutung und wurde 1935 stillgelegt.

VENNBAHN

Aachen – Troisvierges (Ulflingen)

Die Vennbahn zählt zu den bekanntesten Bahntrassen-Radwegen. Nach dem Start in Aachen überquert die Strecke mehrmals die deutsch-belgische Grenze, bevor das Ziel in Luxemburg erreicht wird. Die Route führt durch zwei Mittelgebirge: die Eifel und die Ardennen.

Wälder, Wiesen und viele kleine Flußläufe bilden die landschaftliche Kulisse der Radtour. Eine geografische Besonderheit ist das Hohe Venn, ein von Mooren geprägtes Hochplateau. Ein besonders reizvoller Ort an der Strecke ist Monschau in der Eifel, das bekannt für seine Fachwerkhäuser ist. Interessant sind auch die vielen ehemaligen Bahnhofsgebäude, von denen einige zu Raststätten umgebaut wurden. Der ehemals längste Bahntunnel ist heute gesperrt, weil in diesem seltene Fledermäuse leben.

125 km – Länge
ca. 1000 m – Höhenmeter
2013 – Eröffnungsjahr

120 m / Tunnel Lommersweiler

EHEMALIGE BAHNSTRECKE

Die ehemalige Eisenbahnstrecke Vennbahn verband einst das Industriezentrum im Aachener Stadtteil Rothe Erde auf kürzestem Weg mit Luxemburg. Die 1889 fertiggestellte Strecke diente vor allem dem Transport von Steinkohle und Eisenerz. Zudem bot sie Arbeitern aus der Eifel die Möglichkeit, industrielle Arbeitsplätze in Aachen zu erreichen. Nach dem Zweiten Weltkrieg ging die Auslastung der Vennbahn stetig zurück. 1989 wurde sie vollständig stillgelegt.

VÍA VERDE DEL PLAZAOLA

Lekunberri – Andoain

Die Vía Verde del Plazaola ist ein Bahntrassen-Radweg im Gebirge, der die südwestlichen Ausläufer der Pyrenäen in den spanischen Regionen Navarra und Baskenland passiert. Er ist bekannt für seine sehr tunnelreiche Streckenführung. Nach dem Startort Lekunberri folgt der nur teilweise asphaltierte Radweg zunächst dem Tal des Flusses Río Larraun. Etwa auf halber Strecke liegt der bekannte Tunnel von Uitzi – es handelt sich mit 2,7 Kilometern Länge um den längsten mit dem Fahrrad befahrbaren Tunnel Europas. Er verfügt über eine per Bewegungsmelder gesteuerte Beleuchtung.

Nach dem Tunnel führt die Strecke durch das Tal des Flusses Río Leizarán, das als besondere Naturschönheit gilt. Der Zielort Andoain liegt nicht weit von der Küstenstadt San Sebastián. Im Süden lässt sich die Tour in Richtung der Stadt Pamplona verlängern, wobei der Radweg hier teilweise noch lückenhaft ist.

40 km — Länge
ca. **600** m — Höhenmeter
ab **2000** — Eröffnungsjahr

2700 m / Tunnel von Uitzi

EHEMALIGE BAHNSTRECKE

Die Plazaola genannte ehemalige Schmalspur-Bahnlinie wurde 1904 erbaut und diente zunächst als Minenbahn in der vom Bergbau geprägten Region. Nachdem sie 1914 im Norden nach San Sebastián und im Süden nach Pamplona verlängert worden war, transportierte die Linie auch Passagiere. In den 1950er Jahren zerstörten Überschwemmungen große Teile der Strecke. Im Jahr 1958 wurde sie schließlich stillgelegt.

TRANSALP-ROUTEN

Einmal die Alpen mit dem Fahrrad überqueren: Davon träumen viele Radreise-Fans. Wer die Herausforderung auf sich nimmt, muss ordentlich schwitzen – wird aber mit grandioser Berglandschaft und am Ziel mit mediterranem Flair belohnt. Hier stellen wir vier bekannte Transalp-Strecken für verschiedene Fahrradtypen vor.

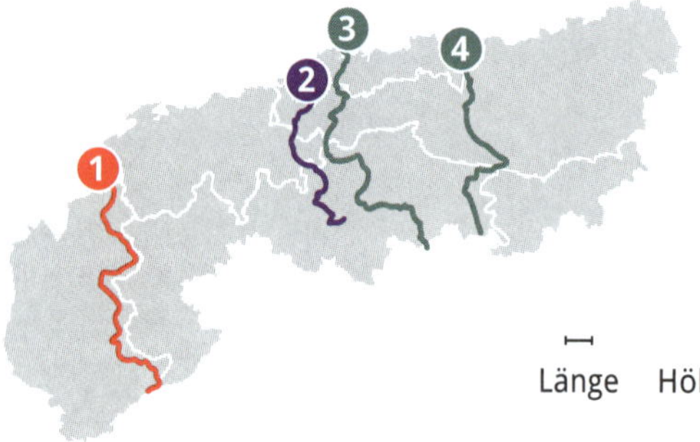

⟼ Länge ↗ Höhenmeter

Rennrad

❶ ROUTE DES GRANDES ALPES

THONON-LES-BAINS – NIZZA

⟼ **700 km**

↗ ca. **18 000 m**

Es gibt viele Möglichkeiten, mit dem Rennrad die Alpen zu überqueren. Eine der schwierigsten, aber auch eindrucksvollsten ist die Route des Grandes Alpes in Frankreich. Die berühmte Panoramastraße in den Westalpen führt vom Genfer See nach Nizza an der Côte d'Azur und überquert dabei 17 Pässe – darunter mit dem Col de l'Iseran der höchste Straßenpass der Alpen. Auf dem Streckenplan stehen auch Klassiker der Tour de France wie der Col du Galibier und der Col d'Izoard. An einigen Stellen ließe sich die Route ans Mittelmeer vereinfachen, indem man durch Täler oder über niedrigere Pässe fährt. Doch wer das volle Pässe-Erlebnis haben möchte, bleibt auf der Originalroute. Zu beachten ist, dass auch Autos und Motorräder auf der Route des Grandes Alpes unterwegs sind. Wer mehr Ruhe haben möchte, sollte die Tour außerhalb der französischen Sommerferien fahren.

Mountainbike

❷ HECKMAIR-ROUTE

OBERSTDORF – RIVA DEL GARDA

⟼ **370 km**

↗ ca. **11 500 m**

Eine Alpenüberquerung mit dem Mountainbike stellt außer an die Kondition auch hohe Anforderungen an Fahrtechnik. Es gibt viele Routen, die das Gebirge auf Schotterstraßen und schmalen Trails überqueren. Ein Klassiker ist die Heckmair-Route zwischen Oberstdorf im Allgäu und Riva del Garda am Gardasee. Sie stammt vom Transalp-Pionier Andreas Heckmair aus Oberstdorf. Er ist der Sohn des berühmten Alpinisten Anderl Heckmair, dem einst die Erstbesteigung der Eiger-Nordwand gelang. Heckmair entwickelte 1989 eine Mountainbike-Route, die möglichst direkt die Alpen von Nord nach Süd überqueren und dabei alte Saumpfade nutzen sollte. Die nicht ausgeschilderte Route durch einsame Hochgebirgslandschaften gilt fahrerisch als sehr anspruchsvoll, auf mehreren Passagen muss man sein Rad schieben oder tragen – etwa am Passo di Campo in Italien oder kurz nach dem Start am Schrofenpass, der durch eine Felswand geschlagen wurde. Wir zeigen hier die Originalroute von 1989. Mittlerweile gibt es einige Alternativrouten, welche die schwersten Teilstücke umgehen. Zudem ist das Mountainbiken an einigen Stellen der Originalroute offiziell nicht mehr erlaubt.

Trekkingrad

❸ VIA CLAUDIA AUGUSTA

DONAUWÖRTH – QUARTO D'ALTINO

⟼ **770 km**

↗ ca. **8000 m**

Die Via Claudia Augusta war einst eine der wichtigsten römischen Straßen. Kaiser Augustus (63 v. Chr-14. n. Chr.) ließ sie erbauen, nachdem er die Alpen und deren nördliches Vorland erobert hatte. Heute gibt es einen gleichnamigen Fernradweg, der zu weiten Teilen auf wiederhergestellten Passagen des alten Römerwegs verläuft. Es handelt sich um einen der beliebtesten Fernradwege Europas. Der Weg startet im bayerischen Donauwörth und führt nach Italien. Es gibt zwei mögliche Zielorte, Ostiglia in der Lombardei und Quarto d'Altino nahe der Lagune von Venedig – Zielort der Strecke, die wir hier betrachten. Die teils geschotterte Strecke ist für Trekkingräder geeignet und mit etwas Training auch für Familien mit Kindern zu bewältigen. Die höchsten Punkte sind der Fernpass und der Reschenpass. Dabei führt die Route nicht über die viel befahrenen Hauptstraßen, sondern über alternative Wege. Auch ein Gepäckshuttle wird an diesen Anstiegen angeboten. Nahe des Reschenpasses liegt der Reschensee mit dem berühmten, halb versunkenen Kirchturm.

Trekkingrad

4 CICLOVIA ALPE ADRIA

SALZBURG – GRADO

410 km

ca. **2500 m**

Eine vergleichsweise einfache und familienfreundliche, aber dennoch landschaftlich lohnenswerte Alpenüberquerung bietet der Fernradweg Ciclovia Alpe Adria. Auf den etwa 400 überwiegend asphaltierten Kilometern zwischen Salzburg und dem italienischen Badeort Grado an der Adriaküste gibt es kaum längere Anstiege – vorheriges Bergtraining ist also nicht unbedingt nötig. Möglich wird das, indem der Alpenhauptkamm mit dem Zug durch einen acht Kilometer langen Eisenbahntunnel unterquert wird. Die sogenannte Tauernschleuse ist eine pendelnde Zugverbindung mit Waggons für Autos und Fahrräder. Einer der wenigen Anstiege führt hinauf in den Ort Bad Gastein kurz vor der Tauernschleuse – zur Belohnung kann man dort den berühmten Gasteiner Wasserfall bewundern.

FLUSSRADWEGE

IN DEUTSCHLAND

Viele der beliebtesten Fernradwege liegen am Ufer von Flüssen. In Flusstälern lässt es sich meist gemütlich radeln, größere Steigungen sind selten. Der ständige Blick aufs Wasser sorgt für Entspannung und Urlaubsstimmung. Zudem sind Flussradwege vor allem für kulturell und historisch interessierte Menschen interessant. **Entlang von Flussläufen wurde schon immer Geschichte geschrieben – weshalb man oft besondere Kulturlandschaften mit vielen historischen Sehenswürdigkeiten wie Burgen und Schlössern durchfährt.** Einige der Routen folgen dem gesamten Verlauf eines Flusses von der Quelle bis zur Mündung.

In Deutschland gibt es ein besonders dichtes Netz an Flussradwegen. Der Allgemeine Deutsche Fahrrad-Club (ADFC) hat eine Befragung unter Radreisenden durchgeführt, auf welchen deutschen Fernradwegen diese im Jahr 2022 unterwegs waren. Unter den zehn am häufigsten befahrenen Routen waren acht Flussradwege. Die vier längsten stellen wir auf der rechten Seite vor.

MEISTBEFAHRENE DEUTSCHE FERNRADWEGE 2022

1. Weser-Radweg
2. Elbe-Radweg
3. Rhein-Radweg
4. Ostseeküsten-Radweg
5. Main-Radweg
6. Donau-Radweg S. 184
7. Mosel-Radweg
8. Ems-Radweg
9. Bodensee-Radweg S. 182
10. Ruhrtal-Radweg

Flussradweg

WESER-RADWEG

HANN. MÜNDEN – CUXHAVEN

⟼ **520 km**

Sehenswert:

- Startort Hann. Münden, wo die Weser aus dem Zusammenfluss von Fulda und Werra entsteht
- Viele repräsentative Bauwerke und Fachwerkhäuser der **Weserrenaissance** aus dem 16. Jahrhundert
- Das Weserbergland, eine waldreiche Mittelgebirgslandschaft
- Hameln, die Stadt der Rattenfänger-Legende
- Hansestadt Bremen mit der Statue der vier Stadtmusikanten
- Bremerhaven mit dem zweitgrößten deutschen Seehafen
- Zielort Cuxhaven, Seebad an der Nordsee

ELBE-RADWEG

BAD SCHANDAU – CUXHAVEN (Deutscher Abschnitt)

⟼ **860 km**

Sehenswert:

- Startort Bad Schandau mit historischem Personenaufzug an einer Felswand
- Das Elbsandsteingebirge mit seinen bizarren Felsformationen, auch Sächsische Schweiz genannt
- Viele historische Schlösser direkt am Elbufer
- Dresden mit der Frauenkirche und der Semperoper
- Wittenberg mit dem Lutherhaus
- Magdeburg mit dem Magdeburger Dom
- Rühstädt, das storchenreichste Dorf Deutschlands
- Hansestadt Hamburg mit ihrem Hafen und der **Elbphilharmonie**
- Das Alte Land, eine Kulturlandschaft mit unzähligen Obstbäumen
- Zielort Cuxhaven, Seebad an der Nordsee

RHEIN-RADWEG

KONSTANZ – EMMERICH (Deutscher Abschnitt)

⟼ **900 km**

Sehenswert:

- Startort Konstanz, die größte Stadt am Bodensee
- **Rheinfall von Schaffhausen**, einer der größten Wasserfälle Europas
- Basel, die Stadt am Rheinknie mit dem Basler Münster
- Straßburg mit dem Straßburger Münster und dem Fachwerkviertel „Petite France“
- Weinregion Rheinhessen mit der Domstadt Mainz
- Oberes Mittelrheintal mit der Loreley und zahlreichen Burgen
- Koblenz mit dem Deutschen Eck an der Moselmündung
- Köln mit dem Kölner Dom
- Duisburg mit dem größten Binnenhafen der Welt
- Zielort Emmerich mit der längsten Hängebrücke Deutschlands

MAIN-RADWEG

BAYREUTH – MAINZ

⟼ **515 km**

Sehenswert:

- Startort Bayreuth mit dem Opernhaus und den Richard-Wagner-Festspielen
- Bamberg mit seiner auf sieben Hügeln erbauten historischen Altstadt
- Würzburg mit dem Würzburger Dom und der **Festung Marienberg**
- Weinberge in den Fränkischen Weinanbaugebieten
- Ruine der Burg Wertheim am Zusammenfluss von Main und Tauber
- Aschaffenburg mit dem Schloss Johannisburg
- Wälder des Naturparks Spessart
- Frankfurt am Main mit den Wolkenkratzern im Bankenviertel und dem Frankfurter Römer
- Zielort Mainz, dessen Zentrum gegenüber der Mündung des Mains in den Rhein liegt

LEGENDÄRE ANSTIEGE

Das Befahren von Gebirgspässen ist die Königsdisziplin des Radsports: Wer kilometerlang bergauf fährt, muss schwitzen und leiden – wird aber mit beeindruckender Landschaft und Glückshormonen belohnt. **Wer einmal einen langen Anstieg erklommen hat, kommt oft nicht mehr davon los.** Es ist das Gefühl, sich Höhenmeter für Höhenmeter selbst zu erkurbeln, über sich hinaus zu wachsen und am Ende entkräftet das selbst gesteckte Ziel zu erreichen. Und dabei die Verwandlung einer Landschaft mitzuerleben: vom saftig grünen Tal über Bergwälder bis zur Geröllwüste des Hochgebirges. Hinter jeder Kurve wartet ein neues Panorama. **Pässefahren ist ein besonderes Erlebnis von Langsamkeit.** Und als Belohnung für die Mühen folgt eine rasante Abfahrt ins Tal.

Und so sieht man sie im Sommer in Scharen auf den Serpentinen der Bergstraßen: Rennräder, Trekkingräder, Reiseräder mit schweren Taschen – und neuerdings auch viele E-Bikes, die das Pässeradeln weniger sportlichen Menschen zugänglich machen.

AUSRÜSTUNG & TIPPS

ÜBERSETZUNG

Eine hohe Trittfrequenz bei niedriger Übersetzung ist kraftsparender als das Treten zu schwerer Gänge. Empfehlenswert ist eine gleichmäßige Frequenz von etwa 70 bis 90 Umdrehungen pro Minute. Daher sollte man immer schalten, wenn sich die Steigung ändert. Je steiler der Berg – und je geringer die Fitness – desto mehr Zähne sollte das größte Ritzel am Hinterrad besitzen.

Antrieb & Übersetzung, S. 40

KLEIDUNG

Pro 100 Höhenmeter nimmt die Temperatur um etwa 0,65 Grad Celsius ab. Auf einem Hochgebirgspass ist es daher deutlich kälter als im Tal. Man sollte warme – und dennoch nicht zu schwere – Kleidung einpacken, auch wenn es im Tal sommerlich warm ist. Eine winddichte Jacke und lange Handschuhe vermeiden das Frieren auf der anschließenden Abfahrt.

VERPFLEGUNG

Der Wasser- und Kalorienverbrauch beim Bergauffahren ist enorm. Es ist entscheidend, regelmäßig zu trinken – im Gebirge lassen sich die Trinkflaschen oft an Brunnen auffüllen. Essen sollte man ebenfalls regelmäßig – allerdings auch nicht zu viel, um den Magen nicht zu überfordern. Spezielle Energiegels sind schnell verdaulich, schmecken aber nicht jedem. Auch Müsliriegel oder eine Banane eignen sich gut. *Ernährung, S. 89*

FAHRTECHNIK

Um beim Bergauffahren Kraft zu sparen, sollte man den Oberkörper nicht zu viel bewegen. Beim Rennrad sollte man die entspannte Oberlenker-Haltung wählen, da Aerodynamik bergauf weniger entscheidend ist. Das Fahren im Sitzen ist ökonomischer als im Stehen. Allerdings entlastet es den Rücken, wenn man von Zeit zu Zeit aus dem Sattel geht. Der Wiegetritt kann auch helfen, kurze sehr steile Passagen zu überwinden.

ÖFFNUNGSZEITEN

Die meisten Hochgebirgspässe sind im Winter eingeschneit und gesperrt. Sie öffnen in der Regel im Mai oder Juni. Der offizielle Öffnungszeitraum kann sich witterungsbedingt verschieben, aktuelle Informationen gibt es im Internet. Vor Ort steht oft ein Schild am Fuße des Anstiegs, das zeigt, ob der Pass geöffnet ist.

MENTALE EINSTELLUNG

20 Kilometer oder mehr bergauf zu fahren, kann sich endlos anfühlen. Wer wenig Erfahrung hat, sollte die Strecke in Etappen einteilen und sich schon vorher Orte für Pausen überlegen. Zudem sollte man sich nicht vom Tempo anderer beeinflussen lassen, sondern seinen eigenen Rhythmus finden.
Der Weg ist das Ziel!

ANSTIEGE IN EUROPA

Europa ist das Mekka des Pässeradelns. Das gilt vor allem für die Alpen, wo sich die klangvollsten Anstiege des Radsports befinden. Einige sind in erster Linie durch Radrundfahrten wie die Tour de France berühmt geworden, andere wegen ihrer landschaftlichen Schönheit oder besonderen Straßenführung. Die Karte zeigt eine Auswahl beliebter Anstiege. Einige von ihnen stellen wir in diesem Kapitel ausführlich vor. Die Steigungsprofile stammen vom Portal *climbfinder.com*. Hier findet man zahlreiche Daten, Fakten und Erlebnisberichte zu diesen sowie vielen weiteren Anstiegen.

Einige der Anstiege führen bis (fast) auf den Gipfel eines Berges. Die angegebene Höhe bezieht sich auf den höchsten Punkt der Straße, nicht auf die Höhe des Berges.

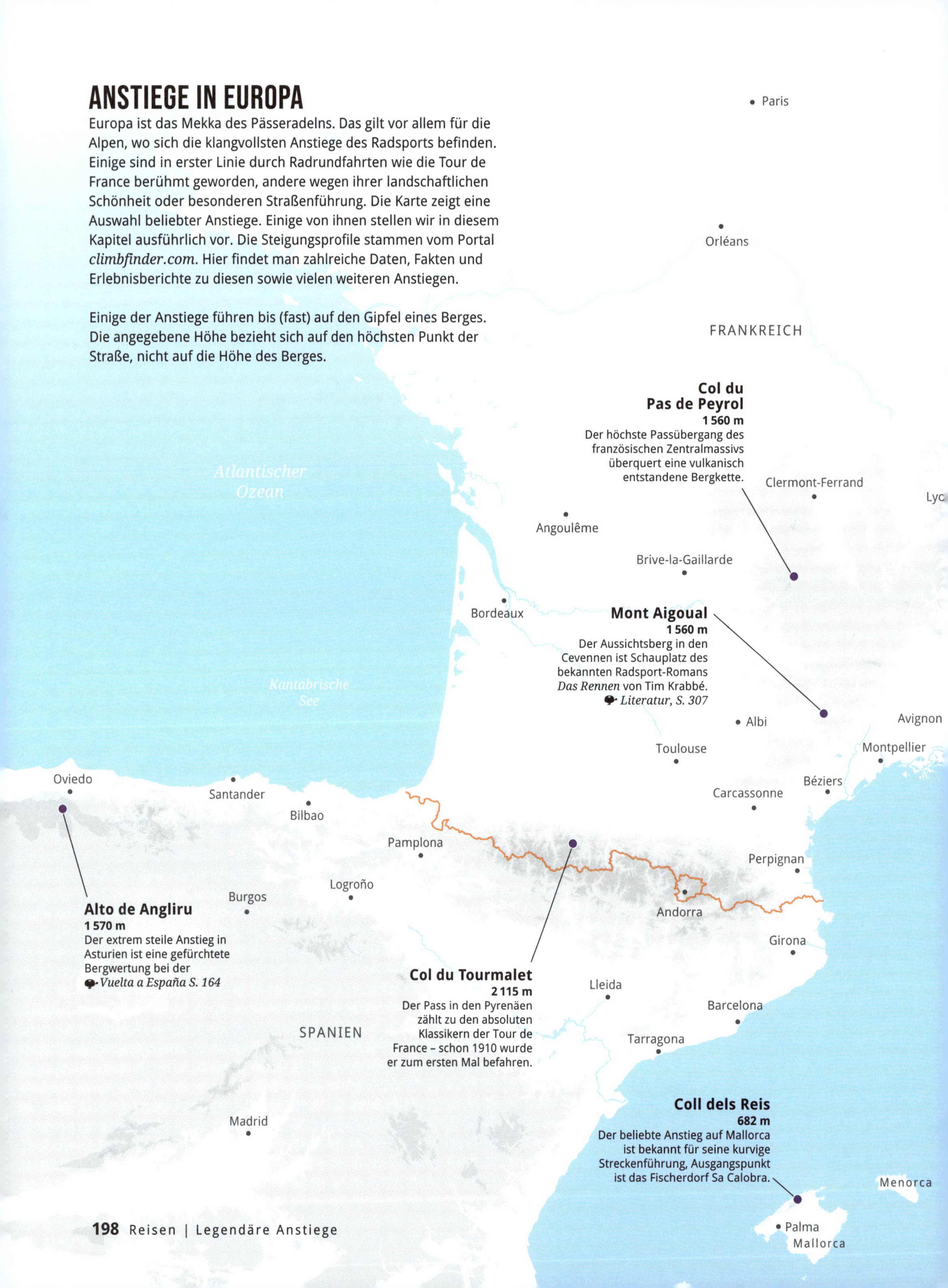

Nürnberg
DEUTSCHLAND
Col du Grand Ballon
1 343 m
Der Grand Ballon ist der höchste Berg der Vogesen – die beliebte Passstraße führt fast bis auf den Gipfel.
Belchen
1 360 m
Der vierthöchste Berg des Schwarzwalds ist beliebtes Ziel von Radtouren – die auf den letzten Kilometern autofreie Straße führt zum Berggasthof unterhalb des Gipfels.
Riedbergpass
1 407 m
Deutschlands höchster Straßenpass liegt im Allgäu und verbindet den Ort Fischen mit Hittisau in Vorarlberg.
Ötztaler Gletscherstraße
2 829 m
Die Auffahrt führt zum höchsten auf asphaltierter Straße erreichbaren Punkt der Alpen – und an den Rand der Gletscher Rettenbach- und Tiefenbachferner.
Gotthardpass
2 106 m
Die Südauffahrt zum Gotthardpass auf der historischen Kopfsteinpflaster-Straße durch das Val Tremola ist ein Radsport-Klassiker.
München
Salzburg
Timmelsjoch
2 474 m
Der Pass verbindet Österreich und Italien – beim extrem schweren Ötztaler Radmarathon bildet er den finalen Anstieg.
Sustenpass
2 224 m
Der Pass bietet spektakuläre Ausblicke auf die Gletscher der Urner Alpen – und lässt sich mit den benachbarten Pässen Grimsel und Furka zu einer höhenmeterreichen Runde verbinden.
Basel
Zürich
Vaduz
Innsbruck
ÖSTERREICH
8
Bern
SCHWEIZ
Großglockner-Hochalpenstraße
2 571 m
Österreichs bekannteste Bergstraße erschließt die beeindruckende Bergwelt der Hohen Tauern.
Lausanne
4
5
6
7
Grosse Scheidegg
1 962 m
Der in weiten Teilen autofreie Passübergang liegt im Schatten der Bergriesen des Berner Oberlands.
Lugano
Trient
Udine
SLOWENIEN
Zagreb
Col de l'Iseran
2 764 m
Dieser Anstieg darf in keiner Auflistung fehlen – es ist der höchste asphaltierte Passübergang der Alpen.
ITALIEN
Venedig
Stilfser Joch
2 757 m
Die „Königin der Bergstraßen" ist bekannt für ihre spektakuläre Straßenführung mit 48 Kehren und steht häufig im Programm des Giro d'Italia.
Monte Zoncolan
1 730 m
Der Berg in den Karnischen Alpen bietet einen der steilsten Anstiege des Giro d'Italia und ganz Europas.
KROATIEN
Grenoble
2
3
Turin
Col d'Izoard
2 360 m
Der Pass ist bekannt für die Geröllhalden und Felsnadeln der Casse Déserte und wird auch häufig von der Tour de France befahren.
Sellajoch
2 244 m
Die Dolomiten sind voller bekannter Rennradstrecken – dieser im Schatten der steilen Felswände des Sellamassivs liegende Anstieg ist einer der beliebtesten.
1
Zadar
Col Agnel
2 744 m
Der landschaftlich sehr reizvolle Pass verbindet Frankreich und Italien – die Grenze liegt direkt auf der Passhöhe.
Monaco
Nizza
Fréjus
Marseille
Florenz
Albulapass
2 312 m
Der verkehrsarme Pass im Kanton Graubünden besticht mit abwechslungsreicher Landschaft und dem Blick auf die berühmte Albula-Bahn.
Col du Galibier
2 642 m
Einer der bekanntesten Anstiege der Tour de France führt durch eine karge Hochgebirgswelt, die an eine Mondlandschaft erinnert.
Ligurisches Meer
Adriatisches Meer
Alpe d'Huez
1 850 m
Die 21 berühmten Serpentinen hinauf in den Wintersportort L'Alpe d'Huez sind ein Mythos der Tour de France und des Radsports.
Korsika
Rom
Col de Bavella
1 218 m
Der Pass überquert den felsigen Hauptgebirgskamm Korsikas und ist eine der beliebtesten Radstrecken der Insel.
Blockhaus
2 100 m
Der Berg im italienischen Apennin ist durch eine Straße erschlossen und bietet eine spektakuläre Weitsicht – in Sachen Höhenmetern kann der Anstieg mit den längsten Pässen der Alpen mithalten.
Sardinisches Meer
Mont Ventoux
1 909 m
Der „Gigant der Provence" mit seiner kahlen und stürmischen Kuppe gilt als einer der legendärsten Berge der Tour de France.
Tyrrhenisches Meer
Sardinien
Cagliari

❶ MONT VENTOUX

Provence-Alpes-Côte d'Azur

Der Mont Ventoux ist ein weithin sichtbarer Berg in der Provence. Er ist bekannt für seine kahle, wüstenähnliche Kuppe – und für den Radsport. Denn der „Gigant der Provence" ist ein mythischer Berg der Tour de France. *Tour de France, S. 150* Es gibt mehrere Auffahrtsvarianten, besonders bekannt ist die Südwestauffahrt von Bédoin. Obwohl der Berg nicht so hoch ist wie die bekanntesten Alpenpässe, kann er es in Sachen Schwierigkeit mit diesen aufnehmen. Dafür sorgen nicht nur die vielen Höhenmeter, sondern oft auch die Hitze der Provence und ein erbarmungsloser Gegenwind auf den letzten Kilometern.

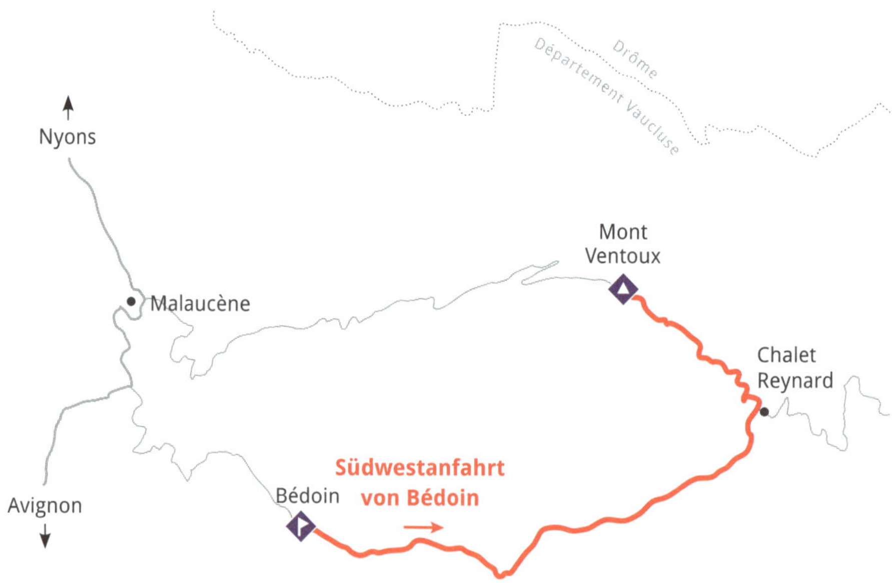

1 909 m ↑ Höhe

20,8 km → Länge

1 594 m Höhenmeter

7,7 % Ø Steigung

13,3 % max. Steigung

1885 Baujahr

Geöffnet:
Anfang April – Mitte November (witterungsabhängig)

Steil durch den Wald
Nach einer ersten Kehre fährt man in den Wald ein und die Steigung nimmt deutlich zu. Die folgenden Kilometer sind die steilsten des Anstiegs, doch die Bäume spenden Schatten. Je weiter man nach oben kommt, desto lichter wird der Wald.

Aufwärmen zwischen Feldern
Auf den ersten Kilometern bleibt die Steigung im niedrigen Bereich, so dass man sich erst einmal aufwärmen kann. Die Straße verläuft zwischen Getreidefeldern, Weinreben und Olivenbäumen. Der Gipfel des Mont Ventoux ist von hier aus schon zu sehen – so ahnt man, was man noch vor sich hat.

Start: Bédoin
Die Auffahrt startet in Bédoin, einem typisch provenzalischen Ort mit engen Gassen. Er ist bekannt für Weinbau – und natürlich für die Tour de France.

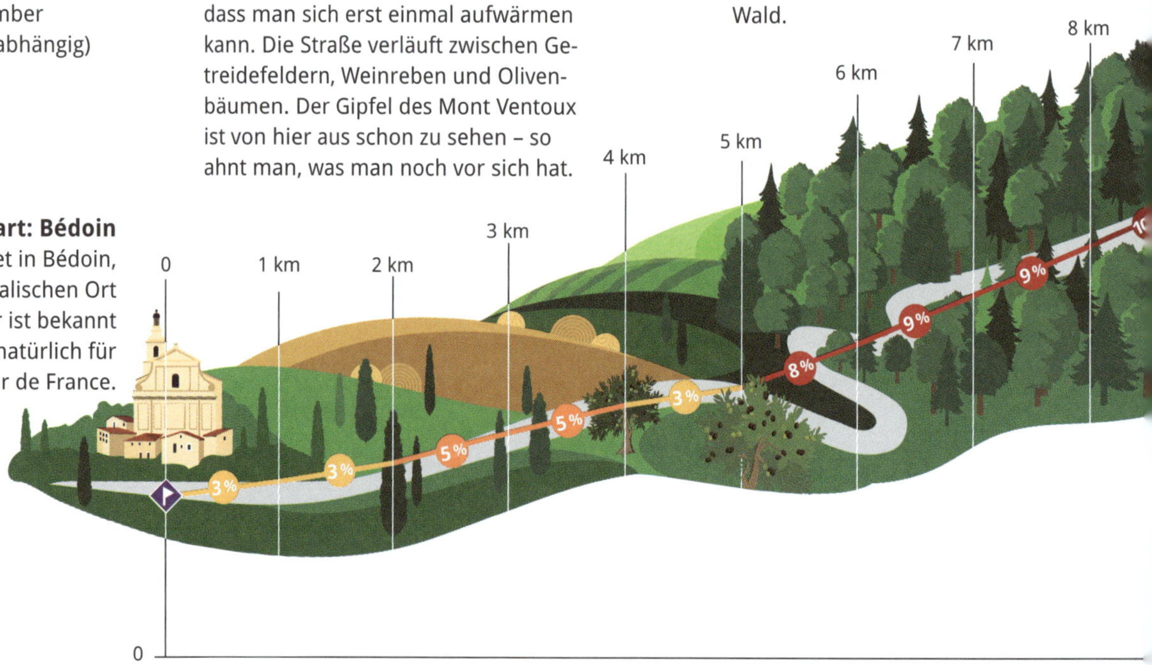

Die Grafik zeigt die durchschnittliche Steigung pro Kilometer. Die Daten stammen vom Portal *climbfinder.com*.

Quelle: climbfinder.com

„Der Ventoux hingegen hat die Massivität des Berges, er ist ein Gott des Bösen, dem man Opfer bringen muss. Als wahrer Moloch, als Despot der Radfahrer, verzeiht er niemals den Schwachen, lässt sich einen ungerechten Tribut an Leiden bezahlen.“
Roland Barthes,
französischer Philosoph (1915-1980)

Chalet Reynard
Am Chalet Reynard kann man sich noch einmal stärken: In der ehemaligen Berghütte befindet sich heute ein Selbstbedienungsrestaurant. Etwa in dieser Höhe befindet sich die heutige Baumgrenze des Berges.

Ziel: Gipfel
Kurz vor Schluss wird es noch einmal richtig steil, dann ist der Gipfel erreicht. Dort befindet sich ein Observatorium mit einem markanten Turm und vielen Sendeanlagen. Auch einen Kiosk und eine Kapelle gibt es hier. Der Mont Ventoux ist bekannt für seine spektakuläre Aussicht: An manchen Tagen sieht man nicht nur das Mittelmeer, sondern auch die höchsten Berge der Alpen und der Pyrenäen.

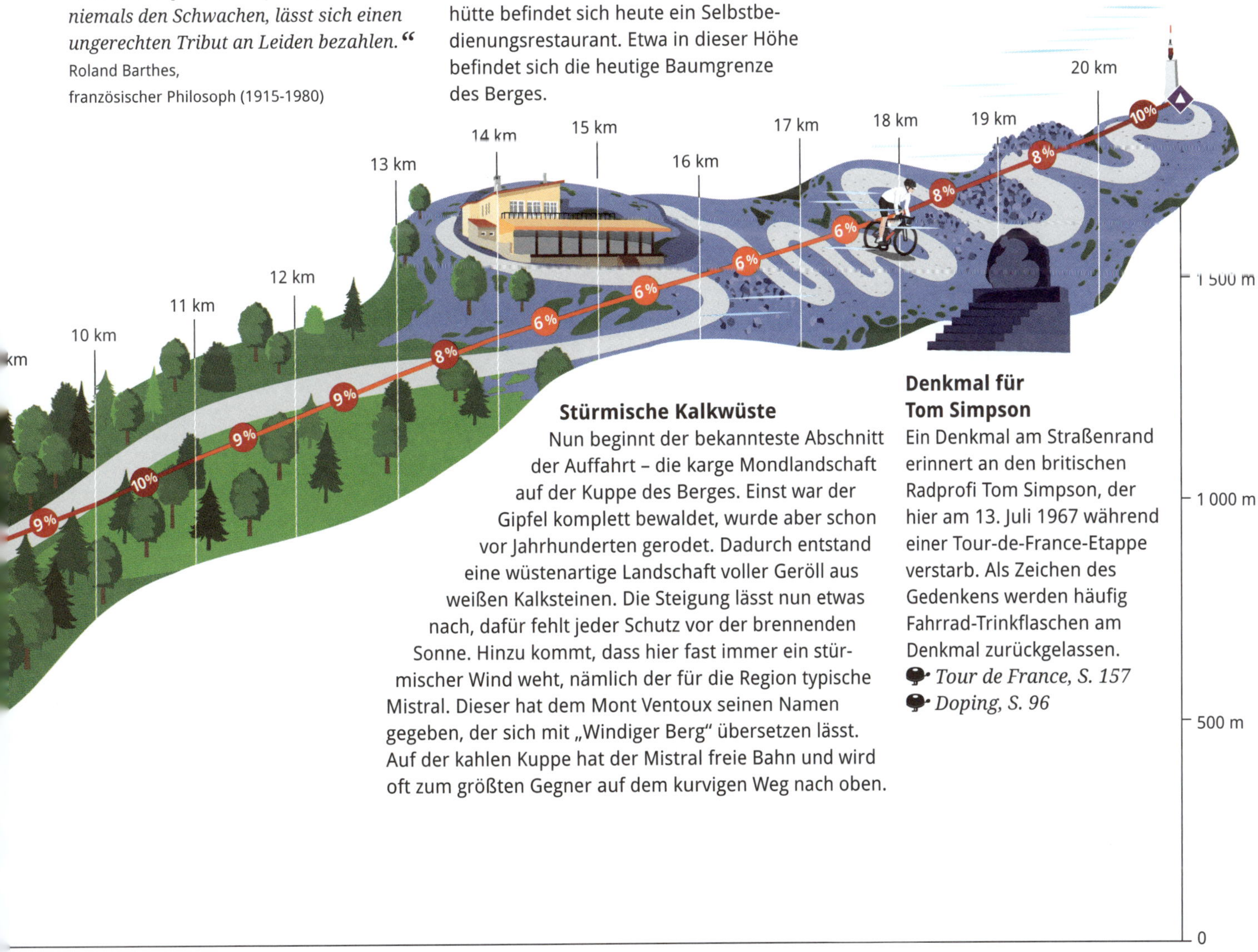

Stürmische Kalkwüste
Nun beginnt der bekannteste Abschnitt der Auffahrt – die karge Mondlandschaft auf der Kuppe des Berges. Einst war der Gipfel komplett bewaldet, wurde aber schon vor Jahrhunderten gerodet. Dadurch entstand eine wüstenartige Landschaft voller Geröll aus weißen Kalksteinen. Die Steigung lässt nun etwas nach, dafür fehlt jeder Schutz vor der brennenden Sonne. Hinzu kommt, dass hier fast immer ein stürmischer Wind weht, nämlich der für die Region typische Mistral. Dieser hat dem Mont Ventoux seinen Namen gegeben, der sich mit „Windiger Berg“ übersetzen lässt. Auf der kahlen Kuppe hat der Mistral freie Bahn und wird oft zum größten Gegner auf dem kurvigen Weg nach oben.

Denkmal für Tom Simpson
Ein Denkmal am Straßenrand erinnert an den britischen Radprofi Tom Simpson, der hier am 13. Juli 1967 während einer Tour-de-France-Etappe verstarb. Als Zeichen des Gedenkens werden häufig Fahrrad-Trinkflaschen am Denkmal zurückgelassen.
Tour de France, S. 157
Doping, S. 96

❷ ALPE D’HUEZ

Auvergne-Rhône-Alpes

Alpe d’Huez – das sind wahrscheinlich die 21 berühmtesten Serpentinen der Welt. Die kurvige Auffahrt in den französischen Wintersportort L’Alpe d’Huez wird auch „Woodstock des Radsports“ genannt. Wenn die Tour de France hier Station macht, pilgern Hunderttausende an den Rand der Strecke und feiern eine große Party. Die Rennfahrer fahren dann durch einen Tunnel aus Menschen, der sich oft erst im letzten Moment öffnet. Da in den 1970er und 1980er Jahren viele niederländische Fahrer hier Etappensiege einfuhren, wird die Auffahrt auch „Der Berg der Holländer“ genannt. Die Strecke ist eine Sackgasse und landschaftlich nicht besonders spektakulär – doch hier kann man Radsportgeschichte atmen. Dafür sorgen nicht zuletzt die nummerierten Kehren, die mit den Namen der bisherigen Etappensieger beschriftet sind. *Tour de France, S. 150*

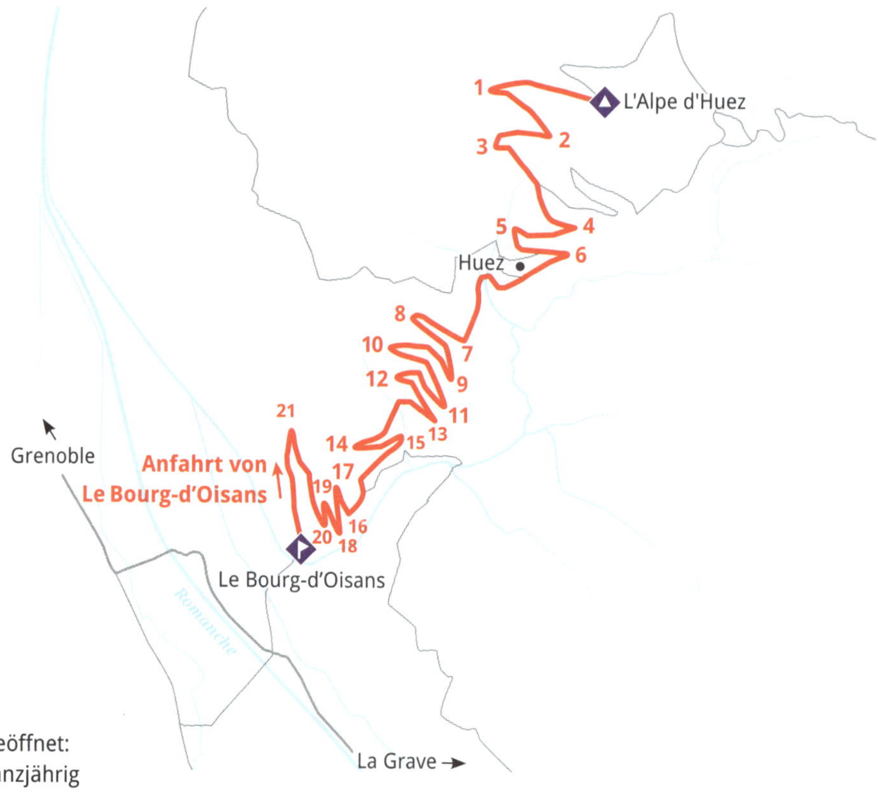

1850 m Höhe

13,9 km Länge

1130 m Höhenmeter

8 % Ø Steigung

15 % max. Steigung

1935 Baujahr

Geöffnet: ganzjährig

Nationalität der Tour-de-France-Etappensieger*innen in L’Alpe d’Huez

Männer

Niederlande (zuletzt 1989)
Italien (zuletzt 1999)
Frankreich (zuletzt 2015)
Spanien (zuletzt 2008)
Großbritannien (zuletzt 2022)
Portugal (1979)
Schweiz (1982)
Kolumbien (1984)
USA (1992)
Luxemburg (2006)

Frauen

Niederlande (2024)

Start: Le Bourg-d’Oisans
Die Auffahrt beginnt hinter dem Ferienort Le Bourg-d’Oisans, der im Tal des Flusses Romanche liegt.

Steilstück zu Beginn
Gleich zu Beginn wird es ernst: Die ersten zwei Kilometer mit den Kehren 21 bis 18 sind die steilsten des Anstiegs.

1 000 000

Menschen standen während einer Etappe der Tour de France im Jahr 2004, die als Bergzeitfahren ausgetragen wurde, am Straßenrand der Strecke nach L'Alpe d'Huez.

36:50

Minuten beträgt die gemessene Bestzeit auf der Strecke – aufgestellt vom Italiener Marco Pantani bei der Tour de France 1995. Damals war das Dopingmittel EPO im Fahrerfeld weit verbreitet.

31

mal endete eine Etappe der Tour de France in L'Alpe d'Huez, zuerst im Jahr 1952.

Ziel: L'Alpe d'Huez

L'Alpe d'Huez und das oberhalb gelegene Skigebiet sind ein Zentrum des Wintersports. Der Ort strahlt mit seinen teils klobigen Hotelbauten nicht gerade Idylle aus. Hat man den Ortseingang erreicht, flacht die Steigung deutlich ab, bevor man nach ein paar letzten Kurven die Stelle erreicht, an der die Etappen der Tour de France enden.

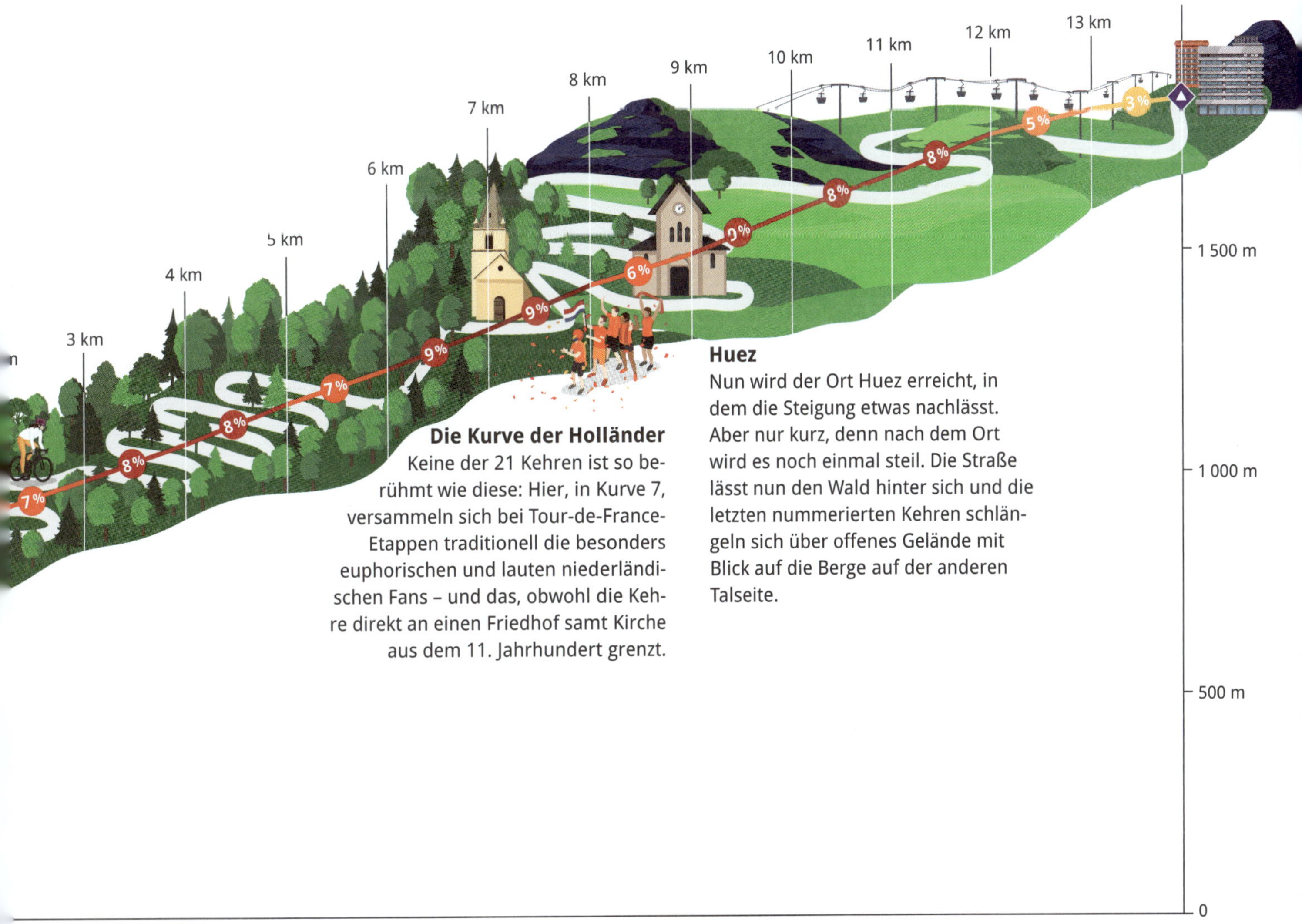

Die Kurve der Holländer

Keine der 21 Kehren ist so berühmt wie diese: Hier, in Kurve 7, versammeln sich bei Tour-de-France-Etappen traditionell die besonders euphorischen und lauten niederländischen Fans – und das, obwohl die Kehre direkt an einen Friedhof samt Kirche aus dem 11. Jahrhundert grenzt.

Huez

Nun wird der Ort Huez erreicht, in dem die Steigung etwas nachlässt. Aber nur kurz, denn nach dem Ort wird es noch einmal steil. Die Straße lässt nun den Wald hinter sich und die letzten nummerierten Kehren schlängeln sich über offenes Gelände mit Blick auf die Berge auf der anderen Talseite.

❸ COL DU GALIBIER

Auvergne-Rhône-Alpes

Der Name Col du Galibier lässt die Herzen der Radsportfans höher schlagen: Der Pass in den Westalpen ist einer der Klassiker bei der Tour de France. Gleichzeitig hat er landschaftlich sehr viel zu bieten. Ein Großteil der Strecke verläuft durch hochalpines Gelände. Der Galibier verbindet die französischen Regionen Auvergne-Rhône-Alpes und Provence-Alpes-Côte d'Azur. Er bildet zudem eine Klimagrenze zwischen dem feuchteren nordalpinen und dem trockenen mediterranen Klima auf der Südseite. Um den Galibier zu befahren, muss man zuvor entweder den Col du Télégraphe (Nordseite) oder den Col du Lautaret (Südseite) bezwingen.

2 642 m ↑ Höhe

17,5 km → Länge

1 213 m Höhenmeter

6,9 % Ø Steigung

11,9 % max. Steigung

1876 Baujahr

Geöffnet:
Mitte Juni –
Mitte Oktober
(witterungsabhängig)

Die beiden Anstiege zum Col du Galibier verfügen in Abständen von einem Kilometer über **Markierungssteine** mit Informationen zur aktuellen Höhe und Steigung sowie der noch bevorstehenden Kilometerzahl bis zur Passhöhe.

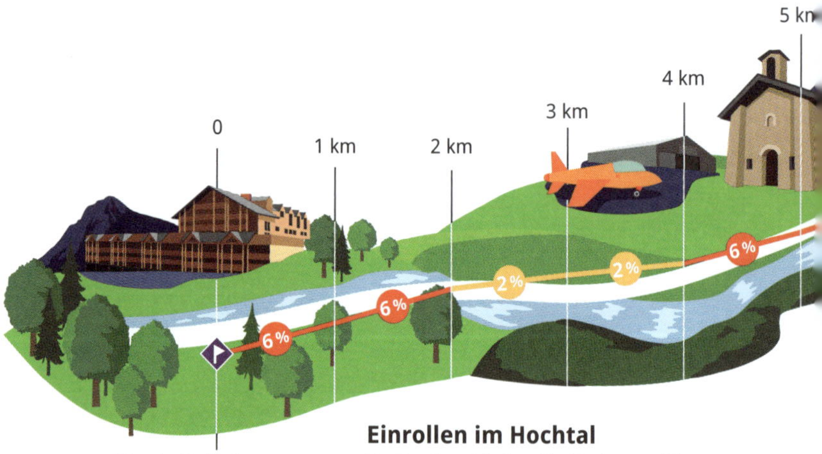

Start: Valloire

Der Aufstieg beginnt im Wintersportort Valloire auf einer Höhe von bereits über 1400 Metern. Um Valloire zu erreichen, muss man zunächst den vorgelagerten Col du Télégraphe überwinden. Wer Télégraphe und Galibier am selben Tag bezwingt, hat in Valloire bereits über 800 Höhenmeter in den Beinen.

Einrollen im Hochtal

Zu Beginn bleibt die Steigung überschaubar, sinkt zwischendurch sogar auf zwei Prozent. Die Straße führt durch das Hochtal des Baches La Valoirette. Die Landschaft wird schon bald karger und hochalpiner. Nach fünf Kilometern passiert man eine Siedlung mit dem schönen Namen Bonnenuit („Gute Nacht"). Hier gibt es einen kleinen Gebirgsflugplatz.

Kurvig durch die Mondlandschaft
Die Hochgebirgswelt wird nun immer spektakulärer. Auf den letzten Kilometern durchquert die kurvige Straße eine regelrechte Mondlandschaft aus Geröllhalden und Felsen.

Ziel: Passhöhe
Die letzten Serpentinen sind noch einmal richtig steil. Die Passhöhe liegt in einer Kurve und bietet eine spektakuläre Aussicht auf die Gipfel in der Umgebung.

Auberge Plan Lachat
An der Auberge Plan Lachat könnte man noch einmal Rast einlegen, bevor es richtig steil wird. Denn kurz danach folgt die erste Haarnadelkurve – und die Straße führt nun in vielen Kehren direkt den Hang hinauf.

Käserei
Die Region ist bekannt für einen würzigen Schnittkäse aus Kuhmilch, den Beaufort. Wer diesen auf der Radtour kosten möchte, kann einen Stopp bei einer Käserei machen, die direkt an der Straße liegt. Weit oben ist die Passhöhe bereits sichtbar.

Tunnelportal
Ein Tunnel unterquert die Passhöhe auf etwa 2 550 Metern Höhe, die Nutzung ist nur Autos und Motorrädern erlaubt. Am Tunnelportal steht die höchstgelegene Ampelanlage Europas.

63
mal wurde der Col du Galibier von der Tour de France befahren (Stand 2025). Zum ersten Mal stand er 1911 im Programm. 2011 gab es eine Bergankunft auf der Passhöhe – dies ist der höchste Punkt, an dem je eine Etappe der Tour de France endete. Es siegte der Luxemburger Andy Schleck. *Tour de France, S. 150*

❹ ALBULAPASS

Kanton Graubünden

Der Albulapass im Schweizer Kanton Graubünden verbindet das Albulatal mit dem Hochtal Engadin. Er war schon einige Male Bestandteil der Tour de Suisse, weist ansonsten aber keine große Radsporthistorie auf. Dennoch zählt er zu den beliebtesten Alpenpässen zum Radfahren. Denn vor allem der über 20 Kilometer lange Anstieg von Westen ist landschaftlich besonders schön und abwechslungsreich. Nicht nur die Bergwelt beeindruckt, sondern auch die parallel zur Passstraße verlaufende Streckenführung der Rhätischen Bahn. Wegen der Bahn-Alternative und der teils engen Straße gibt es auf dem Pass relativ wenig Autoverkehr.

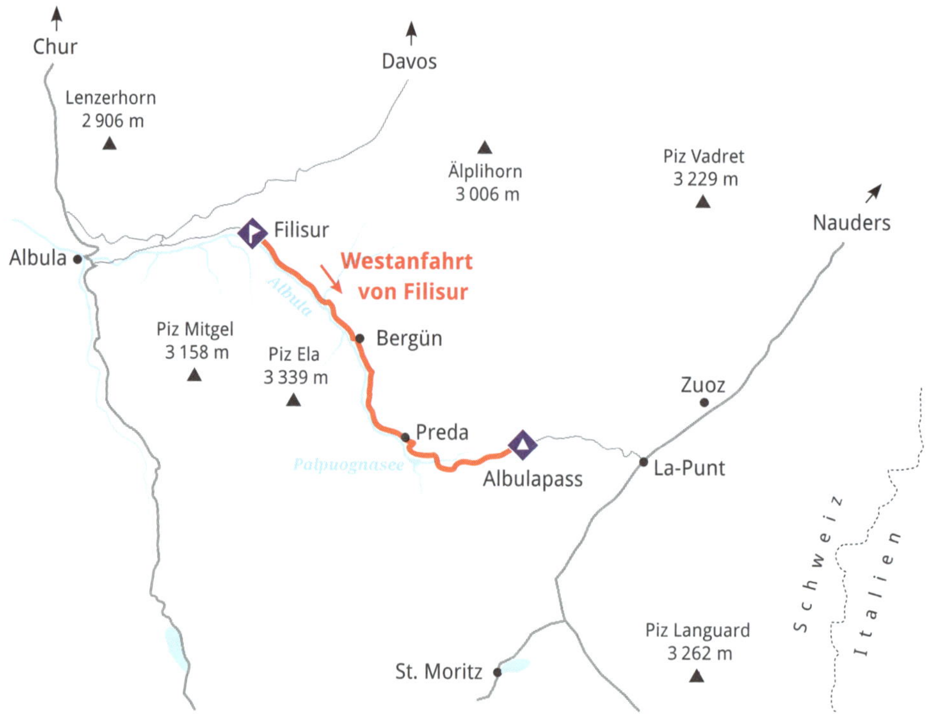

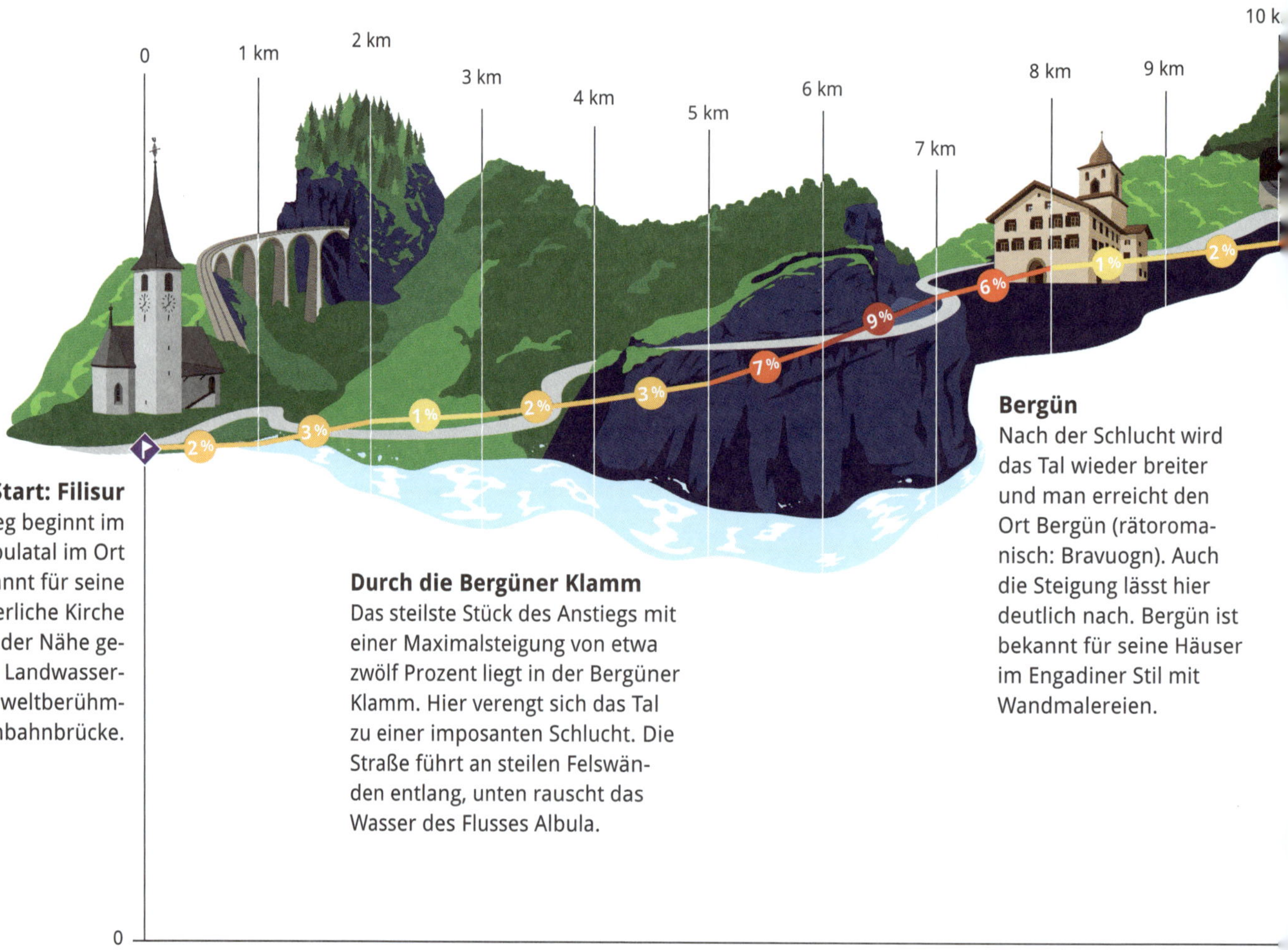

Start: Filisur

Der Anstieg beginnt im unteren Albulatal im Ort Filisur – bekannt für seine mittelalterliche Kirche und das in der Nähe gelegene Landwasserviadukt, eine weltberühmte Eisenbahnbrücke.

Durch die Bergüner Klamm

Das steilste Stück des Anstiegs mit einer Maximalsteigung von etwa zwölf Prozent liegt in der Bergüner Klamm. Hier verengt sich das Tal zu einer imposanten Schlucht. Die Straße führt an steilen Felswänden entlang, unten rauscht das Wasser des Flusses Albula.

Bergün

Nach der Schlucht wird das Tal wieder breiter und man erreicht den Ort Bergün (rätoromanisch: Bravuogn). Auch die Steigung lässt hier deutlich nach. Bergün ist bekannt für seine Häuser im Engadiner Stil mit Wandmalereien.

2 312 m ↑ Höhe

22,1 km → Länge

1 341 m Höhenmeter

6 % Ø Steigung

12 % max. Steigung

1855-1865 Baujahr

Geöffnet:
Ende Mai – Ende Oktober
(witterungsabhängig)

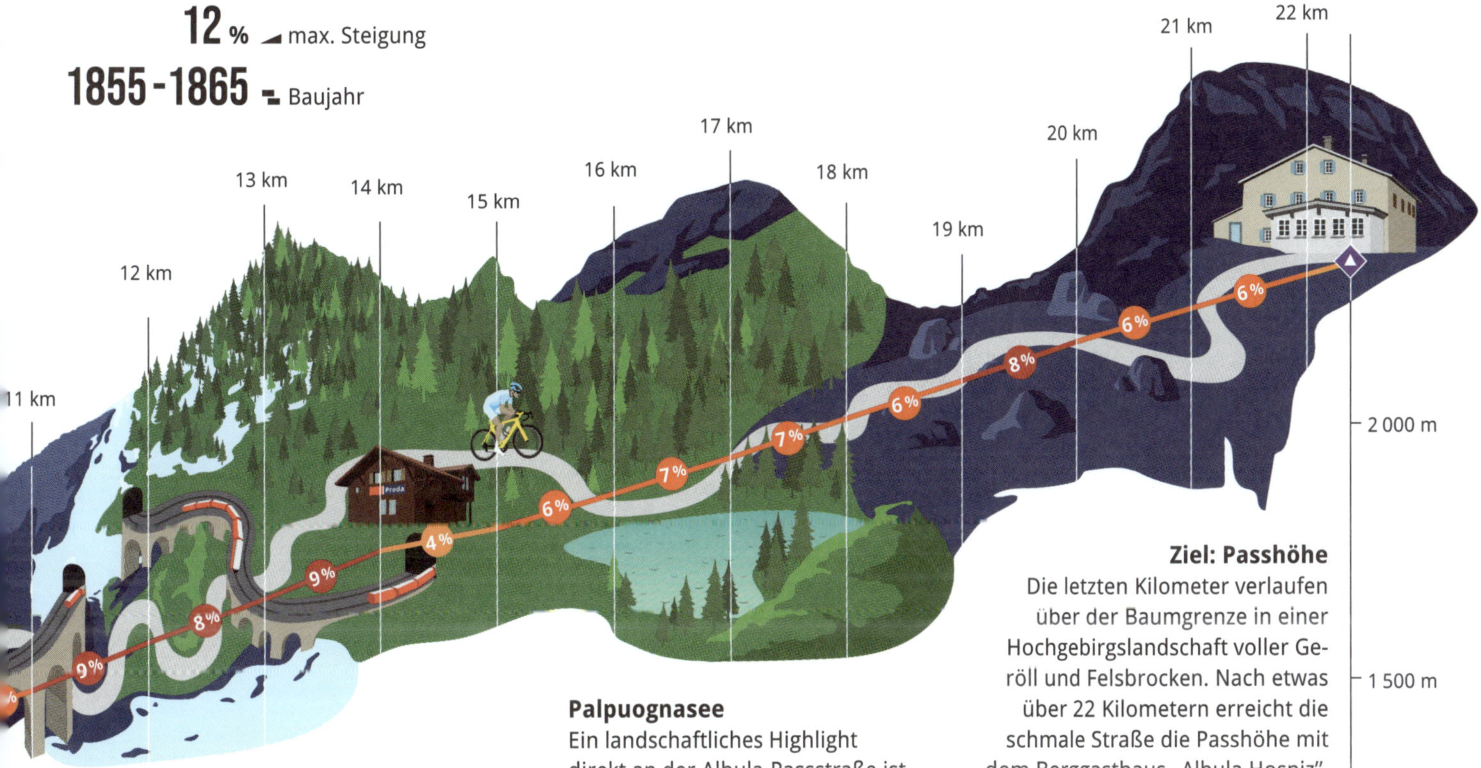

Blick auf die Albulabahn
Nach Bergün wird es wieder deutlich steiler, allerdings ist der Ausblick sehr abwechslungsreich. Dafür sorgt nicht nur die plätschernde Albula, sondern auch die berühmte Albula-Bahnstrecke der Rhätischen Bahn. Die roten Züge schlängeln sich über zahlreiche Brücken und durch mehrere Tunnel nach oben. Die kreiselnde Streckenführung gilt als Meisterleistung des Eisenbahnbaus. Hinter dem Dorf Preda verschwindet die Bahn in einem langen Tunnel, während die Straße weiter nach oben steigt.

Palpuognasee
Ein landschaftliches Highlight direkt an der Albula-Passstraße ist der Palpuognasee (rätoromanisch: Lai da Palpuogna). Der Bergsee ist bekannt für seine smaragdgrüne Farbe und die am Ufer stehenden Lärchen. In einer Fernsehsendung wurde er einmal zum „schönsten Flecken der Schweiz" gewählt.

Ziel: Passhöhe
Die letzten Kilometer verlaufen über der Baumgrenze in einer Hochgebirgslandschaft voller Geröll und Felsbrocken. Nach etwas über 22 Kilometern erreicht die schmale Straße die Passhöhe mit dem Berggasthaus „Albula Hospiz".

SCHON GEWUSST?
Der Streckenabschnitt der Albula-Passstraße zwischen Bergün und Preda ist im Winter eine bekannte Schlittenstrecke. Zahlreiche Feriengäste fahren mit der Rhätischen Bahn hinauf nach Preda, um dann mit dem Schlitten hinabzusausen.

❺ STILFSER JOCH

(Passo dello Stelvio)

Südtirol

Das kurvenreiche Stilfser Joch ist nach dem französischen Col de l'Iseran der zweithöchste asphaltierte Passübergang der Alpen. Es verbindet die italienischen Regionen Südtirol und Lombardei. Der Pass wird auch „Königin der Passstraßen" genannt, vor allem wegen seiner berühmten Serpentinen in hochalpiner Landschaft auf der Ostseite. Das Stilfser Joch ist eines der weltweit beliebtesten Ziele zum sportlichen Radfahren. Beim Giro d'Italia ist es regelmäßig der höchste angefahrene Punkt. *Giro d'Italia, S. 161*
An Wochenenden kann recht viel Auto- und Motorradverkehr herrschen – es empfiehlt sich dann, früh am Morgen loszufahren.

48

Haarnadelkurven weist die Passstraße auf. Diese Kehren sind (von unten gesehen) von 48 bis 1 nummeriert und beschildert.

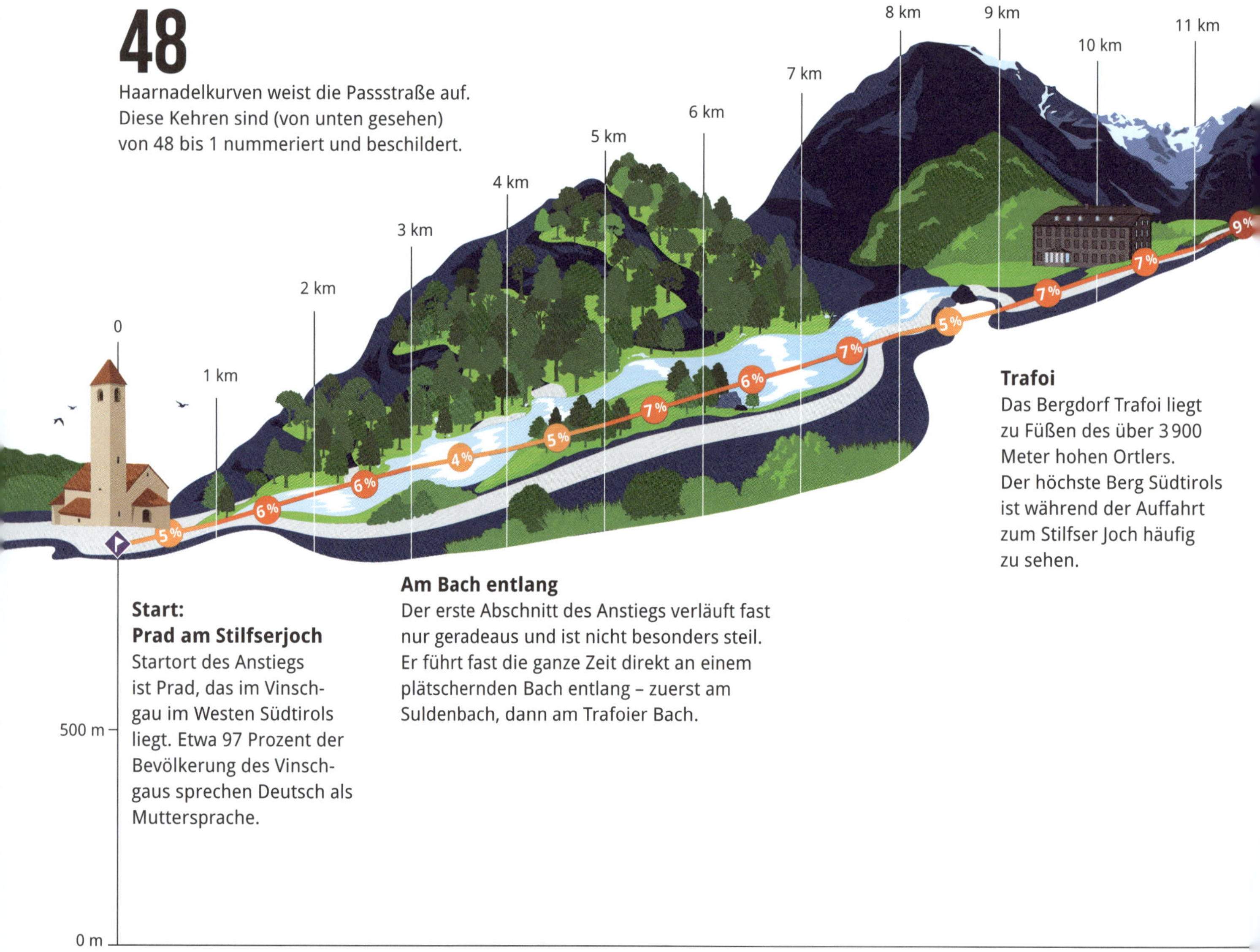

Trafoi
Das Bergdorf Trafoi liegt zu Füßen des über 3 900 Meter hohen Ortlers. Der höchste Berg Südtirols ist während der Auffahrt zum Stilfser Joch häufig zu sehen.

Am Bach entlang
Der erste Abschnitt des Anstiegs verläuft fast nur geradeaus und ist nicht besonders steil. Er führt fast die ganze Zeit direkt an einem plätschernden Bach entlang – zuerst am Suldenbach, dann am Trafoier Bach.

Start:
Prad am Stilfserjoch
Startort des Anstiegs ist Prad, das im Vinschgau im Westen Südtirols liegt. Etwa 97 Prozent der Bevölkerung des Vinschgaus sprechen Deutsch als Muttersprache.

2 757 m ↑ Höhe
24,1 km → Länge
1 832 m Höhenmeter
7,6 % Ø Steigung
13,7 % max. Steigung
1820-1826 Baujahr

Geöffnet:
Ende Mai – Ende Oktober
(witterungsabhängig)

Ziel: Passhöhe
Auf der Passhöhe gibt es mehrere Hotels, Cafés und Kioske und sogar einen Bankschalter.

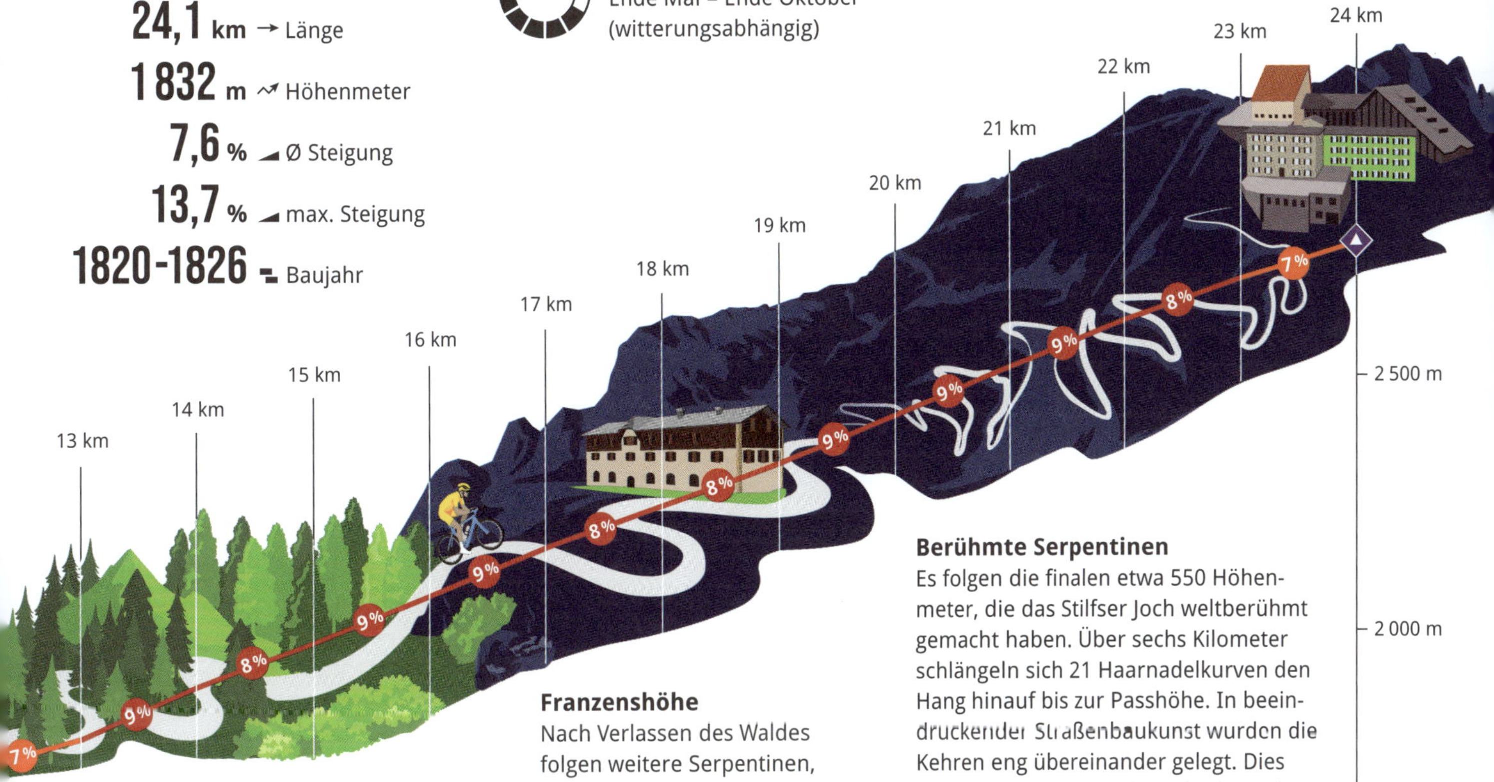

Kehren im Wald
Bald nach Trafoi wird die Strecke kurviger. In zahlreichen Kehren windet sich die nun steilere Straße durch einen Bergwald, der bei Sommerhitze willkommenen Schatten bietet.

Franzenshöhe
Nach Verlassen des Waldes folgen weitere Serpentinen, während derer man das vergletscherte Ortlermassiv stets im Blick hat. Bald erreicht man die Franzenshöhe, ein historisches Berghotel auf 2188 Metern Höhe, benannt nach Kaiser Franz I. von Österreich. In der ehemaligen Raststation für Postkutschen kann man vor dem Schlussanstieg noch einmal Kraft tanken.

Berühmte Serpentinen
Es folgen die finalen etwa 550 Höhenmeter, die das Stilfser Joch weltberühmt gemacht haben. Über sechs Kilometer schlängeln sich 21 Haarnadelkurven den Hang hinauf bis zur Passhöhe. In beeindruckender Straßenbaukunst wurden die Kehren eng übereinander gelegt. Dies ist gleichzeitig der steilste Abschnitt der Passstraße – doch die Streckenführung und die karge Hochgebirgslandschaft entschädigen für die Strapazen.

❻ SELLAJOCH

Trentino

Die weltberühmte Gebirgsgruppe der Dolomiten beeindruckt mit ihren bizarren Felswänden – und ist eine der beliebtesten Regionen zum Rennradfahren in den Alpen. Hier befinden sich viele Passstraßen auf kleinem Raum. Am höchsten hinauf führt die Straße über das Sellajoch, das die italienischen Provinzen Trentino und Südtirol verbindet.

2 244 m ↑ Höhe
11 km → Länge
795 m Höhenmeter
7,2 % Ø Steigung
11,6 % max. Steigung
1872 Baujahr

Geöffnet: ganzjährig

Die Sellarunde

Zur größeren Herausforderung wird die Radtour, wenn man das Sellajoch mit den benachbarten Pässen Pordoijoch, Grödnerjoch und Campolongo kombiniert. Zu viert bilden diese die Sellarunde, eine der bekanntesten Radtouren der Welt. Diese umrundet die gewaltigen Felsgipfel der Sellagruppe und bietet in beiden Richtungen beeindruckende Ausblicke. Die Sellarunde ist etwa 52 Kilometer lang und beinhaltet etwa 1 700 Höhenmeter. Zweimal im Jahr wird die Strecke beim Sellaronda Bike Day für Autos und Motorräder gesperrt.

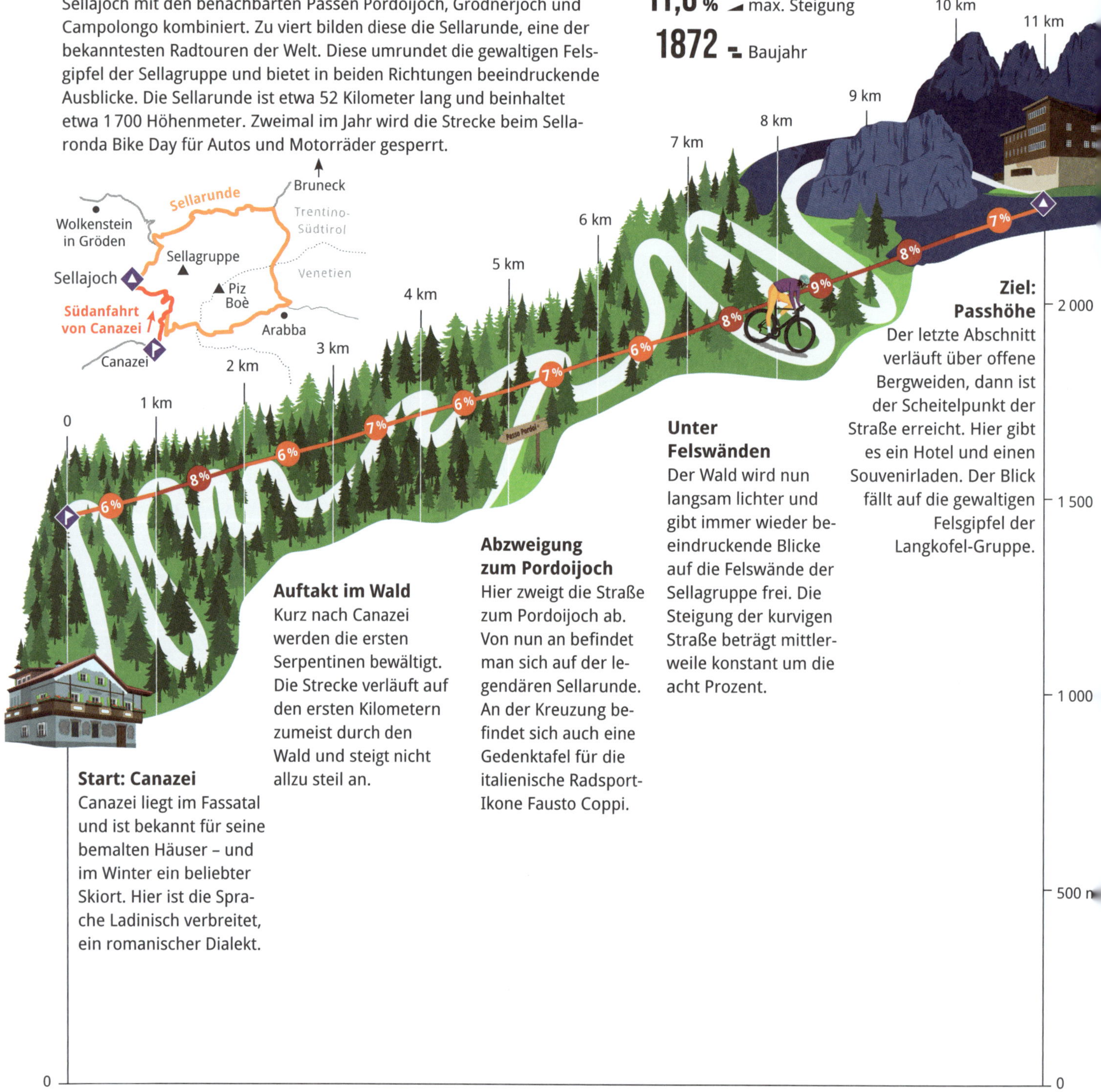

Start: Canazei
Canazei liegt im Fassatal und ist bekannt für seine bemalten Häuser – und im Winter ein beliebter Skiort. Hier ist die Sprache Ladinisch verbreitet, ein romanischer Dialekt.

Auftakt im Wald
Kurz nach Canazei werden die ersten Serpentinen bewältigt. Die Strecke verläuft auf den ersten Kilometern zumeist durch den Wald und steigt nicht allzu steil an.

Abzweigung zum Pordoijoch
Hier zweigt die Straße zum Pordoijoch ab. Von nun an befindet man sich auf der legendären Sellarunde. An der Kreuzung befindet sich auch eine Gedenktafel für die italienische Radsport-Ikone Fausto Coppi.

Unter Felswänden
Der Wald wird nun langsam lichter und gibt immer wieder beeindruckende Blicke auf die Felswände der Sellagruppe frei. Die Steigung der kurvigen Straße beträgt mittlerweile konstant um die acht Prozent.

Ziel: Passhöhe
Der letzte Abschnitt verläuft über offene Bergweiden, dann ist der Scheitelpunkt der Straße erreicht. Hier gibt es ein Hotel und einen Souvenirladen. Der Blick fällt auf die gewaltigen Felsgipfel der Langkofel-Gruppe.

❼ MONTE ZONCOLAN

Friaul-Julisch Venetien

Wer eine besondere sportliche Herausforderung sucht, kommt an diesem italienischen Berg nicht vorbei. Die Auffahrt auf den Gipfel des Monte Zoncolan in den Karnischen Alpen ist eine der steilsten Bergstraßen Europas. Im Radsport wurde der Berg bekannt, als der Giro d'Italia 2003 zum ersten Mal dort Station machte. Seither ist der Gipfel regelmäßig ein gefürchtetes Etappenziel bei der italienischen Rundfahrt. Der Berg kann von zwei Seiten befahren werden, beide sind sehr steil. Die Westauffahrt von Ovaro gilt als am härtesten.

1 730 m ↑ Höhe
9,8 km → Länge
1 206 m Höhenmeter
12,3 % Ø Steigung
23,3 % max. Steigung
1940 Baujahr

Geöffnet: ganzjährig (witterungsabhängig)

„Es ist wie eine langsame Hinrichtung."
Gilberto Simoni, ehemaliger italienischer Radrennfahrer, über den Monte Zoncolan. Er gewann hier 2003 und 2007 zwei Etappen des Giro d'Italia.

Ziel: Gipfel
Es ist geschafft. Am Ziel steht ein kleines Fahrrad-Kunstwerk. Der Gipfel liegt noch 20 Meter höher als die Straße und lässt sich zu Fuß erreichen. Oben bietet sich ein weiter Blick auf die umgebenden Berge.

Start: Ovaro
Die ersten zwei Kilometer ab dem Startort Ovaro dienen dem Aufwärmen und der mentalen Vorbereitung auf das, was noch kommen wird. Die Steigung ist noch nicht allzu hoch – doch kurz nach dem Ortsteil Liariis ändert sich das.

Drei Tunnel
Endlich lässt die Steigung etwas nach. Man durchfährt drei kurze Tunnel, dann folgen ein paar letzte Kehren bis zum Ziel.

Sechs mörderische Kilometer
Es folgt die extreme Herausforderung. Über sechs lange Kilometer ist die Steigung der Straße im Schnitt immer deutlich zweistellig, an einigen Stellen werden die 20 Prozent überschritten. Der Anstieg auf schmaler Straße führt meist durch dichten Wald. Am Straßenrand stehen regelmäßig Schilder mit Porträts berühmter Gewinner des Giro d'Italia. Für all das hat man bei dieser Anstrengung aber wahrscheinlich kaum einen Blick übrig. Innerhalb der sechs Kilometer gewinnt man etwa 900 Meter an Höhe.

❽ GROSSGLOCKNER-HOCHALPENSTRASSE

Land Salzburg

Die Großglockner-Hochalpenstraße ist der höchste und touristisch beliebteste Passübergang in Österreich. Sie verbindet die beiden Bundesländer Salzburg und Kärnten. Die Straße verläuft durch den Nationalpark Hohe Tauern mit den höchsten Bergen Österreichs. Mit etwas Glück kann man entlang der Straße Murmeltiere beobachten. Der Pass wurde von Anfang an nicht nur als Verkehrsweg, sondern auch als touristische Erlebnisstraße konzipiert. Sie mit dem Fahrrad zu befahren, ist eine Herausforderung. Höchster befahrbarer Punkt der Straße ist die Edelweißspitze. Die Zufahrt zu diesem Gipfel erfolgt über eine vom eigentlichen Passübergang abzweigende Stichstraße. Wir beschreiben auf dieser Seite die besonders beliebte Nordseite der Großglockner-Straße: Startort ist das Bergdorf Fusch, Ziel die Edelweißspitze.

Start: Fusch an der Großglocknerstraße
Der beschauliche Ort Fusch liegt am Fuße der Hohen Tauern auf etwa 800 Metern Höhe.

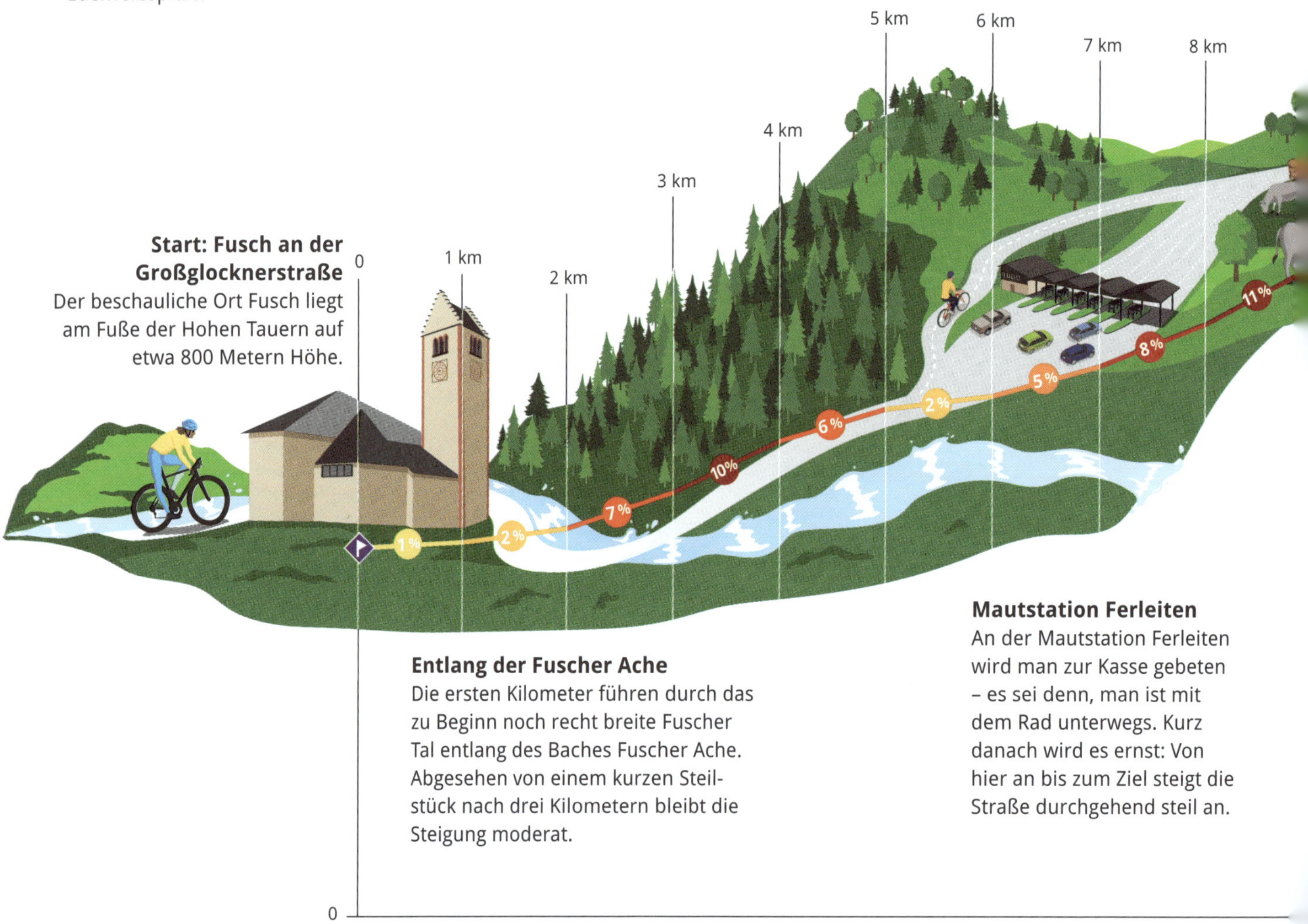

Entlang der Fuscher Ache
Die ersten Kilometer führen durch das zu Beginn noch recht breite Fuscher Tal entlang des Baches Fuscher Ache. Abgesehen von einem kurzen Steilstück nach drei Kilometern bleibt die Steigung moderat.

Mautstation Ferleiten
An der Mautstation Ferleiten wird man zur Kasse gebeten – es sei denn, man ist mit dem Rad unterwegs. Kurz danach wird es ernst: Von hier an bis zum Ziel steigt die Straße durchgehend steil an.

2 571 m	↑ Höhe
21,2 km	→ Länge
1 753 m	Höhenmeter
8,3 %	Ø Steigung
13,8 %	max. Steigung
1930-1935	Baujahr

Geöffnet:
Ende Mai – Ende Oktober
(witterungsabhängig)

Ziel: Edelweißspitze
Der Gipfel ist ein beliebtes Ausflugsziel mit Restaurant und Aussichtsturm. Bei passendem Wetter genießt man eine großartige Rundumsicht und kann die Gipfel von 37 Dreitausendern sehen.

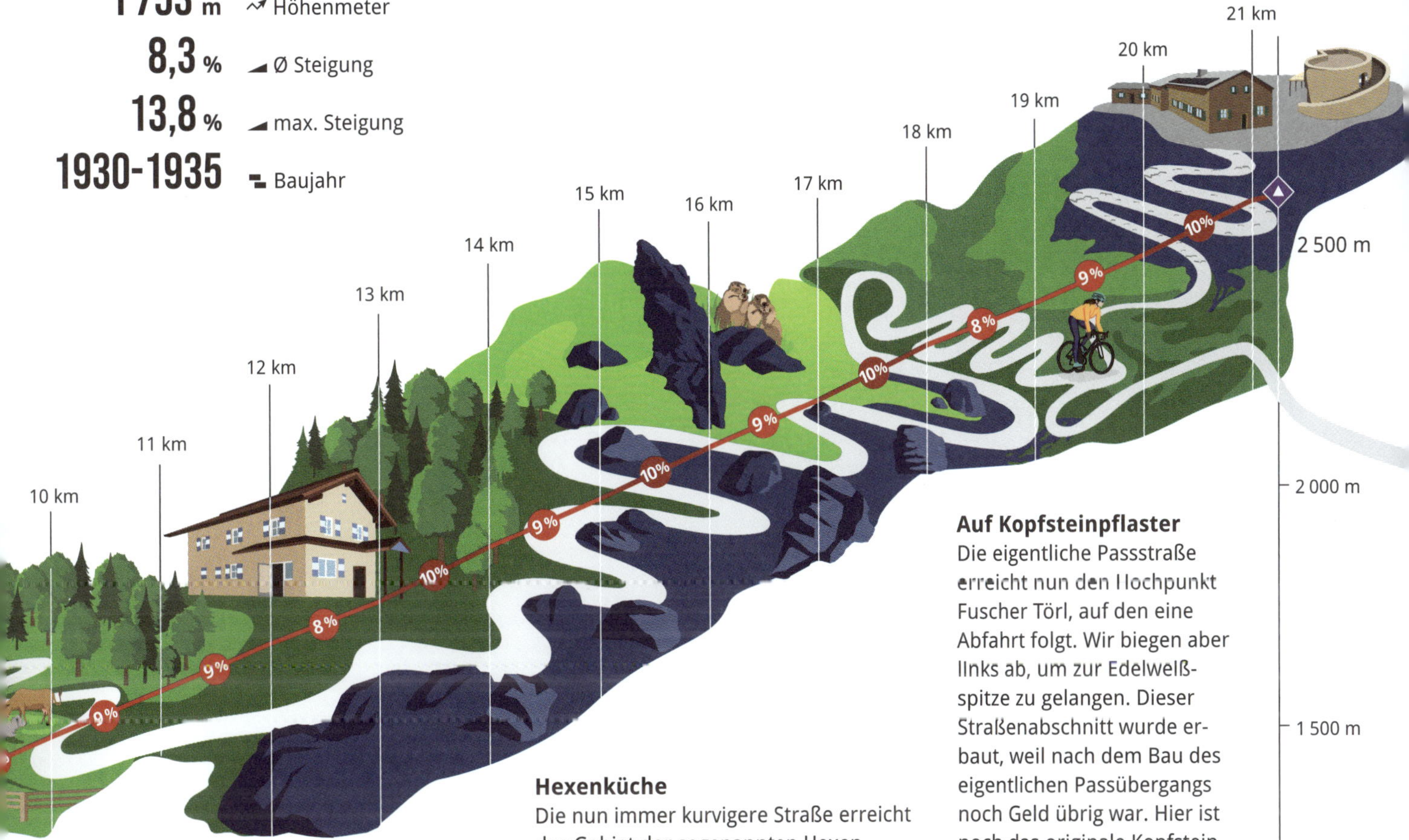

Piffkar
Nachdem man einige Waldstücke und die grasenden Kühe im Almgebiet Piffalm passiert hat, wartet ein bekannter Rastplatz – das Piffkar. Hier steht ein historisches Straßenwächterhaus mit Kiosk. Von hier aus kann man den Ausblick auf die vergletscherten Dreitausender genießen.

Hexenküche
Die nun immer kurvigere Straße erreicht das Gebiet der sogenannten Hexenküche. Die Hänge sind hier übersät von Felsbrocken mit teilweise bizarren Formen. Hier entstand einst der erste Bauabschnitt der Großglockner-Straße.

Auf Kopfsteinpflaster
Die eigentliche Passstraße erreicht nun den Hochpunkt Fuscher Törl, auf den eine Abfahrt folgt. Wir biegen aber links ab, um zur Edelweißspitze zu gelangen. Dieser Straßenabschnitt wurde erbaut, weil nach dem Bau des eigentlichen Passübergangs noch Geld übrig war. Hier ist noch das originale Kopfsteinpflaster erhalten. Der holprige Untergrund und die durchweg hohe Steigung der kurvigen Straße fordern noch einmal alle Kräfte.

MOUNTAINBIKE-SPOTS

Urlaub mit dem Mountainbike wird immer beliebter. Beim Biken auf einsamen Trails, fernab von Asphalt und Autoverkehr, kommt man der Natur besonders nahe. Und wer viel Action sucht, kann sich in einem der mittlerweile zahlreichen Bikeparks austoben. Ein beliebtes Mountainbike-Revier sind die Alpen.

Mountainbike, S. 64
Mountainbikesport, S. 108

SINGLETRAILS

Wer eine Tour mit dem Mountainbike macht, ist meist auf unbefestigten Wegen im Gelände unterwegs. Besonders beliebt sind bergab führende Singletrails – diese sind in der Regel so schmal, dass man nicht nebeneinander fahren kann. Der Startort lässt sich häufig mit öffentlichen Verkehrsmitteln oder einer Seilbahn erreichen. Singletrails sind oft auch Wanderwege – gegenseitige Rücksichtnahme ist da besonders wichtig. Zu beachten sind Sperrungen einzelner Abschnitte oder bestimmter Zeiten. Wegloses Gelände sollte generell tabu sein, um keine Schäden an der Landschaft zu verursachen.

DIE SINGLETRAIL-SKALA

Nach der von drei deutschen Mountainbikern entwickelten Singletrail-Skala, die mittlerweile vor allem im deutschsprachigen Raum weit verbreitet ist, gibt es sechs Kategorien von Singletrails. Eine gewisse Grunderfahrung wird dabei vorausgesetzt: Wer noch nie zuvor auf einem Mountainbike gesessen hat, wird vermutlich auch für die einfachste Kategorie (S0) zunächst ein wenig Übung benötigen. Je höher die Kategorie, desto höher sind die Ansprüche an Fertigkeiten wie Gleichgewichtsgefühl, Körperspannung und Bremstechnik. Die schwierigsten Kategorien sind nur für absolute Cracks geeignet. Die verwendeten Farben blau, rot und schwarz entsprechen der üblichen Klassifizierung von Skipisten.

S0 Sehr leicht
Gefälle: leicht bis mäßig
Untergrund: rutschfester Erdboden oder verfestigter Schotter ohne Hindernisse
Kurven: weitläufig

S1 Leicht
Gefälle: bis zu 40 %
Untergrund: teilweise loser Untergrund, kleine Hindernisse wie flache Wurzeln, kleine Steine oder Wasserrinnen
Kurven: etwas enger, aber ohne Spitzkehren

S2 Mittel
Gefälle: bis zu 70 %
Untergrund: Untergrund oft lose, Hindernisse wie größere Steine und Wurzeln, kleine Absätze
Kurven: leichte Spitzkehren

S3 Schwer
Gefälle: teilweise über 70 %
Untergrund: loser Untergrund, häufig große Hindernisse wie Felsbrocken, hohe Absätze
Kurven: enge Spitzkehren

S4 Sehr schwer
Gefälle: extreme Steilrampen, oft über 70 %
Untergrund: sehr loser Untergrund, große Felsbrocken, sehr hohe Absätze. Teilweise kaum fahrbar
Kurven: sehr enge Spitzkehren

S4 Extrem schwer
Gefälle: extreme Steilrampen, deutlich über 70 %
Untergrund: sehr loser Untergrund durch große Geröllfelder oder Erdrutsche, Hindernisse wie große Felsbrocken oder Baumstämme müssen übersprungen werden, sehr hohe Absätze kurz hintereinander. Teilweise nicht mehr fahrbar.
Kurven: sehr enge Spitzkehren mit Hindernissen

Quelle: singletrail-skala.de

BERÜHMTE TRAILS IN DEN ALPEN

In den Alpen gibt es unzählige Mountainbike-Strecken für jeden Anspruch. Einige Singletrails sind besonders berühmt geworden.

GOLDSEE-TRAIL
→ 22 km
2 000 hm abwärts
Dreisprachenspitze (2 843 m)
Schwierigkeit: S1–S3

Der Goldsee-Trail startet auf dem Gipfel der Dreisprachenspitze. Dieser liegt etwas oberhalb des Straßenpasses Stilfser Joch, der per Shuttlebus erreichbar ist. *Stilfser Joch, S. 208*
Der Trail führt an der Bergflanke entlang über alte Militärwege und bietet ständige Ausblicke auf die Gletschermassen des Ortlers. Zielort ist Glurns, die kleinste Stadt Südtirols. Da es sich auch um einen beliebten Wanderweg handelt, darf der Trail nur vor 9 Uhr und nach 16 Uhr befahren werden. Der Beginn des Trails ist fahrtechnisch nicht sehr schwierig, der Abschnitt nach dem namensgebenden Goldsee dann sehr anspruchsvoll.

GORNERGRAT-TRAIL
→ 15 km
1 800 hm abwärts
Bergstation Gornergratbahn (3089 m)
Schwierigkeit: S3

Diese Abfahrt zählt zu den spektakulärsten Strecken, die mit dem Mountainbike befahrbar sind – denn sie findet vor der Kulisse des weltbekannten Matterhorns und weiterer Viertausender statt. Der Trail startet am über 3000 Meter hohen Gornergrat, der sich per Zahnradbahn erreichen lässt. Zielort ist der Bergsteigerort Zermatt. Unterwegs passiert man mit dem Riffelsee ein berühmtes Fotomotiv – im Wasser spiegelt sich das Matterhorn. Der Trail bietet einige technische Schwierigkeiten und ist nicht für Anfänger geeignet.

SCHON GEWUSST?
Zu einem Hotspot der Mountainbike-Szene hat sich auch der Badeort Finale Ligure an der italienischen Riviera entwickelt. Direkt an der Mittelmeerküste erheben sich hier die Ligurischen Alpen. Shuttlebusse erschließen zahlreiche beliebte Trails, die hinunter bis ans Meer führen. Regelmäßig finden hier Mountainbike-Wettkämpfe verschiedener Disziplinen statt.

DER „FLOW“

In der Mountainbike-Szene ist häufig vom sogenannten „Flow“ die Rede. Der Begriff bezeichnet das Gefühl, sich auf einem Trail vollkommen im Einklang mit dem Bike und der Strecke zu fühlen und mühelos über Hindernisse und durch Kurven zu gleiten. Der Flow entsteht, wenn man sich ganz auf das Fahren konzentriert und das eigene fahrerische Können und die gewählte Geschwindigkeit genau zur Strecke passt. Trails werden als „flowig“ bezeichnet, wenn sie nicht allzu steil und anspruchsvoll sind.

BIKEPARKS

Ein Bikepark ist ein Sportgelände für Mountainbikes, das unterschiedliche Strecken und Parcours für verschiedene Disziplinen und Fähigkeitslevel umfasst. Eine wichtige Rolle spielt der Downhillsport, weshalb die Parks meist im Gebirge angelegt werden. Lifte oder Shuttles transportieren Menschen und Bikes auf den Berg – neben Einzeltickets gibt es Tages- und Saisontickets. Das ganze Konzept erinnert ans Skifahren – tatsächlich sind viele der Parks eigentlich Skigebiete, die im Sommer ein Mountainbike-Angebot schaffen. Auch Mountainbike-Kurse werden angeboten. Unsere Illustration erklärt typische Elemente eines Bikeparks.

GROSSE BIKEPARKS IN DEN ALPEN

- Les 2 Alpes Bikepark
- Bikepark Portes du Soleil
- Bike Kingdom Park Lenzerheide
- Mottolino Bikepark
- Bikepark Serfaus-Fiss-Ladis
- Bikecircus Saalbach Hinterglemm
- The Epic Bikepark Leogang

FLOWTRAIL

Als Flowtrail gilt in Bikeparks ein etwas breiterer Trail, der nicht besonders steil ist und keinerlei technische Schwierigkeiten aufweist. Er eignet sich gut für Anfänger – oder für jene, die zwischendurch mal ganz entspannt unterwegs sein wollen.

REISEGESCHICHTEN

Jede Reise auf dem Rad ist ein Abenteuer für sich. Kilometer um Kilometer strampelt man dem Ziel entgegen, lässt sich den Fahrtwind um die Nase wehen – und oft kommt alles ganz anders, als es ursprünglich geplant war. Manche Menschen sind mit ihren Radreisen berühmt geworden: Weil sie besonders weit, besonders schnell oder besonders hoch gefahren sind – oder eine besondere Lebensgeschichte hatten. In diesem Kapitel stellen wir einige von ihnen vor.

1897

RADELNDE SOLDATEN

Fort Missoula 🇺🇸 → *St. Louis* 🇺🇸

Ende des 19. Jahrhunderts erlebt das Fahrrad in vielen Ländern seinen ersten großen Boom *Geschichte des Fahrrads, S. 19.* Auch das Militär interessiert sich für das noch recht neue Fortbewegungsmittel. In Fort Missoula im US-Bundesstaat Montana ist zu dieser Zeit das 25. Infanterie-Regiment der US-Armee stationiert. Die Soldaten sind Afroamerikaner, sie werden auch als **„Buffalo Soldiers"** bezeichnet. 1896 stattet die Armee die komplette Einheit mit Fahrrädern aus. Es soll getestet werden, ob sie Pferde ersetzen können. Schließlich benötigt ein Fahrrad weder Wasser noch Nahrung und ist zudem unauffälliger und leiser. 1897 sollen die Fahrräder auf Herz und Nieren geprüft werden: Geplant ist eine etwa 3000 Kilometer lange Radtour nach St. Louis im Bundesstaat Missouri. Die 20 Soldaten fahren mit den schwer bepackten Rädern etwa 90 Kilometer pro Tag, überqueren die Rocky Mountains. Richtige Straßen gibt es kaum, sie müssen sich durch tiefen Sand oder Matsch kämpfen. Das Vorhaben gelingt – und St. Louis wird schneller als erwartet erreicht. Dennoch setzt sich das Fahrrad im Militär nicht auf Dauer durch, da bald Fahrzeuge mit Verbrennungsmotoren die Oberhand gewinnen.

1938

FLUCHT VOR DEN NAZIS

Brünen (Hamminkeln) 🇩🇪 → *Westendorp* 🇳🇱

Die Radreise des damals 45-jährigen Ernst Humberg ist nur etwa 30 Kilometer lang – doch diese Fahrt rettet ihm und seiner Familie vermutlich das Leben. Die jüdische Familie Humberg lebt im Dorf Brünen am Niederrhein nahe der niederländischen Grenze. Am späten Abend des 9. November 1938, der heute als Reichspogromnacht bezeichnet wird, stehen Vertreter der nationalsozialistischen SA vor der Tür. Sie dringen gewaltsam in das Haus ein und verwüsten es. **Ernst Humberg** entkommt durch das Hinterhaus. Er flüchtet zunächst zu einem befreundeten Bauern, bei dem er am Vortag sein Fahrrad wegen eines Plattens stehengelassen hat. Der Bauer hat das Rad in der Zwischenzeit repariert. Humberg fährt damit über die Grenze in die Niederlande. Zur Tarnung hat er die Kleidung des Bauern angezogen und trägt eine Heugabel über der Schulter. Er erhält Zuflucht im Dorf Westendorp, von wo aus er für sich und seine Familie die Auswanderung nach Kanada organisiert. Auch das Fahrrad tritt die Reise nach Übersee an. 2012 wird es zurück nach Deutschland gebracht, heute kann es im „Humberghaus" im Dorf Dingden besichtigt werden. Vier der sechs Geschwister Humbergs wurden von den Nationalsozialisten ermordet.

648 000 km

1962 - 2014

52 JAHRE UNTERWEGS

Hövelhof 🇩🇪 → *Alle Länder der Welt* → *Hövelhof* 🇩🇪

Im August 1962 bricht der fahrradbegeisterte **Heinz Stücke** – damals 22 Jahre alt – zu einer Radreise auf. Er plant, in zwei Jahren von seinem Heimatort Hövelhof in Ostwestfalen nach Japan zu fahren. In Tokio sollen 1964 die Olympischen Spiele stattfinden, die Stücke besuchen möchte. Doch daraus wird nichts: Unterwegs trifft Stücke auf so viele spannende Orte und Menschen, dass er erst im Jahr 1971 in Japan eintrifft. Während der Reise wird dem gelernten Werkzeugmacher klar, dass er nicht in seine Heimat zurückkehren möchte. Stücke finanziert sein Leben, indem er Broschüren mit seinen Erlebnissen erstellt und unterwegs verkauft. Zudem wird er oft bei Fremden zum Essen eingeladen. Immer wieder mal denkt er über ein Ende der Reise nach – doch es gibt noch so viele Länder, die er sehen möchte. So geht es jahrzehntelang: Irgendwann beschließt Stücke, alle Länder der Welt zu bereisen. Den Großteil der Strecke legt er auf demselben, 25 Kilogramm schweren Dreigangrad zurück, in dessen Stahlrahmen er eine Weltkarte eingeschweißt hat. Fünfmal wird ihm das Rad gestohlen, jedes Mal erhält er es zurück. Stücke durchfährt Wüsten und erklimmt 5 000 Meter hohe Berge, genießt eine Audienz beim Kaiser von Äthiopien und wird in Sambia für einen Spion gehalten und angeschossen. Nach 52 Jahren und fast 650 000 Kilometern kehrt er schließlich im Alter von 74 Jahren nach Hövelhof zurück – und hat tatsächlich jedes Land der Erde gesehen. Seine Heimatgemeinde stellt ihm, der kaum Rentenansprüche und keine Krankenversicherung besitzt, eine Wohnung, durch die er immer wieder interessierte Besucher führt. Sie steckt voller Fotos, Erinnerungsstücke und Tagebücher mit 15 000 vollgeschriebenen Seiten.

1962

FLUCHT ÜBERS EIS DER OSTSEE

Rostock → *Insel Falster*

Im Dezember 1962 ist es an der Ostsee ungewöhnlich kalt. Es bildet sich eine geschlossene Eisdecke. **Zwei junge Paare** wollen das für einen Fluchtversuch aus der DDR nutzen. Der Plan: Sie wollen mit Fahrrädern über das Eis fahren. Um möglichst unsichtbar zu bleiben, basteln sie Drahtgestelle an die Räder, die sie mit weißen Bettlaken behängen. Die vier Flüchtenden starten in beinahe völliger Dunkelheit östlich von Rostock. Ihr Ziel ist die dänische Insel Falster, die etwa 50 Kilometer entfernt liegt. Zunächst verläuft die Flucht erfolgreich – keine Patrouille entdeckt die Paare. Doch dann geraten sie auf eine Fahrrinne für Schiffe, die ein Eisbrecher wenige Stunden zuvor geräumt hatte. Zwar ist sie oberflächlich wieder zugefroren, doch das Eis ist nicht tragfähig genug. Die vier brechen mit ihren Rädern in das eisige Wasser ein. Glücklicherweise gelingt es ihnen, sich und die Räder zurück auf das Eis der gegenüberliegenden Seite zu schieben. Sie wringen ihre nasse Kleidung aus und fahren weiter Richtung Falster – natürlich völlig unterkühlt. Schließlich erreichen sie ein beleuchtetes Haus auf der Insel. Die Gastgeber füllen Badewannen und reichen heißen Tee mit Rum. Nach Weihnachten sendet die dänische Polizei die Geflüchteten mit einer Fähre nach Westdeutschland – die Flucht ist also gelungen.

50 km

1963

RADELNDE AUTORIN

Dunkerque → *Neu-Delhi*

An ihrem zehnten Geburtstag bekommt **Dervla Murphy** zwei Geschenke: Ein Fahrrad und einen Weltatlas. Schon bald fasst das irische Mädchen einen Entschluss: Sie möchte mit dem Fahrrad bis nach Indien fahren – die Route hat sie sich im Atlas angeschaut. Bis sie den Plan in die Tat umsetzen kann, vergehen über 20 Jahre. Murphy ist 31 Jahre alt, als sie im Januar 1963 die lang ersehnte Reise startet. Zuvor hat sie 16 Jahre lang ihre schwerkranke Mutter gepflegt. Ihr Rad nennt sie Rozinante, in Anlehnung an das Pferd des literarischen Helden Don Quijote. Zunächst muss sie sich durch einen extrem kalten Winter kämpfen, der sie beinahe zum Aufgeben zwingt. Murphy geht es nicht um sportliche Leistungen oder Rekorde, sie möchte Erlebnisse sammeln. Besonders angetan hat es ihr Afghanistan, in dessen Landschaft und Menschen sie sich schnell verliebt. Im Juli trifft sie in Neu-Delhi ein. Schon während der Reise schreibt Murphy auf, was sie erlebt. Daraus entsteht ihr erstes Buch, das sie berühmt macht: *Full Tilt: Ireland to India with a Bicycle*. Radfahren und Schreiben gehören für sie zusammen. „Am Ende einer Etappe schwitzt man genauso wie am Ende eines Kapitels", sagt sie einmal. In den folgenden Jahrzehnten folgen viele weitere Reisen und Bücher, in denen sie ihre Abenteuer auf dem Rad oder zu Fuß schildert. Die globalisierungskritische Autorin wird auch zu einer wichtigen politischen Stimme. 2022 stirbt sie im Alter von 90 Jahren in ihrem Heimatort in Irland.

6 500 km

23 000 km

1977

6400 KILOMETER FÜR DIE LIEBE

Neu-Delhi 🇮🇳 → *Göteborg* 🇸🇪

Die Geschichte des Inders **P. K. Mahanandia** klingt wie ein Märchen: Bei seiner Geburt in einem abgelegenen Dorf im Dschungel sagt ein Astrologe im Jahr 1949 voraus, der Junge werde einst eine Frau aus dem Ausland heiraten, die im Sternzeichen des Stiers geboren wurde, einen Wald besitzt und Flöte spielt. Während seines Studiums lebt der aus ärmlichen Verhältnissen stammende Mahanandia, der „Pikay" genannt wird, eine Zeitlang auf der Straße. Etwas Geld verdient er mit dem Zeichnen von Porträts. Im Dezember 1975 bittet die junge Schwedin Lotta ihn, sie zu zeichnen. Es stellt sich heraus, dass sie alle Prophezeiungen erfüllt. Pikay und Lotta verbringen glückliche Tage zusammen, dann muss Lotta aber nach Schweden zurückkehren. Den beiden bleibt nur eine Brieffreundschaft. Nach eineinhalb Jahren beschließt Pikay, nach Schweden zu reisen. Da er kein Geld von Lotta annehmen möchte, kann er sich nur den Kauf eines Fahrrads leisten. Doch sein Entschluss steht fest: Er will die komplette Strecke mit dem Rad fahren, um seine große Liebe wiederzusehen. Nach vier Monaten und drei Wochen trifft er in Göteborg ein. Heute lebt das Ehepaar auf einem Bauernhof in Schweden und hat zwei erwachsene Kinder. Der schwedische Autor Per J. Andersson hat die Geschichte in seinem erfolgreichen Roman *Vom Inder, der mit dem Fahrrad bis nach Schweden fuhr, um dort seine große Liebe wiederzufinden* aufgegriffen.

6 400 km

1995/1996

RADFAHREN & BERGSTEIGEN

Stockholm 🇸🇪 → *Everest Base Camp* 🇳🇵 → *Stockholm* 🇸🇪

In den Jahren 1995 und 1996 macht der schwedische Extrembergsteiger **Göran Kropp** mit einer besonderen Radreise auf sich aufmerksam. Sein Ziel ist es, von Stockholm nach Nepal zum Fuße des Mount Everest mit dem Rad zu fahren – und den höchsten Berg der Welt anschließend noch zu besteigen. Seine Reise versteht er auch als Kritik am kommerziellen Massentourismus am Mount Everest. Während viele sich den Traum einer Besteigung mit riesigen Begleitteams und Tonnen von Ausrüstung erkaufen und dabei viel Müll hinterlassen, will Kropp den Gipfel ohne fremde Hilfe und ohne zusätzlichen Sauerstoff erreichen. Seine gesamte Ausrüstung transportiert er über mehrere Monate mithilfe eines Fahrradanhängers und zuletzt zu Fuß ins Basislager des Mount Everest. Ein erster Besteigungsversuch des Gipfels scheitert, der zweite gelingt – die große Anstrengung kostet ihn aber fast das Leben. Anschließend fährt Kropp die komplette Strecke wieder mit dem Rad zurück nach Schweden, erreicht ein Jahr nach dem Start wieder Stockholm und schreibt ein Buch über seine Erlebnisse. Sechs Jahre später verunglückt Kropp bei einer Klettertour in den USA im Alter von 35 Jahren tödlich.

18 000 km

2005/2006

RADFAHREN & KAJAKFAHREN

Seattle 🇺🇸 → *Umrundung der Vereinigten Staaten* → *Seattle* 🇺🇸

Renata Chlumska ist eine schwedisch-tschechische Extrembergsteigerin. 2002 verunglückt ihr Verlobter Göran Kropp, der durch seine Radreise zum Mount Everest bekannt wurde, tödlich. Chlumska macht eine schwere Zeit durch. Schließlich reift der Entschluss, eine nie verwirklichte Idee des Verstorbenen zu verwirklichen, welche die beiden eigentlich gemeinsam angehen wollten: Der Plan ist, die Vereinigten Staaten komplett zu umrunden – und zwar abwechselnd auf dem Fahrrad und im Kajak. Chlumska startet in ihrem Wohnort Seattle, steigt am Kai des dortigen Lake Union in ihr Kajak. In 439 Tagen legt sie etwa 18 000 Kilometer zurück. An den Küsten und auf großen Seen paddelt sie, im Binnenland fährt sie Rad und zieht das Kajak hinter sich her. Am 15. September 2006 trifft sie wieder in Seattle ein, wo Familie, Freunde und Fans sie begeistert empfangen. Seitdem ist dort an diesem Datum vom „Renata Chlumska Day" die Rede.

2014

ÜBER DAS DACH DER WELT

Manali 🇮🇳 → *Leh* 🇮🇳

Der damals 26-jährige österreichische Langstreckenradfahrer **Jakob Zurl** realisiert im August 2014 eine lange geplante Idee: Er will als erster Mensch mit dem Fahrrad den Manali-Leh-Highway im Himalaya überwinden – und dafür möglichst wenig Zeit benötigen. Zwei Begleitfahrzeuge versorgen ihn auf der 513 Kilometer langen Strecke mit 13 500 Höhenmetern, die mehrere der höchsten Gebirgspässe der Welt verbindet. Die Höhe macht das Vorhaben extrem anstrengend. Durchschnittlich bewegt sich Zurl während der Fahrt auf 4 000 Metern über dem Meer. Dadurch sinkt die Sauerstoffsättigung in seinem Blut zeitweise sehr stark – doch der Extremsportler will keinen zusätzlichen Sauerstoff zuführen. Regelmäßig muss er seine Lungen- und Herzfunktionen überprüfen lassen. Eine weitere Herausforderung sind die Staus, die durch Autounfälle auf der teils extrem steilen und nicht asphaltierten Strecke entstehen. Nach 48 Stunden und 41 Minuten Fahrtzeit und nur vier Stunden Pause erreicht Zurl sein Ziel am Pass Khardung La auf über 5 300 Metern Höhe.

513 km

2018

RADFAHREN & SKIFAHREN

Dürbheim 🇩🇪 → *Nizza* 🇫🇷

Die beiden begeisterten Skifahrer **Jochen Mesle und Max Kroneck** wagen im Frühjahr 2018 ein besonderes Abenteuer: Sie wollen die Alpen sowohl auf zwei Brettern als auch auf zwei Rädern überqueren. Der Start erfolgt in ihren Heimatorten in Bayern, Ziel ist Nizza an der Côte d'Azur. Auf den 1 800 Kilometern und 35 000 Höhenmetern unterbrechen sie das Radfahren immer wieder für spektakuläre Abfahrten auf Schnee im Hochgebirge. Das Radgepäck mit den Skiern und Kamera-Equipment wiegt 50 Kilogramm, umgekehrt tragen sie das Rad bei Skitouren bergauf auch mal auf dem Rücken. Nach sechs Wochen erreichen sie Nizza. Aus den Filmaufnahmen entsteht der 30-minütige Dokumentarfilm *Eis & Palmen*, der mehrere Preise gewinnt.

1 800 km

15 000 km

2018/2019

FÜR DEN GUTEN ZWECK NACH PEKING

Berlin 🇩🇪 → *Peking* 🇨🇳

In der heutigen Zeit lassen viele Radreisende ihre Bekannten und Fans in Sozialen Netzwerken an ihren Erlebnissen teilhaben. Manchmal verfolgen tausende Menschen die Bilder, Videoschnipsel und Texte – wie im Fall der beiden Studienfreunde **Nono Konopka und Max Jabs**. 2018 brechen die beiden damals 26-Jährigen in Berlin zu einer Radreise nach Peking auf, obwohl sie eigentlich gar nicht so gerne Rad fahren und keine Erfahrung haben. Ihr Ziel ist es, mit der Reise Aufmerksamkeit für ein Spendenprojekt zu generieren. Sie möchten den Bau einer Schule in Guatemala finanzieren. Trotz Schneemassen und eiskalten Temperaturen in der Türkei, wilden Tieren im Iran und einer unerwarteten Erkrankung erreichen sie ihr Ziel – nur die Wüste Gobi umgehen sie mit dem Zug. Prominente wie der US-Schauspieler Ashton Kutcher werben für die Aktion. Von dem gesammelten Geld können sogar mehrere Schulen gebaut werden, auch weil der Dokumentarfilm *Biking Borders* ein großes Publikum erreicht.

WELTUMRUNDUNGEN

Seit das Fahrrad erfunden wurde, haben immer wieder Menschen versucht, auf dem Rad die Welt zu umrunden. Natürlich ist es unmöglich, die gesamte Strecke im Sattel zurückzulegen – schließlich müssen die Ozeane überquert werden. Große Teile der Reise lassen sich also nur per Schiff oder heutzutage per Flugzeug bewältigen. Doch ein extremes Abenteuer ist es allemal. **Wir stellen die Geschichte von vier Radreisenden aus unterschiedlichen Epochen vor, die eine Weltumrundung gewagt haben.**

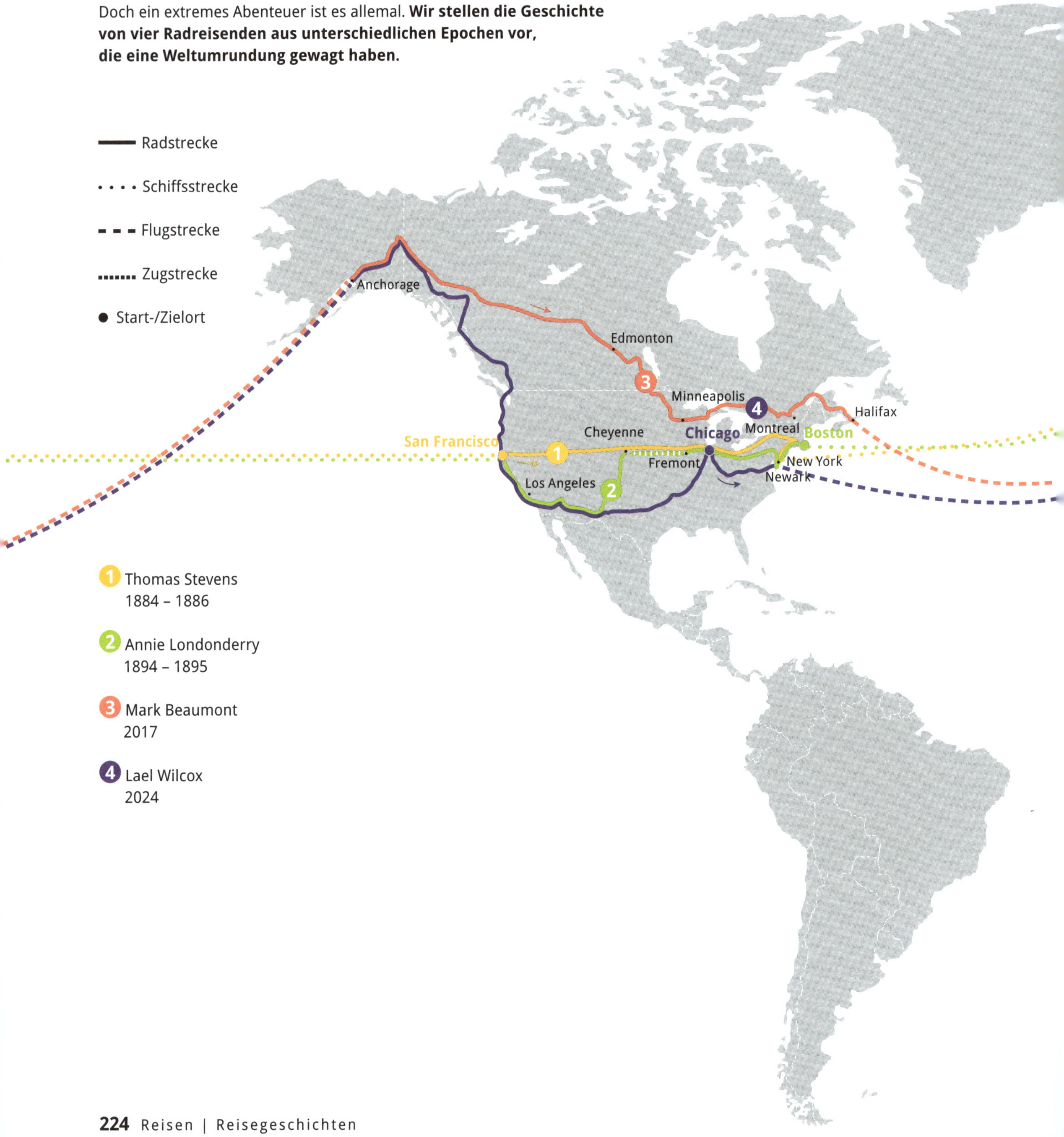

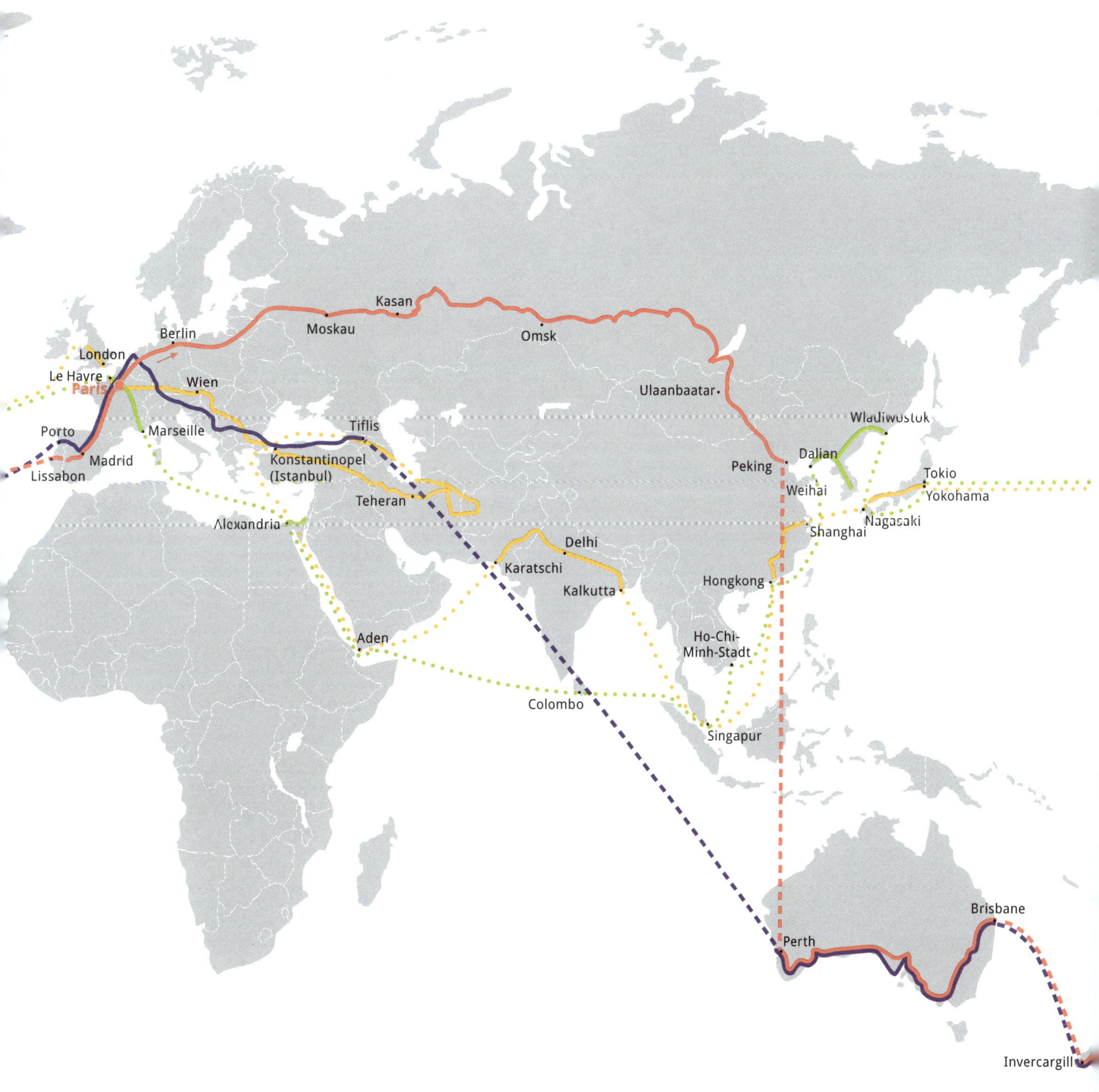
London
Le Havre
Paris
Berlin
Wien
Moskau
Kasan
Omsk
Ulaanbaatar
Porto
Madrid
Lissabon
Marseille
Tiflis
Konstantinopel
(Istanbul)
Teheran
Alexandria
Peking
Dalian
Wladiwostok
Weihai
Tokio
Yokohama
Nagasaki
Shanghai
Delhi
Karatschi
Kalkutta
Hongkong
Aden
Ho-Chi-
Minh-Stadt
Colombo
Singapur
Brisbane
Perth
Invercargill

① THOMAS STEVENS

ERSTER MANN

22.04.1884 – 17.12.1886

Der erste Mensch, der die Welt auf einem Fahrrad umrundet, ist der Engländer Thomas Stevens. Im Alter von 17 Jahren wandert er in die USA aus – zunächst ohne seine Familie. In San Francisco erlernt er das Fahren auf dem damals sehr populären Hochrad. *Geschichte des Fahrrads, S. 14* Seine erste lange Fahrt führt ihn quer durch die Vereinigten Staaten. **Über diese Reise berichtet Stevens in einer Zeitschrift, die einem Fahrradproduzenten gehört. Dieser erklärt sich schließlich bereit, dem Abenteurer eine Fortsetzung seiner Reise zu finanzieren: Geplant ist eine dreijährige Fahrt um die ganze Welt.**

Per Schiff geht es nach Liverpool, von wo aus Stevens Europa und Asien durchquert – mal auf dem Rad, mal an Bord eines Schiffes. Vielerorts bestaunen ihn große Menschenmengen. In Afghanistan wird er verhaftet, weshalb er zurück nach Konstantinopel reisen und mit dem Schiff nach Indien fahren muss. Die berühmte Grand Trunk Road, eine der wichtigsten Fernhandelsstraßen Asiens, führt ihn nach Hongkong, bevor er China und Japan erreicht. Von Yokohama reist er schließlich zurück nach San Francisco. Stevens schreibt ein 1 000 Seiten dickes Buch namens *Around the world on a bicycle* und wird berühmt.

② ANNIE LONDONDERRY

ERSTE FRAU

27.06.1894 – 24.09.1895

Annie Kopchovsky ist als Kind mit ihren Eltern aus Lettland in die USA ausgewandert. Im Jahr 1894 verlässt sie zeitweilig ihren Mann und ihre drei Kinder in Boston, um mit dem Fahrrad die Welt zu umrunden. Dabei hat sie erst wenige Tage zuvor zum ersten Mal auf einem Rad gesessen. **Die damals 23-Jährige hat zuvor für lokale Zeitungen gearbeitet und Werbeanzeigen verkauft. Sie entscheidet nun, die Macht der Werbung für sich zu nutzen – und verkauft Werbeflächen auf ihrem Fahrrad.** Erster Werbepartner ist das Mineralwasser *Londonderry Lithia Spring Water*. Die Abenteurerin erklärt sich bereit, den Namen der Marke von nun an als ihren Nachnamen zu tragen.

Londonderry reist von Boston aus zunächst in Richtung Westen nach Chicago. Das erste Teilstück ist sehr beschwerlich, da ihr Rad sehr schwer ist und sich ihr langer Rock nicht zum Fahren eignet. Londonderry gelingt es nicht, vor Wintereinbruch die Rocky Mountains zu überqueren. Sie entscheidet daher, nach Osten zurückzufahren und die Weltumrundung in entgegengesetzter Richtung anzugehen – mit leichterem Rad und Männerkleidung. In Europa und Asien legt sie einen Großteil der Reise per Schiff zurück. Das tut ihrer wachsenden Berühmtheit aber keinen Abbruch.

❸ MARK BEAUMONT

SCHNELLSTER MANN
02.07.2017 – 18.09.2017

Was früher Jahre in Anspruch nehmen konnte, gelingt einigen Radreisenden heute in Rekordzeit. Weltumrundungs-Rekorde werden vom Guinness-Buch anerkannt, wenn während der Reise mindestens 29 000 Kilometer im Sattel zurückgelegt werden. **Im Jahr 2017 setzt sich der damals 34-jährige britische Langstreckenradler Mark Beaumont ein spektakuläres Ziel: Er will die Welt auf dem Fahrrad in weniger als 80 Tagen umrunden – angelehnt an Jules Vernes berühmten Roman *In 80 Tagen um die Welt*.** Beaumont wählt eine typische Streckenführung heutiger Fahrrad-Weltreisender. Er startet in Paris, durchquert Europa und Russland und fliegt von Peking aus nach Australien. Nach Etappen an der australischen Südküste und in Neuseeland bringt ihn ein Flugzeug nach Anchorage in Alaska. Er durchquert Nordamerika, bevor er wieder nach Europa fliegt. Nach weniger als 79 Tagen kommt er wieder unter dem Pariser Triumphbogen an.

Während der Radetappen lässt sich Beaumont von einem Team begleiten, das den Gepäcktransport, die Verpflegung und die Wartung des Fahrrads übernimmt. Er steht morgens stets um 03:30 Uhr auf und sitzt etwa 16 Stunden im Sattel.

❹ LAEL WILCOX

SCHNELLSTE FRAU
26.05.2024 – 11.09.2024

Die US-amerikanische Langstreckenfahrerin Lael Wilcox hält den Rekord für die schnellste Weltumrundung einer Frau mit dem Fahrrad – sie benötigt im Jahr 2024 108 Tage. Dabei bricht die damals 38-Jährige die **vorherige Bestzeit der Schottin Jenny Graham (124 Tage)**. Start- und Zielort ist Chicago, auf der Reise durchquert sie 22 Staaten.

Im Schnitt bewältigt sie pro Tag mehr als 260 Kilometer – insgesamt geht es auch etwa 190 000 Meter bergauf. Wilcox wählt eine etwas andere Route als Mark Beaumont: Russland lässt sie (wegen der Sicherheitslage) aus und fliegt direkt von Georgien nach Australien. Der letzte Abschnitt führt sie von ihrer Heimat Alaska aus nach Chicago, wo sie begeistert empfangen wird. Am Ende ist sie sogar zwei Tage schneller als geplant am Ziel. Auf vielen Etappen der Reise wird Wilcox von anderen begleitet – dabei darf sie selbst aber nie im Windschatten fahren. Während der Reise informiert sie in einem Podcast über ihre Abenteuer.

MOBILITÄT

VERKEHRSMITTEL FAHRRAD

Das Fahrrad ist ein entscheidender Bestandteil moderner Mobilität. In diesem Kapitel zeigen wir, wie das Fahrrad genutzt wird und wo seine Vorteile liegen.

NUTZUNG

BESTAND AN FAHRRÄDERN

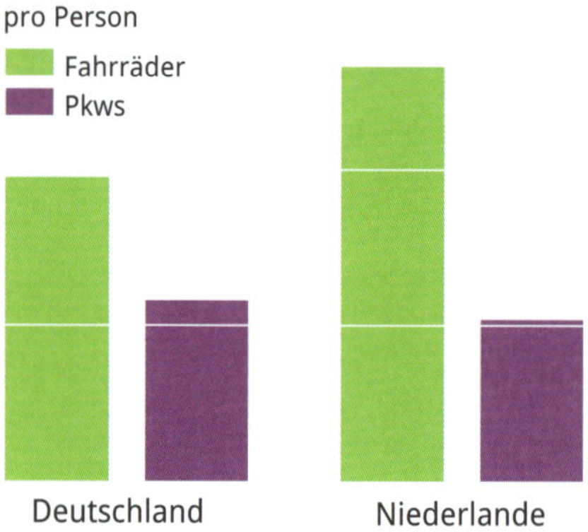

SCHON GEWUSST?
Der weltweite Bestand an Fahrrädern kann nur geschätzt werden – er liegt vermutlich bei deutlich über einer Milliarde. Der weltweite Bestand an Pkws bewegt sich in einer ähnlichen Größenordnung.

DER MODAL SPLIT*

Die Verteilung des Verkehrsaufkommens auf verschiedene Verkehrsträger wird als Modal Split bezeichnet. Dabei können die Anteile entweder nach der Zahl der Wege oder nach der Streckenlänge (Kilometer pro Person) berechnet werden.

Die Grafik zeigt den Modal Split für das Jahr 2021 im Personenverkehr in Deutschland nach der Zahl der absolvierten Wege. Etwa jeder siebte Weg wurde mit dem Rad absolviert, über die Hälfte der Wege entfielen auf den Autoverkehr. In größeren Städten ist der Fahrradanteil oft deutlich höher als im Bundesschnitt.

Wird hingegen mit der zurückgelegten Strecke gerechnet, sind die Anteile des Rad- und Fußverkehrs naturgemäß deutlich niedriger. 2021 lag der Anteil des Radverkehrs an den Personenkilometern bei etwa vier Prozent.

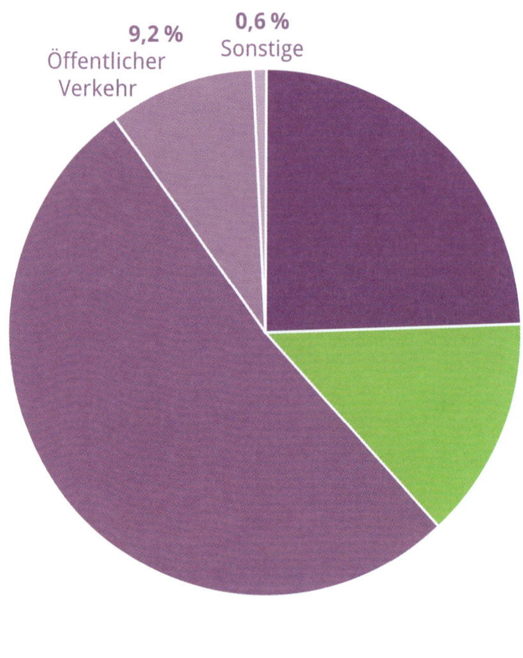

* Quelle: Karlsruher Institut für Technologie (2022): Deutsches Mobilitätspanel
**Quelle: ADFC-Radreiseanalyse 2023
***Quelle: Technische Universität Dresden (2020)

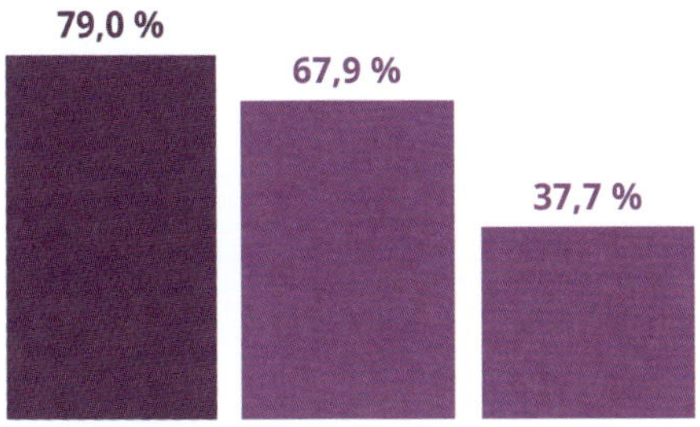

NUTZUNGSZWECK**

„Wofür nutzen Sie das Fahrrad?" fragte der Allgemeine Deutsche Fahrrad-Club 2022 in einer Umfrage. Mehrfachnennungen waren möglich.

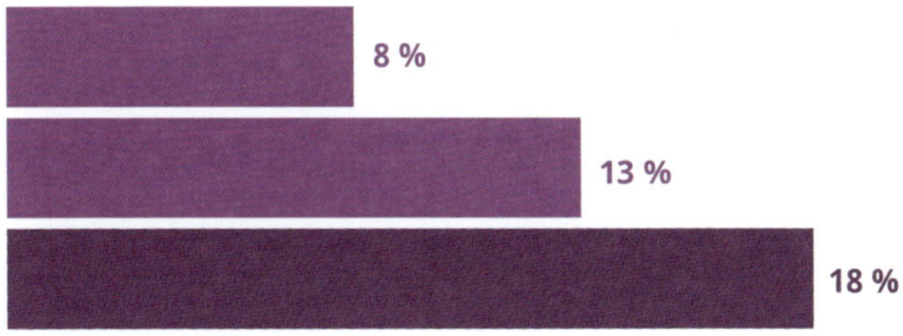

FAHRRADNUTZUNG NACH ORTSGRÖSSE*

Die Grafik zeigt die Anteile des Radverkehrs an der Gesamtzahl der Wege in Orten verschiedener Größe (Deutschland 2020/2021). In größeren Städten ist der Anteil in der Regel höher als auf dem Land. Dort besitzen meist weniger Menschen ein Auto und die zurückgelegten Wege sind oft kurz. In einigen Großstädten liegt der Fahrradanteil mittlerweile bei weit über 20 Prozent.

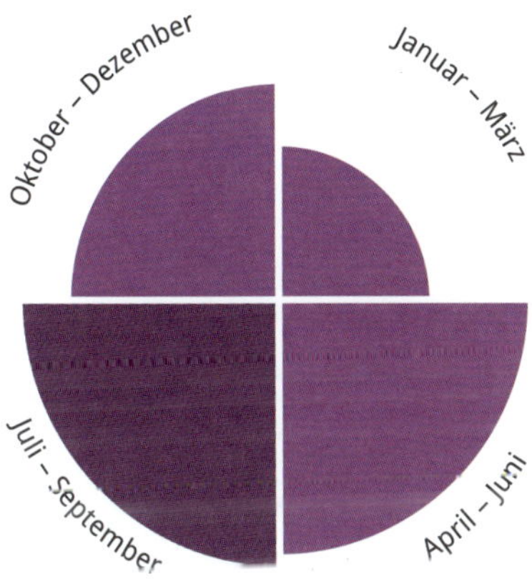

FAHRRADNUTZUNG NACH JAHRESZEIT***

Dargestellt ist, wie sich der Anteil des Radverkehrs an der Gesamtzahl der Wege in deutschen Großstädten innerhalb eines Jahres verändert. Die Daten beziehen sich auf das Jahr 2018.

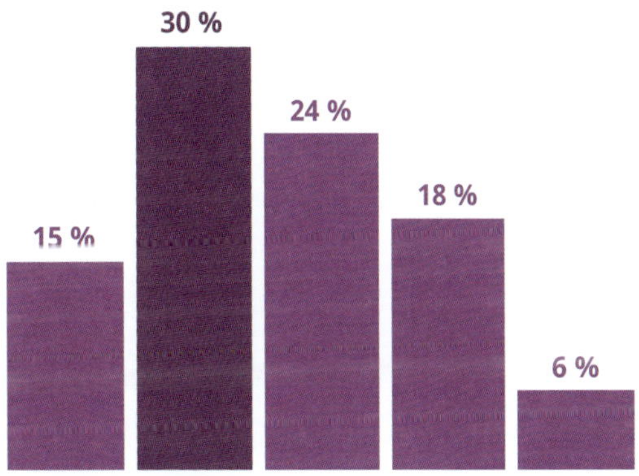

FAHRRADNUTZUNG NACH STRECKENLÄNGE***

Die Grafik zeigt am Beispiel der Stadt Berlin (2018), wie sich der Anteil des Radverkehrs an der Gesamtzahl der Wege je nach Streckenlänge verändert.

FAHRRADNUTZUNG NACH ÖKONOMISCHEM STATUS***

Die Grafik zeigt am Beispiel der Stadt Berlin (2018), wie sich der Anteil des Radverkehrs an der Gesamtzahl der Wege je nach ökonomischem Status verändert. Gemessen wurde dies am Nettoeinkommen des Haushalts der befragten Personen. Obwohl das Fahrrad in der Anschaffung günstiger ist als ein Auto, stieg der Anteil der Fahrradnutzung mit steigendem Einkommen an. In akademisch geprägten Milieus gilt das Fahrrad zunehmend als nachhaltiges Statussymbol.

FAHRRAD VS. AUTO

Fahrrad und Auto stehen im Straßenverkehr oft in Konkurrenz zueinander – etwa bei der Verteilung von Flächen. Das Auto kann größere Lasten transportieren und ist auf langen Distanzen natürlich deutlich schneller. Auf kurzen Strecken und im Stadtverkehr punktet aber das Fahrrad. Zudem besitzt es klare Vorteile bei der Klimabilanz und beim Platzbedarf.

GRÖSSE

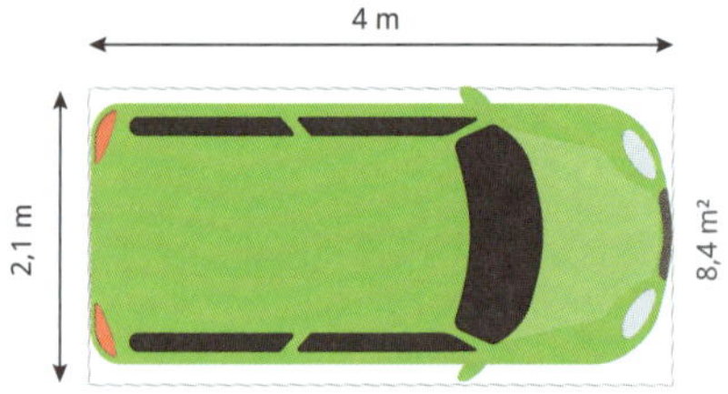

Das dargestellte Auto ist vier Meter lang und (mit Außenspiegeln) 2,1 Meter breit. Größere Autos wie SUVs nehmen noch mehr Platz ein.

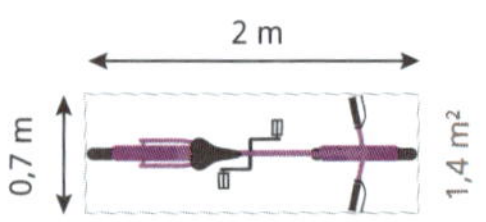

Ein typisches Fahrrad ist ungefähr zwei Meter lang und 0,7 Meter breit – wobei der Lenker die breiteste Stelle ist. **In unserem Beispiel ist das Auto also genau sechsmal so groß wie das Fahrrad.**

AUSLASTUNG

Auto mit fünf Personen: Das Auto ist sechsmal so groß wie das Rad, kann allerdings auch fünfmal so viele Personen befördern. Im Fall einer Vollauslastung ist die Raumnutzung des Autos also recht gut.

Auto mit einer Person: In der Praxis sind Autos selten voll ausgelastet. Wenn im Auto nur eine Person sitzt, benötigt diese gegenüber der radfahrenden Person sechsmal so viel Fahrzeugfläche. Im Stadt- und Pendelverkehr sind Alleinfahrten beinahe die Regel – dabei wäre gerade hier das Fahrrad konkurrenzfähig.

Fahrräder befördern eine Person – die Fahrzeugfläche ist immer voll ausgelastet.

PARKRAUM

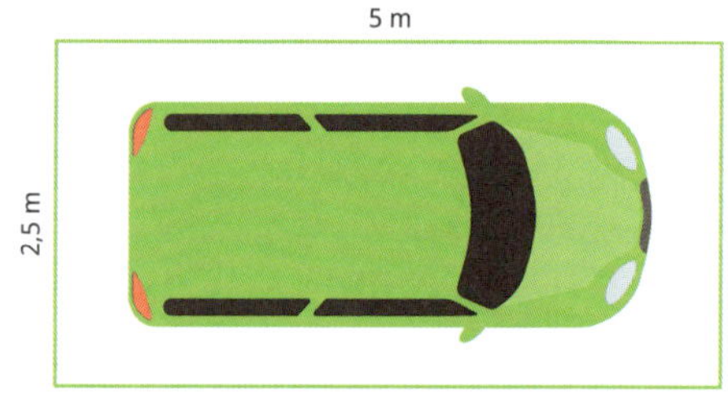

Ein durchschnittlicher Autoparkplatz ist ungefähr fünf Meter lang und 2,50 Meter breit. Dabei sind Flächen zum Rangieren sowie zum Öffnen der Türen eingeplant.

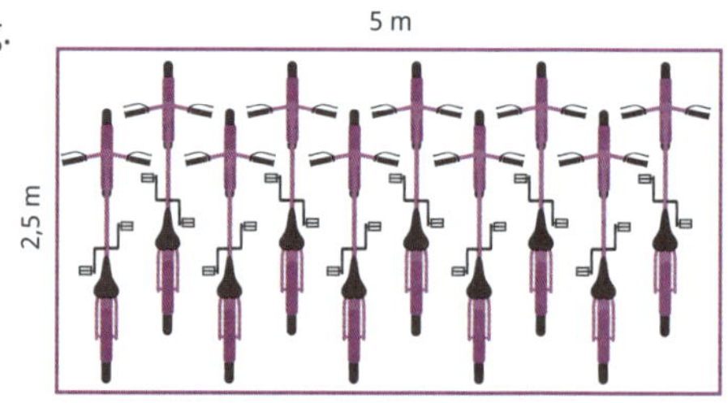

Ein Fahrrad benötigt wenig Platz zum Ein- und Ausparken und besitzt keine sich öffnenden Türen. Werden Fahrräder leicht versetzt angeordnet, können sie eng nebeneinander stehen. Auf diese Weise lassen sich in unserer Grafik auf der Fläche eines Autoparkplatzes bis zu zehn Fahrräder nebeneinander abstellen.

SCHON GEWUSST?

Im Schnitt sind Autos in Deutschland mit nur etwa 1,5 Personen besetzt, im Pendelverkehr ist der Wert noch niedriger. Pkws fahren im Normalfall also viele leere Sitze spazieren. Zudem benötigen sie beim Fahren größere Sicherheitsabstände nach vorn und hinten als ein Fahrrad.

KLIMABILANZ

Das Fahrrad ist ein bedeutender Baustein klimafreundlicher Mobilität. Doch auch ein Fahrrad verursacht Emissionen – nämlich in der Herstellungsphase, in der meist auch weite Lieferwege anfallen. *Die Wertschöpfungskette, S. 270.* Wir vergleichen hier die Emissionen von Fahrrädern und Pkws in Produktion und Nutzung.

Es handelt sich um durchschnittliche Näherungswerte – die genauen Zahlen schwanken von Modell zu Modell sowie je nach Fahrweise und genutztem Treibstoff oder Strom. Bei sehr großen und luxuriösen Autos können die Werte deutlich höher sein als hier angegeben. Mit steigendem Anteil von Ökostrom im Strommix werden in Zukunft auch die Emissionen bei der Nutzung von E-Bikes und Elektroautos sinken.

CO_2-EMISSIONEN DURCH PRODUKTION

CO_2-EMISSIONEN DURCH NUTZUNG

* Wir rechnen beim Fahrrad ohne Motor mit null Emissionen in der Nutzung. Genau genommen kann der erhöhte Kalorienbedarf beim Radfahren für zusätzliche Emissionen bei der Produktion von Nahrungsmitteln sorgen. Das gilt vor allem dann, wenn sich eine Person sehr fleischlastig ernährt. Dieser Effekt ist aber eher zu vernachlässigen – zumal viele Menschen in Industrieländern sowieso mehr Kalorien zu sich nehmen, als sie benötigen. *Ernährung, S. 88*

** Stromproduktion

*** Abgase und Treibstoffproduktion

ZEITBEDARF IM STADTVERKEHR

Im Stadtverkehr kann das Fahrrad viele seiner Stärken ausspielen – oftmals kann man Ziele innerhalb der Stadt mit dem Rad sogar schneller als mit dem Auto erreichen. Das zeigt auch eine von uns selbst angestellte Analyse: Wir haben in zwölf Städten nach einem Zufallsprinzip jeweils 120 Orte ausgewählt (Hotels, Restaurants und Arztpraxen). Anschließend haben wir den Routenplaner des Kartendienstes Google Maps genutzt, um jeweils die schnellste Route vom Hauptbahnhof der Stadt zu diesen Orten während des morgendlichen Berufsverkehrs (7 Uhr) zu ermitteln – mit dem Auto oder mit dem Fahrrad. Die Streckenlängen lagen zwischen wenigen hundert Metern und etwa fünf Kilometern.

Das Ergebnis: In zehn von zwölf Städten waren mehr als die Hälfte der Wege schneller mit dem Fahrrad zu erreichen. Das liegt zum einen daran, dass mit dem Rad oft Abkürzungen möglich sind. Zum anderen berechnet Google Maps auch Staus auf den Autostraßen ein. Natürlich kann die Untersuchung nur ungefähre Ergebnisse liefern. Google Maps berücksichtigt nicht alle Faktoren – und die genauen Zeiten hängen von der individuellen Fahrgeschwindigkeit und der Uhrzeit ab.

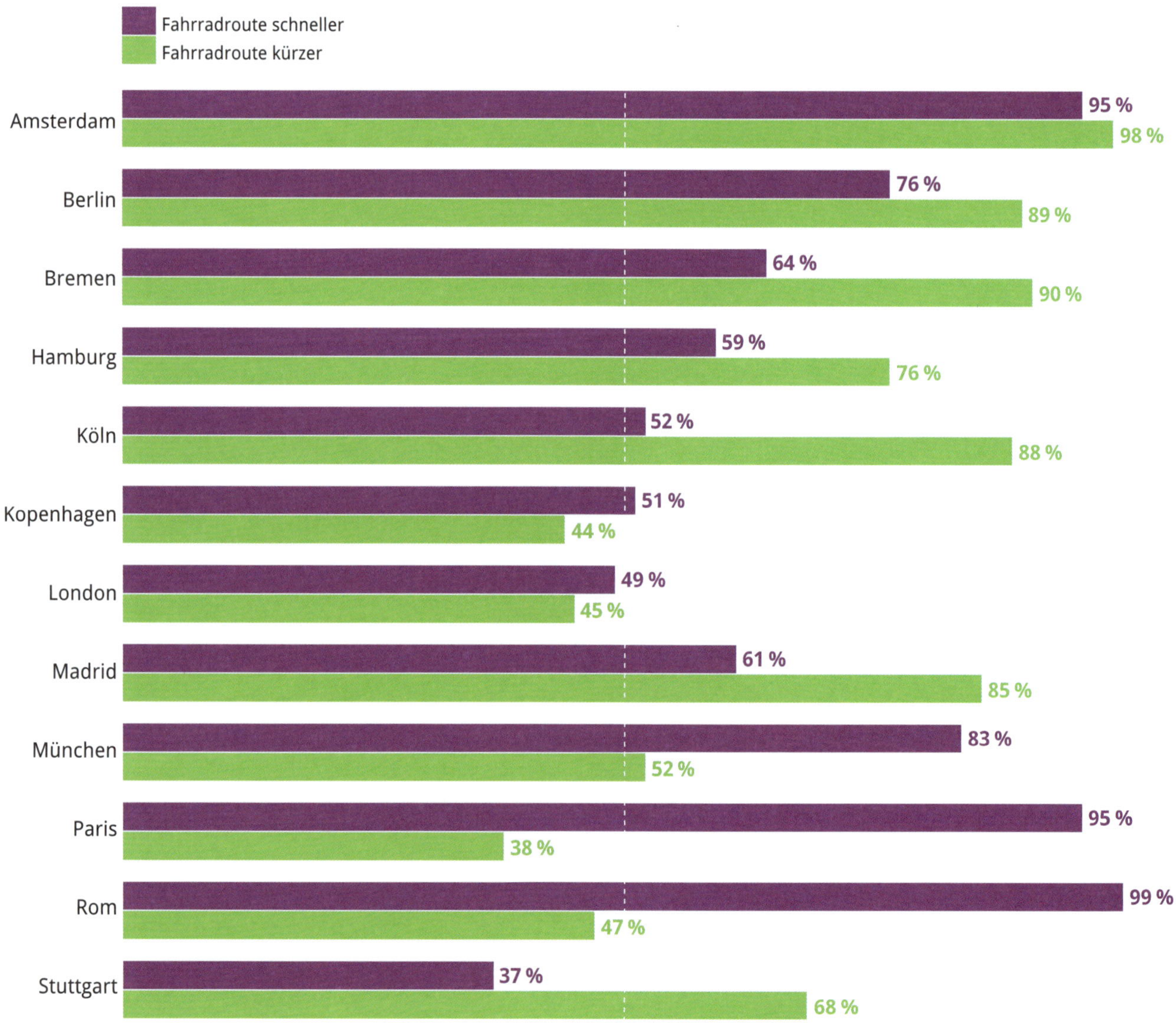

PARKPLATZSUCHE

Großen Einfluss auf den Zeitbedarf hat im Stadtverkehr auch die Suche nach Stellplätzen. Die Suche nach einem Autoparkplatz dauert in der Stadt im Schnitt etwa zehn Minuten. Das Fahrrad dagegen lässt sich oft unkompliziert zum Beispiel an einen Laternenmast anschließen. Laut Analysen des Umweltbundesamts führt allein dies schon zu einem Zeitvorteil des Fahrrads gegenüber dem Auto auf Strecken unter fünf Kilometern.

Eine einfache Grafik verdeutlicht dies: Die kürzere Stellplatzsuche sorgt dafür, dass das Fahrrad gegenüber dem Auto im Stadtverkehr grundsätzlich einige Minuten gewinnt. Durch seine höhere Durchschnittsgeschwindigkeit kann das Auto diesen Nachteil zwar wieder ausgleichen – allerdings erst nach fünf Kilometern. Und mehr als 40 Prozent der Autofahrten in deutschen Großstädten sind weniger als fünf Kilometer lang.

Quelle: Umweltbundesamt

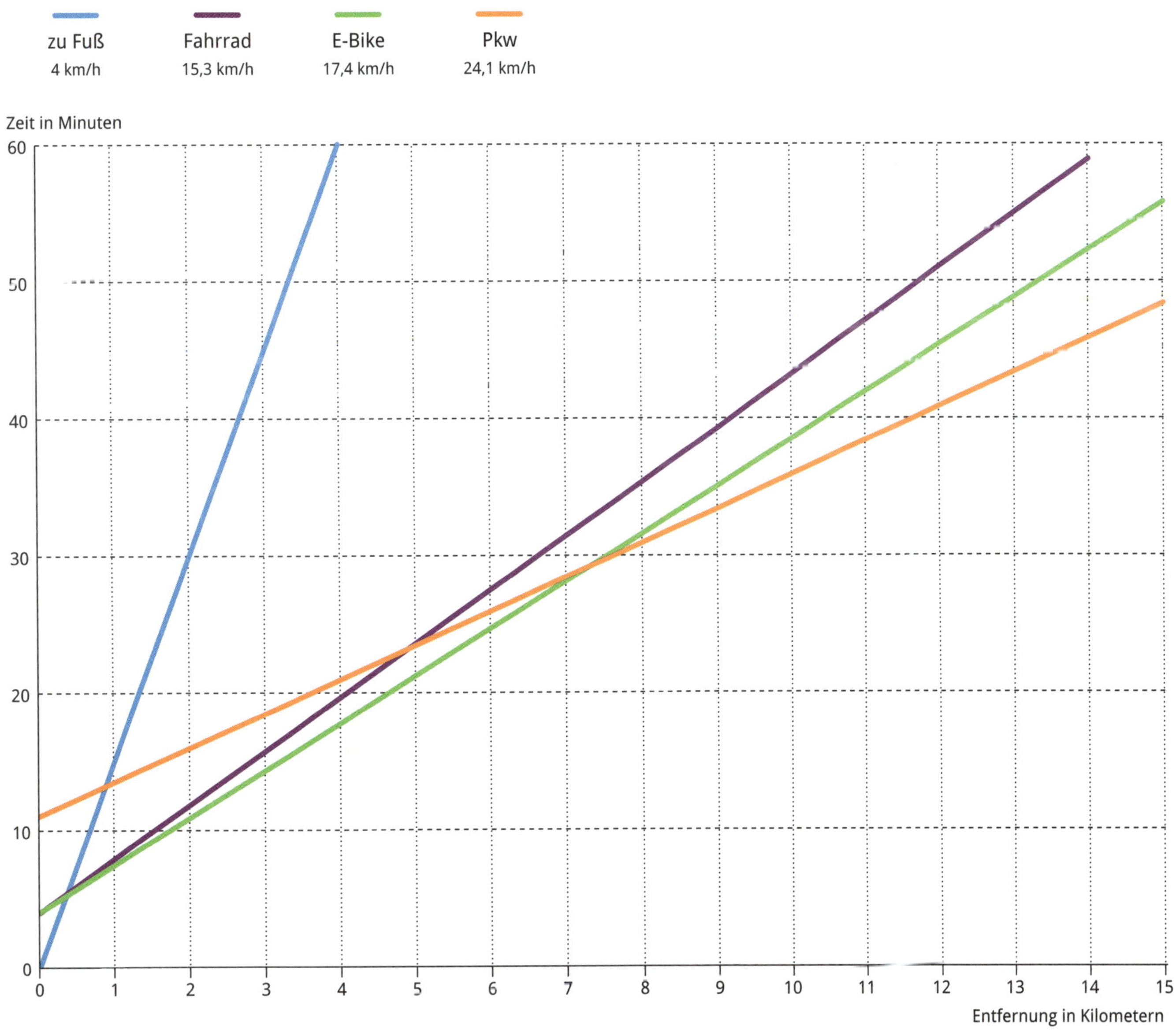

MOBILITÄTSKONZEPTE

Damit Radfahren komfortabel ist und Spaß macht, müssen die Rahmenbedingungen stimmen. In diesem Kapitel stellen wir verschiedene Konzepte und Ideen vor.

VERKEHRSKONZEPTE IM LAUFE DER ZEIT

Prozentualer Anteil des Radverkehrs am Gesamtverkehr (ohne Fußgänger)

- - Daten durch Zählungen — Modal-Split-Daten (vor allem durch Umfragen)

Die Grafik zeigt, wie sich der relative Anteil der Fahrradnutzung in verschiedenen europäischen Städten zwischen 1920 und 2015 verändert hat. Quelle ist eine niederländische Studie. Die Autoren haben unterschiedliche Datenquellen kombiniert – die Trendlinien können daher nur Näherungswerte abbilden.

Quelle: Oldenziel/Emanuel/de la Bruhèze/Veraart (2016): Cycling Cities: The European Expericence

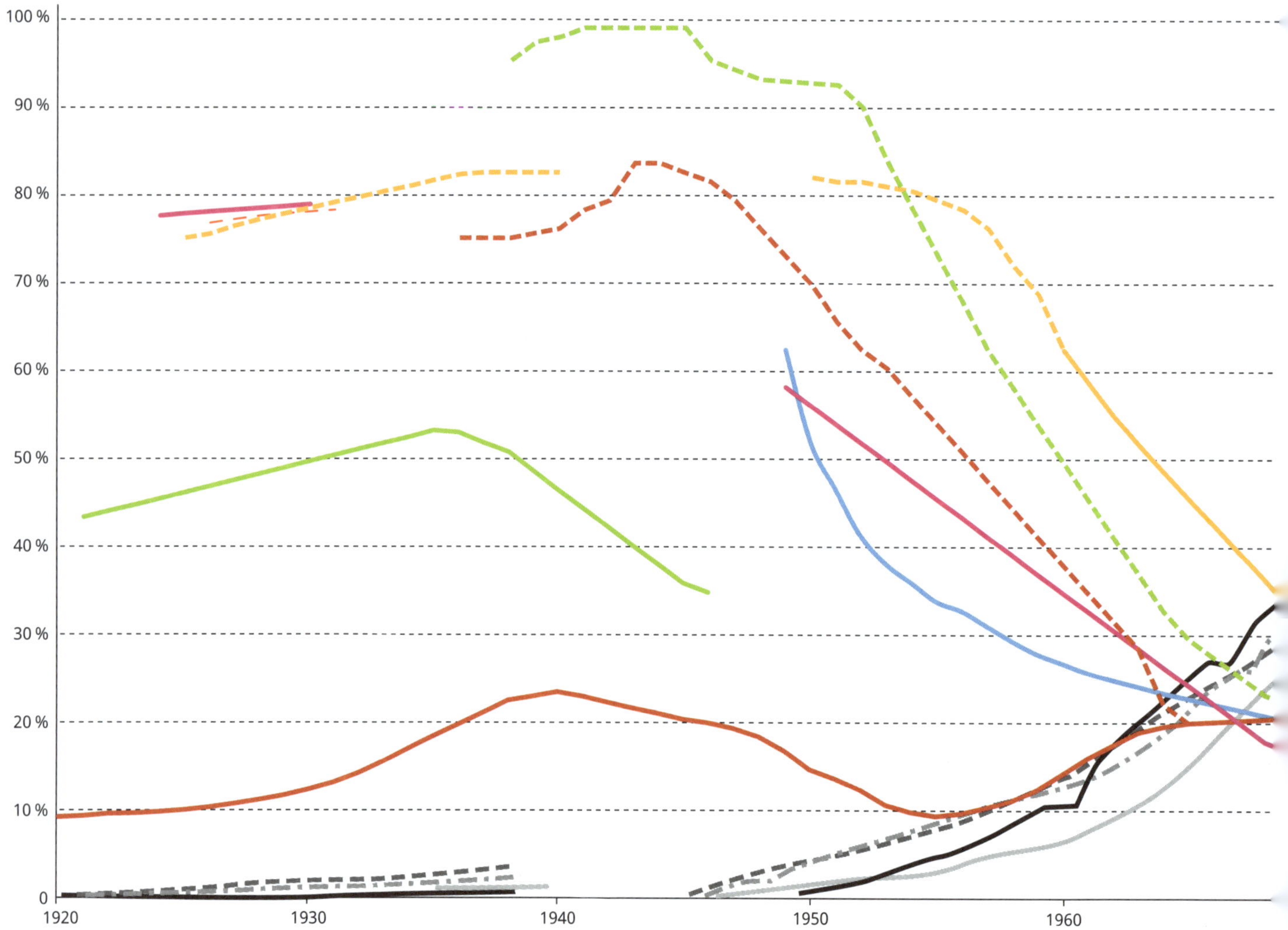

Anfang des 20. Jahrhunderts ist das Fahrrad ein schnelles und modernes Verkehrsmittel für die Massen. In den Niederlanden wird schon ab den 1920er Jahren eine besonders attraktive Radinfrastruktur geschaffen – gestützt von einer damals umstrittenen Fahrradsteuer. Während des Zweiten Weltkriegs ist das Fahrrad für viele Menschen das einzige verfügbare Verkehrsmittel.

Ab den 1950er Jahren können sich immer mehr Menschen ein Auto leisten, das Auto wird modern und hat eine große Lobby. Die Verkehrspolitik ist autozentriert – in vielen Großstädten entstehen große Zubringerstraßen ins Zentrum. In Amsterdam wird ein solches Konzept nur denkbar knapp verhindert.

EINFLUSSFAKTOREN DER MOBILITÄT

1. Räumliche Struktur
Wie groß sind die Strecken, die zurückgelegt werden müssen?

2. Alternativen
Welche Verkehrsmittel stehen durch Politik und eigenen Wohlstand zur Verfügung?

3. Verkehrspolitik
Welche Ziele strebt die Politik an und welches Verkehrsmittel ist im Fokus?

4. Kulturelle Wahrnehmung
Wie akzeptiert und cool ist ein Verkehrsmittel?

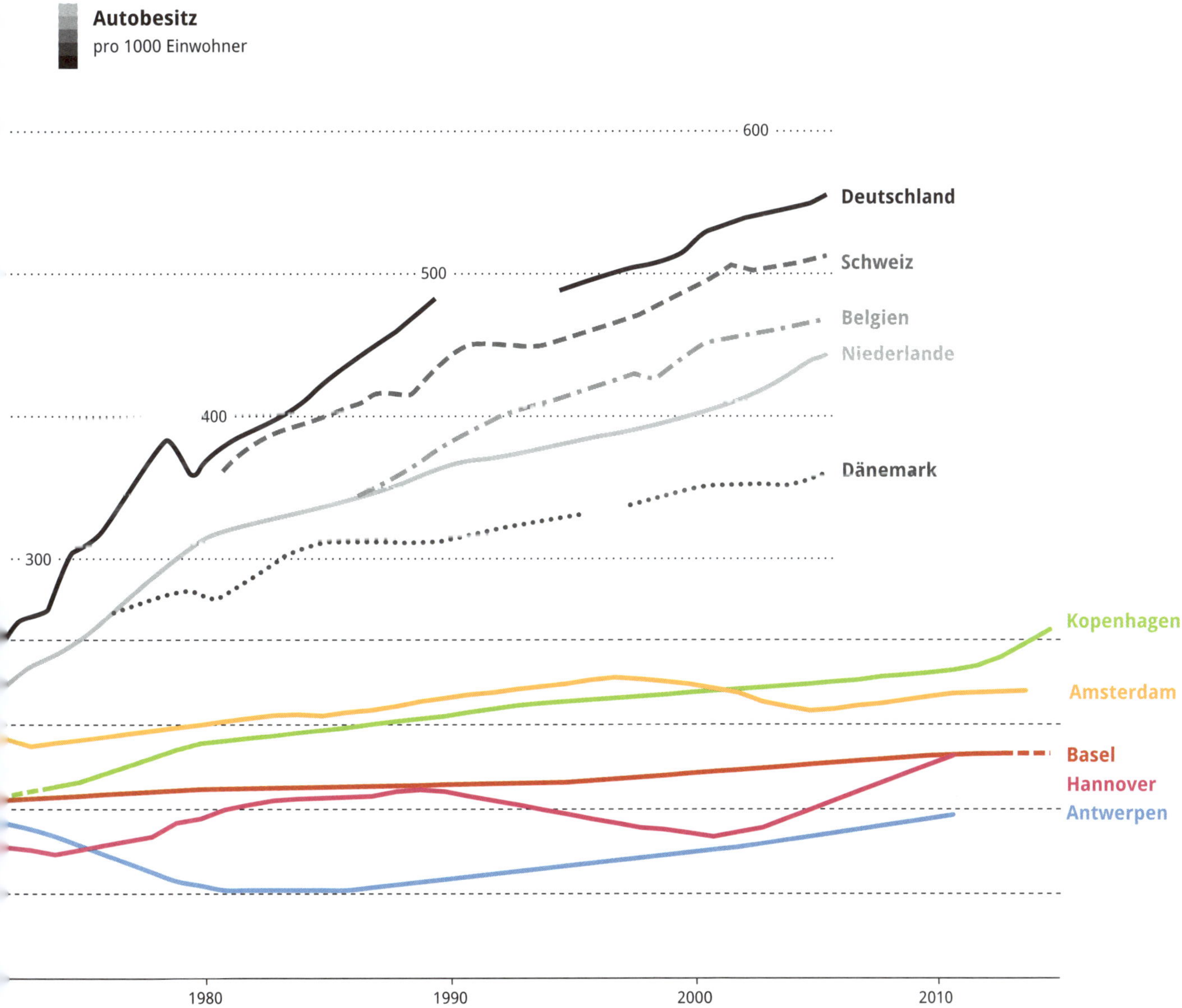

In den 1970er Jahren stören sich mehr und mehr Menschen an der Dominanz des Autoverkehrs. In Amsterdam formiert sich eine Protestbewegung, auch wegen der vielen Verkehrstoten. Im Stadtrat ziehen progressive Verkehrsplaner ein. Die Niederlande und Dänemark werden zu Vorreitern einer Verkehrspolitik, die das Fahrrad mitdenkt. Allmählich schwappt diese Bewegung auch auf andere Länder über.

Ab den 2000er Jahren rückt die Lebensqualität in den Städten immer mehr in den Mittelpunkt. Attraktive Verbindungen sorgen für einen stetigen Anstieg des Radverkehrs. Städte, die früher als fahrradunfreundlich galten, eifern Fahrradstädten wie Amsterdam nach. Seit 2015 hat es in vielen Städten einen weiteren Anstieg des Radverkehrs gegeben.

RADWEGE

Radwege sind eigens fürs Radfahren geschaffene Verkehrsanlagen. Oft geht es darum, Rad- und Autoverkehr zu trennen. Das kann die Sicherheit erhöhen, teilweise aber auch für neue Probleme sorgen – vor allem an unübersichtlichen Kreuzungen. Es gibt verschiedene Arten von Radwegen, die ihre Vor- und Nachteile haben. Hier zeigen wir, was einen guten Radweg ausmacht und welche Typen es gibt. Grundsätzlich gilt: Fahrradwege sollten immer zur jeweiligen örtlichen Situation und Kultur im Straßenverkehr passen.

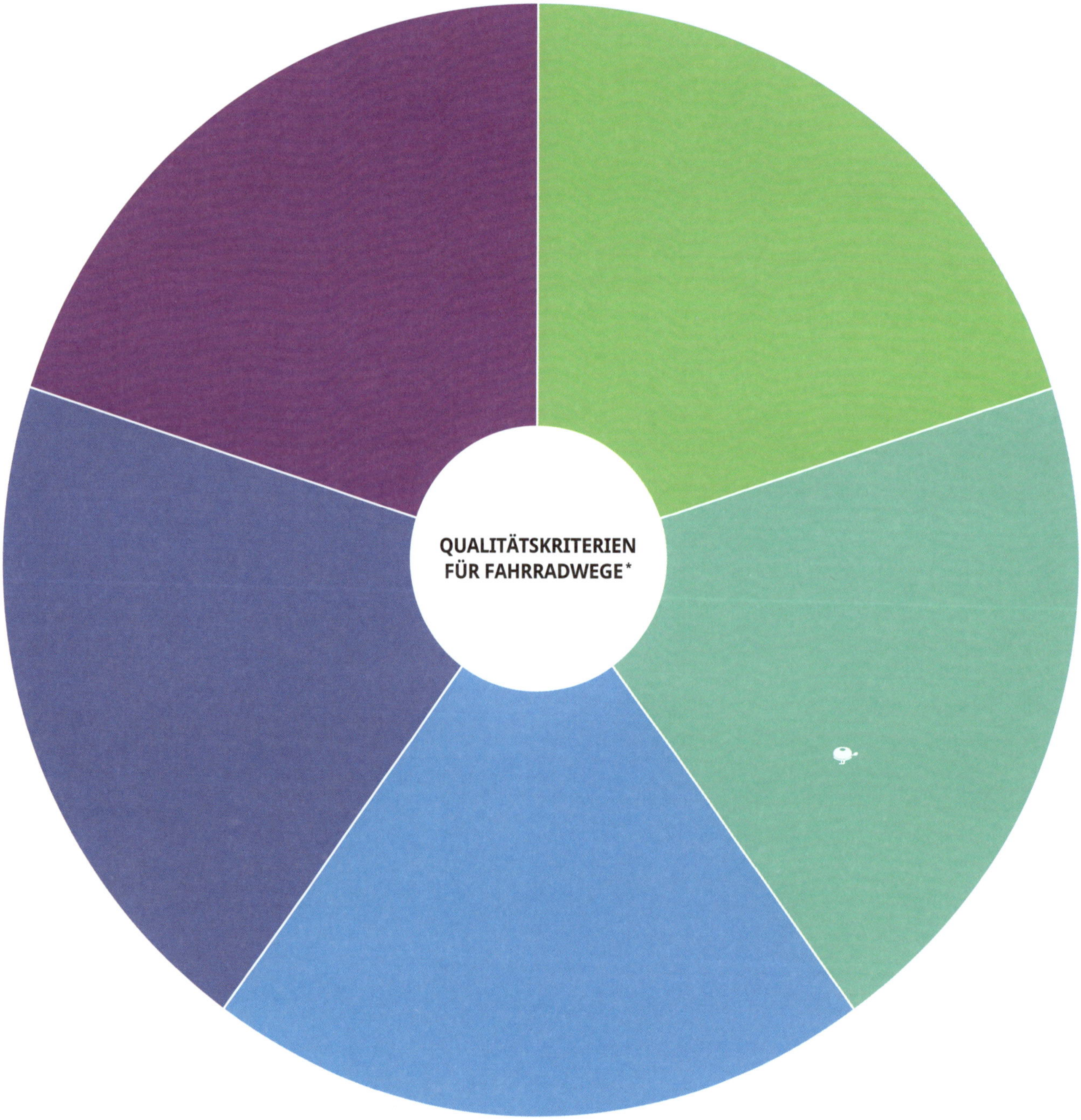

*Quelle: ADFC

SCHUTZSTREIFEN

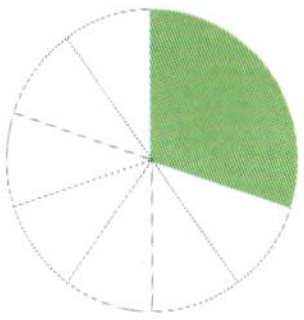

Der Schutzstreifen ist ein Teil der Fahrbahn und nur gestrichelt markiert. Autos dürfen hier weder parken noch halten und auch nur in Ausnahmefällen den Streifen befahren – oft kommt es aber zu Verstößen. Die Sicherheit hängt von der Ausführung ab: Zu schmale Schutzstreifen oder solche, die eng an parkenden Autos entlangführen, können sehr gefährlich sein. Oft wird auch der nötige Abstand beim Überholen nicht eingehalten.

ERHÖHTE RADWEGE

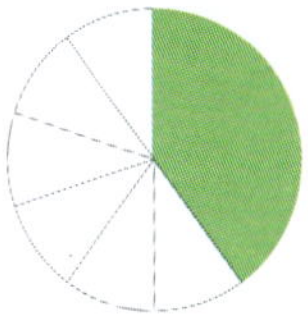

Erhöhte Radwege verlaufen meist auf gleicher Höhe mit dem Gehweg und wurden in der Vergangenheit häufig gebaut. Sie bieten eine bauliche Trennung zur Fahrbahn und können prinzipiell sicher gestaltet werden. In der Praxis sind sie aber oft schmal und bestehen aus holprigen Pflastersteinen. Zudem kann es zu Konflikten mit dem Fußverkehr kommen. Besondere Unfallgefahr besteht, wenn der Weg an Kreuzungen für abbiegende Autos schlecht einsehbar ist – zum Beispiel, weil er von parkenden Autos verdeckt ist.

RADFAHRSTREIFEN

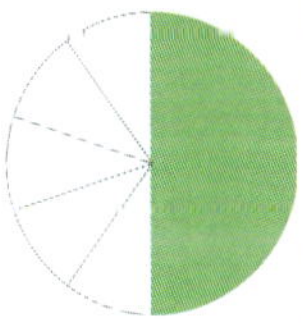

Der Radfahrstreifen befindet sich auf der Fahrbahn, ist aber durch eine durchgezogene Linie abgetrennt. Für Fahrräder besteht Benutzungspflicht, Autos dürfen ihn nicht befahren. Radfahrstreifen sind dann sicher, wenn sie breit und gut einsehbar sind – das ist etwa dann der Fall, wenn eine frühere Autospur in einen Radfahrstreifen umgewandelt wird. Eine bauliche Trennung besteht aber nicht – und besonders an Kreuzungen muss auf eine sichere Wegführung geachtet werden.

GESCHÜTZTE RADFAHRSTREIFEN

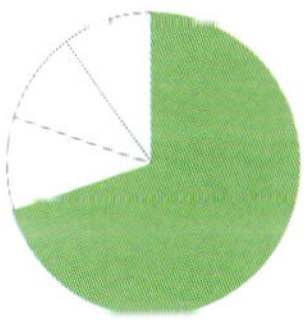

Geschützte Radfahrstreifen oder *Protected Bike Lanes* sind ein relativ junges Konzept, tauchen aber vermehrt auf. Sie werden auf der Fahrbahn angelegt, aber durch bauliche Elemente vom Autoverkehr abgetrennt. So schaffen sie ein sicheres Fahrgefühl und verhindern das unerlaubte Befahren durch Autos. Probleme können entstehen, wenn die Trennelemente an Kreuzungen unterbrochen sind. Zudem sollten die Streifen breit genug sein, um ein Überholen langsamerer Radfahrer zu ermöglichen.

FAHRRADSTRASSEN

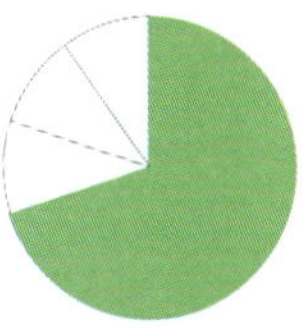

Auf einer als Fahrradstraße markierten und beschilderten Straße steht der Radverkehr im Mittelpunkt. Teilweise ist gar kein Autoverkehr oder nur solcher für Anlieger zugelassen. Radfahrende können jederzeit nebeneinander fahren und dürfen keinesfalls behindert werden. Die Höchstgeschwindigkeit beträgt 30 km/h. Wenn nötig, müssen Autos ihr Tempo noch weiter drosseln. Durch ihre Breite können Fahrradstraßen sehr attraktiv sein – wichtig ist aber eine eindeutige Beschilderung. Nicht immer ist Autofahrenden das Regelwerk bekannt.

RADSCHNELLWEGE

Radschnellwege verknüpfen Knotenpunkte über größere Entfernungen und sollen das Radfahren auf längeren Strecken, zum Beispiel zwischen zwei Städten, attraktiv machen. Sie sind dem Radverkehr vorbehalten und ermöglichen ein besonders schnelles Vorankommen. Die Wege sind mindestens drei Meter breit und verlaufen idealerweise störungsfrei ohne Kreuzungen. Oft werden sie eigens für den Radverkehr mit hochwertigem Belag neu angelegt. Radschnellwege können erheblich dazu beitragen, Pendelverkehr vom Auto aufs Rad zu verlagern.

VERBINDUNG VON BAHN UND FAHRRAD

Wenn der öffentliche Personennahverkehr und die Fahrradinfrastruktur sich gut ergänzen, können sie den Pendelverkehr per Auto erheblich reduzieren und eine lebensfreundlichere Umgebung schaffen. Diese Synergien entstehen aber nur bei einer durchdachten Integration. Wir zeigen in dieser Grafik, worauf es ankommt. Dabei nehmen wir an, dass von einem kleineren Ort zur Arbeitsstätte in einer Großstadt gependelt wird.

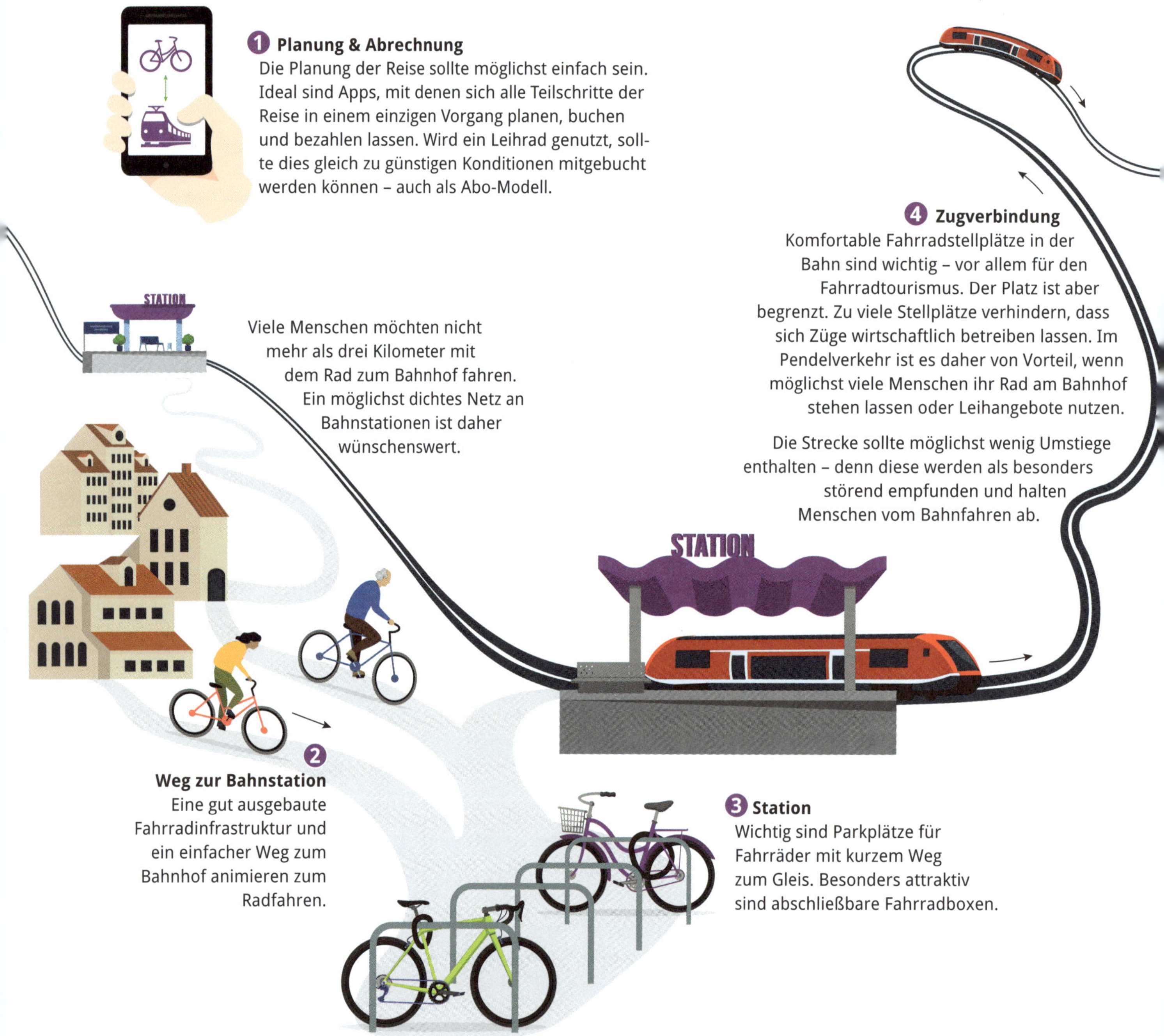

1 Planung & Abrechnung
Die Planung der Reise sollte möglichst einfach sein. Ideal sind Apps, mit denen sich alle Teilschritte der Reise in einem einzigen Vorgang planen, buchen und bezahlen lassen. Wird ein Leihrad genutzt, sollte dies gleich zu günstigen Konditionen mitgebucht werden können – auch als Abo-Modell.

Viele Menschen möchten nicht mehr als drei Kilometer mit dem Rad zum Bahnhof fahren. Ein möglichst dichtes Netz an Bahnstationen ist daher wünschenswert.

2 Weg zur Bahnstation
Eine gut ausgebaute Fahrradinfrastruktur und ein einfacher Weg zum Bahnhof animieren zum Radfahren.

3 Station
Wichtig sind Parkplätze für Fahrräder mit kurzem Weg zum Gleis. Besonders attraktiv sind abschließbare Fahrradboxen.

4 Zugverbindung
Komfortable Fahrradstellplätze in der Bahn sind wichtig – vor allem für den Fahrradtourismus. Der Platz ist aber begrenzt. Zu viele Stellplätze verhindern, dass sich Züge wirtschaftlich betreiben lassen. Im Pendelverkehr ist es daher von Vorteil, wenn möglichst viele Menschen ihr Rad am Bahnhof stehen lassen oder Leihangebote nutzen.

Die Strecke sollte möglichst wenig Umstiege enthalten – denn diese werden als besonders störend empfunden und halten Menschen vom Bahnfahren ab.

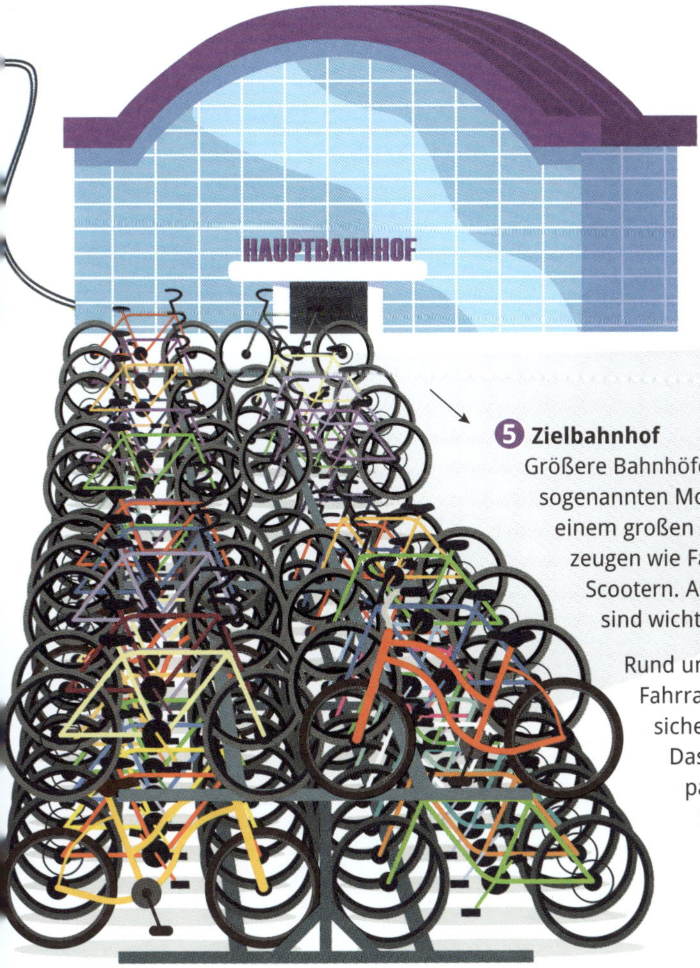

5 Zielbahnhof
Größere Bahnhöfe werden zu sogenannten Mobility Hubs mit einem großen Angebot an Leihfahrzeugen wie Fahrrädern und Scootern. Auch Lademöglichkeiten sind wichtig.

Rund um die Uhr zugängliche Fahrradparkhäuser erlauben das sichere Abstellen eigener Räder. Das größte deutsche Fahrradparkhaus mit mehr als 3 000 Stellplätzen steht am Hauptbahnhof Münster.

6 Weg zur Arbeitsstätte
Von großen Bahnhöfen aus sollten sichere Fahrradachsen in alle Richtungen führen. Unternehmen können den Fahrrad-Pendelverkehr fördern, indem sie Diensträder sowie Stellplätze und Duschen zur Verfügung stellen.

BESONDERE VERKEHRSINFRASTRUKTUR

In den letzten Jahren verändern sich Städte, besonders in Europa, sehr. Wir zeigen einige spannende Strukturen und Konzepte auf.

KANAL STATT STRASSE

Utrecht

Ein mehr als 900 Jahre alter Kanal wurde in Utrecht in den 1970er Jahren zugeschüttet und zur Autobahn umgebaut. Nach einer Volksabstimmung hat die Stadt die Autobahn 2020 zurückgebaut und den Kanal auf einer Länge von fast sechs Kilometern wiederhergestellt. Er fasst 40 000 Kubikmeter Wasser. Der Uferbereich wurde neu und einladend gestaltet.

RADELN AM FLUSSUFER

Paris

Am rechten Ufer der Seine ist in Paris 2017 eine neue Flaniermeile entstanden: Ein 3,3 Kilometer langer Straßenabschnitt, auf dem täglich 43 000 Autos fuhren, wurde zu einem Geh- und Radweg umgebaut. Vier Jahre zuvor waren Autos bereits vom anderen Seine-Ufer verbannt worden. Die neuen Wege sind sehr beliebt – allerdings gibt es nun häufiger Staus auf Alternativrouten.

BRÜCKE ÜBERS HAFENBECKEN

Kopenhagen

Ein Ziel von Kopenhagens Radverkehrsstrategie ist es, dass sich bis 2025 mindestens 90 Prozent der Radfahrenden sicher fühlen. Dafür wird viel in die Infrastruktur investiert. Zu den Vorzeigebauten gehört die 2014 eröffnete **„Cykelslangen"**: eine exklusive Brücke für den Radverkehr über das innere Hafenbecken. Die 30 Meter langen Rampen sorgen für sanfte Steigungen, die ins Geländer integrierte Beleuchtung für nächtliche Sicherheit. Genutzt wird die „Fahrradschlange" von rund 20 000 Menschen täglich.

GRÜNER PFEIL

Wien

Der „grüne Pfeil" ist ein spezielles Schild an Ampeln. Es erlaubt Radfahrenden, rechts abzubiegen oder teilweise auch geradeaus zu fahren, wenn die Fahrbahnampel auf Rot steht. 2023 führte die Stadt Wien dieses Konzept flächendeckend ein – die Grünpfeile sind inzwischen an mehr als 330 Ampelkreuzungen zu finden.

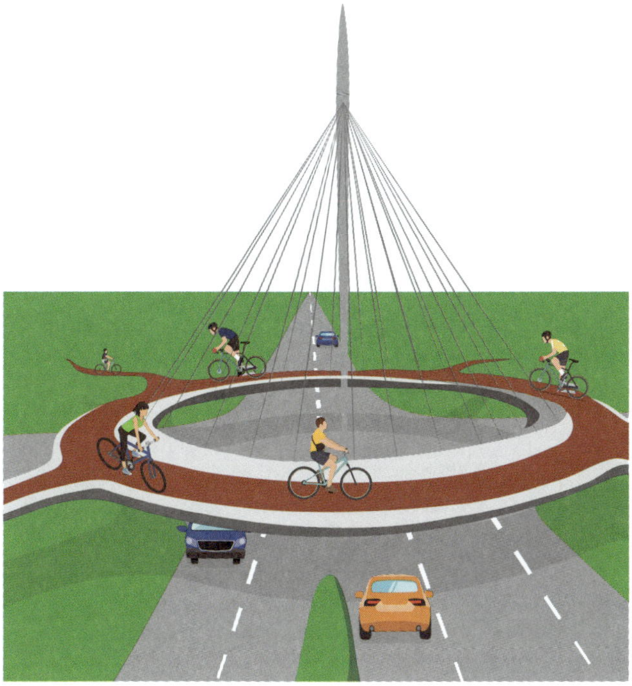

SCHWEBENDER KREISVERKEHR
Eindhoven
2011 wurde durch die Entwicklung eines neuen Stadtteils in Eindhoven eine Kapazitätserhöhung einer Kreuzung notwendig. Die Stadt entschied sich für ein futuristisches Konzept, um Auto- und Fahrradverkehr komplett zu trennen: ein schwebender Fahrrad-Kreisverkehr, der an einem 70 Meter hohen Pylon aufgehängt ist. Die Rampen zum **„Hovenring"** sind besonders lang, um die Steigung gering zu halten. Jeden Tag befahren 5000 Menschen den Kreisel.

VORRANG FÜR FUSS- UND RADVERKEHR
Brüssel
Brüssel wurde lange von Staus und Lärm geplagt. Zu Beginn der Corona-Pandemie wagte die Stadt ein Experiment: In der gesamten Innenstadt galt Vorrang für Fußgänger und Radfahrer, und seit 2021 gilt überall innerhalb der Innenstadt Tempo 30. Schon 2015 wurde aus der Hauptverkehrsstraße Boulevard Anspach eine Fußgängerzone. Die Zahl der Verkehrstoten hat sich halbiert, dafür fuhren 2022 dreimal so viele Menschen Fahrrad wie 2018.

WENIGER PARKPLÄTZE
Amsterdam
Die Stadtverwaltung in Amsterdam hat 2019 angekündigt, bis zum Jahr 2025 mehr als 10000 Autoparkplätze zu entfernen. Ein Hintergrund: Nur 40 Prozent aller Haushalte in Amsterdam besitzen ein Auto, eine Minderheit besetzt also einen wesentlichen Teil des öffentlichen Raums. Um das Ziel zu erreichen, gab die Stadt beispielsweise keine neuen Anwohnerparkausweise mehr aus. Einige große Straßen wurden umgebaut.

GEFÖRDERTE WINTERREIFEN
Oslo
Oslo hat sich ambitionierte Ziele für mehr Fahrradverkehr gesetzt und baut seit Jahren konsequent die Innenstadt um. Ein Ziel ist es auch, in den Wintermonaten mehr Menschen aufs Rad zu bringen. Radwege werden schneefrei gehalten, die Stadt hat zudem ein Förderprogramm für Winterreifen mit Spikes aufgelegt.

DIE POMMESTÜTE

AMSTERDAM – KREUZUNG MR. VISSERPLEIN

Oft können kleine Verbesserungen an Kreuzungen einen großen Effekt haben. In Amsterdam wächst die Anzahl der Radfahrenden seit Jahren. Die Kreuzung Mr. Visserplein in Amsterdam wird täglich von über 20 000 Menschen frequentiert – an den Ampeln gab es Fahrrad-Staus. Mit kleinen, aber bedeutenden Änderungen verbesserte die Stadt 2016 den Verkehrsfluss erheblich. Darunter auch die Pommestüte, ein spezielles Design für Fahrradwege, die eine Straße überqueren.

KLEINERE VERKEHRSINSELN

Viele der Verkehrsinseln an der Kreuzung wurden etwas verkleinert, um mehr Platz für den Radverkehr zu schaffen. Die mittig gelegene Insel erhielt eine **Bananenform**. So erfüllt sie weiterhin ihren Zweck, nimmt aber weniger Platz in Anspruch.

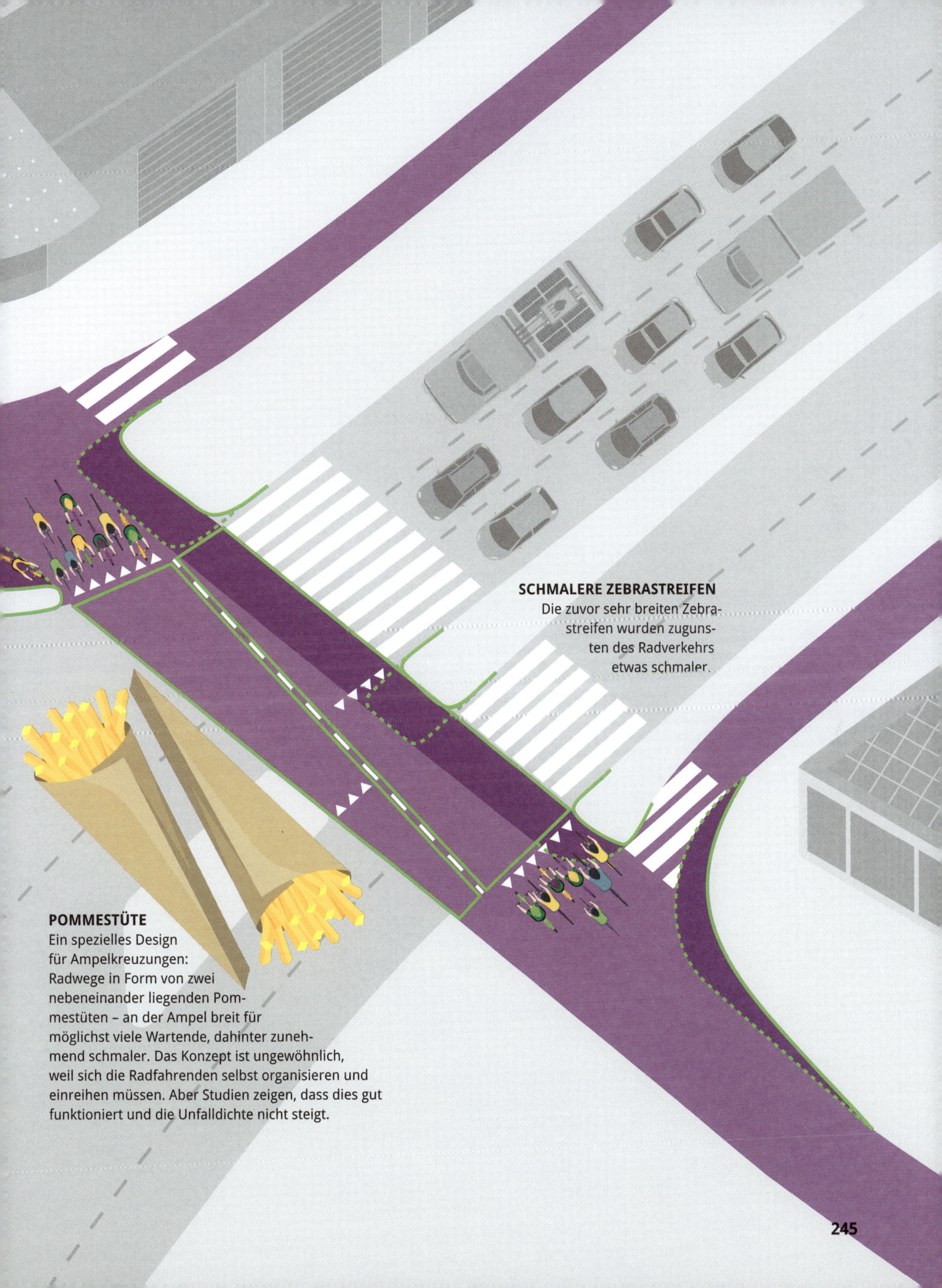

SCHMALERE ZEBRASTREIFEN
Die zuvor sehr breiten Zebrastreifen wurden zugunsten des Radverkehrs etwas schmaler.

POMMESTÜTE
Ein spezielles Design für Ampelkreuzungen: Radwege in Form von zwei nebeneinander liegenden Pommestüten – an der Ampel breit für möglichst viele Wartende, dahinter zunehmend schmaler. Das Konzept ist ungewöhnlich, weil sich die Radfahrenden selbst organisieren und einreihen müssen. Aber Studien zeigen, dass dies gut funktioniert und die Unfalldichte nicht steigt.

DER PERFEKTE KREISVERKEHR

Kreisverkehre sind laut Studien ein vergleichsweise sicherer Weg, Kreuzungen zu gestalten. Die einheitliche Fahrtrichtung erlaubt eine gute Übersicht – und gefährliche Begegnungen werden vermieden. Ein Pionier sind die Niederlande, wo es viele Kreisverkehre gibt und ein besonderes Design entwickelt wurde. Am Beispiel des Kreisverkehrs am Hollandseweg in Wageningen zeigen wir, warum dieses Verkehrsdesign so gut funktioniert.

Quelle: ADFC

❶ Kontinuität
Ein kreisförmiger, getrennter Radweg verläuft rund um die Kreuzung. Die Verkehrsführung ist durch Farben klar und einfach zu verstehen.

❷ Vorfahrt
Die Verkehrsregel ist klar: Radfahrende haben Vorfahrt vor Autos. Das wird durch klare Markierungen unterstützt und ist sehr verständlich.

❸ Enge Radien
Dies verringert die Geschwindigkeit und damit die Wahrscheinlichkeit von Unfällen.

❹ Verkehrsinsel im Zebrastreifen
So muss man beim Überqueren der Fahrbahn immer nur eine Fahrtrichtung im Blick haben.

❺ Erhöhte Insel
Die Erhöhung in der Mitte des Kreisverkehrs führt dazu, dass Autos langsam fahren müssen.

❻ Auto-Wartebereich
Autos können hier warten, stören weniger den Verkehr im Kreisverkehr und können Fahrradweg und Fußgängerweg in den Blick nehmen.

TIPP: GESELLSCHAFT IN BEWEGUNG
Ein ganzes Buch zu Verkehrskonzepten, Stadtplanung und menschengerechter Mobilität: „Gesellschaft in Bewegung“ von Thalia Verkade und Marco te Brömmelstroet aus den Niederlanden – erstmals in deutscher Spache!

marmotamaps.com/de/gesellschaft-in-bewegung/
ISBN: 978-3-946719-49-6

STRASSEN IN AMSTERDAM

Typisch für die Verkehrsplanung in niederländischen Städten sind sogenannte Plus- und Hauptnetze. Diese Routen sind auf die Belange der jeweiligen Verkehrsart ausgerichtet. Jede wird in ihrem Netz vorrangig behandelt. So entstehen wenig Konflikte und Gefahrenpunkte. Die Grafik zeigt die Innenstadt von Amsterdam.

Plusnetz
Hauptnetz
Fahrrad Auto Fußgänger Tram Bus Metro

Plusnetze erlauben der jeweiligen Verkehrsart ein besonders schnelles Vorankommen, zum Beispiel durch eine Bevorzugung an Kreuzungen. Plusnetze für den Radverkehr sind oft wichtige Verbindungen zwischen Stadtteilen. Bestimmte Anforderungen wie eine Mindestbreite sind vorgegeben. Amsterdam ist in sechs historische Zonen unterteilt. Für jede Zone gelten eigene Richtlinien für die Plusnetze, um dem Stadtbild gerecht zu werden.

Hauptnetze priorisieren ebenfalls eine Verkehrsart. Es sind oft engmaschigere Verbindungen – Schnelligkeit ist hier weniger wichtig als bei den Plusnetzen.

Ampeln

Ein wesentlicher Teil der Netzplanung ist, die Wartezeit an Ampeln zu verringern. Dafür werden in Amsterdam unter anderem grüne Wellen für Radfahrende entwickelt. Amsterdam arbeitet auch intensiv mit Sensoren in der Straße, um Echtzeit-Ampelschaltungen zu ermöglichen.

SCHON GEWUSST?

Die Niederlande gelten nicht nur als besonders fahrrad-, sondern auch als autofreundlich. Das liegt daran, dass die Straßen sehr gut gepflegt sind, und es durch weniger Autos auch weniger Staus gibt.

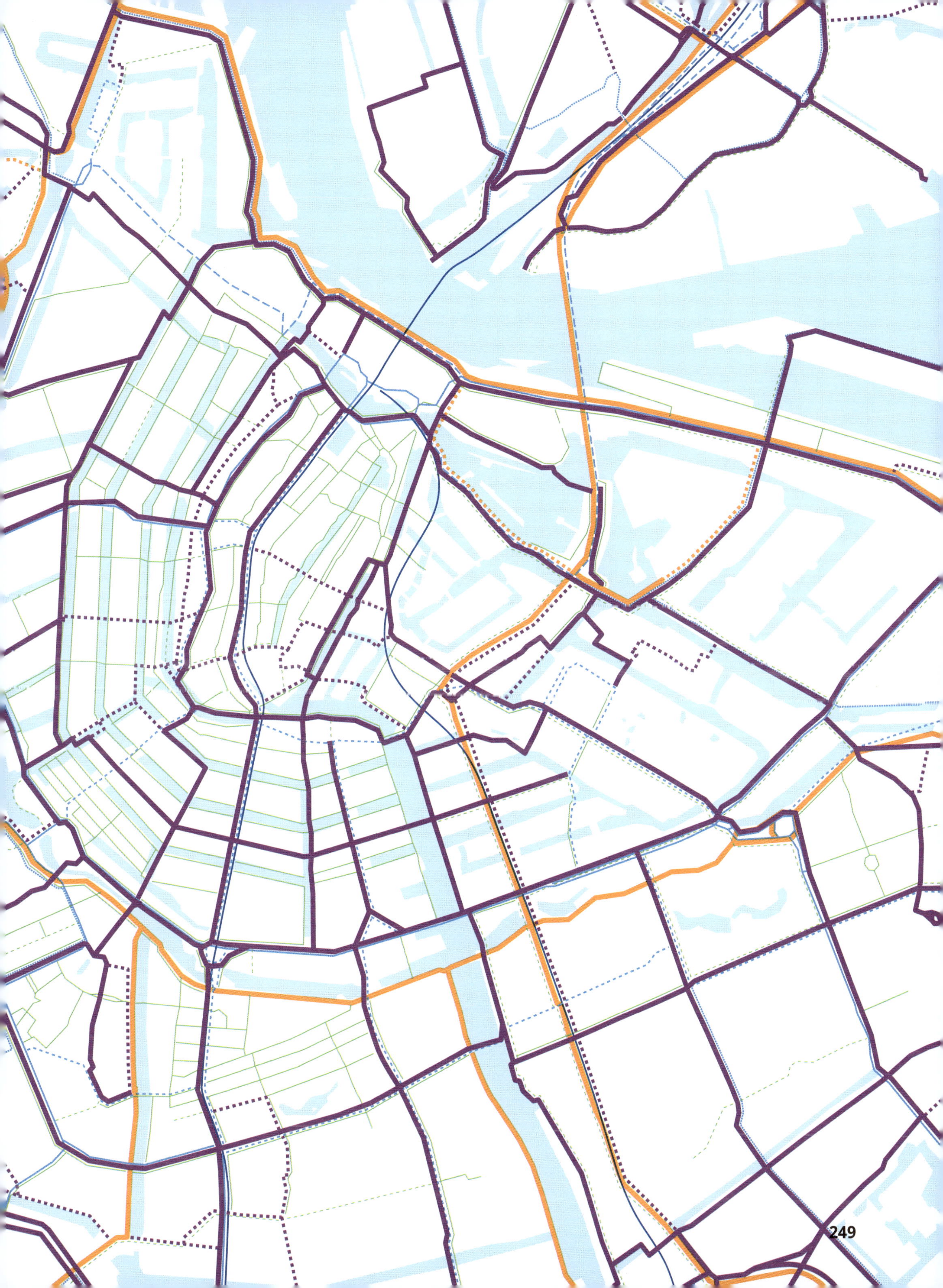

MÜNSTERANER FAHRRADRING

Münster ist als Fahrradstadt bekannt. Mehr als 40 Prozent der Fahrten in der Stadt werden per Fahrrad erledigt. Die Stadt ist flach, die Wege sind nicht besonders lang, und viele Studierende, die hier leben, haben kein Auto. Zentral ist die Promenade, der berühmte Innenstadtring rund um die Altstadt, wo früher die Stadtmauer war. Hier dürfen auf einer Straße nur Fahrräder fahren und ein von Bäumen abgegrenzter Weg ist Fußgängern vorbehalten.

14 000

Menschen fahren jeden Tag auf der Promenade

4 500

Meter ist die Promenade lang

ca. **14**

Minuten dauert eine Runde mit dem Fahrrad

10

Straßen kreuzt die Promenade – dort, wo früher die Stadttore waren.

53–59

Meter über Null verläuft die Promenade

SCHON GEWUSST?

Die Fahrradpromenade war ursprünglich keine fahrradfreundliche, sondern eine autofreundliche Maßnahme. Da das Fahrrad nach dem Zweiten Weltkrieg im Autoverkehr als störend empfunden wurde, beschloss man die Fahrradstraße auf der Promenade, um möglichst wenige „Leezen“ auf der Straße zu haben.

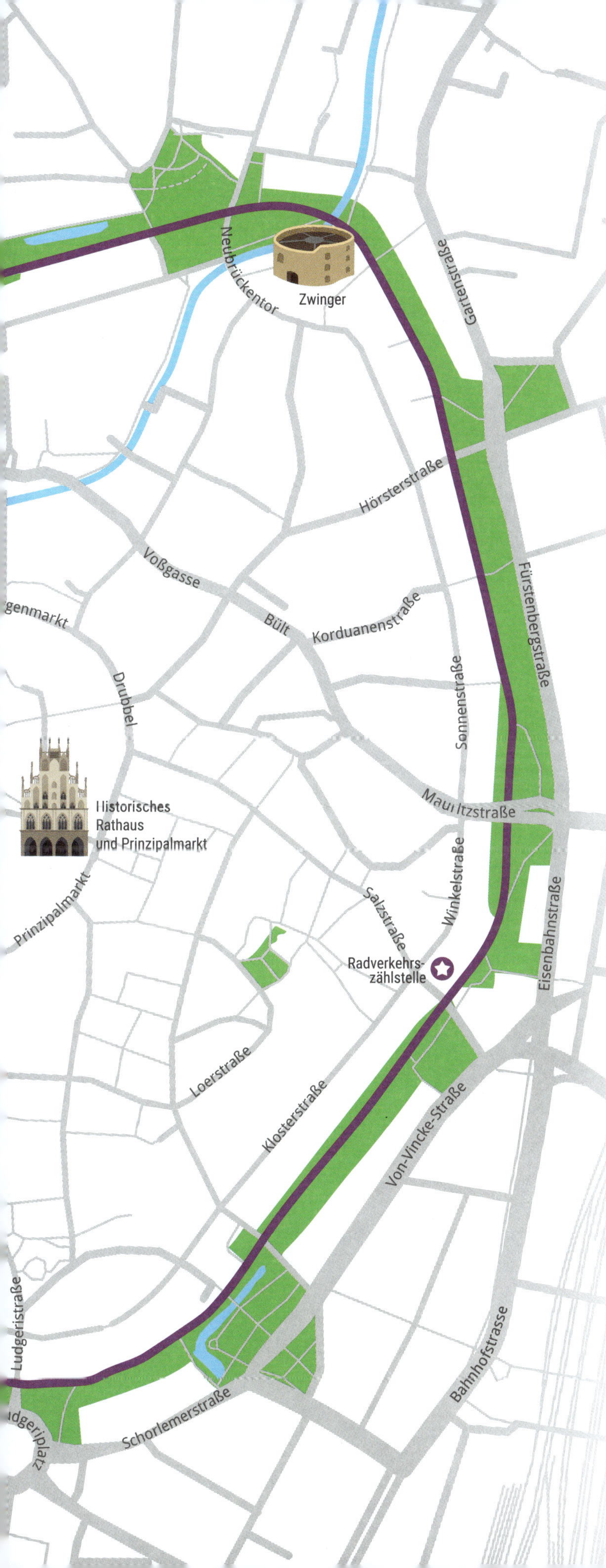

RADVERKEHRSZÄHLSTELLE

An der Salzstrasse befindet sich seit 2018 eine Radverkehrszählstelle. Ihre Daten zeigen interessante Muster:

Jahresvergleich pro Monat

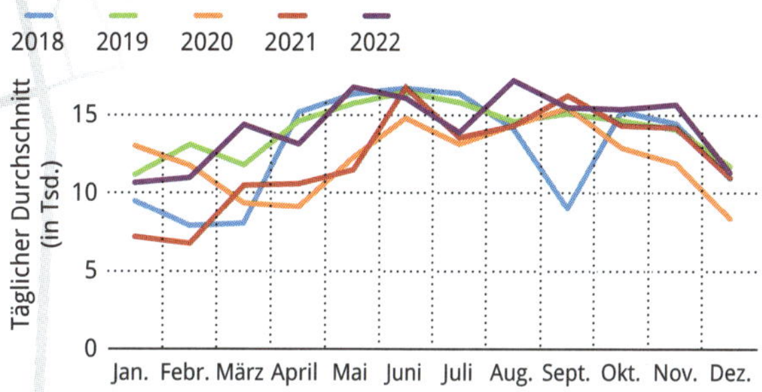

Im Sommer fahren deutlich mehr Menschen, aber auch im Winter sind jeden Tag über 10 000 unterwegs.

Tagesanalyse 2022

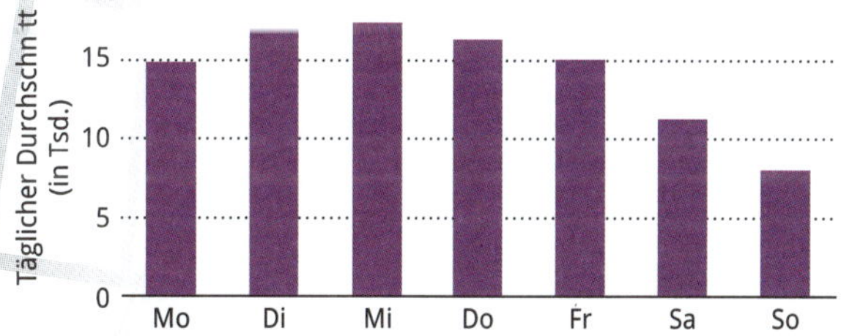

Unter der Woche sind mehr Menschen unterwegs, am Sonntag halbiert sich der Verkehr.

Stundenanalyse pro Tag 2022

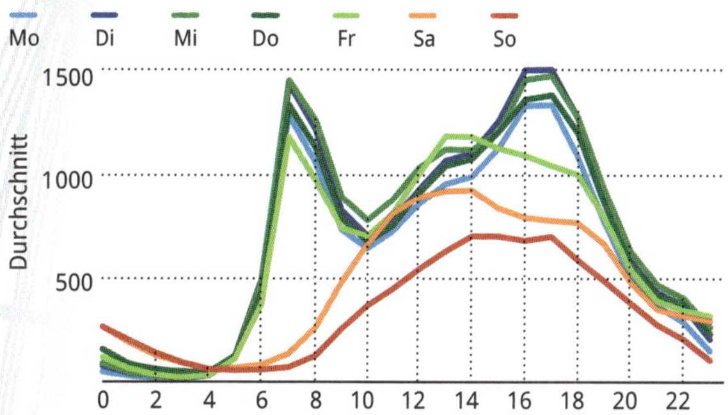

Die Münsteraner sind früh unterwegs. Die Rushhour beginnt gegen sechs Uhr. Zwischen 16 und 18 Uhr, nach Uni und Arbeit, erreicht der Verkehr den Höhepunkt.

UNFÄLLE

Radfahren ist praktisch, gesund und macht Spaß. Doch zur Wahrheit gehört auch, dass Unfälle nie ganz auszuschließen sind. Und gerade Kollisionen mit Autos verursachen oft schwere oder gar tödliche Verletzungen. Denn auf dem Fahrrad besitzt man keine Knautschzone und zieht immer den Kürzeren – egal, wer im Recht war. *Unfallverletzungen, S. 87*

KOLLISIONEN MIT ANDEREN FAHRRÄDERN

Zu frontalen Zusammenstößen zwischen Fahrrädern kommt es häufig dann, wenn Radwege in der falschen Richtung benutzt werden. Teilweise geschieht dies bewusst, um Wege abzukürzen. Teilweise ist die vorgeschriebene Fahrtrichtung aber auch nicht klar genug gekennzeichnet.

KOLLISIONEN MIT FUSSGÄNGERN

Kollisionen zwischen Radfahrenden und Fußgängern sind oft auf vorschriftswidrige Nutzungen von Rad- und Fußwegen zurückzuführen. Auch auf gemeinsamen Geh- und Radwegen kann es zu gefährlichen Situationen kommen, wenn keine gegenseitige Rücksichtnahme herrscht.

* Deutschland 2020, Quelle: Destatis

ALLEINUNFÄLLE

Bei einem Alleinunfall ist keine andere Person direkt beteiligt. Ursachen können eigene Fahrfehler, überhöhte Geschwindigkeit oder Alkoholkonsum sein. Aber auch schlechte Straßen- oder Wetterbedingungen sorgen für Stürze. Bei Alleinunfällen ist die Dunkelziffer besonders hoch, da diese häufig nicht angezeigt werden.

RUTSCHIGER UNTERGRUND

Vor allem im Herbst und Winter sorgt rutschiger Untergrund durch Blätter, Schnee oder Glatteis oft für gefährliche Situationen.

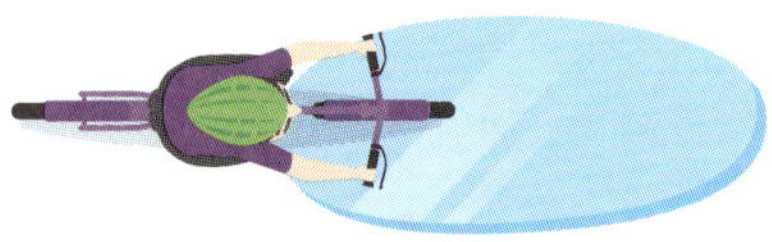

STRASSENBAHNSCHIENEN

Straßenbahnschienen sind eine Falle: Wer mit dem Reifen hinein gerät, stürzt fast immer. Sie sollten nie in einem spitzen Winkel überfahren werden.

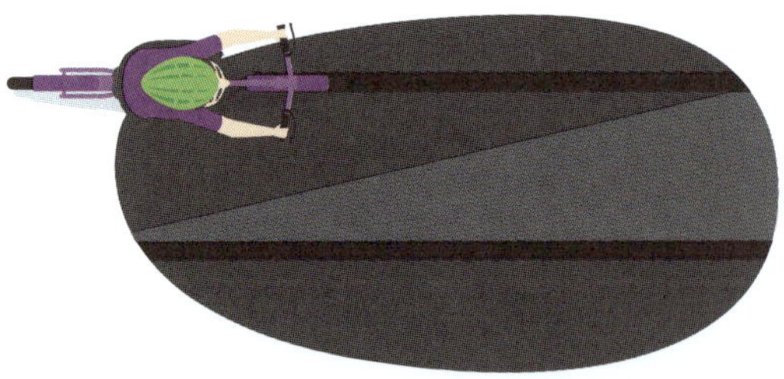

KOLLISIONEN MIT AUTOS

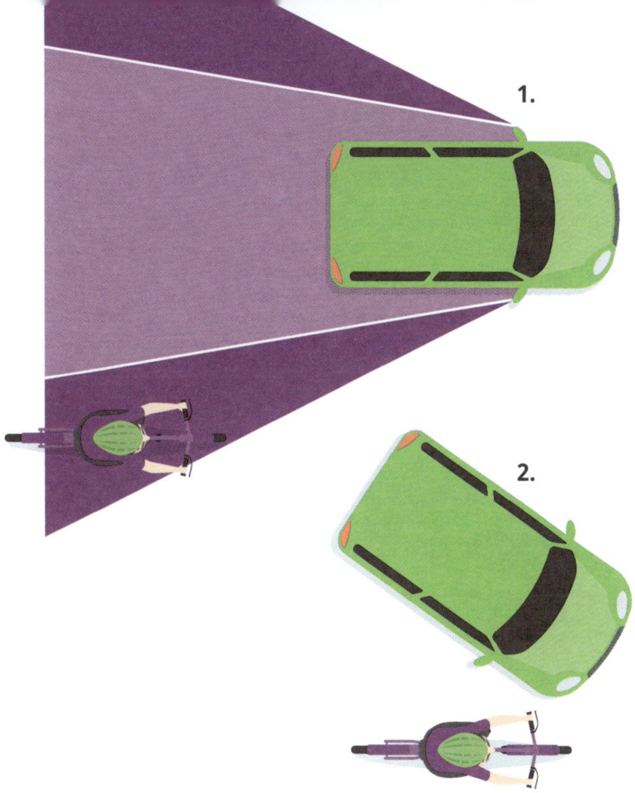

RECHTSABBIEGEN

Besonders häufig sind Kollisionen in Situationen, in denen das Auto rechts abbiegt und dabei übersieht, dass jemand auf dem Radweg geradeaus fahren möchte und Vorfahrt hat. Ein großes Problem ist dabei der sogenannte **Tote Winkel** des Autos. Damit bezeichnet man den Bereich, der vom Fahrersitz aus weder durch den Rückspiegel noch die Seitenspiegel einsehbar ist. In Abbiegesituationen kommt es besonders häufig zu tödlichen Fahrradunfällen. Das gilt vor allem für Unfälle mit rechtsabbiegenden Lkws, bei denen der Tote Winkel noch größer als bei Pkws ist. Moderne Lkws verfügen daher über Abbiege-Assistenzsysteme mit speziellen Kameras. Auch wenn der Radweg von parkenden Autos verdeckt wird, steigt die Gefahr eines Abbiegeunfalls. Um diese zu vermeiden, haben erste Städte an gefährlichen Ampelkreuzungen getrennte Grünphasen für Fahrbahn und Radweg eingeführt.

„DOORING“

Das sogenannte Dooring bezeichnet Fahrradunfälle durch sich plötzlich öffnende Türen von parkenden Autos. Oft werden selbst ausgewiesene Fahrradschutzstreifen sehr eng an Parkplätzen entlanggeführt. Öffnet sich die Tür direkt vor einem, ist ein Ausweichen kaum noch möglich. Selbst bei geringer Geschwindigkeit kann der Aufprall zu schweren Verletzungen führen.

ENGES ÜBERHOLEN

Beim Überholen von Radfahrenden ist in Deutschland ein Abstand von 1,5 Metern innerorts und zwei Metern außerorts einzuhalten. Doch sehr häufig werden diese Vorgaben weit unterschritten. Und schon eine kleine Berührung mit dem Seitenspiegel reicht, um zu Fall zu kommen. Auch ein leichtes Abdrängen kann schlimme Stürze verursachen.

SCHON GEWUSST?

Dooring-Unfälle können durch den „Holländischen Griff“ vermieden werden. Dabei wird die Autotür nicht mit der linken, sondern mit der weiter vom Türgriff entfernten rechten Hand geöffnet. Dabei dreht sich der Kopf automatisch nach hinten – und der Blick fällt auf den Radverkehr.

UNFALLZAHLEN IN DEUTSCHLAND

Da der Radverkehr in Deutschland zunimmt, steigt leider auch die Zahl der bei Fahrradunfällen Verunglückten. Auch die Zahl der Getöteten war 2022 so hoch wie seit 2006 nicht mehr. Langfristig gesehen hat sie aber abgenommen – in den 1980er Jahren starben pro Jahr noch mehr als 1 000 Menschen in Deutschland bei Fahrradunfällen. Anteilig gesehen enden heute weniger Fahrradunfälle tödlich als damals. Dazu beigetragen hat die bessere Berücksichtigung des Radverkehrs in der Verkehrsplanung sowie das häufigere Tragen von Helmen.

ZAHL DER VERUNGLÜCKTEN BEI FAHRRADUNFÄLLEN

2014–2022

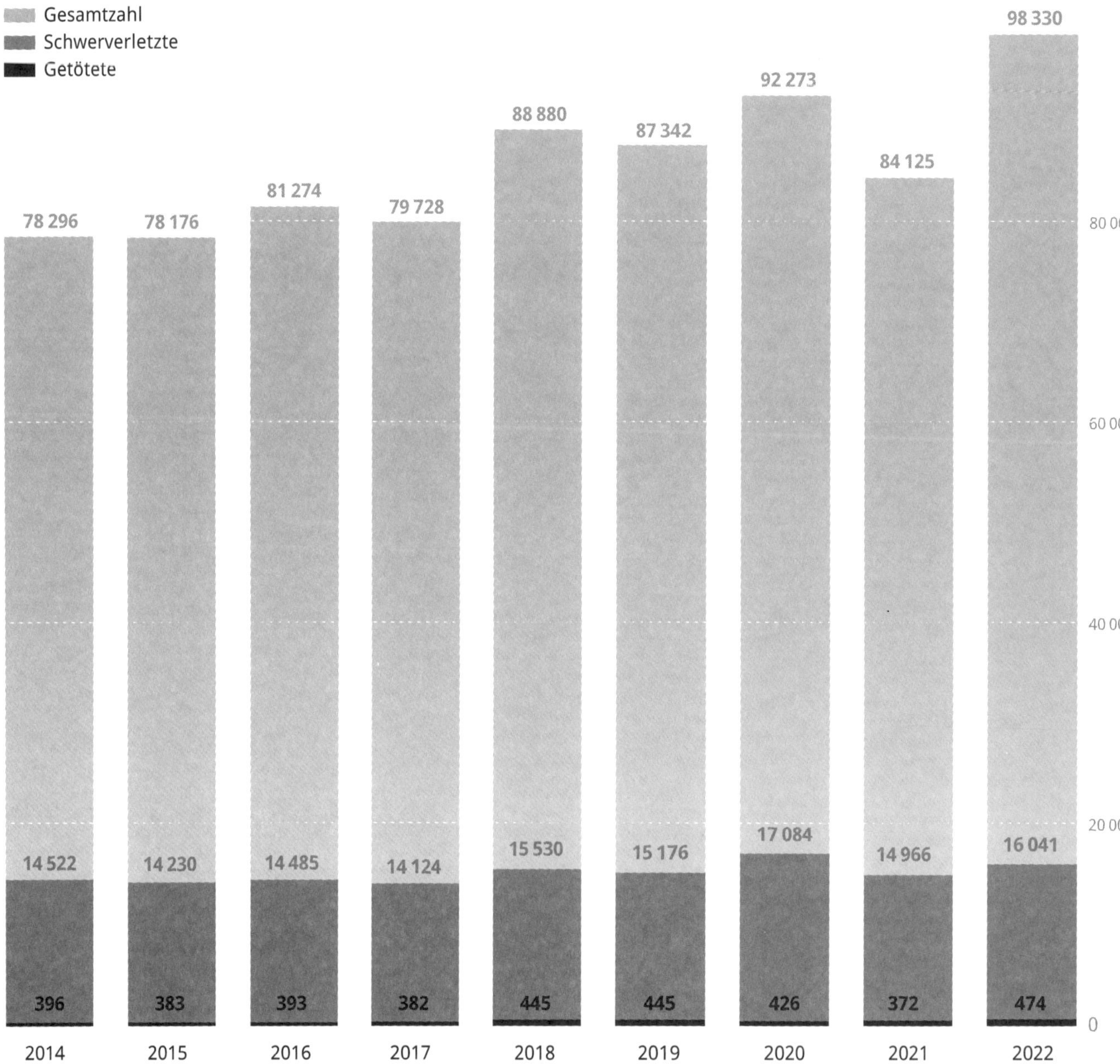

GETÖTETE
IM STRASSENVERKEHR
2022

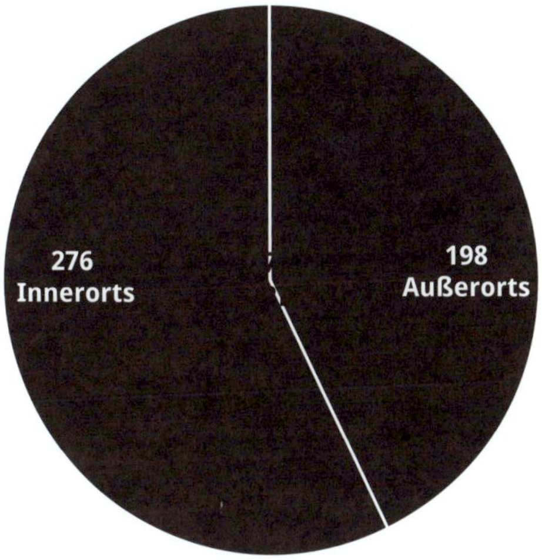

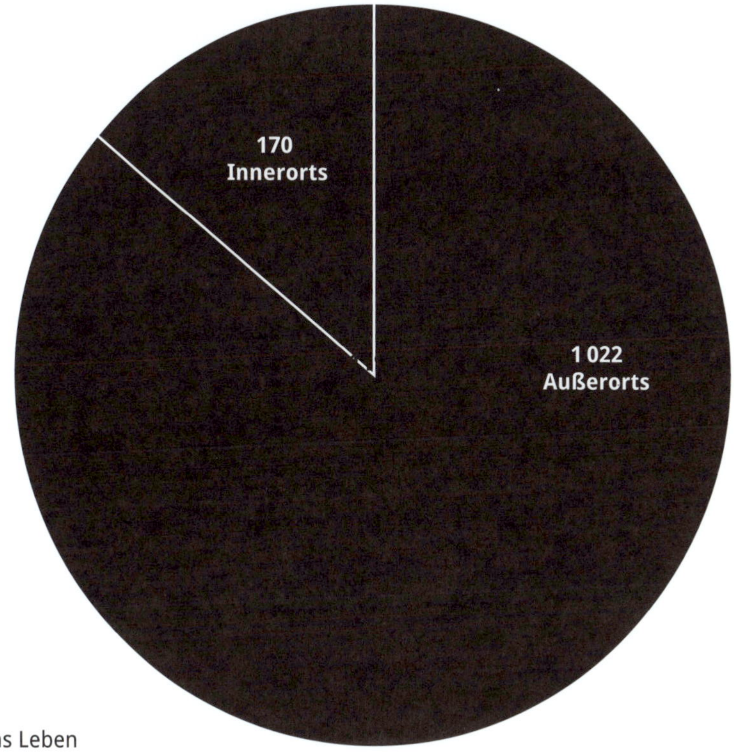

Getötete nach Altersgruppen
Besonders hoch ist der Anteil der beim Radfahren ums Leben gekommenen älteren Menschen. Das liegt vor allem daran, dass jüngere Menschen schwere Verletzungen eher überleben.

GEISTERRÄDER
In einigen Städten gehören sie längst zum traurigen Stadtbild: Vollständig weiß lackierte Fahrräder, die an Straßen und Kreuzungen stehen. Die sogenannten Geisterräder stehen an Orten, an denen Menschen beim Radfahren getötet wurden. Sie dienen als Gedenkstätte und Mahnmal, aber auch als Hinweise auf mögliche Gefahrenpunkte. Die Idee stammt aus den USA. 2003 wurden in der Stadt St. Louis im Bundesstaat Missouri die ersten Geisterräder aufgestellt.
Fahrradbewegung, S. 267

DIEBSTAHL

Fahrräder stehen oft an öffentlichen Orten und lassen sich auch in gebrauchtem Zustand gut verkaufen. Das macht sie zu beliebten Diebesobjekten. Wir zeigen typische Diebstahlmethoden – und wie man sein geliebtes Bike schützen kann.

266 000

Fahrräder wurden 2022 in Deutschland laut polizeilicher Statistik gestohlen. Da viele Diebstähle nicht angezeigt werden, ist von einer weitaus höheren Dunkelziffer auszugehen.

140

Millionen Euro betrug 2022 die Schadenssumme, die deutsche Versicherungen für gestohlene Fahrräder ausgegeben haben. Die durchschnittliche Schadenssumme pro Rad lag bei 970 Euro. Kriminelle haben es häufig gezielt auf hochwertige Räder abgesehen.

DIEBSTAHLMETHODEN

ABGESCHLOSSENES RAD WEGTRAGEN

Fahrräder, die zwar abgeschlossen, aber nicht an einen Gegenstand angeschlossen sind, lassen sich einfach wegtragen oder auf dem Vorderrad wegrollen. Das Schloss knacken die Kriminellen dann in Ruhe zuhause.

SCHLOSS KNACKEN MIT BOLZENSCHNEIDER

Der Bolzenschneider ist das verbreitetste Werkzeug zum Knacken von Fahrradschlössern. Je größer das Werkzeug, desto größer ist die Hebelwirkung – doch wer mit einem riesigen Gerät hantiert, fällt natürlich auch schneller auf.

SCHLOSS KNACKEN MIT WINKELSCHLEIFER

Ein akkubetriebener Winkelschleifer, auch Flex genannt, durchtrennt auch härteste Materialien. Gegen dieses Werkzeug ist kein Schloss gewappnet – doch der Einsatz verursacht Lärm und Funken und ist dadurch alles andere als unauffällig.

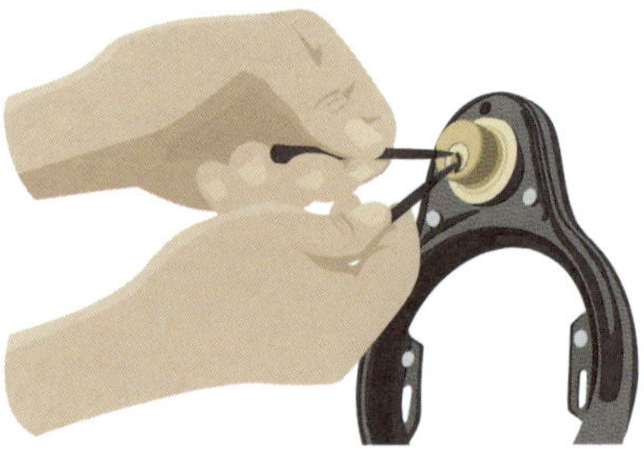

SCHLOSS KNACKEN DURCH PICKING

Beim sogenannten Picking wird ein Schloss mit speziellen Methoden geöffnet, die auch Schlüsseldienste anwenden. Dabei werden die im Schloss verbauten Stifte mittels Spezialwerkzeug testweise heruntergedrückt. Das erfordert allerdings viel Feingefühl und braucht Zeit – daher sind gewaltsame Methoden verbreiteter.

EINZELNE KOMPONENTEN KLAUEN

Ist das Rad gut gesichert, beschränken sich einige Kriminelle auf den Diebstahl einzelner, wertvoller Komponenten wie Sattel, Laufrad oder Batterielicht.

SCHON GEWUSST?

Einige Hersteller haben intelligente Fahrradschlösser mit digitalen Funktionen entwickelt. Diese lassen sich zum Beispiel per App öffnen und schließen. Manche Modelle verfügen über Sensoren, die erkennen, wenn eine fremde Person am Schloss zugange ist oder das Rad weggetragen wird. Dann senden sie eine Warnung aufs Smartphone oder lösen einen Alarmton aus, der Kriminelle abschrecken soll.

SCHUTZMETHODEN

DAS RICHTIGE SCHLOSS

Mit dem passenden Werkzeug lässt sich jedes Schloss knacken. Doch ein gutes Schloss aufzubrechen, kostet Zeit – und je länger der Diebstahl dauern würde, desto weniger kommt das Rad als Beute in Frage. Eine Faustregel besagt, dass man mindestens ein Zehntel des Fahrradwerts in ein Schloss investieren sollte.

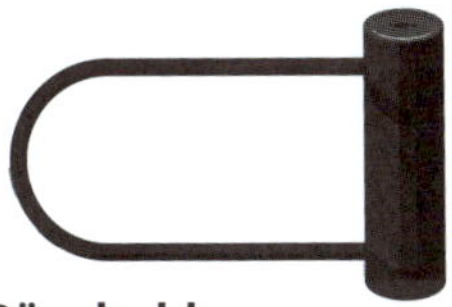

Bügelschloss
Bügelschlösser sind durch ihre dicken Bügel am schwierigsten zu knacken. Sie sind allerdings recht unhandlich und haben ein hohes Gewicht.

Kettenschloss
Kettenschlösser bieten einen guten Schutz, sind mit großen Bolzenschneidern aber zu durchtrennen. Dafür lassen sie sich besonders flexibel an Gegenstände anschließen.

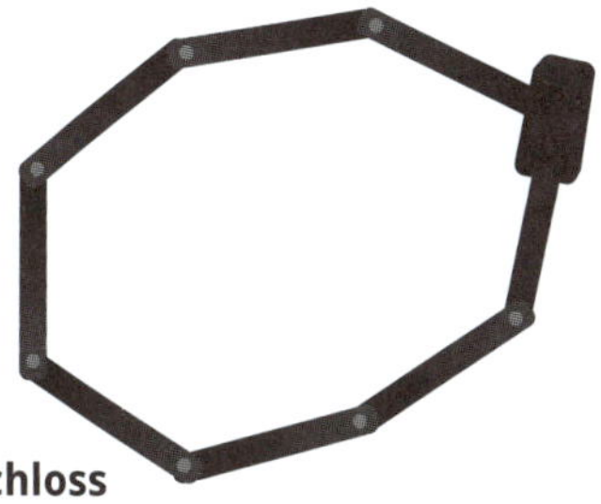

Faltschloss
Ein Faltschloss besteht aus starren Gliedern, die zusammengefaltet werden können. Es ist leichter und flexibler als ein Bügelschloss und bietet einen guten Schutz, weil das flache Profil der Glieder das Ansetzen von Bolzenschneidern erschwert.

DER RICHTIGE ORT

Im Idealfall hat man sein Rad jederzeit im Blick – etwa, während man im Café sitzt. Geeignet sind auch Orte, die gut ausgeleuchtet und von Sicherheitspersonal oder Kameras überwacht sind. Die wichtigste Grundregel ist, das Rad immer an einen fest verankerten Gegenstand anzuschließen – ob Fahrradbügel, Geländer oder Laternenpfahl.

Fahrradbügel
Fahrradbügel haben vielerorts die früher verbreiteten Fahrradständer fürs Vorderrad abgelöst. Denn an ihnen lassen sich Rahmen und Hinterrad gemeinsam anschließen. Keinesfalls sollte man nur das Vorderrad anschließen, da sich dieses leicht ausbauen lässt.

Fahrradboxen
Besonders sicher ist eine Fahrradbox mit massiver Metalltür. Solche Boxen gibt es in immer mehr Städten an öffentlichen Orten wie Bahnhöfen, kosten aber natürlich Miete. Oft sind Steckdosen für E-Bikes integriert.

RAD ZURÜCKERHALTEN

Ist das Rad einmal gestohlen, bleibt die Hoffnung, es irgendwie zurückzuerlangen. Doch die Aufklärungsquote von Fahrraddiebstählen ist so niedrig wie bei kaum einer anderen Straftat – sie liegt bei nur etwa zehn Prozent.

Anzeige
Es ist sinnvoll, den Diebstahl bei der Polizei zu melden. Manchmal handelt es sich um Gelegenheitsdiebstähle und das Fahrrad taucht nach wenigen Tagen woanders wieder auf. Ab und an kommt die Polizei auch den Verstecken professioneller Diebesbanden auf die Spur.

Codierung
Codierte Fahrräder lassen sich schwerer als Diebesgut verkaufen. Sie verfügen über einen eingefrästen Code auf dem Rahmen, der sich eindeutig einer Person zuordnen lässt. Die Codierung wird von der Polizei oder Fahrradclubs und -händlern übernommen.

GPS-Tracker
Mithilfe von im Fahrrad versteckten GPS-Trackern lässt sich dessen Aufenthaltsort ermitteln. Das funktioniert natürlich nur so lange, wie die Akkulaufzeit hält und der Tracker nicht entdeckt wird.

Schadenersatz durch Versicherung
Wer eine Fahrradversicherung abgeschlossen hat, kann den Schaden ganz oder teilweise erstattet bekommen. Voraussetzung ist meist der Einsatz eines hochwertigen Schlosses.

GESETZGEBUNG

Das Fahrrad ist ein Verkehrsmittel und unterliegt als solches natürlich auch den geltenden Straßenverkehrsregeln. Einige beziehen sich dabei explizit auf den Radverkehr. **Wir stellen hier eine Auswahl von Verkehrsregeln rund ums Fahrrad am Beispiel der deutschen Straßenverkehrsordnung vor.** In anderen Ländern gelten ähnliche Regeln, wobei es Unterschiede im Detail geben kann.

RADWEGBENUTZUNG

Ein Radweg ist nur dann benutzungspflichtig, wenn ein entsprechendes Schild diesen als solchen ausweist. Fehlt das Schild, darf man auf der Straße fahren. Das gilt auch dann, wenn das Befahren benutzungspflichtiger Wege durch Schäden unzumutbar ist.

FAHRRADSTRASSE

Fahrradstraßen räumen dem Radverkehr besondere Rechte ein. Das Nebeneinanderfahren ist in jedem Fall erlaubt. Kraftfahrzeuge dürfen hier nur fahren, wenn ein Zusatzschild es gestattet. Es gilt eine Geschwindigkeitsbegrenzung von 30 km/h und der Radverkehr darf keinesfalls behindert werden.

GESCHWINDIGKEIT

Allgemein geltende Tempolimits – zum Beispiel 50 km/h innerorts – gelten nur für Kraftfahrzeuge. Mit dem Fahrrad dürfte man schneller fahren, auch wenn das in der Praxis meist schwierig ist. Anders ist die Lage, wenn eine Geschwindigkeitsbegrenzung explizit ausgeschildert ist. Eine ausgewiesene 30er-Zone gilt also auch für Fahrräder. In freigegebenen Fußgängerzonen ist nur Schrittgeschwindigkeit erlaubt.

HELM

Eine Helmpflicht gibt es beim Radfahren in Deutschland nicht. Ein Grund ist, dass diese zu viele Menschen vom gesunden und umweltfreundlichen Radfahren abhalten könnte. Das Tragen eines Helms ist aber dringend zu empfehlen, da er bei Stürzen auf den Kopf vor schweren oder gar tödlichen Verletzungen schützen kann. In einigen anderen Ländern gilt eine generelle Helmpflicht – zum Beispiel in Finnland. In Spanien gilt sie außerhalb von Ortschaften, in Österreich für Kinder unter zwölf Jahren.

LICHT & REFLEKTOREN

Die Straßenverkehrsordnung schreibt bei Dämmerung und Dunkelheit ein funktionierendes Vorder- und Rücklicht sowie Reflektoren an den Pedalen und Speichen (oder Reifen) vor. Neben Dynamos ist auch batteriebetriebene Beleuchtung zulässig.

AMPEL

Ist keine eigene Radfahrerampel vorhanden, gilt die normale Fahrbahnampel. Fußgängerampeln spielen beim Radfahren keine Rolle.

ZEBRASTREIFEN

Es ist erlaubt, mit dem Fahrrad über einen Zebrastreifen zu fahren – allerdings gilt dabei keine Vorfahrt. Autos müssen nur anhalten, wenn das Rad geschoben wird.

ÜBERHOLT WERDEN

Autos müssen beim Überholen von Radfahrenden einen ausreichenden Abstand einhalten: innerorts mindestens 1,5 Meter und außerorts mindestens zwei Meter. Radfahrende müssen ihrerseits ein Überholen ermöglichen, indem sie sich rechts halten. Wenn mindestens drei Autos überholen möchten, die Straße dafür aber zu schmal ist, muss man kurz absteigen und diese vorbeilassen.

GASSI FAHREN

Es ist erlaubt, einen Hund neben dem Fahrrad laufen zu lassen. Eine Leine ist nicht explizit vorgeschrieben, allerdings muss die Begleitperson laut Straßenverkehrsordnung „ausreichend auf den Hund einwirken können". In bestimmten Gebieten kann die Leine Pflicht sein.

KINDER

Wer mindestens 16 Jahre alt ist, darf ein bis zu siebenjähriges Kind auf einem speziellen Sitz auf dem Fahrrad mitnehmen. Im Fahrradanhänger dürfen maximal zwei Kinder mitfahren. Fahren kleine Kinder selbst Rad, müssen sie – wenn kein baulich getrennter Radweg vorhanden ist – den Gehweg nutzen. Bis zu einem Alter von acht Jahren ist dies Pflicht.

NEBENEINANDER FAHREN

Es ist grundsätzlich erlaubt, zu zweit nebeneinander zu fahren – allerdings, nur wenn dadurch der Verkehr nicht behindert wird. Eine Besonderheit ist ein Pulk von mindestens 16 Personen. Dieser gilt als „geschlossener Verband". In diesem Fall ist nicht nur das dauerhafte Nebeneinanderfahren erlaubt, auch die Benutzungspflicht von Radwegen entfällt.

STATUS

Der Besitz eines Fahrrads ist – anders als bei Kraftfahrzeugen – nicht anmelde- und versicherungspflichtig. Das gilt auch für E-Bikes, die nur bis zu einer Geschwindigkeit von 25 km/h unterstützen. Wenn der Motor allerdings bis 45 km/h unterstützt, wird ein Kennzeichen sowie mindestens ein Moped-Führerschein benötigt. Radwege sind dann tabu.

SCHILDER IM VERGLEICH: „ACHTUNG RADVERKEHR“

Dieses Schild warnt davor, dass an der gekennzeichneten Stelle mit – möglicherweise kreuzendem – Radverkehr zu rechnen und auf diesen Rücksicht zu nehmen ist. Obwohl sich viele Staaten bei Verkehrszeichen an etablierte Standards halten, zeigen sich im internationalen Vergleich doch einige Unterschiede im Design – wenn auch teilweise nur in den Details des dargestellten Fahrrads.

Deutschland

Niederlande

Schweiz

Ukraine

Großbritannien

China

USA

Irland

Japan

Australien

Italien

Frankreich

Belgien

Österreich

Tschechien

Schweden

Polen

Australien
(Bundesstaat Victoria)

Argentinien

BUSSGELDER

Für Verstöße gegen die Straßenverkehrsordnung ist in Deutschland ein Bußgeldkatalog vorgesehen. Einige Punkte beziehen sich speziell aufs Radfahren, andere betreffen alle Verkehrsteilnehmer – wobei Verstöße auf dem Fahrrad häufig mit einer halb so hohen Strafsumme bestraft werden wie am Steuer eines Autos. Wir zeigen hier eine Auswahl der vorgesehenen Bußgelder. Kommt es durch Vergehen zu einer Gefährdung anderer oder gar zu einem Unfall, können die Strafen noch höher ausfallen. Ab einem Bußgeld von 60 Euro gibt es zusätzlich einen Punkt in der Verkehrssünderdatei in Flensburg – man kann also beim Radfahren auch seinen Pkw-Führerschein verlieren.

5 EURO
Freihändig fahren

10 EURO
Fehlende oder nicht funktionierende Bremsen

15 EURO
Befahren einer freigegebenen Fußgängerzone mit mehr als Schrittgeschwindigkeit

15 EURO
Fehlende oder nicht funktionierende Klingel

20 EURO
Fehlende oder nicht funktionierende Beleuchtung

20 EURO
Nichtbenutzen eines benutzungspflichtigen Radwegs

RADFAHREN & ALKOHOL

Alkoholisiertes Fahrradfahren ist im deutschen Bußgeldkatalog nicht aufgeführt. Es handelt sich – anders als betrunkenes Autofahren – nicht um eine Ordnungswidrigkeit. Dennoch drohen hohe Strafen: Denn je nach gemessenem Alkoholpegel kann eine Straftat („Trunkenheit im Verkehr") vorliegen. Ab 1,6 Promille ist dies sicher der Fall, ab 0,3 Promille bei auffälligem Verhalten wie dem Fahren von Schlangenlinien. Neben Geldstrafen drohen der Führerscheinentzug und die Anordnung einer medizinisch-psychologischen Untersuchung (MPU).

SCHON GEWUSST?

Eine rekordverdächtige und kuriose Strafe erhielt ein radelnder Student aus Hessen im Jahr 2009. Auf dem Rückweg von einer WG-Party erwischte ihn eine Polizeistreife mit 1,71 Promille. Er zahlte zunächst 500 Euro Strafe. Zusätzlich hätte er eine MPU absolvieren sollen, die noch einmal 500 Euro gekostet hätte. Der 24-Jährige weigerte sich – woraufhin ihn das Landratsamt Gießen zu 15 Jahren Fahrradverbot verurteilte. Ein Verstoß gegen das Urteil vor dem Jahr 2024 sollte laut Gericht jeweils 25 Euro kosten.

20 EURO
Auf dem Radweg in der falschen Richtung fahren

40 EURO
Am Zebrastreifen nicht anhalten, obwohl jemand queren möchte

55 EURO
Handy während des Fahrens benutzen

55 EURO
Vorschriftswidriges Benutzen des Gehwegs

100 EURO
Überfahren einer roten Ampel, >1 Sekunde rot (<1 Sekunde rot = 60 Euro)

350 EURO
Bahnübergang trotz geschlossener Schranke überqueren

Quelle: StVO 2023

FAHRRADBEWEGUNG

Radfahren hat längst auch eine politische Dimension. Das Fahrrad steht für die Abkehr vom fossilen Zeitalter sowie einen nachhaltigen und gesunden Lebensstil. Viele Menschen auf der ganzen Welt engagieren sich dafür, dass der Radverkehr mehr Rechte und öffentlichen Raum erhält – ob in lokalen Bürgerinitiativen, internationalen Organisationen oder weltweiten Bewegungen.

ORGANISATIONEN

Radverkehrs-Organisationen sind Verkehrsclubs, welche gegenüber der Politik die Interessen von Radfahrenden vertreten – oft in Konkurrenz zu einflussreichen Interessenvertretern der Autobranche.

SCHON GEWUSST?

Eines der wichtigsten Projekte der European Cyclists' Federation ist das Radrouten-Netz Eurovelo. Dabei werden europäische Fernradwege von der ECF nach bestimmten Qualitätskriterien zertifiziert und beschildert. Das Netz umfasst 17 Routen.

Fernradwege, S. 174

ECF

EUROPEAN CYCLISTS' FEDERATION

EUROPEAN CYCLISTS' FEDERATION

Bei der European Cyclists' Federation (ECF) handelt es sich um einen Dachverband europäischer Radverkehrs-Organisationen mit Sitz in Brüssel – es ist die weltgrößte Organisation dieser Art. Die ECF wurde 1983 von damals noch zwölf Organisationen gegründet. Heute gibt es über 40 Vollmitglieder. Ziel ist es, die Mitgliedsorganisationen untereinander sowie mit Akteuren aus Politik, Gesellschaft, Industrie und Tourismus zu vernetzen und Investitionen in einen zukunftsfähigen und sicheren Radverkehr zu erwirken. Die ECF unterstützt auch bei der Planung von Verkehrskonzepten und engagiert sich beim Ausbau von Fernradwegen. Größte Mitgliedsorganisation ist mit etwa 230 000 Mitgliedern der Allgemeine Deutsche Fahrrad-Club (ADFC).

Leitbild der ECF

„Der Europäische Radfahrer-Verband (ECF) wird alles in seiner Kraft stehende tun, die weitestgehende Verwendung des Fahrrads mit dem Ziel der nachhaltigen Mobilität und des Wohlergehens der Bevölkerung zu fördern".

VOLLMITGLIEDER DER ECF*

und ihre Gründungsjahre

1870 — 1900

1878
Cycling UK
(Gründung als „Bicycle Touring Club")

1905
Cyclistforbundet

Weitere Vollmitglieder (Gründungsjahr nicht bekannt):
Polskie Zrzeszenie Instruktorów Rowerowych
Slovenian Cyclists' Network
Tüm Bisiklet Dernekleri Federasyonu
Velo-Ruse

* ab 2023

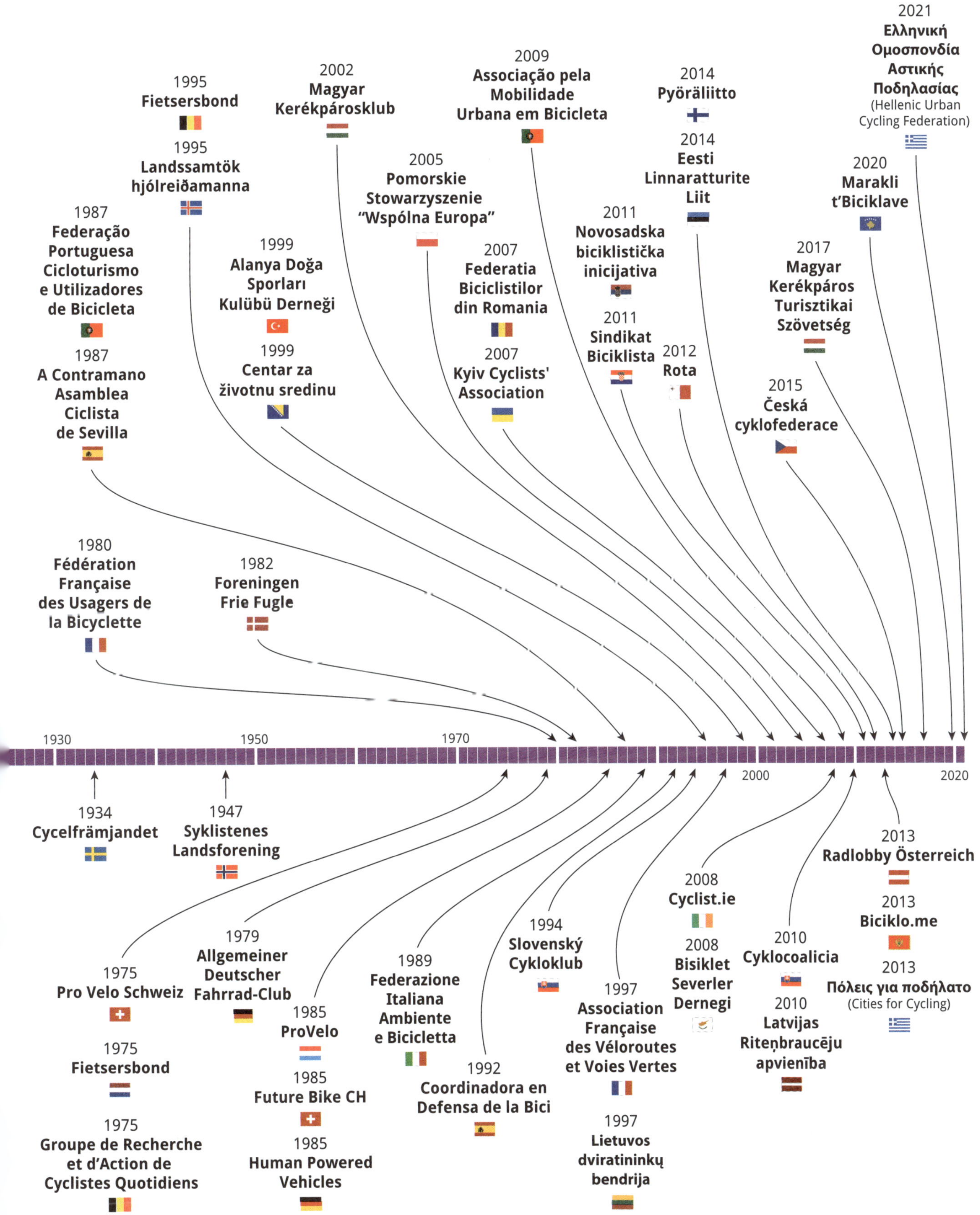
1930
1950
1970
2000
2020
1934
Cycelfrämjandet
1947
Syklistenes Landsforening
1975
Pro Velo Schweiz
1975
Fietsersbond
1975
Groupe de Recherche et d'Action de Cyclistes Quotidiens
1979
Allgemeiner Deutscher Fahrrad-Club
1980
Fédération Française des Usagers de la Bicyclette
1982
Foreningen Frie Fugle
1985
ProVelo
1985
Future Bike CH
1985
Human Powered Vehicles
1987
Federação Portuguesa Cicloturismo e Utilizadores de Bicicleta
1987
A Contramano Asamblea Ciclista de Sevilla
1989
Federazione Italiana Ambiente e Bicicletta
1992
Coordinadora en Defensa de la Bici
1994
Slovenský Cykloklub
1995
Fietsersbond
1995
Landssamtök hjólreiðamanna
1997
Association Française des Véloroutes et Voies Vertes
1997
Lietuvos dviratininkų bendrija
1999
Alanya Doğa Sporları Kulübü Derneği
1999
Centar za životnu sredinu
2002
Magyar Kerékpárosklub
2005
Pomorskie Stowarzyszenie "Wspólna Europa"
2007
Federatia Biciclistilor din Romania
2007
Kyiv Cyclists' Association
2008
Cyclist.ie
2008
Bisiklet Severler Dernegi
2009
Associação pela Mobilidade Urbana em Bicicleta
2010
Cyklocoalicia
2010
Latvijas Riteņbraucēju apvienība
2011
Novosadska biciklistička inicijativa
2011
Sindikat Biciklista
2012
Rota
2013
Radlobby Österreich
2013
Biciklo.me
2013
Πόλεις για ποδήλατο
(Cities for Cycling)
2014
Pyöräliitto
2014
Eesti Linnaratturite Liit
2015
Česká cyklofederace
2017
Magyar Kerékpáros Turisztikai Szövetség
2020
Marakli t'Biciklave
2021
Ελληνική Ομοσπονδία Αστικής Ποδηλασίας
(Hellenic Urban Cycling Federation)

AKTIONSFORMEN

CRITICAL MASS

Die „Critical Mass“ ist eine weltweite Bewegung und Aktionsform, bei der sich Menschen treffen, um gemeinsam in großer Gruppe Fahrrad zu fahren und dabei auf die Belange des Radverkehrs aufmerksam zu machen. Hinter der Bewegung steht keine zentrale Organisation – jede Person kann eine Critical Mass ins Leben rufen und einen Ort und Zeitpunkt bestimmen. In vielen Städten finden die „Critical Mass Rides" einmal im Monat statt, manchmal nehmen hunderte oder gar tausende Menschen teil. Sie protestieren gegen die vielerorts herrschende Vormachtstellung des Autos, indem sie durch ihre bloße Masse öffentlichen Straßenraum in Anspruch nehmen. Daher stammt auch der Name – nehmen genug Personen teil, bilden sie eine „kritische Masse“, die durch ihre Größe automatisch Rechte im Verkehr erhält. Die erste Aktion dieser Art fand 1992 in San Francisco in den USA statt.

„Wir behindern nicht den Verkehr, wir sind der Verkehr!“
Leitspruch der Critical Mass

SCHON GEWUSST?

Eine Abwandlung der Critical Mass ist die „Kidical Mass“, bei der die Rechte radfahrender Kinder im Vordergrund stehen. Sie fand erstmals 2008 in den USA statt und hat sich ebenfalls in vielen Ländern etabliert. Die teilnehmenden Kinder radeln entweder selbst oder sitzen im Fahrradanhänger oder Lastenrad der Eltern.

100 000

Menschen nahmen im April 2013 an einer Critical Mass in der ungarischen Hauptstadt Budapest teil. Es war der bisher weltweit größte Ride dieser Art.

NAKED BIKE RIDE

Der „Naked Bike Ride" ist eine Form des Protests auf Fahrrädern, bei dem die Teilnehmenden ganz oder teilweise nackt sind. Er findet in vielen Städten weltweit jedes Jahr im Juni statt. Den ersten Ride dieser Art gab es 2001 in der spanischen Stadt Saragossa. Mit der Nacktheit soll die Verletzlichkeit gegenüber dem motorisierten Verkehr thematisiert und gegen die Abhängigkeit von fossilen Energien demonstriert werden. Gleichzeitig steht die Verschiedenheit menschlicher Körper im Mittelpunkt – Ziel ist es, ein positives und unverkrampftes Körperbild zu vermitteln. Die Fahrräder werden oft bunt dekoriert und der Ride von Musik, Rasseln und Pfeifen begleitet. Besonders große Veranstaltungen dieser Art finden in London sowie in der US-Stadt Portland statt.

„Bare, as you dare"
(So nackt, wie du dich traust)

„Ride loud and be proud"
(Fahr laut und sei stolz)
Leitsprüche des Naked Bike Ride

RIDE OF SILENCE

Der „Ride of Silence" ist eine Veranstaltung, die in vielen Städten jährlich am dritten Mittwoch im Mai stattfindet. Es handelt sich um stille Gedenkfahrten, die an Menschen erinnern, die im Straßenverkehr tödlich verunglückt sind. Die Teilnehmenden sind dabei weiß gekleidet. Die Gedenkfahrt sucht Unglücksorte auf, an denen jeweils eine Schweigeminute abgehalten wird. Diese Orte sind mit weiß lackierten Fahrrädern gekennzeichnet, den sogenannten Geisterrädern. *Unfälle, S. 255* Verbunden mit dem Ride ist die Forderung nach mehr Sicherheit und Rücksichtnahme im Verkehr.

WELTFAHRRADTAG

2018 beschlossen die Vereinten Nationen (UN), den 3. Juni eines jeden Jahres zum Weltfahrradtag zu erklären. Es soll ein offizieller UN-Tag des Bewusstseins über die gesellschaftlichen Vorteile der Fahrradnutzung sein. Rund um diesen Tag haben sich weltweit Veranstaltungen und Aktionen rund ums Fahrrad etabliert – oft organisiert von lokalen Fahrradvereinen. Die UN sehen die Förderung des Radverkehrs als wichtigen Hebel im Kampf gegen den Klimawandel an. Zudem könne das Fahrrad gerade in Entwicklungsländern Bildungs- und Karrierewege fördern, indem es mehr Menschen Mobilität ermöglicht.

WIRTSCHAFT

WIRTSCHAFTSFAKTOR FAHRRAD

Das Fahrrad ist nicht nur Verkehrsmittel und Sportgerät, sondern auch ein bedeutender Wirtschaftsfaktor.

WERTSCHÖPFUNGSKETTE

Von der Produktion über den Handel bis hin zur Nutzung und schließlich der Entsorgung durchlaufen Fahrräder und Fahrradzubehör einen langwierigen Lebenszyklus. Es ist die sogenannte Wertschöpfungskette – an jeder Station stehen wirtschaftliche Akteure, die Beschäftigung schaffen und Gewinne erzielen möchten. Zwischen den Stationen kommt die Logistikbranche ins Spiel – schließlich werden Rohstoffe, Fahrradteile und fertige Fahrräder oft über weite Strecken transportiert.

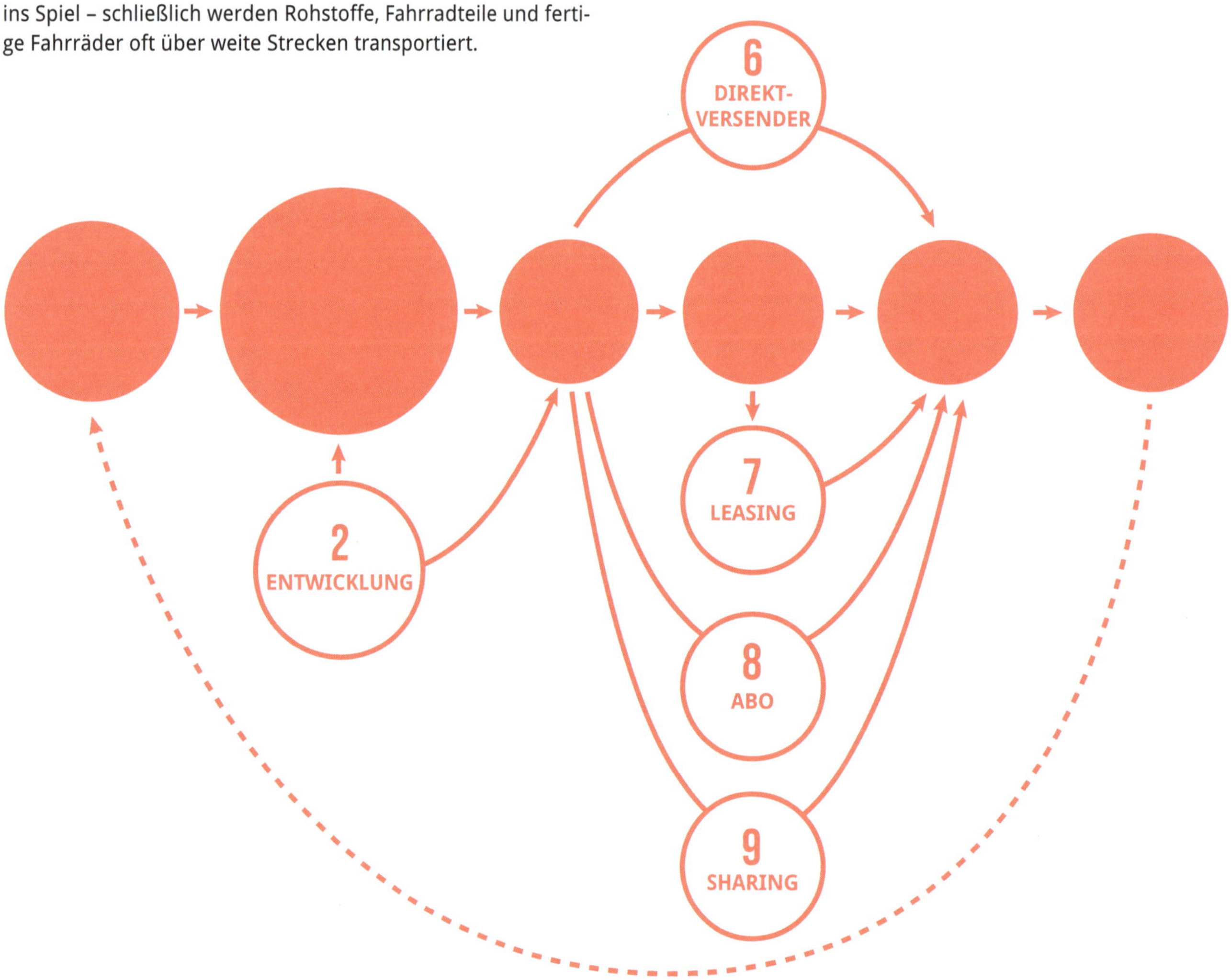

1 GEWINNUNG DER ROHSTOFFE

Bevor ein Fahrrad produziert werden kann, müssen die nötigen Rohstoffe beschafft werden, deren Vorkommen über die ganze Welt verteilt sind. Die Gewinnung dieser Ressourcen schafft Jobs in den Herkunftsländern, geht aber oft mit gesundheitlichen Beeinträchtigungen der Beschäftigten und ökologischen Schäden einher. Hersteller von Fahrrädern und Komponenten stehen in der Pflicht, die Einhaltung sozial-ökologischer Normen in ihren Lieferketten zu überwachen. Im Sinne der Nachhaltigkeit sollte der Materialverbrauch so gering wie möglich gehalten werden – auch durch Nutzung von Recycling. *Materialvergleich Fahrradrahmen, S. 26*

METALLE

Die wichtigsten Metalle für den Fahrradbau sind Aluminium sowie Eisen. Eisen ist die Grundlage für den Werkstoff Stahl. Für die in E-Bikes verbauten Lithium-Ionen-Akkus wird zudem Lithium benötigt, dessen Gewinnung besonders aufwendig ist. Metalle werden aus in Minen abgebauten metallhaltigen Gesteinen oder Salzen gewonnen.

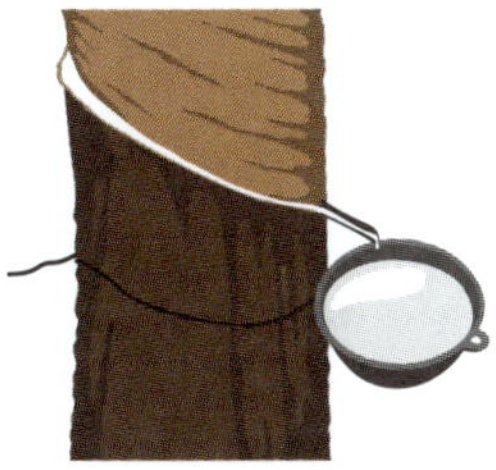

NATURKAUTSCHUK

Naturkautschuk ist Grundlage für die Produktion von Gummi für Fahrradreifen und -schläuche. Es stammt aus der Rinde des in Plantagen angebauten Kautschukbaums.

ERDÖL

Erdöl ist die Grundlage aller Kunststoffe, im Fahrradbau also etwa von Carbonrahmen oder dem Polstermaterial vieler Sättel.

WICHTIGE HERKUNFTSLÄNDER

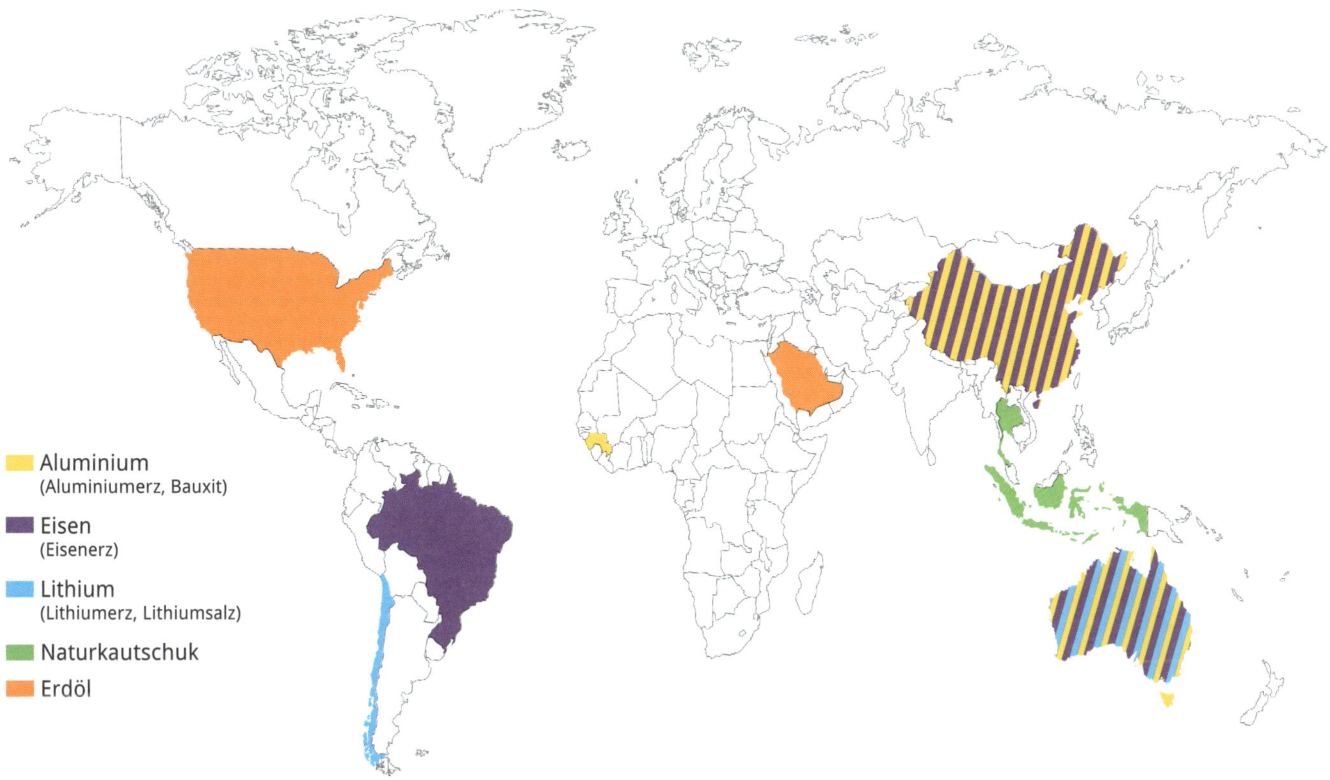

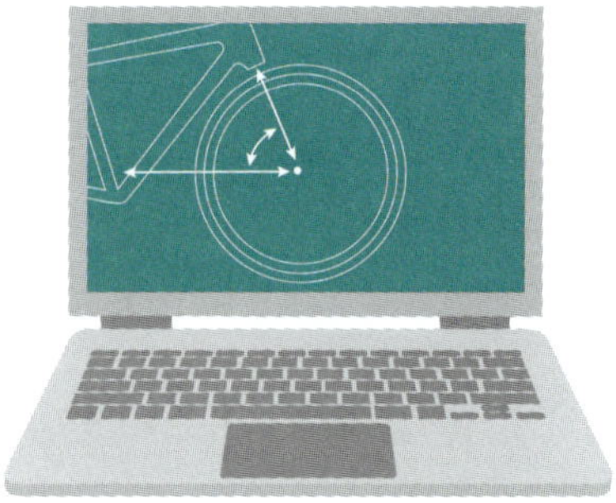

② ENTWICKLUNG

Vor der Produktion müssen die Hersteller von Fahrrädern und Fahrradteilen ihr Produkt entwickeln und designen. Oft findet die Entwicklung am eigentlichen Sitz des Unternehmens statt, während die Produktion in andere Länder ausgelagert ist. Viele europäische Hersteller verfügen über Werke in Asien. Umgekehrt haben einige asiatische Hersteller Standorte in Europa aufgebaut, um den europäischen Markt besser bedienen zu können.

③ PRODUKTION DER KOMPONENTEN

Viele produzierende Unternehmen der Fahrradbranche haben sich auf einzelne Bauteile spezialisiert. Das führt dazu, dass die einzelnen Komponenten in unterschiedlichen Ländern und oft sogar auf verschiedenen Kontinenten hergestellt werden. Dass die große Abhängigkeit von komplexen Lieferketten in Krisenzeiten zu Problemen führen kann, hat die Corona-Pandemie gezeigt. In den Jahren 2020 und 2021 standen viele Fabriken still, was in der Fahrradbranche zu Kettenreaktionen und sehr langen Lieferzeiten von Fahrrädern führte.

④ MONTAGE

Der eigentliche Fahrradhersteller – unter dessen Markennamen das Fahrrad am Ende vertrieben wird – ist in der Regel dafür zuständig, die verschiedenen Komponenten an den Rahmen zu montieren. Einige Hersteller produzieren ihre Rahmen selbst, andere kaufen auch diese von Zulieferern ein. Die Arbeitsbedingungen in manchen Fahrradfabriken stehen – etwa in Niedriglohnländern wie Kambodscha – in der Kritik.

Hersteller & Marken, S. 276

⑤ HANDEL

Nach einer oft weiten Reise landet das Fahrrad im Handel – ob in der Filiale einer großen Kette oder im kleinen Fahrradgeschäft an der Ecke. Der Händler möchte das Rad mit einer möglichst hohen Gewinnmarge verkaufen. Die zunehmende Fahrradnutzung und vor allem der E-Bike-Boom hat dem Handel in den vergangenen Jahren hohe Umsätze beschert. Dazu tragen auch der Verkauf von Zubehör sowie Wartungen und Reparaturen bei. Die Marktanteile des Onlinehandels sind in der Fahrradbranche noch vergleichsweise klein. Der stationäre Handel bietet einige Vorteile wie das Probefahren und den persönlichen Kontakt. Viele stationäre Händler betreiben aber parallel auch einen Onlineshop.

⑥ DIREKTVERSENDER

Zunehmend drängen Direktversender auf den Markt – das sind Fahrradhersteller, die ihre Räder ausschließlich online anbieten und versenden. Sie umgehen so den klassischen Handel.

⑦ LEASING

Eine Alternative zum Kauf eines Fahrrads ist das Leasing. Dabei erhält man das Rad für eine bestimmte Laufzeit, während derer eine monatliche Rate gezahlt wird. Das Rad bleibt währenddessen Eigentum des Leasingunternehmens. Nach der Laufzeit kann das Rad oft günstig erworben werden. Ein häufiges Modell ist das steuerlich begünstigte Dienstrad-Leasing.

⑧ ABO

Abo-Modelle sind eine besondere, meist monatlich kündbare Form des Leasings. Gegen eine monatliche Zahlung erhält man ein Fahrrad mit Reparaturgarantie. Bei einem Schaden wird das Rad vom Abo-Anbieter entweder sofort repariert oder durch ein baugleiches Modell ausgetauscht.

⑨ SHARING

Sharing-Modelle umfassen zum einen den klassischen Fahrradverleih, der Fahrräder für einige Stunden, einen Tag oder eine Woche vermietet – zum anderen die die in vielen Großstädten an jeder Ecke stehenden Leihfahrräder, die per App freigeschaltet und abgerechnet werden. Diese eignen sich vor allem für kurze Strecken im Stadtverkehr.

10 NUTZUNG

Nun beginnt die Nutzungsphase. Das Fahrrad generiert dabei in vielen Bereichen Wertschöpfung:

Der **Fahrradtourismus** sorgt in beliebten Regionen für hohe Umsätze bei Unterkünften, Gastronomie oder spezialisierten Reiseanbietern.

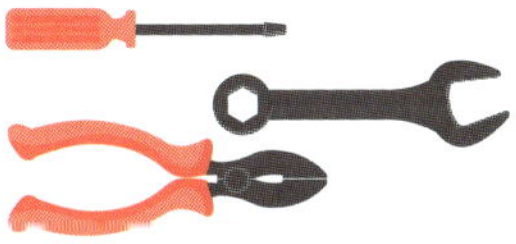

Fahrradwerkstätten reparieren und warten die Räder. Oft sind sie gleichzeitig Händler.

Bei **Radsport-Veranstaltungen** wird über TV-Rechte, Sponsorenverträge oder Meldegebühren Geld verdient.

Profi- und Hobbysport, S. 120

In der **Logistikbranche** kommen vermehrt (E-)Lastenräder zum Einsatz – vor allem beim Pakettransport auf der sogenannten letzten Meile zum Haushalt.

Lieferdienste transportieren Essen oder Supermarktartikel häufig per Rad. Kurierdienste transportieren zeitkritische Sendungen schnell von Tür zu Tür.

Bauunternehmen und Verkehrsplaner schaffen Fahrrad-Infrastruktur.

Fahrradmedien, -bücher oder -apps informieren und unterstützen bei Themen rund ums Radfahren.

Das Fahrrad ermöglicht vielen Beschäftigten ein flexibleres und gesünderes **Pendeln**. Die Unternehmen profitieren dadurch von einem Rückgang krankheitsbedingter Fehltage.

Gesundheit, S. 84

11 ENTSORGUNG

Grundsätzlich sind Fahrräder sehr lang haltbar, da verschlissene Komponenten immer wieder ausgetauscht werden können. Auch der Rahmen kann viele Jahre oder gar Jahrzehnte halten, sofern er nicht bei einem Sturz beschädigt wird. Ein gebrauchtes Rad lässt sich oft noch weiterverkaufen oder verschenken. Wenn das Rad doch ausgedient hat, kann es auf einem Wertstoffhof, bei einem Schrotthändler oder über den Sperrmüll entsorgt werden. Stahl und Aluminium lassen sich gut einschmelzen und recyceln. Bei Carbon ist das dagegen bisher kaum möglich. Fahrradreifen wurden früher einfach verbrannt – heute gibt es erste Verfahren zur Aufbereitung und Weiternutzung des Materials.

FAHRRADBRANCHE IN DEUTSCHLAND

BESCHÄFTIGTE

Der Verband Zukunft Fahrrad, ein Zusammenschluss deutscher Fahrrad-Unternehmen, hat in einer Studie Beschäftigungszahlen zur Fahrradbranche in Deutschland erhoben. Zur Branche wurden **drei Kernbereiche** gezählt:

- **Herstellung**: Produktion von Fahrrädern, Fahrradteilen und -zubehör
- **Handel** (Einzelhandel und Großhandel): Verkauf von Fahrrädern, Fahrradteilen und Zubehör sowie Reparaturen
- **Dienstleistungen**: Leasing-, Sharing- und Abo-Services sowie Gebrauchtradhandel

263 000

Fahrradtourismus*

Die Studie untersuchte auch die wirtschaftliche Bedeutung des Fahrradtourismus. Sie kommt zu dem Ergebnis, dass 263 000 Jobs auf den Fahrradtourismus (Angebote vor Ort sowie An- und Abreise) zurückzuführen sind. Diese Zahl übersteigt die Zahl der in den drei Kernbereichen der Fahrradbranche Beschäftigten bei Weitem.

* Quelle: Zukunft Fahrrad

HANDELSZAHLEN

Der Zweirad-Industrie-Verband (ZIV) legt jährlich Zahlen zum deutschen Fahrradhandel vor. Der Umsatz mit dem Verkauf von Fahrrädern ist in den vergangenen Jahren deutlich gestiegen. Zum einen wurden – vor allem während der Corona-Pandemie – insgesamt mehr Fahrräder verkauft. Zum anderen ist der Durchschnittspreis der verkauften Räder stark angestiegen. Dafür sorgt vor allem die hohe Nachfrage nach E-Bikes, die in der Regel deutlich hochpreisiger als normale Räder sind. Der ZIV geht davon aus, dass ab 2023 in Deutschland mehr E-Bikes als herkömmliche Fahrräder verkauft werden.

7,36

Milliarden Euro Umsatz wurden 2022 in Deutschland mit dem Verkauf von Fahrrädern (inkl. E-Bikes) erzielt.

DURCHSCHNITTLICHE VERKAUFSPREISE VON FAHRRÄDERN

2019–2022

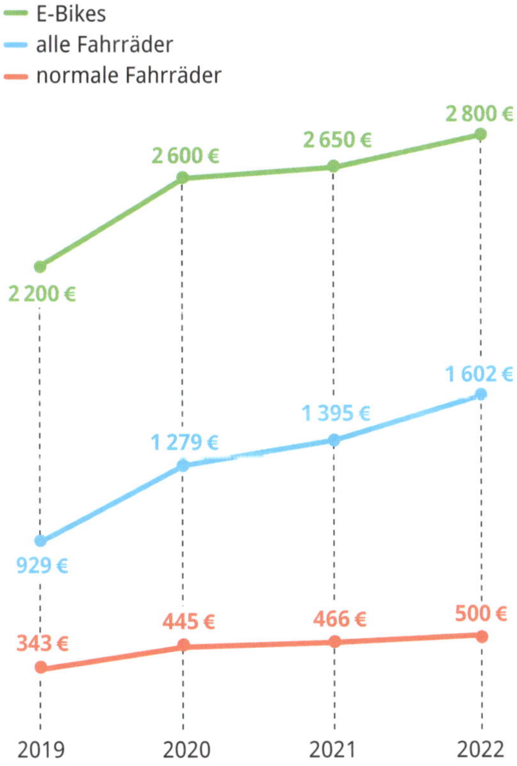

Quelle: ZIV

VERTRIEBSWEGE VON FAHRRÄDERN

2022

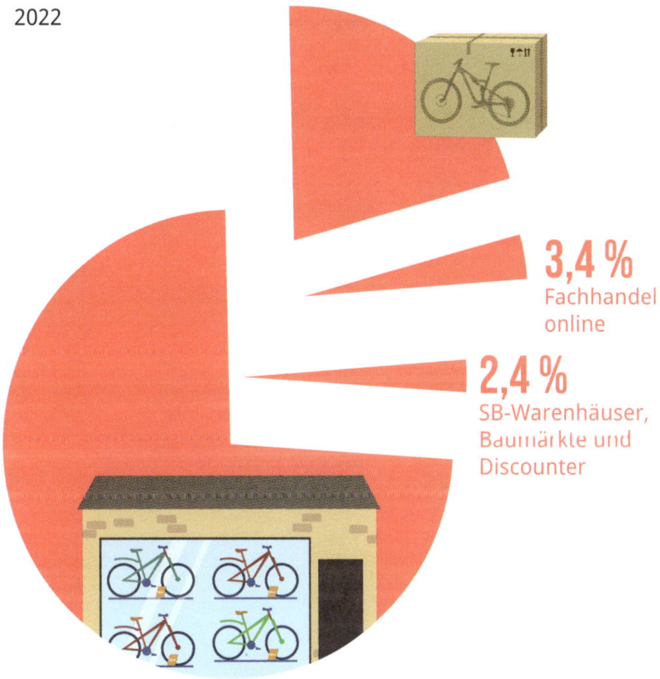

ZAHL DER VERKAUFTEN FAHRRÄDER

2012-2022 (in Millionen)

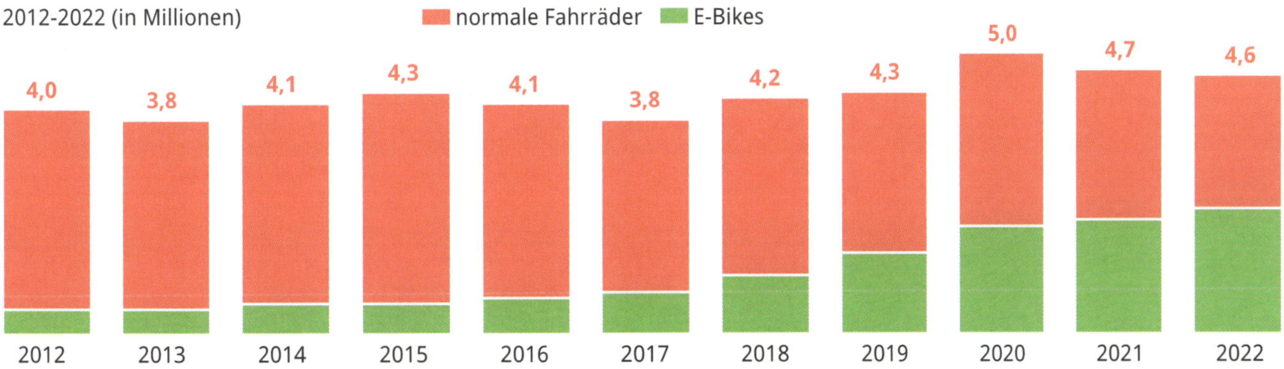

HERSTELLER & MARKEN

Zahlreiche Unternehmen produzieren Fahrräder oder Fahrradteile – vom kleinen Familienunternehmen bis hin zum international agierenden Konzern. In diesem Kapitel stellen wir einige von ihnen vor.

FAHRRADMARKEN

Die Zahl der verschiedenen Fahrradmarken ist beinahe unüberschaubar. Bei genauerem Hinsehen zeigt sich jedoch, dass die Branche sehr stark vernetzt ist: Ein großer Teil der Marken gehört zu wenigen großen Unternehmensgruppen.

Auf dieser Seite vergleichen wir den jährlichen Umsatz (in Euro) großer Fahrradhersteller sowie eine Auswahl dazugehöriger Marken und Tochterunternehmen (Stand 2023). Da nicht zu allen Herstellern vergleichbare Umsatzzahlen vorliegen, handelt es sich um ungefähre Angaben. Wir haben uns auf Marken beschränkt, die für den europäischen und nordamerikanischen Markt relevant sind. Allgemein gilt: Auch Unternehmen mit Sitz in den USA oder Europa haben in der Regel einen Großteil der Produktion in asiatische Fabriken verlagert. Einige Unternehmen stellen Fahrräder als sogenannter Erstausrüster auch für andere Marken her.

900 MIO

SPECIALIZED 🇺🇸

Marken:
Specialized
Globe

1,4 MRD

ACCELL GROUP 🇳🇱

Marken:
Babboe 🇳🇱
Batavus 🇳🇱
Ghost 🇩🇪
Koga 🇳🇱
Lapierre 🇫🇷
Winora 🇩🇪

650 MIO

CANYON 🇩🇪

Reiner Online-Direktvertrieb
Marke:
Canyon

2,6 MRD

GIANT 🇹🇼

Marken:
Giant
Liv
Cadex
Momentum

Erstausrüster für viele weitere Marken weltweit

1,4 MRD*

ZEG 🇩🇪

Die ZEG (Zweirad-Einkaufs-Genossenschaft) ist eine Einkaufsgemeinschaft von über 1 000 Fahrradgeschäften in Europa, die zahlreiche Eigenmarken produziert.
Marken:
Bulls, Flyer, Hercules, i:SY, Kettler, Pegasus, Wanderer, Yazoo,Zemo

* inklusive weiterer Geschäftsfelder

1,1 MRD

MERIDA

Marke:
Merida

Erstausrüster für viele weitere Marken weltweit

900 MIO

SCOTT SPORTS

Marken:
Scott
Bergamont

400 MIO

ORBEA

Marke:
Orbea

1,1 MRD

CUBE

Marke:
Cube

1,3 MRD

TREK

Marken:
Trek
Diamant
Electra

500 MIO

CYCLEUROPE

Marken:
Bianchi
Crescent
Gitane
Monark

450 MIO

KTM

Marke:
KTM

2,4 MRD

PON.BIKE

Pon.Bike ist Teil der Pon Holdings, die u.a. auch in der Autobranche aktiv ist.

Marken:
Cannondale
Cervélo
Focus
Gazelle
GT
Kalkhoff
Mongoose
Santa Cruz
Schwinn
Union
Veloretti

SCHON GEWUSST?

Die Fahrradbranche ist ständig in Bewegung, häufig kommt es zu Übernahmen oder Fusionen. Im Jahr 2017 gab es Pläne der beiden niederländischen Unternehmensgruppen Pon.Bike und Accell Group, zu fusionieren. Dabei wäre der größte Fahrradhersteller der Welt entstanden. Die Fusion scheiterte allerdings, da der Accell Group die von Pon.Bike gebotene Übernahmesumme von etwa 850 Millionen Euro zu niedrig war.

UNTERNEHMEN UND IHRE GESCHICHTE

ASIATISCHE GIGANTEN

Die größten Umsätze der Fahrradindustrie werden in Asien gemacht: Mit Shimano und Giant sitzen die derzeit erfolgreichsten Fahrradunternehmen der Welt in Fernost.

Sitz
|→ Gründungsjahr
Umsatz
Beschäftigte
Produktionsstandorte

GIANT

Das taiwanische Unternehmen Giant ist – gemessen am Umsatz – der größte Fahrradhersteller der Welt. Der Konzern produziert Fahrräder ganz unterschiedlicher Arten, vom günstigen Alltagsrad bis hin zum Hightech-Rennrad. Giant ist spezialisiert auf die Entwicklung und Fertigung von Rahmen und gehörte zu den ersten Herstellern, die auf das Material Carbon setzten und dieses für den Massenmarkt verfügbar machten. Das Unternehmen verkauft Fahrräder unter der eigenen Marke Giant. Allerdings produziert es auch als Erstausrüster Räder für andere Marken auf der ganzen Welt. Im Vertrieb arbeitet Giant eng mit dem Fachhandel zusammen. Das Unternehmen ist auch als Ausrüster und Sponsor im Radsport aktiv.

Wichtigstes Produkt:

Fahrräder aller Art

1 Taichung (Taiwan)
|→ 1972
ca. 2,6 Mrd Euro*
>10 000
Taiwan, China, Vietnam, Niederlande

GRÜNDER
King Liu (*1934)

King Liu stammt aus Taichung an der Westküste Taiwans. Als junger Mann plant er zunächst, die Fischfarm seiner Eltern zu übernehmen. Doch es kommt anders: Ein Taifun zerstört die Farm – und Liu entscheidet sich, in die Produktion von Fahrrädern einzusteigen. 1972 gründet er die Giant Manufacturing Company. Selbst wird Liu erst spät zum Radfahrer: 2007 macht er im Alter von 73 Jahren mit einer zweiwöchigen Radtour auf sich aufmerksam, bei der er Taiwan umrundet. Erst 2016, im Alter von 82 Jahren, gibt er seinen Posten als Giant-Vorsitzender ab.

GESCHICHTE

1972 Giant startet bei der Gründung mit etwa 30 Beschäftigten. Ziel ist es, Fahrräder für weltweite Top-Marken zu produzieren. Bereits einige Jahre nach der Gründung kann Giant einen Vertrag mit der US-Traditionsmarke Schwinn abschließen.

1981 Das Unternehmen schafft die eigene Fahrradmarke Giant. Eine Eigenmarke ist damals für taiwanische Hersteller ungewöhnlich. Doch Giant möchte mehr Gestaltungsfreiheit beim Rahmendesign. Die Giant-Räder kommen zunächst in Taiwan, später auch in Europa und Nordamerika auf den Markt.

1987 Das Geschäft mit der eigenen Marke wird für Giant immer wichtiger, auch weil Schwinn 1987 zu einem günstigeren Hersteller aus China wechselt. Das Unternehmen knüpft ein dichtes Netzwerk mit verschiedenen Zulieferern und wird im Laufe der Jahrzehnte immer erfolgreicher.

2008 Giant entwickelt die Fahrradmarke Liv, die sich speziell an Frauen richtet.

SHIMANO

Shimano ist nach Umsatz das größte Fahrrad-Unternehmen der Welt. Seinen Erfolg verdankt der japanische Konzern aber nicht der Produktion ganzer Fahrräder, sondern Fahrradkomponenten – vor allem für den Antrieb. Bei Ketten, Schaltungen, Kurbeln und Pedalen ist Shimano unangefochtener Weltmarktführer. Das Unternehmen produziert auch Laufräder und Bremsen. Es bedient ganz unterschiedliche Fahrradtypen und Preisgruppen. Bei Kettenschaltungen sind verschiedene Komponentengruppen im Angebot, die sich in ihrer Qualität unterscheiden – vom Einsteigerset bis hin zur elektronischen Schaltung für den Profi-Radsport.

Wichtigstes Produkt:

Antriebskomponenten

2 Sakai (Japan)
1921
ca. 4 Mrd Euro*
>10 000
Japan, China, Malaysia, Singapur, Indonesien, Tschechien

50 %

aller weltweit produzierten Fahrradkomponenten stammen in etwa von Shimano.

GRÜNDER
Shozaburo Shimano (1894-1958)

Shozaburo Shimano gründet die Firma Shimano Tekkojo 1921 im Alter von 26 Jahren. Seine Heimatstadt Sakai ist weltweit bekannt für ihre Tradition in der Herstellung von Metallgegenständen. Shimano ist selbst gelernter Messerhersteller. Doch er möchte in die Fahrradtechnik einsteigen. Auf dem Gelände einer zerstörten Zelluloidfabrik mietet er eine kleine Halle an, um sich eine Werkstatt aufzubauen. Es ist der Beginn einer großen Erfolgsgeschichte. Shozaburo Shimano stirbt im Jahr 1958, seine drei Söhne führen die Firma weiter.

GESCHICHTE

1921 Als Shozaburo Shimano sein Unternehmen gründet, hat er ein bestimmtes Ziel vor Augen: Er möchte eine eigene Freilaufnabe entwickeln. Dieses wichtige Fahrradbauteil wird in Japan bisher nicht produziert und muss daher teuer aus Europa importiert werden.

1931 Das entwickelte Produkt ist erfolgreich: Zehn Jahre nach der Gründung produziert das Unternehmen 60 000 Freiläufe pro Monat. Der Export ins Ausland startet.

1961 Shimano steigt mit einer 3-Gang-Nabenschaltung in den internationalen Schaltungsmarkt ein.

1970 Ab den 1970er Jahren wird das Unternehmen auch mit der Produktion von Angelzubehör erfolgreich, das bis heute einen Teil des Umsatzes ausmacht.

1980 Noch zu Beginn der 1980er Jahre ist Shimano auf dem europäischen Fahrradmarkt vergleichsweise unbekannt. Doch bald setzen sich die japanischen Komponenten immer mehr durch, insbesondere beim neu entwickelten Mountainbike. Shimano punktet mit einigen Innovationen sowie mit der Produktion extrem großer Stückzahlen – dadurch können die Preise niedrig gehalten werden.

1990 Shimano setzt viele technische Standards: So bringt das Unternehmen in den 1990er Jahren erstmals kombinierte Schalt- und Bremshebel auf den Markt, die bis heute bei allen Rennrädern üblich sind.

* Stand 2023

ITALIENISCHE KULTMARKEN

Geht es um italienische Fahrräder und Fahrradteile, schlägt das Herz vieler Radsportfans höher. Viele Marken aus dem Land des Giro d'Italia besitzen Kultstatus und stehen für eine besondere Ästhetik und Nostalgie.

COLUMBUS

1 Caleppio di Settala

|→ 1919

Columbus Tubi zählt zu den weltweit ältesten Produzenten von Stahlrohren für den Bau von Rahmen. Zu den wichtigsten Kunden zählt der in derselben Gemeinde ansässige Hersteller Cinelli. Neben Stahl ist heute auch das Material Carbon im Einsatz.

Wichtigstes Produkt:

Rahmenrohr

CINELLI

2 Caleppio di Settala

|→ 1948

Cinelli ist ein Hersteller von Rennrädern sowie Komponenten – zu den wichtigsten Produkten zählen Lenker. Gründer war der Radrennfahrer Cino Cinelli. Traditionell wird besonderer Wert auf Design gelegt.

Wichtigstes Produkt:

Rennrad Lenker

COLNAGO

3 Cambiago

|→ 1954

Colnago zählt zu den bekanntesten Fahrradherstellern des Landes – Gründer Ernesto Colnago blieb von 1954 bis 2021 Geschäftsführer. Noch immer wird ein großer Teil der Rahmen in Handarbeit am Firmensitz hergestellt. Der Slowene Tadej Pogačar gewann auf einem Colnago-Rennrad die Tour de France 2020, 2021, 2024 und 2025.

Wichtigstes Produkt:

Rennrad

VITTORIA

4 Brembate

|→ 1953

Vittoria (italienisch für „Sieg") ist ein Hersteller sportlicher Reifen mit großer Tradition im Straßenradsport. Das Unternehmen hat sich heute auf Gummimischungen mit Anteilen von Graphen spezialisiert, einem Material auf Kohlenstoffbasis.

Wichtigstes Produkt:

Reifen

BIANCHI

5 Treviglio

|→ 1885

Kein anderer Fahrradhersteller ist so eng mit einer Farbe verbunden wie Bianchi. Das traditionsreiche Unternehmen lackiert seine Räder immer im grünblauen Farbton Celeste. Bianchi ist eine der ältesten Fahrradmarken der Welt. Gründer Edoardo Bianchi war einer der Pioniere der frühen Technikgeschichte des Fahrrads. Ab 1905 unterhielt das Unternehmen ein erfolgreiches Radsportteam.

Wichtigstes Produkt:

Rennrad

ITM

6 Grumello del Monte

|→ ca. 1975

Das Unternehmen ITM – der ursprüngliche Name war Italmanubri – produziert unterschiedliche Komponenten. Ein Schwerpunkt liegt auf Lenkern und Vorbauten für Rennräder. *Manubrio* ist das italienische Wort für „Lenker".

Wichtigstes Produkt:

Lenker

CAMPAGNOLO

7 Vicenza

|→ 1933

Campagnolo ist ein großer Name bei der Herstellung hochwertiger Antriebskomponenten für Rennräder. Gründer Tullio Campagnolo war selbst Radrennfahrer und betrieb eine kleine Werkstatt. Er trug entscheidend dazu bei, die heutige Kettenschaltung zu entwickeln. Heute führt sein Sohn Valentino das Unternehmen. Die frühere Vormachtstellung im Radsport hat Campagnolo an den japanischen Konzern Shimano verloren.

Wichtigstes Produkt:

Antriebskomponenten

SELLE ROYAL

8 Pozzoleone

|→ 1956

Selle Royal ist einer der weltweit führenden Hersteller von Sätteln. Gründer Riccardo Bigolin machte aus der Werkstatt seines Onkels ein international erfolgreiches Unternehmen. In den 1970er Jahren brachte Selle Royal erste Sättel mit Schaumpolsterung auf den Markt – damals eine technische Revolution.

Wichtigstes Produkt:

Sattel

WILIER

9 Rossano Veneto

|→ 1906

Der Name des traditionsreichen Fahrradherstellers Wilier Triestina ist eine Abkürzung – dahinter verbirgt sich der Satz *Viva l'Italia liberata e redenta* („Es lebe das befreite und erlöste Italien"). 1946 nahm Wilier erstmals mit einem eigenen Team am Giro d'Italia teil.

Wichtigstes Produkt:

Rennrad

PINARELLO

10 Treviso

|→ 1952

Der Radrennfahrer Giovanni Pinarello belegte 1951 den letzten Platz beim Giro d'Italia. Im Jahr darauf beendete er seine Karriere und eröffnete eine Werkstatt. Sein Unternehmen wurde zu einem großen Namen im Radsport. Bis heute konnten 15 Gesamtsiege bei der Tour de France auf Pinarello-Rädern errungen werden. Heute gehört Pinarello zum Luxusgüterkonzern LVMH.

Wichtigstes Produkt:

Rennrad

KULTUR

FAHRRADKULTUR

Oft ist die Rede davon, dass bestimmte Städte oder ganze Länder eine besonders ausgeprägte Fahrradkultur besitzen. Doch was bedeutet das eigentlich? Fahrradkultur ist kein klar definierter Begriff. Er umfasst sowohl materielle als auch soziokulturelle Gesichtspunkte, kann individuelle Verhaltensweisen oder Gruppenphänomene in Bezug aufs Radfahren beschreiben. In diesem Kapitel stellen wir verschiedene Aspekte von Fahrradkultur am Beispiel einer fiktiven Stadt vor.

DIE PERFEKTE FAHRRADSTADT

INFRASTRUKTUR

Die Verkehrsinfrastruktur ist auf das Fahrrad ausgerichtet. Es gibt komfortable und sichere Radwege oder -spuren, die ein schnelles Vorwärtskommen ermöglichen. Ausreichend freie Stellplätze stehen zur Verfügung, auch in Form von diebstahlsicheren Fahrradparkhäusern. Zahlreiche Fahrradwerkstätten sind über das Stadtgebiet verteilt. Die Politik erstellt Verkehrskonzepte, die dem Fahrrad als Verkehrsmittel einen großen Stellenwert einräumen.

Radwege, S. 238

NUTZUNG IM ALLTAG

Das Fahrrad wird in unserer Modellstadt von großen Teilen der Bevölkerung regelmäßig genutzt. Es ist selbstverständlicher Teil des Alltags sowie der Freizeitgestaltung und dient auch dem Transport von Lasten. Der Großteil der Menschen besitzt ein oder mehrere Fahrräder, die Verkaufszahlen neuer und gebrauchter Räder sind hoch. Kinder erlernen das Radfahren und die nötigen Verkehrsregeln früh.

Verkehrsmittel Fahrrad, S. 230

GEGENKULTUR

Fahrradkultur kann auch als Gegenkultur verstanden werden – sie strebt einen nachhaltigen Entwurf von Mobilität an, in dem das Auto und fossile Brennstoffe weniger Raum einnehmen. Um diesen Forderungen Ausdruck zu verleihen, werden Initiativen und Vereine gegründet oder Demonstrationen veranstaltet. Teile der Fahrradbewegung sind antikapitalistisch und konsumkritisch eingestellt. Fahrräder und ihr Zubehör werden dann primär gebraucht gekauft oder gleich selbst gebaut. *Fahrradbewegung, S. 264*

TREFFPUNKTE

Es gibt zahlreiche Treffpunkte für Fahrradfans, zum Beispiel gemeinnützig organisierte Selbsthilfewerkstätten („Bike Kitchen"), die Werkzeug und Tipps für Reparaturen bieten. *Werkzeug & Pflegemittel, S. 78* Beliebt sind auch Fahrradcafés: Diese wollen Wohlfühlorte für Fahrrad- und Radsportbegeisterte sein, an denen man sich nicht nur mit Kaffee und Snacks für die nächste Tour stärken, sondern auch mit Gleichgesinnten austauschen kann. *Ernährung, S. 89* Dazu gehört eine Dekoration mit Fahrrädern, Fahrradteilen oder -trikots. Oft ist auch eine kleine Werkstatt integriert. Wichtige Anlaufpunkte sind auch regelmäßige Veranstaltungen wie Fahrradkonferenzen, -messen oder -festivals.

LIFESTYLE

Das Fahrrad ist nicht nur Fortbewegungsmittel und Sportgerät, sondern vermittelt auch ein von Individualismus, Umweltbewusstsein und Fitness geprägtes Lebensgefühl. Fahrräder und ihr Zubehör gelten vielen Menschen als Liebhaberstücke und Statussymbole. Sie hängen sich ihr teures Bike im Wohnzimmer an die Wand, tragen die in Fashion-Blogs präsentierte Fahrradmode oder lassen sich ein Fahrradtattoo stechen. Das Fahrrad wird zum Design-Objekt, alte Retro-Räder oder -Trikots werden zu begehrten Sammlerstücken.

AKZEPTANZ

Die gesellschaftliche Akzeptanz für das Fahrrad ist hoch – auch in den Köpfen derer, die selbst wenig oder gar nicht Rad fahren. Das Fahrrad muss sich seinen Platz im Straßenverkehr nicht mehr erkämpfen, sondern ist Teil einer klima- und gesundheitsfreundlichen Alltagskultur. Autos halten beim Überholen ausreichend Abstand, statt Anfeindungen gibt es freundliche Grüße oder sogar anfeuernden Applaus.

POPKULTUR

Das Fahrrad ist fester Bestandteil der Popkultur: Bücher, Songs, Filme und Videospiele erzählen Geschichten vom Radfahren. Es gibt eigene Fachmagazine und Podcasts für Fahrradbegeisterte. Auch in der bildenden Kunst spielt das Rad eine wichtige Rolle. *Musik, S. 298, Literatur, S. 306, Filme, S. 310*

RADSPORTSZENE

Es herrscht eine große Begeisterung für den Radsport. Regelmäßig trifft man sich zu gemeinsamen Touren, es gibt beliebte „Hausstrecken“, auf denen man sich messen kann. Vereine organisieren Ausfahrten und Wettkämpfe und fördern den Nachwuchs. Zudem wird Radsport passiv konsumiert – nicht nur vor dem Bildschirm, sondern auch am Streckenrand von Radrennen, wo man gemeinsam den Sport und die radelnden Idole feiert. *Radsport, S. 100*

SUBKULTUR

Rund um das Fahrrad haben sich subkulturelle Phänomene entwickelt. Meist junge Menschen vollführen spektakuläre Stunts im Sattel, messen sich in kuriosen Wettkämpfen oder schrauben gemeinsam an selbstgebauten Rädern. Eine der bedeutendsten Fahrrad-Subkulturen war und ist die ab den 1960ern entstandene BMX-Szene. Als Subkultur gilt auch die Fahrradkurier-Szene in Großstädten.

Kuriose Disziplinen, S. 115
BMX-Sport, S. 110

INTERNET

Fahrrad- und Radsportfans vernetzen sich auch im Internet. Es gibt zahlreiche Blogs oder Social-Media-Kanäle, die von unterschiedlichen Themen wie Fahrradpolitik, -mode, -technik oder Radreisen handeln. In Foren tauscht man sich über schöne Strecken oder technische Probleme aus. Apps bieten Hilfe bei der Streckenplanung und ermöglichen den Vergleich sportlicher Leistungen.

FAHRRADKULTUR WELTWEIT

Nachdem das Fahrrad im 19. Jahrhundert erfunden worden war, trat es einen Siegeszug um die ganze Welt an. Doch als das Zeitalter des Automobils begann, geriet das Rad vielerorts wieder ins Hintertreffen. *Mobilität im Wandel, S. 18* Heute ist die Fahrradkultur auf verschiedenen Kontinenten sowie in verschiedenen Ländern und Städten sehr unterschiedlich ausgeprägt.

EUROPA

In Europa ist das Fahrrad erfunden worden, hier haben das Radfahren und der Radsport die längste Tradition. *Geschichte des Fahrrads, S. 16* Viele Länder mit sehr ausgeprägter Fahrradkultur liegen in Europa – etwa die Niederlande, die oft als Fahrradnation Nummer Eins bezeichnet werden. Die wichtigsten Radrennen der Welt finden in Europa statt, darunter die Tour de France als ältestes und bedeutendstes Etappenrennen. Allerdings gibt es Unterschiede zwischen einzelnen Staaten, was das Image des Fahrrads und den Ausbau der Infrastruktur angeht.

Fahrradkultur in Europa, S. 292

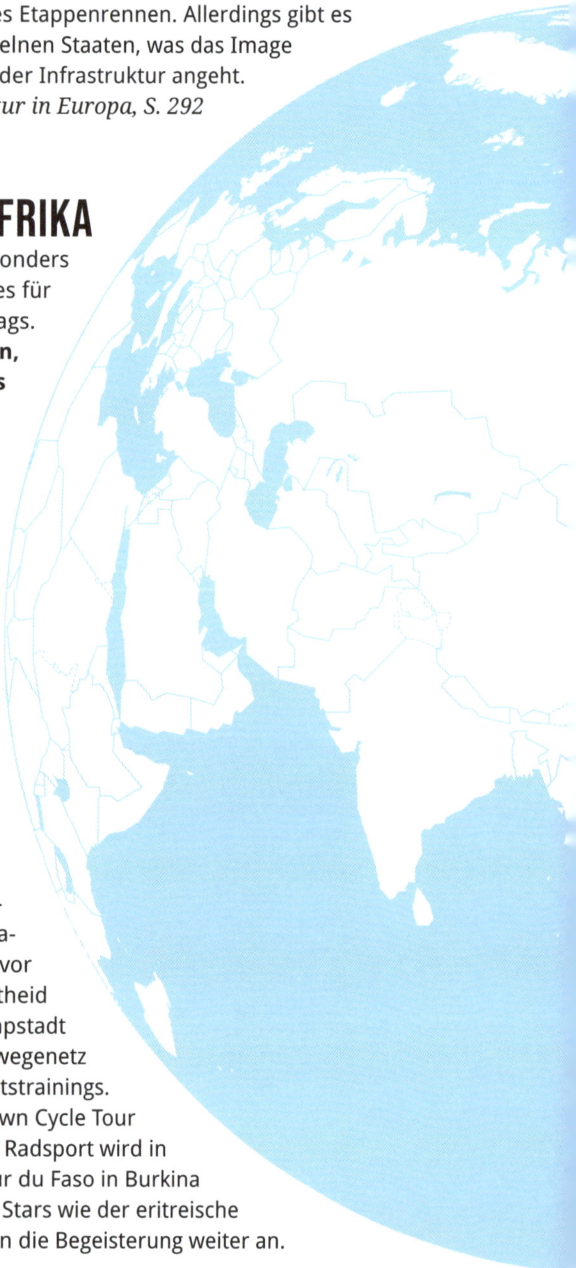

AFRIKA

Das Fahrrad hat in weiten Teilen Afrikas eine hohe Bedeutung. Besonders dort, wo richtige Straßen und öffentliche Verkehrsmittel fehlen, ist es für viele Menschen unverzichtbar zur Bewältigung des Alltags. **In abgelegenen Dörfern kann ein Fahrrad Kindern ermöglichen, eine Schule zu besuchen. Auf diese Weise prägt der Besitz eines Fahrrads ganze Lebenswege.**

Vor allem im Osten Afrikas sind sogenannte **Bodabodas** verbreitet – Fahrradtaxis, mit denen Personen oder Waren transportiert werden können. Diese robusten Räder verfügen über einen Gepäckträger mit einem Sitzkissen aus Schaumstoff.

Trotz seiner hohen Bedeutung hat das Fahrrad in vielen afrikanischen Ländern ein Imageproblem – es gilt als Fortbewegungsmittel ärmerer Menschen, zudem fehlt es in den Metropolen an Infrastruktur. In Südafrika gab es mal eine lebendige Fahrradkultur, bevor die rassistisch motivierten Zwangsumsiedlungen während der Apartheid diese zunichte machten. Seit einigen Jahren will die Hauptstadt Kapstadt das Radfahren wieder attraktiv machen, indem sie ein neues Radwegenetz schafft. Bürgerinitiativen bieten technische Hilfen und Fahrsicherheitstrainings. Jährlich im März nehmen zehntausende Menschen an der Cape Town Cycle Tour teil, dem weltweit größten Jedermann-Radrennen. Denn auch der Radsport wird in Afrika immer populärer: Der Enthusiasmus am Streckenrand der Tour du Faso in Burkina Faso oder der Tour du Rwanda in Ruanda ist riesig. Afrikanische Stars wie der eritreische Sprinter Biniam Girmay heizen die Begeisterung weiter an.

ASIEN

In Asien hat es lange Tradition, Dinge oder Personen mit Fahrrädern und Fahrradrikschas zu transportieren. **In vielen Ländern und Metropolen ist die einst stark ausgeprägte Fahrradkultur aber einer Kultur gewichen, die das Auto in den Mittelpunkt stellt.** In chinesischen Städten gab es noch in den 1980er Jahren kaum privaten Autoverkehr, Fahrräder prägten das Stadtbild. Mit dem rasanten Wirtschaftswachstum wurde das Auto zum modernen Statussymbol und verdrängte den Drahtesel. Es vollzog sich also eine ähnliche Entwicklung wie in vielen westlichen Ländern in den 1950er und 1960er Jahren. Die explosionsartig wachsenden Städte wurden autofreundlich gestaltet.

Die Autos sorgten aber für neue Probleme wie Lärm und Smog. Um dem entgegenzuwirken, gibt es staatliche Versuche, dem Fahrrad zu einem Comeback zu verhelfen. In den 2010er Jahren gab es in China zeitweise einen Boom von Radleihsystemen. Viele der Anbieter sind aber mittlerweile pleite, zurück blieben Berge von Schrotträdern im öffentlichen Raum.

In Japan gilt die Hauptstadt Tokio mittlerweile wieder als Fahrradstadt. Radfahrende profitieren hier davon, dass im Straßenverkehr eher defensiv gefahren und rücksichtsvoll miteinander umgegangen wird. Populär ist in Japan auch der Keirin-Sport, eine spezielle Disziplin des Bahnradfahrens. *Bahnradsport, S. 102* Zudem ist das Sammeln besonders schöner, teurer oder seltener Fahrräder in Japan weit verbreitet. Asien ist heute auch bedeutender Standort der weltweiten Fahrradindustrie. Einige der größten Hersteller von Fahrrädern und deren Komponenten sitzen in China, Taiwan oder Japan.

AUSTRALIEN

Australien ist alles andere als ein klassisches Fahrradland. Das **Auto ist Verkehrsmittel Nummer Eins**, Radfahrende werden nicht immer rücksichtsvoll behandelt. Allerdings gibt es Ausnahmen: Der Bundesstaat Victoria im Südosten verfügt über ein ausgedehntes Radwegenetz, Melbourne gilt als aufstrebende Fahrradstadt. Jährlich nehmen Tausende am „Great Victorian Bike Ride" teil, einer mehrtägigen organisierten Radtour entlang der Küste. Immer im Januar findet die Radrundfahrt Tour Down Under statt, die für viele Radprofis der Start in die Saison ist. Sie ist verbunden mit dem „Festival of Cycling" in der Stadt Adelaide, einer einwöchigen Veranstaltungsreihe rund um den Radsport.

NORDAMERIKA

Die Fahrradkultur Nordamerikas ist widersprüchlich. Einerseits besitzt das Fahrrad hier längst nicht den gesellschaftlichen Status wie in vielen europäischen Ländern. Vor allem in ländlichen Gebieten der Vereinigten Staaten ist es üblich, selbst für kurze Strecken ins Auto zu steigen. Große oder schnelle Autos sind wichtige Statussymbole. Auf der anderen Seite gibt es in einigen Großstädten **eine aufblühende Fahrradkultur mit starkem zivilgesellschaftlichem Engagement und Aktivismus.**

In den USA ist die Fahrradkultur an der Westküste am stärksten ausgeprägt. San Francisco und Portland gelten als Fahrradstädte mit gut ausgebauter Radinfrastruktur. **In San Francisco fand 1992 die weltweit erste „Critical Mass" statt,** eine dezentral organisierte Fahrraddemonstration. *Fahrradbewegung, S. 266* In Portland finden jährlich das Fahrradfestival „Pedalpalooza" sowie bei besonders schlechtem Wetter der „Worst Day of the Year Ride" statt. Er soll demonstrieren, dass Radfahren auch bei Regen oder Schnee möglich ist. In Kanada gelten Montreal und Toronto als fahrradfreundliche Städte.

Nordamerika war und ist auch ein wichtiger Ort für Fahrrad-Subkultur. Jugendliche in den USA entwickelten ab den 1960er Jahren den **BMX-Sport**, heute gilt die Stadt Austin in Texas als BMX-Hochburg. *BMX-Sport, S. 110* Auch der Mountainbike-Sport kam aus den USA. In Metropolen wie New York hat die Fahrradkurier-Szene einen eigenen Kleidungsstil und spezielle Wettkämpfe entwickelt.

SÜDAMERIKA

Wer sich in Südamerika aufs Fahrrad traut, muss sich oft in motorisiertem Verkehrschaos behaupten. In den letzten Jahren ist das Radfahren aber populärer geworden. Metropolen wie Perus Hauptstadt Lima oder Chiles Hauptstadt Santiago de Chile investieren in die Radinfrastruktur, um den chronischen Staus entgegenzuwirken. **Besonders populär ist das Radfahren in Kolumbien. Die Hauptstadt Bogotá gilt als Fahrradhauptstadt Südamerikas mit einem ausgedehnten Netz an Radwegen.** Dabei kann das Radfahren in der dünnen Luft anstrengend sein – Bogotá liegt auf einer Höhe von über 2600 Metern. Bereits im Jahr 1974 hat die Stadt die **„Ciclovía"** (deutsch: Radweg) ins Leben gerufen – dabei wurden große Straßen im Stadtzentrum einige Stunden lang für den Autoverkehr gesperrt.

Nach und nach wurde daraus ein Festtag des Radfahrens. Heute sind an Sonn- und Feiertagen immer von 7–14 Uhr über 100 Kilometer autofrei. Bis zu zwei Millionen Menschen sitzen dann im Sattel – es ist ein Event, das die Stadtgesellschaft zusammenhält.

In Kolumbien herrscht auch eine große Begeisterung für den Radsport – nirgendwo sonst ist dieser außerhalb von Europa so populär. An Wochenenden sind unzählige Menschen auf Rennrädern auf den bergigen Straßen des Landes unterwegs. Kolumbianische Radprofis erzielen in Europa große Erfolge – dabei kommt ihnen auch das Höhentraining in der Heimat zugute. 2019 gewann mit **Egan Bernal** erstmals ein Kolumbianer die Tour de France und löste in seinem Heimatland eine riesige Euphorie aus.

FAHRRADKULTUR IN EUROPA

Fahrradnationen
Herausragende Fahrradkultur im Alltag

Radsportnationen
Herausragende Radsport-Kultur (Heimat berühmter Rennen, besonders große Begeisterung für den Sport)
Straßenradrennen, S. 126

Großbritannien

Geht es um Fahrradkultur in Großbritannien, fällt meist der Name der Stadt **Bristol**. Die Hafenstadt im Südwesten Englands hat viel in Fahrradinfrastruktur investiert, zudem gibt es eine lebendige Fahrradszene mit Treffpunkten und kulturellen Veranstaltungen. Großbritannien gilt ansonsten nicht als klassisches Fahrradland, die Infrastruktur ist ausbaufähig. Auch die Hauptstadt **London** möchte fahrradfreundlicher werden – große Teile der Innenstadt sollen in Zukunft autofrei sein. In der englischen Metropole gibt es auch einige sehr beliebte Fahrradcafés.

Spanien

Wie in Südeuropa üblich, wird das Fahrrad in Spanien vor allem für sportliche Betätigung genutzt. Mit der Vuelta a España beherbergt das Land eine der drei großen Rundfahrten des Radsports. *Vuelta a España, S. 164* Als Zentren der Radsportszene gelten die Stadt Girona und die Insel Mallorca. Besonders radsportbegeistert ist auch das Baskenland. Das Wegenetz für die Fahrradnutzung im Alltag ist in Spanien dagegen oft ausbaufähig. Einen Ruf als Fahrradstadt hat sich Barcelona erworben. Dort hat sich ein System sogenannter Superblocks etabliert, der den motorisierten Durchgangsverkehr in Wohnvierteln verringert. **Barcelona** verfügt auch über eine ausgeprägte BMX-Szene. Auch **Sevilla** gilt als Fahrradstadt, seit die Stadt ab 2006 in nur wenigen Jahren ein umfassendes Radwegenetz geschaffen hat.

Niederlande

Die Niederlande gelten als die Fahrradnation schlechthin. In keinem anderen Land der Welt gibt es so viele Fahrräder pro Person – etwa 1,3 pro Kopf. Städte wie **Amsterdam, Groningen** oder **Utrecht** zählen zu den fahrradfreundlichsten Städten weltweit. Es gibt unzählige gut ausgebaute Radwege, das Fahrrad ist tief im Alltag verwurzelt. In den Niederlanden wurde besonders früh damit begonnen, eine attraktive Radinfrastruktur zu schaffen. Fahrrad-Interessengruppen sind sehr einflussreich. Auch die flache Topografie und die oft kurzen Wege in dem kleinen Land machen das Radfahren für alle Altersgruppen attraktiv. Das „Hollandrad" ist ein niederländisches Kulturgut und weit über das Land hinaus beliebt. *Hollandrad, S. 66* Eine große Tradition hat in den Niederlanden auch der Radsport. Bei der Tour de France sorgen angereiste niederländische Fans am Streckenrand regelmäßig für besondere Stimmung.

Frankreich

Frankreich steht wie kaum ein anderes Land für den Radsport: Hier findet nicht nur die wichtigste Radrundfahrt der Welt – die legendäre Tour de France – statt, sondern auch Eintagesklassiker wie Paris–Roubaix. Die Tour de France ist ein wichtiger Teil der französischen Kultur und sorgt für ein großes Volksfest am Straßenrand. *Tour de France, S. 150* In den französischen Alpen und Pyrenäen liegen viele der bekanntesten Berge des Radsports. *Legendäre Anstiege, S. 198* Als Verkehrsmittel im Alltag hat es das Fahrrad in Frankreich dagegen schwerer. Die Hauptstadt **Paris** versucht das zu ändern – unter anderem werden unter dem Motto „Paris respire" (Paris atmet) regelmäßig an Sonntagen Autos aus der Innenstadt verbannt. Als fahrradfreundliche Städte gelten auch **Straßburg** und **Bordeaux**.

Belgien

Rennrad fahren und Belgien – das gehört zusammen. Obwohl das Land keine hohen Berge besitzt, gelten belgische Radrennen mit ihren vielen kleinen Anstiegen und Kopfsteinpflasterpassagen als besonders anspruchsvoll. Viele Streckenabschnitte besitzen im Radsport Kultstatus. Zwei „Monumente" des Radsports finden in Belgien statt: Lüttich–Bastogne–Lüttich und die Flandern-Rundfahrt. *Eintagesrennen, S. 132* Die Region Flandern im Norden des Landes gilt als besonders radsportverrückt. Hier spielt das Rad auch im Alltag eine wichtige Rolle. Als besonders fahrradfreundlich gilt mittlerweile die Stadt **Antwerpen**.

SCHON GEWUSST?

Ein bekannter Index für Fahrradstädte ist der von einer dänischen Agentur ermittelte „Copenhagenize"- Index. Er verteilt Noten an Städte in Bezug auf ihre Fahrradfreundlichkeit – dabei fließen die Infrastruktur sowie das gesellschaftliche und politische Klima ein. Der Index wurde zuletzt 2019 erhoben. Die ersten zehn Plätze belegten nur europäische Städte. Die Top Five bildeten Kopenhagen, Amsterdam, Utrecht, Antwerpen und Straßburg.

Norwegen & Schweden

Auch in Schweden und Norwegen gibt es ein gut ausgebautes Netz an Radwegen. Als besonders fahrradfreundliche schwedische Stadt gilt **Malmö**. Die norwegische Hauptstadt **Oslo** gilt als aufstrebende Fahrradstadt, auch die Städte **Trondheim** und **Sandnes** verfügen über eine ausgeprägte Fahrradkultur. Die Berge Norwegens sind beliebtes Ziel für sportliches Radfahren.

Dänemark

Unter den skandinavischen Ländern sticht in Bezug auf Fahrradkultur vor allem Dänemark heraus. Das Rad ist Teil der dänischen Kultur, man radelt bei jedem Wetter und in jedem Alter. Die Hauptstadt **Kopenhagen** gilt vielen heute als fahrradfreundlichste Stadt der Welt. Ihre „Rad-Autobahnen" sind weltweit Vorbild für Verkehrskonzepte. Radfahren gehört fest zum kulturellen und modischen Lifestyle der Stadt. 2022 startete erstmals die Tour de France in Dänemark – und 2022 sowie 2023 gewann mit Jonas Vingegaard ein Däne die Rundfahrt.

Tour de France, S. 159

Deutschland

In Deutschland wurde im 19. Jahrhundert das erste Zweirad erfunden. *Geschichte des Fahrrads, S. 10* Doch in der zweiten Hälfte des 20. Jahrhunderts entwickelte sich das Land zur Automobilnation. Das Auto war Symbol für das deutsche „Wirtschaftswunder" der Nachkriegszeit. Das Schlagwort der „autogerechten Stadt" wurde zum Mantra der Verkehrsplanung. Heute gewinnt das Fahrrad im Alltag und der Freizeit immer mehr an Bedeutung. Räumten früher nur einzelne Universitätsstädte wie **Münster** und **Freiburg** dem Fahrrad einen hohen Stellenwert ein, ziehen nun immer mehr Orte nach und schaffen neuen Platz fürs Rad. In den großen Städten wie **Berlin** sind Treffpunkte wie Fahrradcafés entstanden. Deutschland ist auch Sitz der weltgrößten Fahrradmesse „Eurobike".

Osteuropäische Staaten

Wer in Osteuropa Fahrrad fährt, muss vielerorts gute Nerven haben – die Fahrradinfrastruktur und die Fahrradkultur im Alltag sind oft noch wenig ausgeprägt. Doch der Radsport und Radreisen werden zunehmend beliebter. Eine besondere Fahrradkultur gibt es in der ungarischen Hauptstadt **Budapest**. Die Stadt litt lange unter Dauerstaus und schlechter Luft. Ab den 2000er Jahren stiegen immer mehr Menschen aufs Fahrrad um. 2013 fand in Budapest die bisher weltweit größte Fahrraddemonstration statt. *Fahrradbewegung, S. 266* Als besonders fahrradfreundlich gilt auch Sloweniens Hauptstadt **Ljubljana**.

Schweiz & Österreich

Die Alpenländer Schweiz und Österreich sind sehr beliebte Reiseziele zum sportlichen Radfahren in traumhaften Berglandschaften. Neben berühmten Gebirgspässen verfügen beide Länder über ein dichtes Netz an gut ausgebauten und beschilderten Radrouten. Die Hauptstädte **Bern** sowie **Wien** unternehmen große Anstrengungen, um noch fahrradfreundlicher zu werden. Auf dem Wiener Rathausplatz findet jährlich Europas größtes Fahrrad-Festival statt.

Italien

Italien ist die Heimat des Giro d'Italia und vieler weiterer bedeutender Radrennen. *Giro d'Italia, S. 160* Die Begeisterung für den Sport und seine Tradition ist groß. Italienischer Radsport – das ist für viele der Inbegriff von Ästhetik und Lebensgefühl auf zwei Rädern. Doch ähnlich wie in Frankreich gilt: Das Rad gilt eher als Sportgerät, die Infrastruktur für die Nutzung im Alltag ist oft noch schlecht, auch wenn viele Städte daran etwas ändern möchten. Als vorbildliche italienische Fahrradstädte gelten **Bozen** und **Ferrara**.

DAS FAHRRAD UND SEINE NAMEN

Das Fahrrad kennt viele Namen – **die Karte zeigt, wie das Wort in europäischen Staaten übersetzt wird.** Gibt es in einem Staat mehrere Landessprachen, wurde die verbreitetste gewählt. Gibt es in dieser Sprache mehrere Begriffe für „Fahrrad“, haben wir den gebräuchlichsten Begriff angegeben. Viele der Wörter ähneln sich. Es lassen sich zwei große Gruppen von Wörtern unterscheiden, diese sind in der Karte farbig markiert.

WORTHERKUNFT: bi+kyklos

Ein großer Teil der Wörter stammt – wie zum Beispiel das englische *bicycle* – vom Präfix *bi-* (zwei) sowie dem griechischen Wort *κύκλος* (kyklos) ab, das „Kreis“ oder „Rad“ bedeutet. Das Gefährt wird hier also zum „Zweirad“. In einigen skandinavischen Sprachen wird die Vorsilbe *bi-* gekürzt.

WORTHERKUNFT: velocis+pedis

Die zweitgrößte Gruppe stammt von den lateinischen Wörtern *velocis* (schnell) und *pedis* (Fuß) ab. Die wörtliche Übersetzung ist „schnellen Fußes“ – mit dem Rad kommt man schließlich rascher voran, als wenn man läuft. Im Französischen wird *vélocipède* mit *vélo* verkürzt, auch im deutschsprachigen Teil der Schweiz nutzt man die Kurzform *Velo*.

SONSTIGE

Diese Wörter lassen sich keiner der beiden Hauptgruppen zuordnen. Auch hier sind aber Wortbestandteile zu finden, die sich mit „Rad“, „zwei“ oder „Fuß“ übersetzen lassen. Der deutsche Begriff *Fahrrad* ist gegen Ende des 19. Jahrhunderts entstanden. Er diente als Ersatzbegriff für das zunächst verbreitete Wort *Veloziped*, das aus dem Französischen stammte. *Fahrrad* konnte sich schließlich durchsetzen, auch weil das Französische als Sprache des Hochadels galt und im 20. Jahrhundert in Deutschland zunehmend verpönt war. Auch der tschechische Begriff *jízdní kolo* lässt sich wörtlich mit „Fahr-Rad“ übersetzen.

Das niederländische Wort *fiets* könnte einer Theorie zufolge auf den deutschen Begriff „Vizepferd“ zurückgehen, was so viel wie „Ersatzpferd“ bedeutet. In seiner Anfangszeit war das Radfahren schließlich eine wichtige Alternative zum Reiten. *Mobilität im Wandel, S. 18* Daran erinnern auch die umgangssprachlichen deutschen Begriffe *Stahlross* und *Drahtesel*. In England bezeichnete man frühe Fahrräder als *hobby horse*.

cykel
polkupyörä
велосипед
velosiped
sykkel
jalgratas
velosipēds
cykel
dviratis
ровар
rovar
fiets
rower
fiets
Fahrrad
велосипед
velosiped
vélo
jízdní kolo
bicykel
bicicletă
vélo
Fahrrad
kerékpár
Velo
bicicletă
kolo
bicikl
бицикл
bicikl
bicikl
велосипед
velosiped
bicikl
biçi-
kletë
bicicletta
велосипед
bisiklet
biçi-
kletë
ποδήλατο
podílato
rota

ZITATE ÜBERS RADFAHREN

Es gibt unzählige Weisheiten und Sprüche über das Fahrrad und das Radfahren. Wir haben bekannte Zitate gesammelt und in folgende Kategorien sortiert:

Freude | Freiheit | Inspiration | Hoffnung | Qual

„NICHTS IST VERGLEICHBAR MIT DER EINFACHEN FREUDE, RAD ZU FAHREN.“
John F. Kennedy (1917 – 1963)
35. Präsident der USA

„MIR IST ES EGAL, OB ES REGNET, OB DIE SONNE SCHEINT, ODER WAS AUCH IMMER: SO LANGE ICH RAD FAHRE, BIN ICH DER GLÜCKLICHSTE MENSCH AUF ERDEN.“
Mark Cavendish (*1985)
Britischer Radrennfahrer

„BEI KEINER ANDEREN ERFINDUNG IST DAS NÜTZLICHE MIT DEM ANGENEHMEN SO INNIG VERBUNDEN WIE BEIM FAHRRAD.“
Adam Opel (1837-1895)
Deutscher Unternehmer

„ICH GLAUBE, DAS FAHRRADFAHREN HAT MEHR FÜR DIE EMANZIPATION DER FRAUEN GETAN ALS ALLES ANDERE. ES GIBT FRAUEN EIN GEFÜHL DER FREIHEIT UND DER SELBSTBESTIMMTHEIT.“
Susan B. Anthony (1820-1906)
Amerikanische Frauenrechtlerin

„SIEH AN, WIE EIN ZWEIRAD IN BEWEGUNG UND FAHRT GESETZT WIRD. WENN DU DEINEN WILLEN SO IN BEWEGUNG UND FAHRT ZU SETZEN VERMAGST, SO WIRST DU NACH EIGENEN SCHWANKUNGEN WIE EIN MEISTER IM SATTEL SITZEN.“
Christian Morgenstern (1871-1914)
Deutscher Dichter und Schriftsteller

„DAS LEBEN IST WIE RADFAHREN. DU FÄLLST NICHT, SOLANGE DU IN DIE PEDALE TRITTST.“
Claude Pepper (1900 – 1989)
US-amerikanischer Politiker

„ICH HABE IM SATTEL MEHR PROBLEME GELÖST ALS IN EINEM KONFERENZRAUM.“
Andy Rihs (1942-2018)
Schweizer Unternehmer

„ICH LIEBE FAHRRADFAHREN, WEIL ES MEINEN KOPF FÜR NEUE IDEEN FREI MACHT.“
Christina Bacher (*1973)
Deutsche Jugendbuchautorin und Journalistin

„RADFAHREN KOMMT DEM FLUG DER VÖGEL AM NÄCHSTEN.“
Louis J. Halle (1910 – 1998)
Amerikanischer Naturforscher und Autor

„BEIM FAHRRADFAHREN GEHT ES UM BEWEGUNG UND FREIHEIT, AUF DEM FAHRRAD FÜHLT MAN SICH UNGEBUNDEN, JA FAST AUTONOM.“
Ralf Hütter (*1946)
Deutscher Musiker („Kraftwerk“)

„MIR IST ES EINGEFALLEN, WÄHREND ICH FAHRRAD FUHR."

Albert Einstein (1879 – 1955)
Deutsch-schweizerisch-amerikanischer Physiker und Nobelpreisträger, über die von ihm entwickelte Relativitätstheorie

$e=mc^2$

„WENN ICH EINEN ERWACHSENEN AUF EINEM FAHRRAD SEHE, IST MIR UM DIE ZUKUNFT DER MENSCHHEIT NICHT BANGE."

H. G. Wells (1866-1946)
Englischer Schriftsteller

„WENN DU NIEDERGESCHLAGEN BIST, WENN DIR DIE TAGE IMMER DUNKLER VORKOMMEN, WENN DIR DIE ARBEIT NUR NOCH MONOTON ERSCHEINT, WENN ES DIR FAST SINNLOS ERSCHEINT, ÜBERHAUPT NOCH ZU HOFFEN, DANN SETZ DICH EINFACH AUFS FAHRRAD, UM DIE STRASSE HERUNTERZUJAGEN, OHNE GEDANKEN AN IRGENDETWAS AUSSER DEINEM WILDEN RITT."

Arthur Conan Doyle (1859-1930)
Britischer Schriftsteller
(„Sherlock Holmes")

„ZEIGEN SIE MIR EIN PROBLEM DIESER WELT UND ICH GEBE IHNEN DAS FAHRRAD ALS TEIL DER LÖSUNG."

Mike Sinyard (*1950)
Amerikanischer Fahrradbauer

„RADFAHREN IST KEIN SPIEL, RADFAHREN IST EIN SPORT. HART, UNNACHGIEBIG UND UNERBITTLICH UND MAN MUSS AUF VIELES VERZICHTEN. MAN SPIELT FUSSBALL ODER TENNIS ODER HOCKEY. ABER MAN SPIELT NICHT RADFAHREN."

Jean de Gribaldy (1922-1987)
Französischer Radrennfahrer

„DAS FAHRRAD IST DAS ZIVILISIERTESTE FORTBEWEGUNGSMITTEL, DAS WIR KENNEN. ANDERE TRANSPORTARTEN GEBÄREN SICH TÄGLICH ALBTRAUMHAFTER. NUR DAS FAHRRAD BEWAHRT SEIN REINES HERZ."

Iris Murdoch (1919-1999)
Anglo-irische Schriftstellerin und Philosophin

„QUÄL DICH, DU SAU!"

Udo Bölts (*1966)
Ehemaliger deutscher Radrennfahrer, während einer Bergetappe der Tour de France 1997 zu seinem Teamkapitän Jan Ullrich

„DAS BESTE DARAN, MIT DER SPITZENGRUPPE INS ZIEL ZU KOMMEN, IST DIE TATSACHE, DASS DAS LEIDEN FRÜHER EIN ENDE HAT."

Miguel Indurain (*1964)
Ehemaliger spanischer Radrennfahrer, fünffacher Sieger der Tour de France

„ICH GEWINNE, WEIL ICH MICH AM MEISTEN QUÄLEN KANN."

Eddy Merckx (*1945)
Ehemaliger belgischer Radrennfahrer, fünffacher Sieger der Tour de France

„WENN DEINE BEINE DICH ANFLEHEN, AUFZUHÖREN UND DEINE LUNGE ZU EXPLODIEREN DROHT, DANN GEHT ES ERST RICHTIG LOS. DAS IST DER OZEAN DER SCHMERZEN. GEWINNER GEHEN RICHTIG IN IHM AUF."

Chris McCormack (*1973)
Australischer Triathlet und Unternehmer

MUSIK

Das Fahrrad ist vielfach in Popsongs besungen worden. Sie erzählen kuriose Fahrradgeschichten, handeln vom Gefühl der Freiheit auf dem Sattel – oder nutzen das Fahrrad als Metapher für etwas ganz anderes. Wir haben bekannte und weniger bekannte Fahrradlieder aus ganz unterschiedlichen Genres zusammengestellt.

SONGS ÜBER DAS FAHRRAD

Wer sich musikalisch auf die nächste Radtour einstimmen möchte, findet die Songs in unserer Playlist *Fahrrad* auf Spotify.

In diesen Songs kommt eine Fahrradklingel als Soundeffekt zum Einsatz.

1973

HERMAN VAN VEEN - KLEINER FRATZ

Der niederländische Sänger Hermann van Veen war ab den 1970er Jahren auch im deutschsprachigen Raum sehr erfolgreich. *Kleiner Fratz* ist einer seiner bekanntesten Songs. Van Veen besang hier seine kleine Tochter, die gerade das Radfahren erlernt hat.

1970

1968

YVES MONTAND - A BICYCLETTE

Yves Montand war ein französischer Chansonsänger und Schauspieler. *A Bicyclette* (auch: *La Bicyclette*) ist einer seiner bekanntesten Songs. Er handelt von einer sommerlichen Radtour mit Freunden und einer heimlichen Schwärmerei.

1967

PINK FLOYD - BIKE

Bike erschien 1967 auf dem Debütalbum von Pink Floyd – einige Jahre später wurden die Londoner zu Weltstars. Der Song erzählt von einem Jungen, der ein Mädchen mit allerlei Dingen zu beeindrucken versucht – unter anderem mit seinem Fahrrad.

1967

TOMORROW - MY WHITE BICYCLE

Der Song *My White Bicycle* war die Debütsingle der britischen Rockband Tomorrow. Er wurde von einem Besuch in Amsterdam inspiriert: Dort standen weiße Leihräder auf den Straßen, die man kostenlos nutzen konnte. Später coverte die Band Nazareth den Song erfolgreich.

1977

PETER PETREL - ICH FAHR SO GERNE RAD

Schlagersänger Peter Petrel singt in *Ich fahr so gerne Rad* über das gute Gefühl, sich beim Radfahren den Wind um die Nase wehen zu lassen und dabei Autos zu überholen.

1979

ROLF ZUCKOWSKI - AN MEINEM FAHRRAD IST ALLES DRAN

So ein Fahrrad ist ein starkes Ding – wenn es über die nötige Ausstattung verfügt. Was da alles dazugehört, besingt Rolf Zuckowski im Kinderlied *An meinem Fahrrad ist alles dran*. 2018 coverte es der Rapper Alligatoah.

1982

TOM WAITS - BROKEN BICYCLES

Der amerikanische Sänger und Schauspieler Tom Waits ist bekannt für seine raue Stimme. Die melancholische Klavierballade *Broken Bicycles* war Soundtrack des Liebesfilms *Einer mit Herz*. Waits singt von kaputten, im Regen verrostenden Fahrrädern – und vergleicht sie mit einer verblassenden Liebe.

1983

KRAFTWERK - TOUR DE FRANCE

Die weltweit erfolgreiche Düsseldorfer Elektropop-Band Kraftwerk hat der berühmtesten Radrundfahrt der Welt ein musikalisches Denkmal geschaffen. Die radsportbegeisterte Band veröffentlichte den Song 1983 zum 80. Geburtstag der Tour de France.

Tour de France, S. 150

1986

NITS - BIKE IN HEAD

Blauer Himmel an einem sonnigen Sommermorgen – da denkt man direkt nach dem Aufwachen an eine Radtour. Dieses Gefühl beschreibt die niederländische Band Nits in ihrem Song *Bike in Head*.

1990

1978

QUEEN - BICYCLE RACE

Bicycle Race von Queen ist einer der bekanntesten Fahrradsongs. Die Band fühlte sich von einem Besuch einer Etappe der Tour de France im schweizerischen Montreux inspiriert, wo die Gruppe um Rock-Ikone Freddie Mercury ein Album aufnahm. Der Song wird häufig als Ausdruck von Mercurys Freiheitsdrang interpretiert. Im dazugehörigen Musikvideo war ein Radrennen nackter Frauen zu sehen – in einigen Ländern wurde die Ausstrahlung verboten.

1991

DIE PRINZEN - MEIN FAHRRAD

Schon 1991 wussten die Prinzen: Wer Fahrrad fährt, hat mehr Spaß und ist schneller da. *Mein Fahrrad* ist eine Liebeserklärung an den Drahtesel und erschien auf dem Debütalbum der Leipziger A-Capella-Band.

1982

BLÄCK FÖÖSS - FAHRRAD

Die Bläck Fööss sind in Köln eine musikalische Institution. Im Lied *Fahrrad* singt die Mundart-Band über einen Ausflug zu zweit auf nur einem Fahrrad.

2005

KATIE MELUA - NINE MILLION BICYCLES

Es gibt neun Millionen Fahrräder in Peking: Diesen und weitere Fakten verband Katie Melua in *Nine Million Bicycles* mit einer romantischen Liebeserklärung. Der Song ist einer der größten Hits der georgisch-britischen Sängerin.

2001

THE DECEMBERISTS - APOLOGY SONG

Im *Apology Song* der amerikanischen Indie-Folk-Band The Decemberists muss der Protagonist seinem Freund eine traurige Nachricht überbringen: Das Fahrrad, das er sich von ihm geliehen hat, ist gestohlen worden – weil er es vor dem Supermarkt nicht abgeschlossen hat.

1999

MANFRED MAURENBRECHER - DAS ALTE FAHRRAD

Der Liedermacher Manfred Maurenbrecher singt in *Das alte Fahrrad* mit markant rauer Stimme über die treue Freundschaft zwischen einem alten Mann und seinem klapprigen Fahrrad. Der Song wurde auch von Reinhard Mey gecovert.

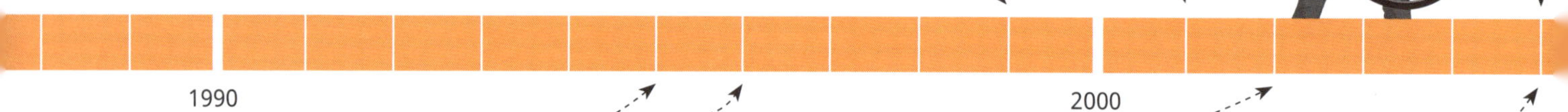

1995

FISCHMOB - BONANZARAD

1995 veröffentlichte die Hamburger Gruppe Fischmob diese Sprechgesangs-Hommage an das Bonanzarad.

1996

**ACHIM REICHEL
FAHRRAD FAHR'N**

Der Hamburger Sänger Achim Reichel hat 1996 mit *Fahrrad fahr'n* eine Hymne auf das Radfahren und seine Vorteile geschrieben. Ein beschwingter Song für eine Radtour ins Grüne.

2002

RED HOT CHILI PEPPERS - BICYCLE SONG

Das Fahrrad ist eine gute Erfindung – das behauptet die Funkrock-Band Red Hot Chili Peppers im *Bicycle Song*, den die Weltstars aus Kalifornien auf ihrem Album *By the Way* veröffentlichten. Der Song schildert die Gedanken des Protagonisten während eines Dates im Kino.

2005

FLOBOTS - HANDLEBARS

„Ich kann mein Rad freihändig fahren": Mit dieser Behauptung beginnt *Handlebars*, der erfolgreichste Song der US-Rockband Flobots. Der metaphorische Text handelt von menschlichen Fähigkeiten und dem Leben eines Diktators – vom Erlernen des Radfahrens bis hin zur Zerstörung der Welt.

2008

PAOLO CONTE - VELOCITÀ SILENCIOSA

Paolo Conte ist einer der bekanntesten Sänger und Songwriter Italiens. Sein Song *Velocità Silenciosa* (deutsch: Stille Geschwindigkeit) ist eine lyrisch-philosophische Abhandlung über das Fahrrad. „Ein Fahrrad preist man an", singt er, „wie ein Gedicht, mit dem man fortfliegen kann."

2013

THE BENNIES - MY BIKE

My Bike handelt von einer betrunkenen Fahrt mit dem Rad. Der Refrain des weniger als zwei Minuten langen Songs der australischen Punkrock-band The Bennies eignet sich zum Mitgrölen.

2014

KRAFTKLUB - MEIN RAD

Der Song *Mein Rad* der Chemnitzer Band Kraftklub handelt von der Erinnerung an ein wunderschönes Fahrrad – das sich aber leider jemand anders gekrallt hat.

2016

CARLOS VIVES, SHAKIRA - LA BICICLETA

Der Song *La Bicicleta* der kolumbianischen Weltstars Carlos Vives und Shakira war vor allem in spanischsprachigen Ländern ein Sommerhit des Jahres 2016. Das Duett beschreibt eine gemeinsame Radtour an Stränden im Norden Kolumbiens.

2013

SKYLAR GREY FEAT. EMINEM - C'MON LET ME RIDE

Die US-Sängerin Skylar Grey schwärmt in *C'mon let me ride* von einem Fahrrad und dessen Besitzer. Der sarkastische Text macht sich über übertriebene Sexualisierung in Musik und Medien lustig. Im Refrain sind Zitate aus *Bicycle Race* von Queen enthalten, in den Strophen rappt Hiphop-Ikone Eminem.

2016

DOTA - RENNRAD

Die Berliner Liedermacherin Dota Kehr singt über eine Begegnung mit einem attraktiven Mann mit Rennrad. Kurz träumt sie von einem gemeinsamen Leben mit ihm doch dann kommen ihr Zweifel.

2016

MOOP MAMA - DIE ERFINDUNG DES RADES

Moop Mama ist eine Brass- und Hiphop-Gruppe aus München. In *Die Erfindung des Rades* preist Sänger Keno Langbein seine radelnde Angebetete als „Wunderwerk der Natur" auf einem „Wunderwerk der Technik".

2010

BINDER & KRIEGLSTEIN - FAHRRADLIED

Hinter dem Pseudonym Binder & Krieglstein verbirgt sich der österreichische Musiker Rainer Binder-Krieglstein. Sein fröhliches *Fahrradlied* besingt das Glück der schadstofffreien Fortbewegung auf zwei Rädern. Sängerin ist die Österreicherin Makki (Daniela Riedl).

2010

MARK RONSON & THE BUSINESS INTL - THE BIKE SONG

Der *Bike Song* des britischen Musikproduzenten Mark Ronson erzählt von einem Heimweg auf dem Rad – und den großen und kleinen Gedanken über das Leben, die einem dabei durch den Kopf schießen können.

2017

BLECHREIZPOP - E-BIKE-FOHRER

Da quält man sich strampelnd und schwitzend den Berg hoch – und wird plötzlich ganz lässig von einem E-Bike-Fahrer im Anzug überholt. Diese Situation beschreibt die österreichische Brass-Band BlechReizPop im Song *E-Bike-Fohrer*.

2017

2017

JASON BARTSCH – SON OF ANARCHY

Jason Bartsch ist ein deutscher Poetry-Slammer und Sänger. Und: Er ist ein Fahrradtyp. Darüber singt er im Song *Son of Anarchy*.

2017

FRANK OCEAN FEAT. JAY-Z & TYLER, THE CREATOR - BIKING

Der amerikanische Soulsänger und Rapper Frank Ocean schrieb zunächst Songs für andere populäre Künstler wie Justin Bieber, bevor er selbst sehr erfolgreich wurde. Der Text von *Biking* vergleicht das Leben metaphorisch mit einer großen Radtour. Gaststars sind die Rapper Jay-Z und Tyler, The Creator.

2017

MAX RAABE - FAHRRAD FAHR'N

Sänger Max Raabe spielt mit seinem „Palast Orchester" Lieder im Stil der 1920er und 1930er Jahre. In seinem Song *Fahrrad fahr'n* besingt er das Gefühl der Leichtigkeit auf zwei Rädern.

2017

BC UNIDOS FEAT. SHUNGUDZO - BICYCLE

Das schwedische Duo BC Unidos hat mit *Bicycle* einen tanzbaren Song über das Radfahren in der Stadt produziert – gesungen von der simbabwisch-amerikanischen Sängerin Shungudzo. Das dazugehörige Musikvideo zeigt sie und viele Jugendliche auf bunt bemalten Bonanzarädern.

2019

OVE - FAHRRAD IN DER NACHT

OVE ist eine Indiepop-Band aus Hamburg. *Fahrrad in der Nacht* erschien auf ihrem zweiten Album *Abruzzo*. Er beschreibt das gemeinsame Radfahren in einer kalten Nacht – bei Mondschein und mit plattem Reifen.

2019

JULI - FAHRRAD

Die hessische Pop-Rock-Band Juli war vor allem zu Beginn der 2000er Jahre erfolgreich. Der 2019 erschienene Song *Fahrrad* handelt vom nächtlichen Radfahren durch eine menschenleere Stadt – und sehnsüchtigen Gedanken an eine bestimmte Person.

2019

PEDRO THE LION - YELLOW BIKE

Pedro the Lion ist eine Indierock-Band aus Seattle. In *Yellow Bike* erzählt Sänger David Bazan, wie er im Alter von sechs Jahren ein gelbes Fahrrad zu Weihnachten geschenkt bekam – und wie frei er sich fühlte, nachdem er das Radfahren gelernt hatte.

2018 2019

2018

FILOUS FEAT. KLEI - BICYCLE

Der Song *Bicycle* ist eine Kollaboration des österreichischen Musikproduzenten Filous und der britischen Sängerin Klei. In dem fröhlichen Popsong singt Klei über eine hastige Verabschiedung – und darüber, wie cool sie auf ihrem Fahrrad aussieht.

2021

ROY BIANCO & DIE ABBRUNZATI BOYS - GIRO

Roy Bianco & Die Abbrunzati Boys haben sich 1982 am Gardasee gegründet – das behauptet die Band zumindest. Die Münchener sind mit ironisch angehauchtem Italo-Schlager erfolgreich. Ihr Song *Giro* huldigt dem Radsport und der italienischen Dolce Vita.

2020

2020

SIA - RIDING ON MY BIKE

Der australischen Sängerin Sia gelang in den 2010er Jahren der weltweite Durchbruch. Der Song *Riding On My Bike* erschien auf der Kindermusik-Compilation *At home with the kids*, zu der viele bekannte Stars Lieder beisteuerten.

2021

JAN BÖHMERMANN - WARUM HÖRT DER FAHRRADWEG EINFACH HIER AUF?

Warum hört der Fahrradweg einfach hier auf? Diese und andere Fragen des Fahrradalltags in der Großstadt stellen Satiriker Jan Böhmermann und sein Team vom *ZDF Magazin Royale* in diesem Song, der eine Anklage an Versäumnisse der Verkehrspolitik ist.

2022

SKI AGGU X DOMIZIANA – TOUR DE BERLIN

Der Song *Tour de Berlin* ist eine Kollaboration des Rappers Ski Aggu und der Sängerin Domiziana. Es geht um eine Radtour durch Berlin – und um Drogenkonsum im Nachtleben der Hauptstadt.

2021

GRANADA - MEI VELO

Granada ist eine österreichische Mundart-Band aus Graz. Ihr eingängiger Song *Mei Velo* begreift das Radfahren als politisches Statement. Das Musikvideo thematisiert die Nutzung des öffentlichen Raumes – und beinhaltet einen Auftritt des Kunstradgrafikers Erich Schaber.

2021

RITSCHI - VELO

Velo ist eine Ode des Schweizer Mundart-Sängers Ritschi an das Fahrrad. Er beschreibt die Reaktionen verschiedener Menschen auf sein Rad: Bewunderung, Ärger oder Neid. Im Musikvideo strampelt er auf verschiedenen Arten von Fahrrädern.

2021

ALLI NEUMANN - BIKE BOY

Alli Neumann ist sowohl als Schauspielerin als auch als Sängerin erfolgreich. Ihr Debütalbum erschien 2021. Im Song *Bike boy* singt sie darüber, dass ein altes Klapprad einen Menschen attraktiver wirken lassen kann als ein protziger Sportwagen.

2021

2021

LISA LI-LUND - TWO WHEELS

Lisa Li-Lund ist eine französisch-schwedische Sängerin, die in Paris lebt. In *Two Wheels* beschreibt sie eine Radtour zum See mit ihren Freundinnen in Stockholm. Dabei gehen ihr melancholische Gedanken durch den Kopf.

2021

TOUR DE TIETEMA - PRIMOŽ ROGLIČ

Tour de Tietema ist ein niederländischer YouTube-Kanal, der sich humoristisch mit dem Radsport auseinandersetzt. Gründer Bas Tietema ist selbst Radrennfahrer und gründete 2023 ein eigenes professionelles Radsportteam. Der Song *Primož Roglič* erzählt vom slowenischen Rennfahrer, der 2020 am vorletzten Tag der Tour de France noch das sicher geglaubte Gelbe Trikot verlor.

LITERATUR

Schon bald nach seiner Erfindung tauchte das Fahrrad auch in literarischen Werken auf. Zahlreiche Kurzgeschichten, Romane oder Gedichte erzählen Geschichten vom Radfahren – und es kommen immer neue hinzu.

RADSPORT-ROMANE

Der Radsport bietet große Emotionen: extreme Anstrengungen, waghalsige Ausreißversuche, dramatische Siege und Niederlagen auf der Zielgeraden – und das alles in grandiosen Landschaften. Klar, dass dieser Sport auch Stoff für Romane liefert. **Wir stellen drei solcher Werke vor. Sie spielen alle in Frankreich – dem Land der weltberühmten Tour de France und unzähliger Mythen und Legenden rund um den Straßenradsport.** Die Karte zeigt die Schauplätze der drei Geschichten.

Erscheinungsjahr des Buches
Ort des Geschehens
Jahr des Geschehens

ROUTE DER TOUR DE FRANCE 1928

DAVID COVENTRY

DIE UNSICHTBARE MEILE

2017
Strecke der Tour de France 1928
1928

Die unsichtbare Meile (Originaltitel: The Invisible Mile) ist ein Roman über die Tour de France des Jahres 1928. *Tour de France, S. 155* Es ist der in sechs Sprachen übersetzte Debütroman des neuseeländischen Autors David Coventry. Erzählt wird die Geschichte eines fünfköpfigen Radsportteams aus Neuseeland, das zum ersten Mal an der französischen Radrundfahrt teilnimmt. Anfangs werden die Fahrer von ihren Konkurrenten für ihre veralteten Fahrräder und ungewöhnlichen Outfits belächelt. Sie glauben selbst nicht daran, dass sie die mehr als 5000 Kilometer bewältigen können. Doch von Etappe zu Etappe erarbeiten sie sich mehr Respekt. Coventry beschreibt die Brutalität damaliger Radrennen aus Sicht der Fahrer: extreme Distanzen, löchrige Straßen, schlechtes Material und gewalttätige Konkurrenten. Nach den Etappen betäuben sich die Sportler mit Alkohol und Drogen. Es geht aber auch um Teamgeist, Durchhaltevermögen und Leidenschaft – und um die Nachwirkungen des Ersten Weltkriegs.

1928 nahm tatsächlich ein neuseeländisches Team an der Tour de France teil – und damit auch erstmals englischsprachige Fahrer: Das Team ***Ravat-Wonder-Dunlop*** *um den Neuseeländer* ***Harry Watson.*** *Dieser und weitere reale Personen kommen in „Die unsichtbare Meile" vor. Sieger der Rundfahrt wurde der Luxemburger Nicolas Frantz.*

TIM KRABBÉ

DAS RENNEN

1978

Mont Aigoual

1977

Das Rennen (Originaltitel: De Renner) ist ein bekannter Sportroman des niederländischen Schriftstellers Tim Krabbé. Er gilt als ein Klassiker der niederländischen Literatur und als die vielleicht packendste literarische Beschreibung eines Radrennens. Krabbé erzählt in dem Buch von einem Amateur-Radrennen auf den etwa 1560 Meter hohen Mont Aigoual im Süden Frankreichs. Der Mont Aigoual ist der zweithöchste Berg der Cevennen, des südöstlichen Teils des französischen Zentralmassivs. Eine Straße führt über den baumlosen Gipfel, auf dem sich eine bewohnte Wetterstation befindet. *Das Rennen* ist ein autobiografischer Roman, denn Krabbé ist selbst begeisterter Radsportler. 1977 nahm er an der Tour du Mont Aigoual teil. Seine Erlebnisse rund um das 137 Kilometer lange Bergrennen verarbeitete er in dem Buch. Krabbé schildert den Ablauf des Rennens in all seinen taktischen Einzelheiten und dramatischen Wendungen aus der Perspektive eines Rennfahrers. Dabei vermittelt er sowohl seine Qualen als auch seine große Leidenschaft für den Radsport.

▼ *Im Jahr 2020 führte erstmals auch eine Etappe der Tour de France auf den* ***Mont Aigoual****. Der Kasache Alexej Lutsenko siegte als Ausreißer bei der Bergankunft auf dem Gipfel.*

BERT WAGENDORP

VENTOUX

2013

Mont Ventoux

1982 / 2010

Ventoux ist der erfolgreiche Debütroman des niederländischen Autors Bert Wagendorp. Er erzählt von einer Gruppe niederländischer Jugendfreunde, die im Jahr 1982 nach ihrem Schulabschluss gemeinsam den legendären Mont Ventoux mit dem Rad bezwingen wollen. Der 1909 Meter hohe Berg in der Provence ist ein legendärer Anstieg der Tour de France, gefürchtet wegen der oft stürmischen Winde auf dem wüstenähnlichen Gipfel. *Mont Ventoux, S. 200* Im Roman geschieht auf der Radtour ein schrecklicher Unfall – und einer der Freunde kommt ums Leben. Fast 30 Jahre später treffen sich die verbliebenen Freunde wieder, deren Wege sich damals getrennt haben. Sie fahren ein weiteres Mal gemeinsam in die Provence – um zu klären, was damals wirklich geschehen ist. Der Roman handelt von Mythen des Radsports und dem Zauber einer gemeinsamen Radreise – aber auch von Freundschaft, Liebe, Schuldgefühlen und unterschiedlichen Lebenswegen.

▼ *Der* ***Mont Ventoux*** *stand erstmals 1951 im Streckenplan der Tour de France. Elfmal endete eine Etappe mit einer Bergankunft auf dem Gipfel.*

MULGA BILL'S BICYCLE

Im Jahr 1896 schrieb der australische Dichter Banjo Paterson *Mulga Bill's Bicycle*. Das berühmte Gedicht erzählt von den Anfängen des Radfahrens.

❶ *'Twas Mulga Bill, from Eaglehawk, that caught the cycling craze;*
He turned away the good old horse that served him many days;
He dressed himself in cycling clothes, resplendent to be seen;
He hurried off to town and bought a shiny new machine;

❷ *And as he wheeled it through the*
door, with air of lordly pride,
The grinning shop assistant said,
'Excuse me, can you ride?'
'See, here, young man,' said Mulga Bill,
'from Walgett to the sea,
From Conroy's Gap to Castlereagh,
there's none can ride like me.
I'm good all round at everything,
as everybody knows,
Although I'm not the one to talk –
I hate a man that blows.
But riding is my special gift,
my chiefest, sole delight;
Just ask a wild duck can it swim,
a wild cat can it fight.

❸ *There's nothing clothed in hair*
or hide, or built of flesh or steel,
There's nothing walks or jumps,
or runs, on axle, hoof, or wheel,
But what I'll sit, while hide will hold
and girths and straps are tight:
I'll ride this here two-wheeled concern
right straight away at sight.
'Twas Mulga Bill, from Eaglehawk,
that sought his own abode,
That perched above the Dead Man's
Creek, beside the mountain road.
He turned the cycle down the hill
and mounted for the fray,
But ere he'd gone a dozen yards
it bolted clean away.

HANDLUNG

Das Gedicht erzählt die Geschichte des fiktiven jungen Mannes Mulga Bill, der dem „cycling craze" (Fahrradwahnsinn) erliegt. Damals war das Fahrrad noch eine recht neue Erfindung. Bisher hatten die Menschen längere Strecken meist auf Pferden zurückgelegt. Das neuartige Verkehrsmittel war heiß begehrt – allerdings musste man erst einmal lernen, sicher damit zu fahren. Diese bittere Erfahrung macht der stolze Mulga Bill, nachdem er sich ein nagelneues Fahrrad gekauft hat.

❹ *It left the track, and through the trees, just like a silver streak,*
It whistled down the awful slope, towards the Dead Man's Creek.
It shaved a stump by half an inch, it dodged a big white-box:
The very walleroos in fright went scrambling up the rocks,
The wombats hiding in their caves dug deeper underground,
As Mulga Bill, as white as chalk, sat tight to every bound.

7 *I'll give that two-wheeled outlaw best; it's shaken all my nerve*
To feel it whistle through the air and plunge and buck and swerve.
It's safe at rest in Dead Man's Creek, we'll leave it lying still;
A horse's back is good enough henceforth for Mulga Bill.

6 *'Twas Mulga Bill, from Eaglehawk, that slowly swam ashore:*
He said, 'I've had some narrer shaves and lively rides before;
I've rode a wild bull round a yard to win a five pound bet,
But this was the most awful ride that I've encountered yet.

5 *It struck a stone and gave a spring*
that cleared a fallen tree,
It raced beside a precipice as close as close could be;
And then as Mulga Bill let out one last despairing shriek
It made a leap of twenty feet into the Dead Man's Creek.

Als er sich mit seinem neuen Gefährt den Berg hinunterstürzt, verliert er die Kontrolle über das Rad und stürzt in einen Fluss. Dieser „schreckliche Ritt" bleibt sein letzter Ausflug auf zwei Rädern – Mulga Bill entscheidet sich, von nun an wieder auf dem Rücken eines Pferdes zu reiten. Das Gedicht wurde erstmals am 25. Juli 1896 in der Zeitung *The Sydney Mail* veröffentlicht. Bald wurde es in Australien und darüber hinaus sehr populär.

BANJO PATERSON (1864-1941)

Andrew Barton Paterson, genannt Banjo Paterson, war ein australischer Jurist, Schriftsteller und Journalist. Er wuchs auf einer Schaffarm im Bundesstaat New South Wales auf. Seine mehrstrophigen Gedichte erlangten auch internationale Bekanntheit. Ein Porträt von ihm ziert heute die australische Zehn-Dollar-Banknote.

DER ORT DES GESCHEHENS

Die Geschichte von Mulga Bill spielt im **australischen Bundesstaat New South Wales**. Im 19. Jahrhundert erlangte das sogenannte Safety Bicycle dort große Beliebtheit als neues Fortbewegungsmittel. Viele Schäfer im australischen Outback stiegen vom Pferd auf das Fahrrad um. Das Safety Bicycle war eine Weiterentwicklung des Hochrads. Es ähnelte bereits stark dem heutigen Fahrrad. *Geschichte des Fahrrads, S. 15*

FILME

Wer nach einer anstrengenden Radtour bei einem Filmabend die Beine hochlegen möchte, findet hier eine Zusammenstellung von Spielfilmen und Serien aus aller Welt für Fahrradfans. Mal spielt das Fahrrad eine Hauptrolle, mal taucht es nur in einzelnen berühmten Szenen auf. Wir zeigen, welche Fahrradtypen in den Filmen jeweils vorkommen.

Fahrradtypen, S. 54

- Alltagsrad/Hollandrad
- Rennrad
- Mountainbike
- Reiserad
- BMX-Rad
- Bonanzarad
- Fixie

- Drama
- Komödie
- Actionfilm
- Animationsfilm
- Musicalfilm
- Science-Fiction
- Abenteuerfilm
- Serie
- Biografie
- Dokumentation
- ★ 8,1 IMDb-Wertung (Stand Mai 2023)

1939 ★ 8,1

Der Zauberer von Oz

The Wizard of Oz

Das Mädchen Dorothy muss sich gegen eine fahrradfahrende, hinterhältige Nachbarin behaupten. Diese hat es auf Dorothys Hund abgesehen. Eines Tages wird das Mädchen von einem Wirbelsturm in ein magisches Land fortgerissen. In der Parallelwelt verwandeln sich Nachbarin und Fahrrad in eine böse Hexe auf einem Besenstiel.

1930 1940 1950 1960

1948 ★ 8,3

Fahrraddiebe

Ladri di Biciclette

Der Tagelöhner Antonio Ricci arbeitet als Plakatkleber in Rom. Als ihm sein Fahrrad gestohlen wird, kann er seine Arbeit nicht mehr ausüben und seine Familie nicht mehr ernähren. Verzweifelt sucht Antonio nach dem Dieb – und wird dabei selbst zum Kriminellen.

1948 ★ 7,2

Tatis Schützenfest

Jour de fête

Der radfahrende Postbote François wird wegen seiner langsamen Zustellungsmethoden zum Gespött eines französischen Dorfes. Er beschließt, von nun an alles der Geschwindigkeit unterzuordnen. Doch seine Bemühungen führen bald zu neuen Problemen.

1955 ★ 7,1

Die große Schlacht des Don Camillo

Don Camillo e l'onorevole Peppone

In einem italienischen Dorf liefern sich der katholische Pfarrer Don Camillo und der kommunistische Bürgermeister „Peppone" einen jahrelangen Kleinkrieg. Die beiden Streithähne sind häufig auf Fahrrädern unterwegs. In einer berühmten Szene am Schluss des dritten Teils der Filmreihe messen sie sich in einem spontanen Radrennen.

1968 ★ 5,7

Schussfahrt nach San Remo

Les cracks

Der Erfinder Duroc entwickelt ein innovatives Rennrad, mit dem sein Schwager bei einem Radrennen von Paris nach Sanremo an den Start gehen und gewinnen soll. Als dieser von der Abmachung nichts mehr wissen will, meldet sich Duroc selbst bei dem Rennen an. Mit seiner Erfindung kann er dem Schwager und der gesamten Konkurrenz davonfahren. Doch ihm sitzt ein Gerichtsvollzieher im Nacken, denn der Bau des Fahrrads war teurer als geplant.

1979 ★ 7,7

Vier irre Typen – Wir schaffen alle, uns schafft keiner

Breaking Away

Der 19-jährige Student Dave ist ein begeisterter Anhänger des italienischen Radsports. Um einer Kommilitonin zu imponieren, gibt er sich als italienischer Austauschstudent aus. Er meldet sich und drei Freunde als Radteam beim jährlichen Universitätsrennen an. Dave ist ein überragender Fahrer, doch das Rennen verläuft anders als geplant.

1982 ★ 7,9

E.T. – Der Außerirdische

E.T. the Extra-Terrestrial

Eine Gruppe Außerirdischer landet in der Nähe von Los Angeles, um Pflanzenproben zu sammeln. Beim überstürzten Aufbruch vergessen sie einen ihrer Gefährten. Der Menschenjunge Elliott freundet sich mit „E.T." an, der über telekinetische Fähigkeiten verfügt. In der berühmtesten Szene des Films entkommen E.T., Elliott und seine Freunde der Polizei, indem sie auf ihren BMX-Rädern durch die Luft schweben.

1985 ★ 7,0

Pee-Wee's irre Abenteuer

Pee-Wee's Big Adventure

Pee-Wee ist ein lebensfroher Mann, dessen ganzer Stolz sein rotes Fahrrad ist. Sein Nachbar ist neidisch auf das Rad und möchte es ihm abkaufen. Pee-Wee lehnt ab. Eines Tages ist das Fahrrad verschwunden. Hat der Nachbar es gestohlen? Es beginnt eine abenteuerliche Suche.

1985 ★ 7,7

Die Goonies

The Goonies

Die „Goonies" sind eine Gruppe von Jugendlichen in einer amerikanischen Kleinstadt. Ihr Markenzeichen sind ihre BMX- und Bonanzaräder, auf denen sie ständig unterwegs sind. Eines Tages finden sie auf dem Dachboden ihres Anführers Mikey eine geheimnisvolle Karte, die zur Schatzhöhle eines Piraten führen soll. Doch auch eine Gangsterfamilie strebt nach dem Schatz.

1970 1980 1990

1983 ★ 5,5

Die BMX-Bande

BMX Bandits

Die drei Jugendlichen PJ, Goose und Judy sind begeisterte BMX-Fans. Eines Tages finden sie ein Päckchen mit Funkgeräten. Es stellt sich heraus, dass diese einer kriminellen Bande gehören, die gerade einen Banküberfall verübt hat. Die Gangster verfolgen die Jugendlichen, die mehrmals auf ihren BMX-Rädern entkommen können. Doch dann wird Judy überfallen und entführt.

1985 ★ 6,5

Die Sieger – American Flyers

American Flyers

Nach dem Tod ihres Vaters wollen die Brüder David und Marcus am Radrennen „The Hell of the West" über die Rocky Mountains teilnehmen. Das Training für den extremen Wettkampf gibt ihnen ihre Lebensfreude zurück. Doch David findet heraus, dass er an derselben unheilbaren und tödlichen Krankheit wie der Vater leidet.

1996-2000 ★ 5,5

Pacific Blue – Die Strandpolizei

Pacific Blue

Die Polizei der kalifornischen Stadt Santa Monica patrouilliert regelmäßig auf Mountainbikes am Strand und dessen Umgebung. Dabei bekommen sie es sowohl mit Kleinkriminellen als auch mit Schwerverbrechern zu tun. Immer wieder kommt es zu wilden Verfolgungsjagden, bei denen kein Hindernis zu hoch ist.

1994 ★ 7,8

Der Postmann

Il postino

Der berühmte chilenische Dichter Pablo Neruda lebt in den 1950er Jahren auf einer kleinen italienischen Insel im Exil. Dort wird er mit Fanpost überschüttet, weshalb er einen Privat-Briefträger engagiert. Dieser strampelt täglich mit seinem klapprigen Fahrrad den Berg hinauf, um Neruda die vielen Briefe zu bringen. Mit der Zeit entwickelt sich zwischen den beiden Männern eine tiefe Freundschaft.

2001 ★ 6,5

Das Rennrad

Le vélo de Ghislain Lambert

Der junge belgische Radrennfahrer Ghislain Lambert eifert seinem Idol Eddy Merckx nach, der am selben Tag wie er geboren wurde. Doch für die erhoffte Karriere fehlt Lambert das sportliche Talent. Um seine Ziele zu erreichen, greift er auch zu verbotenen Mitteln.

2001 ★ 7,2

Beijing Bicycle

十七岁的单车

Der 17-jährige Bauernsohn Guei kommt in die Metropole Peking, um sich dort eine Existenz aufzubauen. Er findet eine gut bezahlte Arbeit als Fahrradkurier. Doch Guei verliert seinen Job, als ihm das vom Arbeitgeber zur Verfügung gestellte Fahrrad – ein modernes Mountainbike – gestohlen wird. Verzweifelt macht er sich auf die Suche nach dem Rad.

1997 ★ 8,6

Das Leben ist schön

La vita è bella

Der in der Toskana lebende jüdische Italiener Guido und sein Sohn werden während des Zweiten Weltkriegs in ein Konzentrationslager deportiert. Um dem Jungen die grausame Wahrheit zu ersparen, inszeniert Guido den Aufenthalt im Lager als ein Spiel. Eine der berühmtesten Szenen des Films spielt im ersten Teil des Films, als das Glück der Familie noch intakt ist. Guido, seine Ehefrau und sein Sohn sitzen zu dritt auf einem Fahrrad und unternehmen eine rasante Fahrt über die Piazza Grande ihrer Heimatstadt Arezzo.

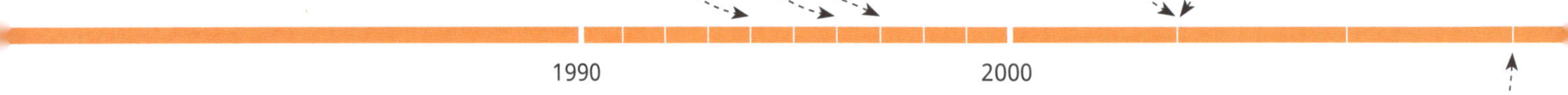

2003 ★ 7,7

Das große Rennen von Belleville

Les triplettes de Belleville

Madame Souza lebt mit ihrem Enkel Champion und Hündchen Bruno in der Vorstadt von Paris. Champion ist großer Radsportfan und trainiert fleißig. So kann er sich seinen Traum einer Teilnahme an der Tour de France erfüllen. Doch während des Rennens wird der Enkel von der französischen Mafia entführt. Oma und Hündchen nehmen die Verfolgung auf.

2006 7,0

Flying Scotsman – Allein zum Ziel

The Flying Scotsman

Der schottische Fahrradkurier Graeme Obree träumt davon, den Stundenweltrekord auf der Radrennbahn von 51,15 Kilometern zu übertreffen. Dafür entwickelt er ein extrem aerodynamisches, revolutionäres Raddesign. Tatsächlich kann er sein Ziel erreichen. Doch den Herstellern teurer Profiräder gefällt nicht, dass jemand auf einem selbst gebauten Fahrrad Rekorde bricht.

2008 7,1

Willkommen bei den Sch'tis

Bienvenue chez les Ch'tis

Philippe Abrams, Leiter einer Postfiliale in Südfrankreich, wird in den äußersten Norden des Landes strafversetzt. Seine Familie weigert sich, Philippe in die entlegene Gegend mit ihrem seltsamen Dialekt zu begleiten – doch das Leben im Norden erweist sich als besser als gedacht. Philippe und sein Kollege Antoine fahren gelbe Postfahrräder. In einer bekannten Szene stürzt Antoine mit dem Rad kopfüber in ein Straßencafé.

2012 7,5

Das Mädchen Wadjda

وجدة

Die zehnjährige Wadjda lebt in der saudi-arabischen Hauptstadt Riad. Sie träumt davon, das schöne grüne Fahrrad zu besitzen, das sie jeden Tag auf ihrem Schulweg in einem Schaufenster sieht. Leider fehlt ihr zum einen das Geld, zum anderen ist das Radfahren für Mädchen verboten. Doch Wadjda gibt nicht auf – sie kämpft dafür, sich ihren großen Wunsch zu erfüllen.

2012 6,5

Premium Rush

Wilee gilt als schnellster Fahrradkurier in New York. Er fährt ein Fixie ohne Bremsen und geht keiner Gefahr aus dem Weg. Eines Tages soll er einen Briefumschlag zustellen – eigentlich ein Routineauftrag. Doch ein korrupter Polizist und eine Untergrundorganisation haben es auf den Brief abgesehen. Es entwickelt sich eine Verfolgungsjagd auf Leben und Tod.

2011 6,8

One Mile Above

转山

Der taiwanische Student Shu-hao trauert um seinen Bruder, der völlig unerwartet verstorben ist. Dieser hatte eine Radreise in die tibetische Hauptstadt Lhasa geplant. Shu-hao beschließt, die gefährliche Tour durch den Himalaya stellvertretend für den geliebten Bruder auf sich zu nehmen.

2010

2009 6,3

Phantomschmerz

Marc ist ein leidenschaftlicher Rennradfahrer und gilt als Frauenheld. Gleichzeitig fällt es ihm schwer, Verantwortung für seine Mitmenschen zu übernehmen. Als er bei einem schweren Unfall sein linkes Bein verliert, droht er an der Situation zugrunde zu gehen. Doch mit der Zeit findet er neue Zuversicht.

2010 7,5

127 Hours

Der rechte Arm des Bergsteigers Aron Ralston wird beim Klettern in einem Canyon im US-Bundesstaat Utah von einem Felsbrocken eingeklemmt. Nach fünf Tagen trifft er eine verzweifelte Entscheidung. Anfangssequenz des Films ist eine berühmte Mountainbike-Szene: Ralston rast mit seinem Rad waghalsig durch die zerklüftete Landschaft der Canyonlands.

2013 6,5

Biciklo - Das Superfahrrad

Biciklo – Supercykeln

Valle erlebt an seinem achten Geburtstag eine Enttäuschung: Seine Mutter ist nicht da – und hat ihm als Geschenk nur ein altes, verrostetes Fahrrad hinterlassen. Doch dann stellt sich heraus, dass das Rad über magische Kräfte verfügt. Als betrügerische Geschäftsleute in der Stadt auftauchen, kann Valle mit seinem Superfahrrad punkten.

2013 ★ 6,6

Molière auf dem Fahrrad

Alceste à Bicyclette

Serge Tanneur war einst ein gefeierter Schauspielstar. Doch mittlerweile lebt er zurückgezogen auf einer französischen Atlantikinsel. Er genießt die Einsamkeit und das Fahrradfahren in der stürmischen Landschaft. Doch als ein alter Weggefährte auftaucht und ihm eine Rolle in einem Theaterstück von Molière anbietet, ist es mit der Ruhe dahin.

2015 ★ 5,0

Pedal the World

Der Untertitel des Films verrät bereits einiges: 18 000 Kilometer, 22 Länder, 365 Tage. Felix Starck macht sich auf eine einjährige Tour rund um den Globus. Eine Reise der Selbsterkenntnis – auf der Suche nach dem Sinn des Lebens.

2010

2014 ★ 6,3

Schlussetappe

La dernière échappée

Der ehemalige Radrennfahrer und zweimalige Tour-de-France-Sieger Laurent Fignon ist an Krebs erkrankt. Bei der Tour 2010 ist er als Experte für das französische Fernsehen im Einsatz – gegen den Rat seines behandelnden Arztes, der ihn begleitet. Doch Fignon möchte am Mikrofon bis zum Schluss alles geben.

2014 ★ 7,2

Hin und weg

Hannes und seine Freunde machen jedes Jahr eine gemeinsame Radtour. Diesmal soll es von Frankfurt am Main ins belgische Ostende an der Nordsee gehen. Die ausgelassene Stimmung kippt plötzlich, als Hannes von seiner unheilbaren Krankheit erzählt. Er will in Belgien Sterbehilfe in Anspruch nehmen – die Radtour soll ein gemeinsamer Abschied sein.

2015 ★ 6,5

The Program – Um jeden Preis

The Program

Der junge Radprofi Lance Armstrong erkrankt an Krebs. Nach erfolgreicher Behandlung kehrt er in den Radsport zurück – und ist ehrgeiziger denn je. Mit Unterstützung von Dopingmitteln wird er vom Außenseiter zum Seriensieger und gewinnt siebenmal die Tour de France. Immer wieder gibt es Zweifel an seinem sauberen Image – doch erst nach dem Karriereende gerät die Geschichte wirklich ins Wanken.

2016-2020 ★ 8,1

High Maintenance

Ein „The Guy“ genannter Fahrradkurier handelt bei seinen Touren durch den New Yorker Stadtteil Brooklyn nebenbei mit Cannabis. Mit der Zeit wird er für viele seiner Kunden zu einer wichtigen Bezugsperson. Der Kurier liefert ihnen nicht nur die dringend benötigte Droge, sondern hat auch ein offenes Ohr für ihre Probleme.

2019 ★ 7,6

Der Junge, der den Wind einfing

The Boy Who Harnessed the Wind

Eine lange Dürreperiode bedroht die Menschen in Malawi. Der 13-jährige William bastelt an einer Apparatur zur Bewässerung der Felder. Um die Pumpe antreiben, benötigt er verschiedene Teile eines Fahrrads. Doch Williams Vater weigert sich, ihm sein Rad zu überlassen.

2019 ★ 6,7

The Climb

Mike und Kyle sind enge Freunde, die in den Bergen im Hinterland der Côte d'Azur gemeinsam Rennrad fahren. Ihre Freundschaft wird auf eine harte Probe gestellt, als Mike während der Radtour mit einem Geständnis herausrückt: Er hatte eine jahrelange Affäre mit Kyles Verlobter.

Ab 2016 ★ 8,7

Stranger Things

In der US-Kleinstadt Hawkins spielen sich in den 1980er Jahren mysteriöse Dinge ab. Als ein Junge plötzlich verschwindet, begeben sich seine Freunde auf eine gefährliche Suche. Dabei kommen sie einer dunklen Parallelwelt und geheimen Regierungsexperimenten auf die Spur. Die Kinder sind stets auf bunten BMX- und Bonanzarädern unterwegs – die ihnen auch bei der Flucht vor Verfolgern helfen.

2017-2018 ★ 7,0

See you in time

已讀不回的戀人

Der weltberühmte Rennradfahrer Feng Ying kehrt in seine Heimat Taiwan zurück, um den Radrennstall seines Großvaters zu unterstützen. Doch nicht jeder ist glücklich über seine Rückkehr. Gleichzeitig erhält Ying mysteriöse Nachrichten, die aus der Zukunft zu kommen scheinen.

2020

2017 ★ 7,1

Tour de Pharmacy

Am ersten Tag der Tour de France 1982 verursacht ein Rennfahrer einen folgenschweren Massensturz. Es stellt sich heraus, dass er unter dem Einfluss von Narkosemitteln stand. Ermittlungen zeigen, dass ein Großteil der Fahrer Zahlungen an den Radsportverband geleistet hat, um Dopingtests zu entgehen. Bis auf fünf Fahrer werden alle Teilnehmer von der Rundfahrt ausgeschlossen. Es entwickelt sich ein völlig absurdes Rennen.

2017 ★ 7,9

Icarus

Der amerikanische Regisseur Bryan Fogel möchte mit Hilfe illegaler Substanzen ein Radrennen gewinnen. Er wendet sich an Grigory Rodchenkov, den früheren Leiter der russischen Anti-Doping-Agentur. Neben Fogels Selbstexperiment beleuchtet der Film auch Rodchenkovs Rolle im russischen Staatsdoping.

2021 ★ 6,3

Madison – Ungebremste Girlpower

Die zwölfjährige Madison ist eine ehrgeizige Bahnradfahrerin. Als sie einen Unfall verursacht, wird sie aus dem Trainingscamp geworfen. Unfreiwillig muss sie ihre Ferien mit ihrer Mutter in den österreichischen Bergen verbringen. Doch dort lernt sie neue Freunde kennen, die ihr das Mountainbiken beibringen. Ein Sommer voller Abenteuer beginnt.

ZUKUNFT DES FAHRRADS

ZUKUNFT DES FAHRRADS

Seit Karl Drais im Jahr 1817 seine erste Fahrt auf dem Laufrad unternommen hat, hat das Fahrrad eine beeindruckende Erfolgsgeschichte hingelegt. *Geschichte des Fahrrads, S. 10* Heute scheint das Rad vielerorts populärer denn je zu sein. Doch wie wird seine Zukunft aussehen? Vieles spricht dafür, dass das Fahrrad eine bedeutende Rolle für die Mobilität der Zukunft einnehmen wird.

36 %

Zunahme erwartet das Bundesverkehrsministerium beim Radverkehr in Deutschland bis zum Jahr 2051 (Vergleichsjahr 2019) – gemessen an den Kilometern pro Person. Schon 2021 gaben in einer Umfrage des Ministeriums 41 Prozent der befragten 14- bis 69-Jährigen an, in Zukunft mehr Rad fahren zu wollen.

MEGATRENDS

Als Megatrends werden tiefgreifende gesellschaftliche und technologische Entwicklungen bezeichnet, welche die Zukunft der Menschheit prägen werden. Einige dieser Trends passen sehr gut zum Fahrrad.

NACHHALTIGKEIT

Umwelt- und Klimaschutz werden zentrale Treiber in Gesellschaft, Politik und Wirtschaft sein. Die Menschheit steht vor der großen Aufgabe, zukünftigen Generationen das Leben in einer intakten Umwelt zu ermöglichen und die Folgen des Klimawandels zu begrenzen. Das Fahrrad steht für nachhaltige und zugleich erschwingliche Fortbewegung ohne Abgase und Lärm sowie eine Abkehr vom fossilen Zeitalter.

Klimabilanz, S. 233

INDIVIDUALISIERUNG

Die individuelle Selbstbestimmung und -verwirklichung wird Menschen immer wichtiger. Starre gesellschaftliche Strukturen lösen sich auf. Das Fahrrad steht für individuelle und dennoch nachhaltige Mobilität und wird dabei selbst zum Statussymbol. Es gibt Fahrradtypen für jeden Nutzungszweck – in Zukunft könnten sie noch individueller an den eigenen Geschmack und die Körpermaße angepasst werden. Radreisen ermöglichen zudem individuelle Urlaubsgestaltung.

Reise, S. 166

GESUNDHEIT

Gesundheit und Fitness werden in der Gesellschaft zu immer wichtigeren Werten. Gleichzeitig werden die Menschen immer älter – ein gesundheitsbewusstes Leben bildet dabei die Grundlage für hohe Lebensqualität im Alter. Das Fahrrad sorgt für Bewegung im Alltag, in der Freizeit und im Urlaub. Und es produziert keinen gesundheitsschädlichen Feinstaub.

Gesundheit, S. 84

URBANISIERUNG

Immer mehr Menschen streben in große Städte. Sie sind Zentren von wirtschaftlicher Entwicklung, Fortschritt und kreativer Kultur und ermöglichen vielfältige Lebensentwürfe. Das Fahrrad kann in der Stadt seine Stärken besonders gut ausspielen – schließlich ist es auf kurzen Wegen oft schneller und flexibler als das Auto und punktet mit wenig Platzbedarf.

Fahrrad vs. Auto, S. 232

URBANE MOBILITÄT DER ZUKUNFT

In den Städten der Zukunft könnte Mobilität in vielerlei Hinsicht anders aussehen als heute. Das Fahrrad ist ein wichtiger Teil davon. Damit seine Vorteile zum Tragen kommen, bedarf es einer passenden Verkehrsplanung.

WENIGER AUTOS

In der Stadt der Zukunft könnten deutlich weniger (oder in innerstädtischen Zonen gar keine) Autos unterwegs sein. Das schafft mehr Raum für den Radverkehr sowie Plätze mit Aufenthaltsqualität. Wendige Lastenräder übernehmen eine Hauptrolle im städtischen Lieferverkehr. Die verbliebenen Autos sind abgasfrei unterwegs. Technologien des autonomen Fahrens sowie Tempo 30 als Regelgeschwindigkeit könnten Unfallgefahren reduzieren.

DIE 15-MINUTEN-STADT

Das Konzept der 15-Minuten-Stadt sieht vor, dass von jedem Ort einer Stadt aus alle notwendigen Bereiche des alltäglichen Lebens innerhalb von 15 Minuten zu Fuß oder mit dem Fahrrad erreichbar sein sollen – etwa Geschäfte, Arztpraxen, Schulen, Naherholungsgebiete und Bahnhöfe. Dies wird durch eine dezentrale Verteilung dieser Einrichtungen erreicht – und durch attraktive Wegeverbindungen mit wenig Stoppzeiten.

INTERMODALER VERKEHR

Die flexible Kombination von Verkehrsmitteln – etwa von Bahn und Leihfahrrad oder Leih-Scooter – wird in Zukunft immer wichtiger. Man spricht von intermodalem Verkehr. Apps ermöglichen eine Planung und Buchung aller Teilschritte der Reise in einem einzigen Vorgang. Sharing-Systeme reduzieren den Platzbedarf des Verkehrs. *Verbindung von Bahn und Fahrrad, S. 240*

FAHRRADTECHNIK DER ZUKUNFT

Trotz vieler Ausdifferenzierungen im Detail weist das Fahrrad heute im Wesentlichen noch immer dieselbe Grundkonstruktion wie gegen Ende des 19. Jahrhunderts auf. Welche Entwicklungen könnte es in Zukunft geben?

DAS DIGITALE FAHRRAD

Immer mehr digitale Funktionen werden ins Fahrrad integriert und mit Apps verknüpft, einzelne Bauteile intelligent miteinander vernetzt. Fahrräder können Körper- und Leistungswerte messen und auswerten, navigieren, automatisch schalten sowie Luftdruck und Verschleiß selbstständig prüfen.

3D-DRUCK

Der 3D-Druck ermöglicht einzigartige Fahrraddesigns. Bei dieser Technologie entstehen Gegenstände durch schichtweises Auftragen von Material. So lassen sich Fahrradrahmen sowie Komponenten besonders präzise und individuell herstellen.

DAS SELBSTFAHRENDE FAHRRAD

Die Forschung beschäftigt sich nicht nur mit selbstfahrenden Autos, sondern auch mit autonomen Fahrrädern. Solche über Sensoren gesteuerten Räder könnten sich selbstständig fortbewegen und automatisch lenken und bremsen. Denkbar wäre, sie per App zu bestellen und zum gewünschten Ort fahren zu lassen.

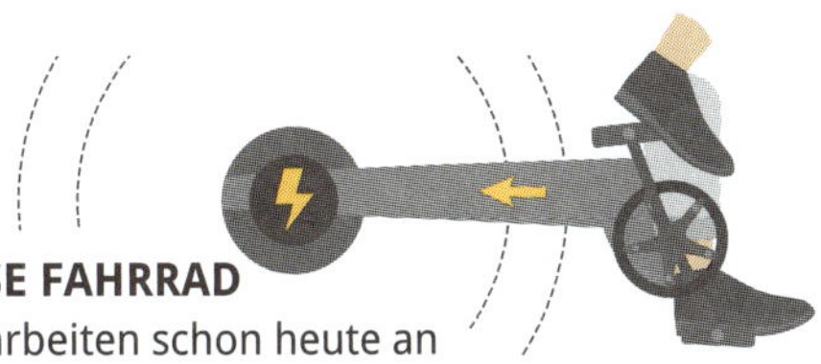

DAS KETTENLOSE FAHRRAD

Einige Hersteller arbeiten schon heute an Fahrrädern ohne Ketten- oder Riemenantrieb. Dabei wird die menschliche Trittkraft über einen Generator in elektrische Energie umgewandelt, die dann über Kabel ans Hinterrad übertragen wird. Dort treibt sie einen Motor an, der das Fahrrad in Bewegung setzt. Solche Räder sollen besonders wartungsarm sein und bieten viel Gestaltungsfreiheit im Design.

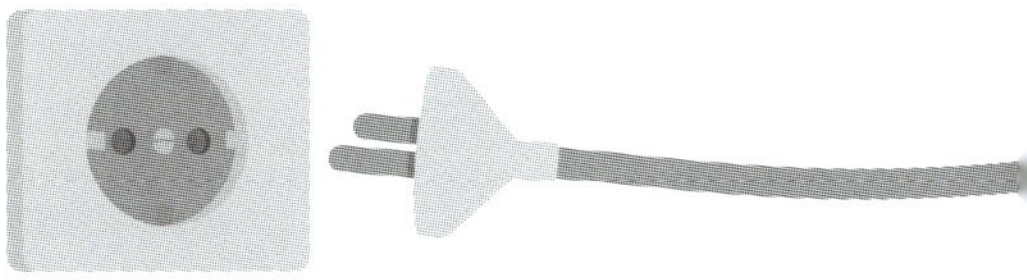

NEUE ANTRIEBE

E-Bikes sind der große Trend der vergangenen Jahre. In Zukunft werden immer leistungsstärkere Akkus und Motoren und größere Reichweiten möglich sein, auch das Ladenetz wird ausgebaut. Dadurch wird das Rad gegenüber dem Auto auch auf längeren Strecken konkurrenzfähiger. Geforscht wird auch an autarken E-Bikes mit integrierten Solarzellen sowie an Systemen mit Wasserstoffantrieb.

REGISTER

PERSONEN

⊛ Radfahrer*in (Profisport)
👕 Tour de France-Sieger*in
♪ Band / Musiker*in

ORTE

▲ Berg / Gebirge / Anstieg

FAHRRADTYPEN

TECHNISCHE KOMPONENTEN

RADRENNEN

VEREINE UND VERBÄNDE

DANKE!

Wir bedanken uns herzlich für Eure Unterstützung – ob direkt bei den Arbeiten am Buch oder drumherum! Ohne Euch hätten wir es nicht schaffen können. ❤

Prof. M.C.G. Marco te Brömmelstroet

Deutscher Alpenverein

Martijn van Erp

Sandra Hagelauer

Jonathan Hamburg

Manuel Heckel

Thomas Mersch

Stefan Merx

Mikuscha

Julia Rosenkranz

Yul Rottmann

Pauline Schinkels

Manuel Schmidthaus & Dein-Versand.de

Andreas Schulte

Jan Soltwedel

Hanna Spiegel

Verena Vogt

Ruth und Paul Wittenbrink

Martin und Michel Wittenbrink

DAS FAHRRADBUCH

1. Auflage / Nachdruck 2025
ISBN: 978-3-946719-46-5

Herausgeber:
Lana Bragin
Stefan Spiegel

Autor:
Jan Wittenbrink

Redaktion:
Stefan Spiegel
Tobias Weber
Nicola Funcke

Gestaltung:
Lana Bragin

Grafische Mitarbeit:
Polina Anistarova
Yuri Lehenky
Fanny Huppmann

Lektorat:
Steffen Ermisch

Koordination:
Lana Bragin
Marike Heycke

MIX
FSC FSC™ C216080

NORDIC ECOLABEL
3041 0947
UnitedPress

Gesamtherstellung:
UnitedPress SIA
Vestienas iela 20
Riga 1035
Lettland

Marmota Maps GmbH
Kurze Str. 12
20355 Hamburg
www.marmotamaps.com
+49 40 3346 3116
info@marmotamaps.com

DU HAST ANMERKUNGEN UND IDEEN?

Wir haben ein Jahr lang intensiv und leidenschaftlich an diesem Buch gearbeitet. Haben recherchiert, geschrieben, gestaltet – immer auf der Jagd nach spannenden Zahlen und Fakten, besonderen Geschichten und kuriosen Anekdoten. Manche Ideen funktionierten sofort, andere haben wir wieder verworfen. Die Themenvielfalt rund um das Radfahren ist derart breit gefächert, dass es uns oft schwerfiel, bestimmte Aspekte auszulassen.

Wir glauben, nun ein umfassendes Wissen über das Fahrrad zusammengetragen zu haben – und hoffen, möglichst viele Interessengebiete abzudecken. Wenn Dir aber ein wichtiger Aspekt fehlt, Du Korrekturen anbringen möchtest oder sonstige Ideen hast, melde dich gerne bei uns! Das Fahrrad wird nie „auserzählt“ sein und wir möchten das Buch mit jeder Auflage verbessern.

fahrradbuch@marmotamaps.com
Kontakt zum Autor:
wittenbrink@jp4.de